ケンブリッジ
物理公式ハンドブック

The Cambridge Handbook of Physics Formulas

Graham Woan 著

堤 正義 訳

共立出版

The Cambridge Handbook of Physics Formulas
2003 Edition

GRAHAM WOAN

© Cambridge University Press 2000

This book is in copyright. Subject to statutory exception
and to the provisions of relevant collective licensing agreements,
no reproduction of any part may take place without
the written permission of Cambridge University Press.

First published 2000
Reprinted 2001, 2002
Reprinted with corrections 2003

まえがき

スティーヴン・ホーキングは，著書『宇宙を語る：ビッグバンからブラックホールまで』のなかで,「方程式の一つひとつが，本の商品価値を半減させるので，著書には方程式を含めないように」と注意されたと述べている．この不吉な予測にもかかわらず，科学的読者にとって，まったく逆のことをするほうが魅力的なことがある．

読者は本書を利用することで道を誤ってはならない．本書に含まれる方程式や公式は非常に多くの物理科学分野をささえているのだが，読者がそれらを理解しないかぎり，役にはたたない．物理学を学ぶ目的は，方程式を覚えることにあるのではなくて，方程式が表す自然の構造を正しく理解することにある．本書の体裁は，ある主題をより明確にすることに役立つはずであるが，新しい物理を教えるようにはデザインされていない．それを手助けする多くのすぐれた教科書が他にある．学生たちが本書を利用して知識を修正したり，物理を理解したのちに自分の知識を構成したりすることができるように，教育学的に完全であるよりも，有用であることを意図している．より知識のある利用者にとっては，何ページもの項目を移動しなくてよい形式で，相互関係がすぐにわかるようにコンパクトで，整合性の取れた方程式の情報源をもつことは有益であろう．

以上のことを達成するために，幾つかのむずかしい決断をしなければならなかった．第一に，本の厚さを薄くするために，長い説明に頼らず，方程式で簡潔に表現できるアイデアだけを含めた．その結果，重要なトピックスが少しだけ欠落した．たとえば，リュービルの定理は，代数的に簡明に $\dot{\rho} = 0$ と表せるが，$\dot{\rho}$ が完全に（注意深く）説明されなければ無意味である．$\dot{\rho}$ が何を表すのかすでに理解できている人にとっては，それがゼロであることを思い起こさせる必要はたぶんないであろう．第二に，数値係数をもつ実験式は，学部レベルで学ぶものよりもっとずっと高度な話題性をもっているので，大部分省略した．薄いハンドブックのなかに入れるには，思慮深く自信をもって編集するべき式が，単にありすぎるのである．第三に，周期律，物理定数表，太陽系のデータはすべて含めたが，それ以外の物理データは大部分は載せていない．すばらしい（しかし，大きさの観点からいうと，名前が間違っている）『CRC 化学・物理ハンドブック』を見れば，良い科学データの本は厚くなることが読者には納得いただけると思う．

何を入れて，何を入れないかに関して，個人的な選択の好みが入り込むことは避けがたく，ある式が前述の基準に適合しているにもかかわらず，欠落していると感じる読者もいるかもしれない．もしそうならば，次の版で考慮するので連絡をいただければうれしい．連絡方法の詳細は，このまえがきの最後に載せておいた．同様に，誤りや不整合を見つけた際も，知らせていただきたい．ウェブページにその誤りを掲示するつもりである．

謝辞：この野心的な事業は，グラスゴー大学とケンブリッジ大学の同僚たちの寛大さに基づいている．彼らの援助（入力）が最終の製品（本書）に強い影響を与えた．Dave Clarke, Declan Diver, Peter Duffett-Smith, Wolf-Gerrit Früh, Martin Hendry, Rico Ignace, David Ireland, John Simmons と Harry Ward たちの専門的知識，それに，Katie Lowe の言語学的技術は，本書の中心的役割を果たした．著者は，本書を実際に使ってみて貴重なフィードバックを寄越してくれた，Richard Barrett, Matthew Cartmeil, SteveGull, Martin Hendry, Jim Hough, Darren McDonald, Ken Riley たちに感謝したい．

しかしながら，著者は最大の謝意を，すぐれた知識と技術を携えて執筆中一度ならず原稿のすべてを読み通し，その伝説的な赤ペンを，本書のすべての方程式の上空に舞わせた，John Shakeshaft に捧げる．残っているどのような誤りも，もちろん著者の責任であるが John がいなかったら，誤りはもっともっとたくさんであっただろうと自らを慰めている．

連絡先：本書の最新情報と連絡先を載せたウェブサイトは us.cambrige.org（北米）uk.cambridge.org（英国）の Cambridge University Press のウェブページか，直接，radio. astro. gla. ac. uk / hbhome. html にいけば見ることができる．

制作ノート：本書は，CUP Times フォントで $\LaTeX 2_\varepsilon$ を用いて著者によって組版された．用いたソフトウェアは，WinEdt, MiKTEX, Mayura Draw, Gnuplot, Ghostscript, Ghostview と Maple V である．

2002 年版に関するコメント：改良を指摘してくれたすべての人，特に，Martin Hendry, Worfgang Jitschin と Joseph Katz に感謝する．この版では，原本をちょっとだけ改良した結果，物理定数と周期律表の記載事項の改訂ができ，宇宙進化論の最近の進展を反映させる機会も得ることができた．

本書の利用法

　本書の体裁について，ほとんど説明の必要はないと思うが，幾つかコメントしておこう．ページをぱらぱらめくって探しているものを見つけるのも魅力的なことだが，もっとも良い出発点は索引を使うことである．著者は，これをできるかぎり広範囲にしようと考え，多くの方程式に1回以上索引をつけた．方程式をかぎかっこで表した式番号と掲載されているページの両方で表にしている．

　方程式は，ページ上では自己完結的で枠組みされたパネルでグループ化されている．各パネルは独立した話題を表し，用いられたすべての変数の説明が，通常はそれが用いられた最初の方程式に隣接してパネルの右側にある．したがって，記号を理解するために，パネルの外に彷徨いでる必要はない．パネルとおのおのの事項には，パネルの下側に脚注がついていることもある．重要な付加条件とその項目に適当な条件が含まれているので，脚注も読むように．

　パネルは自己完結的であるけれども，ハンドブックの他の場所で定義された概念を用いていることもある．その場合は他所を参照してもらいたいが，索引を利用すればその場所も簡単に見つけられるだろう．記号と定義は，断らない限り，（考えている）話題の範囲で一定である．

目 次

1 単位，定数，換算 — **1**
  1.1 序論 — 1
  1.2 国際単位系 (SI) — 2
  1.3 物理定数 — 4
  1.4 単位の換算 — 8
  1.5 (物理) 次元 — 14
  1.6 その他 — 16

2 数学 — **17**
  2.1 記号 — 17
  2.2 ベクトルと行列 — 18
  2.3 級数，和，数列 — 25
  2.4 複素変数 — 28
  2.5 三角関数と双曲線関数 — 30
  2.6 求積法 — 33
  2.7 微分 — 38
  2.8 積分 — 42
  2.9 特殊関数と多項式 — 44
  2.10 二次方程式と三次方程式の根 — 48
  2.11 フーリエ級数とフーリエ変換 — 50
  2.12 ラプラス変換 — 53
  2.13 確率と統計 — 55
  2.14 数値解法 — 58

3 動力学と静力学 — **61**
  3.1 序論 — 61
  3.2 座標系 — 62
  3.3 重力 — 64
  3.4 粒子の運動 — 66
  3.5 剛体力学 — 72
  3.6 振動系 — 76
  3.7 一般化力学 — 77
  3.8 弾性 — 78
  3.9 流体力学 — 82

4 量子力学 — **87**
  4.1 序論 — 87
  4.2 量子的定義 — 88

4.3	波動力学	90
4.4	水素原子	93
4.5	角運動量	96
4.6	摂動理論	100
4.7	高エネルギーと核物理	101

5 熱力学 — 103
- 5.1 序論 — 103
- 5.2 古典的熱力学 — 104
- 5.3 気体の法則 — 108
- 5.4 分子運動論 — 110
- 5.5 統計熱力学 — 112
- 5.6 揺らぎと雑音 — 114
- 5.7 放射過程 — 116

6 固体物理学 — 121
- 6.1 序論 — 121
- 6.2 周期律表 — 122
- 6.3 結晶構造 — 124
- 6.4 格子力学 — 127
- 6.5 固体中の電子 — 130

7 電磁気学 — 133
- 7.1 序論 — 133
- 7.2 静的場 — 134
- 7.3 電磁場(一般の場合) — 137
- 7.4 媒質中の場 — 140
- 7.5 力,トルクとエネルギー — 143
- 7.6 LCR 回路 — 145
- 7.7 伝送線路と導波路 — 148
- 7.8 媒質の中と外の波動 — 150
- 7.9 プラズマ物理 — 154

8 光学 — 159
- 8.1 序論 — 159
- 8.2 干渉 — 160
- 8.3 フラウンホーファー回折 — 162
- 8.4 フレネル回折 — 164
- 8.5 幾何光学 — 166
- 8.6 偏光 — 168
- 8.7 可干渉性(スカラー理論) — 170
- 8.8 線放射 — 171

9 天体物理学 — 173
- 9.1 序論 — 173
- 9.2 太陽系のデータ — 174
- 9.3 (天文学的)座標変換 — 175
- 9.4 観測天文学 — 177
- 9.5 星の進化 — 179
- 9.6 宇宙論 — 182

目　次　　　　　　　　　　　　　　　　　　　　　　　　　　　ix

訳者補遺：非線形物理学　　　　　　　　　　　　　　　　　　**185**
和文索引　　　　　　　　　　　　　　　　　　　　　　　　　**193**
欧文索引　　　　　　　　　　　　　　　　　　　　　　　　　**241**

第1章 単位，定数，換算

1.1 序論

物理定数を決定することと，それらを測定するときの単位を定義することは，科学の特別な一部門で，多くの人にとってはよくわからない隠れた部門である．

物理次元をもつ量は，その値が1つあるいはそれ以上の標準単位に関して表現されなければならない量である．本書の残りの部分の精神から，本節は，主として国際単位系（SI単位系）の周辺に基づいている．この単位系は，キログラムと秒のような7つの基本単位[1]（その数は，いくらか任意性がある）を用いている．基本単位の大きさは，物理法則に基づくか，あるいはキログラムの場合には，パリにある国際原器によって定義されている．便宜上，たとえばボルトのように7基本単位の組合せで定義されている，多くの組立単位がある．電子の電荷のような，ある意味で基本と見なされている物理観測量のほとんどは，10^{-7} 以下の比較標準不確実性[2] u_r の範囲でわかっている．もっともよくわかっていないものは，重力のニュートン定数で，現在のところ，かなり貧弱な 1.5×10^{-3} の比較不確実性である．もっともよいのは，リュードベリ定数で，$u_r = 7.6 \times 10^{-12}$ である．ボーア磁子において測定された電子の磁気モーメントの2倍を表す無次元電子 g-因子は，4.1×10^{-12} の比較不確実性で知られている．

どのような基本単位が用いられるにせよ，物理量は数値と単位との積で表される．これらの2つの成分は 多かれ少なかれ同等であり，以下に述べるように代数の通常の法則で計算される．したがって，もし $1 \cdot \mathrm{eV} = 160.218 \times 10^{-21} \cdot \mathrm{J}$ ならば，$1 \cdot \mathrm{J} = [1/(160.218 \times 10^{-21})] \cdot \mathrm{eV}$ である．単位としてジュールを用いたエネルギー U の測定は，U/J の数値をもつ．単位として，電子ボルトを用いた測定は $U/\mathrm{eV} = (U/\mathrm{J}) \cdot (\mathrm{J/eV})$ である，などである．

---

[1] メートル (m) は，1/299792458 秒の間に光が真空中で進む距離である．**キログラム**は質量の単位であり，国際キログラム原器の質量に等しい．**秒**は，セシウム 133 原子の基底状態の2つの超微細準位間の遷移に対応する放射光の 9192631770 周期の継続時間である．**アンペア**は，真空中に 1m の間隔に置かれた，円形の無視できるほど小さい断面積を有する，無限に長い2つの平行な直線状の導体中を流れ，これらの導体の間に，長さ 1m ごとに 2×10^{-7} ニュートンの力を生じさせるような，定電流である．熱力学的温度の単位である**ケルビン**は水の三重点の熱力学的温度の 1/273.16 である．**モル** (mole) は 0.012kg の炭素 12 (^{12}C) に含まれる炭素原子と等しい数の構成要素を含む系の物質量である．その記号は mol である．mole が用いられるときは，原子，分子，イオン，電子や他の粒子やそれらの粒子の特定のグループなど，構成要素が指定されていなければならない．**カンデラ**は周波数 540×10^{12} Hz の単色放射光を放出し，与えられた方向の放射強度が 1/683W/sr である光源の，その方向における光度である．

[2] 測定値 x に関する比較標準不確実性は，x の評価標準偏差を x ($x \neq 0$) の絶対値で割ったものとして定義される．

1.2 国際単位系 (SI)

SI 基本単位

物理量	名前	記号
長さ	メートル (meter)[a]	m
質量	キログラム (kilogram)	kg
時間	秒 (second)	s
電流	アンペア (ampere)	A
熱力学的温度	ケルビン (kelvin)	K
物質量	モル (mole)	mol
光度	カンデラ (candela)	cd

[a] または "metre".

SI 組立単位

物理量	名前	記号	等価単位
触媒活性	カタール (katal)	kat	$mol\,s^{-1}$
静電容量	ファラッド (farad)	F	$C\,V^{-1}$
電気量・電荷	クーロン (coulomb)	C	$A\,s$
コンダクタンス	ジーメンス (siemens)	S	Ω^{-1}
電圧・電位	ボルト (volt)	V	$J\,C^{-1}$
電気抵抗	オーム (ohm)	Ω	$V\,A^{-1}$
エネルギー・仕事・熱量	ジュール (joule)	J	$N\,m$
力	ニュートン (newton)	N	$m\,kg\,s^{-2}$
周波数	ヘルツ (hertz)	Hz	s^{-1}
照度	ルクス (lux)	lx	$cd\,sr\,m^{-2}$
インダクタンス	ヘンリー (henry)	H	$V\,A^{-1}\,s$
光束	ルーメン (lumen)	lm	$cd\,sr$
磁束	ウェーバー (weber)	Wb	$V\,s$
磁束密度	テスラ (tesla)	T	$V\,s\,m^{-2}$
平面角	ラジアン (radian)	rad	$m\,m^{-1}$
電力・仕事率	ワット (watt)	W	$J\,s^{-1}$
圧力・応力	パスカル (pascal)	Pa	$N\,m^{-2}$
吸収線量	グレイ (gray)	Gy	$J\,kg^{-1}$
線量当量[a]	シーベルト (sievert)	Sv	$[J\,kg^{-1}]$
放射能	ベクレル (becquerel)	Bq	s^{-1}
立体角	ステラジアン (steradian)	sr	$m^2\,m^{-2}$
温度[b]	摂氏 (degree Celsius)	°C	K

[a] 吸収線量と区別するために，$J\,kg^{-1}$ の単位はシーベルトに対しては実用上は用いるべきではない．
[b] 摂氏 T_C はケルビンによる温度 T_K から $T_C = T_K - 273.15$ によって定義される．

1.2 国際単位系 (SI)

SI 接頭語[a]

因数	接頭語	記号	因数	接頭語	記号
10^{24}	ヨッタ (yotta)	Y	10^{-24}	ヨクト (yocto)	y
10^{21}	ゼッタ (zetta)	Z	10^{-21}	ゼプト (zepto)	z
10^{18}	エクサ (exa)	E	10^{-18}	アット (atto)	a
10^{15}	ペタ (peta)	P	10^{-15}	フェムト (femto)	f
10^{12}	テラ (tera)	T	10^{-12}	ピコ (pico)	p
10^{9}	ギガ (giga)	G	10^{-9}	ナノ (nano)	n
10^{6}	メガ (mega)	M	10^{-6}	ミクロ (micro)	μ
10^{3}	キロ (kilo)	k	10^{-3}	ミリ (milli)	m
10^{2}	ヘクト (hecto)	h	10^{-2}	センチ (centi)	c
10^{1}	デカ (deca)[b]	da	10^{-1}	デシ (deci)	d

[a] キログラムは，その名前と記号に接頭語の付いた SI 単位である．質量に対して，単位名「グラム」と単位の記号 g は，これらの接頭語をつけて用いなければならない．そうすれば，10^{-6} kg は 1 mg と書くことができる．他方，任意の接頭語は任意の SI 単位に用いることができる．
[b] あるいは (deka)．

公認 非 SI 単位

物理量	名前	記号	SI の値
面積	バーン (barn)	b	10^{-28} m^2
エネルギー	電子ボルト (electron volt)	eV	$\simeq 1.60218 \times 10^{-19}$ J
長さ	オングストローム (ångström)	Å	10^{-10} m
	フェルミ (fermi)[a]	fm	10^{-15} m
	ミクロン (micron)[a]	μm	10^{-6} m
平面角	度 (degree)	°	$(\pi/180)$ rad
	分 (arcminute)	′	$(\pi/10\,800)$ rad
	秒 (arcsecond)	″	$(\pi/648\,000)$ rad
圧力	バール (bar)	bar	10^5 N m^{-2}
時間	分 (minute)	min	60 s
	時間 (hour)	h	3 600 s
	日 (day)	d	86 400 s
質量	原子質量単位 (unified atomic) (mass unit)	u	$\simeq 1.66054 \times 10^{-27}$ kg
	トン (tonne)[a,b]	t	10^3 kg
体積	リットル (liter)[c]	l, L	10^{-3} m^3

[a] これらは，SI 量に対する非 SI 名である．
[b] または，メータトン (metric ton)．
[c] または，litre．記号 l は避けなければならない．

1.3 物理定数

基本的物理定数に対する 以下の 1998 年 CODATA（科学技術データ委員会）の推奨値は，physics.nist.gov/constants のウェブ上で見つけることもできる．詳細な背景の情報は，*Reviews of Modern Physics*, Vol.72, No.2, pp.351-495, April 2000 で得られる．

かっこの中の数字は，その前の 2 つの数字における 1σ 不確実性を示している．たとえば，$G = (6.673 \pm 0.010) \times 10^{-11}\,\mathrm{m^3\,kg^{-1}\,s^{-2}}$ である．下の表に示した物理量の不確実性は相互に関連しているので，それらを組み合わせて用いた場合の不確実性は，この表に与えられたデータから計算することはできないことに注意する．適当な共分散値は上記の参考文献で得られる．

物理定数表

真空中の光速[a]	c	2.997 924 58	$\times 10^8\,\mathrm{m\,s^{-1}}$
真空の透磁率[b]	μ_0	4π	$\times 10^{-7}\,\mathrm{H\,m^{-1}}$
		$= 12.566\,370\,614\ldots$	$\times 10^{-7}\,\mathrm{H\,m^{-1}}$
真空の誘電率	ϵ_0	$1/(\mu_0 c^2)$	$\mathrm{F\,m^{-1}}$
		$= 8.854\,187\,817\ldots$	$\times 10^{-12}\,\mathrm{F\,m^{-1}}$
万有引力定数[c]	G	6.673(10)	$\times 10^{-11}\,\mathrm{m^3\,kg^{-1}\,s^{-2}}$
プランク定数	h	6.626 068 76(52)	$\times 10^{-34}\,\mathrm{J\,s}$
$h/(2\pi)$	$\hbar$	1.054 571 596(82)	$\times 10^{-34}\,\mathrm{J\,s}$
素電荷	e	1.602 176 462(63)	$\times 10^{-19}\,\mathrm{C}$
磁束量子，$h/(2e)$	Φ_0	2.067 833 636(81)	$\times 10^{-15}\,\mathrm{Wb}$
電子ボルト	eV	1.602 176 462(63)	$\times 10^{-19}\,\mathrm{J}$
電子の質量	m_e	9.109 381 88(72)	$\times 10^{-31}\,\mathrm{kg}$
陽子の質量	m_p	1.672 621 58(13)	$\times 10^{-27}\,\mathrm{kg}$
陽子と電子の質量比	$m_\mathrm{p}/m_\mathrm{e}$	1 836.152 667 5(39)	
原子質量単位	u	1.660 538 73(13)	$\times 10^{-27}\,\mathrm{kg}$
微細構造定数，$\mu_0 c e^2/(2h)$	α	7.297 352 533(27)	$\times 10^{-3}$
——の逆数	$1/\alpha$	137.035 999 76(50)	
リュードベリ定数，$m_\mathrm{e} c \alpha^2/(2h)$	R_∞	1.097 373 156 854 9(83)	$\times 10^7\,\mathrm{m^{-1}}$
アボガドロ定数	N_A	6.022 141 99(47)	$\times 10^{23}\,\mathrm{mol^{-1}}$
ファラデー定数，$N_\mathrm{A} e$	F	9.648 534 15(39)	$\times 10^4\,\mathrm{C\,mol^{-1}}$
1 モルの気体定数	R	8.314 472(15)	$\mathrm{J\,mol^{-1}\,K^{-1}}$
ボルツマン定数，R/N_A	k	1.380 650 3(24)	$\times 10^{-23}\,\mathrm{J\,K^{-1}}$
ステファン・ボルツマン定数，$\pi^2 k^4/(60\hbar^3 c^2)$	σ	5.670 400(40)	$\times 10^{-8}\,\mathrm{W\,m^{-2}\,K^{-4}}$
ボーア磁子，$e\hbar/(2m_\mathrm{e})$	μ_B	9.274 008 99(37)	$\times 10^{-24}\,\mathrm{J\,T^{-1}}$

[a] 定義によって光速の値は正確で誤差を含まない．定義値．
[b] これも，定義より誤差を含まない．代わりの単位は $\mathrm{N\,A^{-2}}$ である．
[c] 標準の重力加速度 g は，$9.806\,65\,\mathrm{m\,s^{-2}}$ で定義される．

1.3 物理定数

一般の定数

真空中の光速	c	2.997 924 58	$\times 10^8$ m s^{-1}
真空の透磁率	μ_0	4π	$\times 10^{-7}$ H m^{-1}
		=12.566 370 614...	$\times 10^{-7}$ H m^{-1}
真空の誘電率	ϵ_0	$1/(\mu_0 c^2)$	F m^{-1}
		=8.854 187 817...	$\times 10^{-12}$ F m^{-1}
自由空間のインピーダンス	Z_0	$\mu_0 c$	Ω
		=376.730 313 461...	Ω
万有引力定数	G	6.673(10)	$\times 10^{-11}$ m^3 kg^{-1} s^{-2}
プランク定数	h	6.626 068 76(52)	$\times 10^{-34}$ J s
eV s では		4.135 667 27(16)	$\times 10^{-15}$ eV s
$h/(2\pi)$	$\hbar$	1.054 571 596(82)	$\times 10^{-34}$ J s
eV s では		6.582 118 89(26)	$\times 10^{-16}$ eV s
プランク質量, $(\hbar c/G)^{1/2}$	m_{Pl}	2.176 7(16)	$\times 10^{-8}$ kg
プランク長, $\hbar/(m_{\text{Pl}} c) = (\hbar G/c^3)^{1/2}$	l_{Pl}	1.616 0(12)	$\times 10^{-35}$ m
プランク時間, $l_{\text{Pl}}/c = (\hbar G/c^5)^{1/2}$	t_{Pl}	5.390 6(40)	$\times 10^{-44}$ s
素電荷	e	1.602 176 462(63)	$\times 10^{-19}$ C
磁束量子, $h/(2e)$	Φ_0	2.067 833 636(81)	$\times 10^{-15}$ Wb
ジョセフソン振動数/電圧比	$2e/h$	4.835 978 98(19)	$\times 10^{14}$ Hz V^{-1}
ボーア磁子, $e\hbar/(2m_e)$	μ_B	9.274 008 99(37)	$\times 10^{-24}$ J T^{-1}
eV T^{-1} では		5.788 381 749(43)	$\times 10^{-5}$ eV T^{-1}
μ_B/k		0.671 713 1(12)	K T^{-1}
核磁子, $e\hbar/(2m_p)$	μ_N	5.050 783 17(20)	$\times 10^{-27}$ J T^{-1}
eV T^{-1} では		3.152 451 238(24)	$\times 10^{-8}$ eV T^{-1}
μ_N/k		3.658 263 8(64)	$\times 10^{-4}$ K T^{-1}
ゼーマン分裂定数	$\mu_B/(hc)$	46.686 452 1(19)	m^{-1} T^{-1}

原子定数[a]

微細構造定数, $\mu_0 c e^2/(2h)$	α	7.297 352 533(27)	$\times 10^{-3}$
—の逆数	$1/\alpha$	137.035 999 76(50)	
リュードベリ定数, $m_e c \alpha^2/(2h)$	R_∞	1.097 373 156 854 9(83)	$\times 10^7$ m^{-1}
$R_\infty c$		3.289 841 960 368(25)	$\times 10^{15}$ Hz
$R_\infty hc$		2.179 871 90(17)	$\times 10^{-18}$ J
$R_\infty hc/e$		13.605 691 72(53)	eV
ボーア半径[b], $\alpha/(4\pi R_\infty)$	a_0	5.291 772 083(19)	$\times 10^{-11}$ m

[a] 93 頁のボーア模型も参照せよ.
[b] 原子核を固定したとき.

電子定数

電子の質量	m_e	9.109 381 88(72)	$\times 10^{-31}$ kg
MeV では		0.510 998 902(21)	MeV
電子／陽子質量比	m_e/m_p	5.446 170 232(12)	$\times 10^{-4}$
電子の電荷	$-e$	$-1.602\,176\,462(63)$	$\times 10^{-19}$ C
電子の比電荷	$-e/m_e$	$-1.758\,820\,174(71)$	$\times 10^{11}$ C kg^{-1}
電子 1 モルの質量，$N_A m_e$	M_e	5.485 799 110(12)	$\times 10^{-7}$ kg mol^{-1}
コンプトン波長，$h/(m_e c)$	λ_C	2.426 310 215(18)	$\times 10^{-12}$ m
電子の古典半径，$\alpha^2 a_0$	r_e	2.817 940 285(31)	$\times 10^{-15}$ m
トムソン散乱断面積，$(8\pi/3)r_e^2$	σ_T	6.652 458 54(15)	$\times 10^{-29}$ m^2
電子の磁気モーメント	μ_e	$-9.284\,763\,62(37)$	$\times 10^{-24}$ J T^{-1}
ボーア磁子中の電子の磁気モーメント，μ_e/μ_B		$-1.001\,159\,652\,186\,9(41)$	
核磁子中の電子の磁気モーメント，μ_e/μ_N		$-1838.281\,966\,0(39)$	
電子の磁気回転比，$2|\mu_e|/\hbar$	γ_e	1.760 859 794(71)	$\times 10^{11}$ s^{-1} T^{-1}
電子の g 因子，$2\mu_e/\mu_B$	g_e	$-2.002\,319\,304\,3737(82)$	

陽子定数

陽子の質量	m_p	1.672 621 58(13)	$\times 10^{-27}$ kg
MeV では		938.271 998(38)	MeV
陽子と電子の質量比	m_p/m_e	1836.152 667 5(39)	
陽子の電荷	e	1.602 176 462(63)	$\times 10^{-19}$ C
陽子の比電荷	e/m_p	9.578 834 08(38)	$\times 10^7$ C kg^{-1}
陽子 1 モルの質量，$N_A m_p$	M_p	1.007 276 466 88(13)	$\times 10^{-3}$ kg mol^{-1}
陽子のコンプトン波長，$h/(m_p c)$	$\lambda_{C,p}$	1.321 409 847(10)	$\times 10^{-15}$ m
陽子の磁気モーメント	μ_p	1.410 606 633(58)	$\times 10^{-26}$ J T^{-1}
ボーア磁子中の陽子の磁気モーメント，μ_p/μ_B		1.521 032 203(15)	$\times 10^{-3}$
核磁子中の電子の磁気モーメント，μ_p/μ_N		2.792 847 337(29)	
陽子の磁気回転比，$2\mu_p/\hbar$	γ_p	2.675 222 12(11)	$\times 10^8$ s^{-1} T^{-1}

中性子定数

中性子質量	m_n	1.674 927 16(13)	$\times 10^{-27}$ kg
MeV では		939.565 330(38)	MeV
中性子と電子の質量比	m_n/m_e	1838.683 655 0(40)	
中性子と陽子の質量比	m_n/m_p	1.001 378 418 87(58)	
中性子 1 モルの質量，$N_A m_n$	M_n	1.008 664 915 78(55)	$\times 10^{-3}$ kg mol^{-1}
中性子のコンプトン波長，$h/(m_n c)$	$\lambda_{C,n}$	1.319 590 898(10)	$\times 10^{-15}$ m
中性子の磁気モーメント	μ_n	$-9.662\,364\,0(23)$	$\times 10^{-27}$ J T^{-1}
ボーア磁子中の中性子の磁気モーメント	μ_n/μ_B	$-1.041\,875\,63(25)$	$\times 10^{-3}$
核磁子中の中性子の磁気モーメント	μ_n/μ_N	$-1.913\,042\,72(45)$	
中性子の磁気回転比，$2|\mu_n|/\hbar$	γ_n	1.832 471 88(44)	$\times 10^8$ s^{-1} T^{-1}

ミューオンとタウ中間子定数

ミューオンの質量	m_μ	1.883 531 09(16)	$\times 10^{-28}$ kg
MeV での		105.658 356 8(52)	MeV
タウ中間子の質量	m_τ	3.167 88(52)	$\times 10^{-27}$ kg
MeV での		1.777 05(29)	$\times 10^3$ MeV
ミューオンと電子の質量比	m_μ/m_e	206.768 262(30)	
ミューオンの電荷	$-e$	$-1.602\,176\,462(63)$	$\times 10^{-19}$ C
ミューオンの磁気モーメント	μ_μ	$-4.490\,448\,13(22)$	$\times 10^{-26}$ J T^{-1}
ボーア磁子中のミューオンの磁気モーメント, μ_μ/μ_B		4.841 970 85(15)	$\times 10^{-3}$
核磁子中のミューオンの磁気モーメント, μ_μ/μ_N		8.890 597 70(27)	
ミューオンの g 因子	g_μ	$-2.002\,331\,832\,0(13)$	

バルク物理定数

アボガドロ定数	N_A	6.022 141 99(47)	$\times 10^{23}$ mol^{-1}
原子質量単位[a]	m_u	1.660 538 73(13)	$\times 10^{-27}$ kg
MeV での		931.494 013(37)	MeV
ファラデー定数	F	9.648 534 15(39)	$\times 10^4$ C mol^{-1}
1 モルの気体定数	R	8.314 472(15)	J mol^{-1} K^{-1}
ボルツマン定数, R/N_A	k	1.380 650 3(24)	$\times 10^{-23}$ J K^{-1}
eV K^{-1} での		8.617 342(15)	$\times 10^{-5}$ eV K^{-1}
モル体積（標準温度圧力での理想気体）[b]	V_m	22.413 996(39)	$\times 10^{-3}$ m^3 mol^{-1}
ステファン・ボルツマン定数, $\pi^2 k^4/(60\hbar^3 c^2)$	σ	5.670 400(40)	$\times 10^{-8}$ W m^{-2} K^{-4}
ウィーンの変位則定数[c], $b = \lambda_m T$	b	2.897 768 6(51)	$\times 10^{-3}$ m K

[a] ^{12}C/12 の質量．原子質量単位 u の代わりの記号．
[b] 標準温度 (standard temperature) と標準圧力 (pressure) (stp) は $T = 273.15$ K (0°C) と $P = 101325$ Pa (1 標準気圧)．
[c] 119 頁も参照．

数学定数

円周率 (π)	3.141 592 653 589 793 238 462 643 383 279 ...	
自然対数の底 (e)	2.718 281 828 459 045 235 360 287 471 352 ...	
カタランの定数	0.915 965 594 177 219 015 054 603 514 932 ...	
オイラーの定数[a] (γ)	0.577 215 664 901 532 860 606 512 090 082 ...	
ファイゲンバウムの定数 (α)	2.502 907 875 095 892 822 283 902 873 218 ...	
ファイゲンバウムの定数 (δ)	4.669 201 609 102 990 671 853 203 820 466 ...	
ギブスの定数	1.851 937 051 982 466 170 361 053 370 157 ...	
黄金律	1.618 033 988 749 894 848 204 586 834 370 ...	
マーデルング定数[b]	1.747 564 594 633 182 190 636 212 035 544 ...	

[a] 式 (2.119) も参照．
[b] 塩 (NaCl) の結晶構造．

1.4 単位の換算

以下の表は，よく使われる（あるいは，それほどよく使われない）物理量の単位を載せてある．記載の数値は，非SI単位の1単位に対応するSI単位である．したがって，1天文単位は，149.5979×10^9 m である．2列目に星印(*)の付いたものは，厳密な換算を表す．よって，1 絶対アンペアは 10.0 A である．この表の各々の項目は索引には載せておらず，値は断らない限り国際的である．

この表の後に温度換算表がある．

単位	SI 単位での値	
アンペア時間 (ampere hour)	3.6*	$\times 10^3$ C
絶対 [アブ] アンペア (abampere)	10.0*	A
アポスチルブ (apostilb)	1.0*	lm m^{-2}
アマガ（標準温度体積の下で）(amagat (at stp))	44.614 774	mol m^{-3}
アール (are)	100.0*	m^2
インダクタンス（静電単位系）(esu of inductance)	898.7552	$\times 10^9$ H
インダクタンス（電磁単位系）(emu of inductance)	1.0*	$\times 10^{-9}$ H
インチ (inch)	25.4*	$\times 10^{-3}$ m
水銀柱インチ（0 ℃）(inch of mercury)	3.386 389	$\times 10^3$ Pa
水柱インチ（4 ℃）(inch of water)	249.0740	Pa
エーカー (acre)	4.046 856	$\times 10^3$ m^2
X 線単位 (XU)	100.209	$\times 10^{-15}$ m
エトベス単位 (Eötvös unit)	1.0*	$\times 10^{-9}$ m s^{-2} m^{-1}
エム (em)	4.233 333	$\times 10^{-3}$ m
エル (ell)	1.143*	m
エルグ (erg)	100.0*	$\times 10^{-9}$ J
エルステッド (oersted)	$1000/(4\pi)$*	A m^{-1}
金衡オンス (troy ounce)	31.10348	$\times 10^{-3}$ kg
常用オンス (ounce (avoirdupois))	28.34952	$\times 10^{-3}$ kg
英液量オンス（英）(ounce (UK fluid))	28.41307	$\times 10^{-6}$ m^3
米液量オンス（米）(ounce (US fluid))	29.57353	$\times 10^{-6}$ m^3
オングストローム (ångström)	100.0*	$\times 10^{-12}$ m
絶対 [アブ] オーム (abohm)	1.0*	$\times 10^{-9}$ Ω
カイザー (kayser)	100.0*	m^{-1}
ガウス (gauss)	100.0*	$\times 10^{-6}$ T
g（標準加速度）(g (standard acceleration))	9.80665*	m s^{-2}
カップ（米）(cup (US))	236.5882	$\times 10^{-6}$ m^3
カラット（計量）(carat (metric))	200.0*	$\times 10^{-6}$ kg
ガル (gal)	10.0*	$\times 10^{-3}$ m s^{-2}
カロリー (calorie)	4.1868*	J
ガロン（英）(gallon (UK))	4.54609*	$\times 10^{-3}$ m^3
液量ガロン（米）(gallon (US liquid))	3.785412	$\times 10^{-3}$ m^3
ガンマ (gamma)	1.0*	$\times 10^{-9}$ T
（標準）気圧 (atmosphere (standard))	101.3250*	$\times 10^3$ Pa
平均球キャンドルパワー (candle power (spherical))	4π	lm
キュービット (cubit)	457.2*	$\times 10^{-3}$ m
キューメック (cumec)	1.0*	m^3 s^{-1}
キュリー (curie)	37.0*	$\times 10^9$ Bq

次頁に続く…

1.4 単位の換算

単位	SI単位での値	
ギルバート (gilbert)	795.7747	$\times 10^{-3}$ A turn
キロカロリー (kilocalorie)	4.1868*	$\times 10^{3}$ J
重力キログラム (kirogram-force)	9.80665*	N
キロワット時 (kirowatt hour)	3.6*	$\times 10^{6}$ J
クアッド (quad)	1.055056	$\times 10^{18}$ J
クィンタル（メートル）(quintal (metric))	100.0*	kg
クォート（英）(quart (UK))	1.136522	$\times 10^{-3}$ m^3
液量クォート（米）(quart (US liquid))	946.3529	$\times 10^{-6}$ m^3
乾量クォート（米）(quart (US dry))	1.101221	$\times 10^{-3}$ m^3
グラード (grade)	15.70796	$\times 10^{-3}$ rad
グラム (gram)	1.0*	$\times 10^{-3}$ kg
グラム-ラド (gram-rad)	100.0*	J kg^{-1}
クルセック (clusec)	1.333224	$\times 10^{-6}$ W
グレイ (gray)	1.0*	J kg^{-1}
グレイン（ゲレーン）(grain)	64.79891*	$\times 10^{-6}$ kg
絶対[アブ]クーロン (abcoulomb)	10.0*	C
ケーブル（米）(cable (US))	219.456*	m
原子質量単位 (atomic mass unit)	1.660540	$\times 10^{-27}$ kg
光年 (light year)	9.46073*	$\times 10^{15}$ m
コード (cord)	3.624556	m^3
ゴン (gon)	$\pi/200$*	rad
サイ（プサイ）(psi)	6.894757	$\times 10^{3}$ Pa
サウ (thou)	25.4*	$\times 10^{-6}$ m
サーミー (thermie)	4.185407	$\times 10^{6}$ J
サーム (EEC) (therm (EEC))	105.506*	$\times 10^{6}$ J
サーム（米）(therm (US))	105.4804*	$\times 10^{6}$ J
時 (hour)	3.6*	$\times 10^{3}$ s
恒星時 (hour (sidereal))	3.590170	$\times 10^{3}$ s
シェーク (shake)	100.0*	$\times 10^{-10}$ s
シェード (shed)	100.0*	$\times 10^{-54}$ m^2
シーム (seam)	290.9498	$\times 10^{-3}$ m^3
ジャー (jar)	$10/9$*	$\times 10^{-9}$ F
ジャンスキー (jansky)	10.0*	$\times 10^{-27}$ W m^{-2} Hz^{-1}
ジル（英）(gill (UK))	142.0654	$\times 10^{-6}$ m^3
ジル（米）(gill (US))	118.2941	$\times 10^{-6}$ m^3
スクエア度 (square degree)	$(\pi/180)^2$*	sr
スクループル (scruple)	1.295978	$\times 10^{-3}$ kg
スタットアンペア (statampere)	333.5641	$\times 10^{-12}$ A
スタットオーム (statohm)	898.7552	$\times 10^{9}$ Ω
スタットクーロン (statcoulmb)	333.5641	$\times 10^{-12}$ C
スタットファラッド (statfarad)	1.112650	$\times 10^{-12}$ F
スタットヘンリー (stathenry)	898.7552	$\times 10^{9}$ H
スタットボルト (statvolt)	299.7925	V
スタットモー (statmho)	1.112650	$\times 10^{-12}$ S
スチルブ (stilb)	10.0*	$\times 10^{3}$ cd m^{-2}
ステーヌ (sthéne)	1.0*	$\times 10^{3}$ N
ステール (stere)	1.0*	m^3
ストークス (stokes)	100.0*	$\times 10^{-6}$ m^2 s^{-1}

次頁に続く…

単位	SI 単位での値	
ストーン (stone)	6.350293	kg
スラグ (slug)	14.59390	kg
セ ンタル (cental)	45.359237	kg
センタール (centare)	1.0*	m^2
水銀柱センチメートル（0 ℃）(centimeter of Hg (0 ℃))	1.333222	$\times 10^3$ Pa
水柱センチメートル（4 ℃）(centimeter of H_2O (4 ℃))	98.060616	Pa
ダイン (dyne)	10.0*	$\times 10^{-6}$ N
センチメートルダイン (dyne centimeters)	100.0*	$\times 10^{-9}$ J
タウンゼント (townsend)	1.0*	$\times 10^{-21}$ V m^2
ダルシー (darcy)	986.9233	$\times 10^{-15}$ m^2
タン	954.6789	$\times 10^{-3}$ m^3
チェイン（技術者の）(chain (engineers'))	30.48*	m
チェイン（英）(chain(UK))	20.1168*	m
チュー (Chu)	1.899101	$\times 10^3$ J
月（月齢）(month (lunar))	2.551444	$\times 10^6$ s
抵抗（静電単位系）(esu of resistance)	898.7552	$\times 10^9$ Ω
抵抗（電磁単位系）(emu of resistance)	1.0*	$\times 10^{-9}$ Ω
ティースプーン（英）(teaspoon (UK))	4.735513	$\times 10^{-6}$ m^3
ティースプーン（米）(teaspoon (US))	4.928922	$\times 10^{-6}$ m^3
ディジット (digit)	19.05*	$\times 10^{-3}$ m
ディオプトル (diopter)	1.0*	m^{-1}
テックス (tex)	1.0*	$\times 10^{-6}$ kg m^{-1}
デニール (denier)	111.1111	$\times 10^{-9}$ kg m^{-1}
デバイ (debya)	3.335641	$\times 10^{-30}$ C m
テーブルスプーン（英）(tablespoon (UK))	14.20653	$\times 10^{-6}$ m^3
テーブルスプーン（米）(tablespoon (US))	14.78676	$\times 10^{-6}$ m^3
電位（静電単位系）(esu of electric potential)	299.7925	V
電位（電磁単位系）(emu of electric potential)	10.0*	$\times 10^{-9}$ V
電気容量（静電単位系）(esu of capacitance)	1.112650	$\times 10^{-12}$ F
電気容量（電磁単位系）(emu of capacitance)	1.0*	$\times 10^9$ F
電子ボルト (electron volt)	160.2177	$\times 10^{-21}$ J
電流（静電単位系）(esu of current)	333.5641	$\times 10^{-12}$ A
電流（電磁単位系）(emu of current)	10.0*	A
天文単位 (astronomical unit)	149.5979	$\times 10^9$ m
度（角）(degree (angle))	17.45329	$\times 10^{-3}$ rad
ドブソン単位 (Dobson unit)	10.0*	$\times 10^{-6}$ m
金衡ドラム (troy dram)	3.887935	$\times 10^{-3}$ kg
常衡ドラム (dram (avoirdupois))	1.771845	$\times 10^{-3}$ kg
トグ (tog)	100.0*	$\times 10^{-3}$ W^{-1} m^2 K
トル (torr)	133.3224	Pa
トン (TNT) (ton (of TNT))	4.184*	$\times 10^9$ J
トン（英 long）(ton (UK long))	1.016047	$\times 10^3$ kg
トン（米 short）(ton (US short))	907.1847	kg
メートルトン (metric ton)	1.0*	$\times 10^3$ kg
日 (day)	86.4*	$\times 10^3$ s
恒星日 (day (sidereal))	86.16409	$\times 10^3$ s

次頁に続く…

1.4 単位の換算

単位	SI 単位での値	
ニト (nit)	1.0*	$\text{cd}\,\text{m}^{-2}$
英熱量（BTU）(British thermal unit)	1.055056	$\times 10^3\,\text{J}$
年（365 日）(year (365 day))	31.536*	$\times 10^6\,\text{s}$
恒星年 (year (sidereal))	31.55815	$\times 10^6\,\text{s}$
回帰年 (year (tropical))	31.55693	$\times 10^6\,\text{s}$
ノギン（英）(noggin (UK))	142.0654	$\times 10^{-6}\,\text{m}^3$
国際ノット (knot (international))	514.4444	$\times 10^{-3}\,\text{m}\,\text{s}^{-1}$
パイカ（印刷）(pica (printers'))	4.217 518	$\times 10^{-3}\,\text{m}$
バーレー ((bayre))	100.0*	$\times 10^{-3}\,\text{Pa}$
パイント（英）(pint (UK))	568.2612	$\times 10^{-6}\,\text{m}^3$
液量パイント（米）(pint (US liquid))	473.1765	$\times 10^{-6}\,\text{m}^3$
乾量パイント（米）(pint (US dry))	550.6105	$\times 10^{-6}\,\text{m}^3$
パウンダル (poundal)	138.2550	$\times 10^{-3}\,\text{N}$
バット（英）(butt (UK))	477.3394	$\times 10^{-3}\,\text{m}^3$
パーセク (parsec)	30.85678	$\times 10^{15}\,\text{m}$
パーチ (perch)	5.0292*	m
ハッブル距離 (Hubble distance)	130	$\times 10^{24}\,\text{m}$
ハッブル時間 (Hubble time)	440	$\times 10^{15}\,\text{s}$
ハートリー (hartree)	4.359748	$\times 10^{-18}\,\text{J}$
馬力（電気）(horsepower (electric))	746*	W
馬力（ボイラー）(horsepower (boiler))	9.80950	$\times 10^3\,\text{W}$
馬力（英）(horsepower (UK))	745.6999	W
馬力（仏）(horsepower (metric))	735.4988	W
バール (bar)	100.0*	$\times 10^3\,\text{Pa}$
バレル（英）(barrel (UK))	163.659 2	$\times 10^{-3}\,\text{m}^3$
オイル用バレル（米）(barrel (US oil))	158.9873	$\times 10^{-3}\,\text{m}^3$
液量バレル（米）(barrel (US liquid))	119.2405	$\times 10^{-3}\,\text{m}^3$
乾量バレル（米）(barrel (US dry))	115.6271	$\times 10^{-3}\,\text{m}^3$
バロミル (baromil)	750.1	$\times 10^{-6}\,\text{m}$
バーン (barn)	100.0*	$\times 10^{-30}\,\text{m}^2$
バンチョン（英）(puncheon (UK))	317.9746	$\times 10^{-3}\,\text{m}^3$
ハンド (hand)	101.6*	$\times 10^{-3}\,\text{m}$
ロングハンドレッドウェイト（英）(hundredweight (UK long))	50.80235	kg
ショートハンドレッドウェイト（米）(hundredweight (US short))	45.35924	kg
ビオ (biot)	10.0	A
秒（角度）(second (angle))	4.848137	$\times 10^{-6}\,\text{rad}$
恒星秒 (second (sidereal))	997.2696	$\times 10^{-3}\,\text{s}$
ファゾム（ヒロ（尋））(fathom)	1.828804	m
絶対 [アブ] ファラッド (abfarad)	1.0*	$\times 10^9\,\text{F}$
ファラデー (faraday)	96.4853	$\times 10^3\,\text{C}$
ファーロング (furlong)	201.168*	m
フィルキン（英）(firkin (UK))	40.91481	$\times 10^{-3}\,\text{m}^3$
フィルキン（米）firkin (US)	34.06871	$\times 10^{-3}\,\text{m}^3$
フィンセン単位 (Finsen unit)	10.0*	$\times 10^{-6}\,\text{W}\,\text{m}^{-2}$
フェルミ (fermi)	1.0*	$\times 10^{-15}\,\text{m}$
フォト (phot)	10.0*	$\times 10^3\,\text{lx}$

次頁に続く…

単位	SI 単位での値	
ブッシェル（英）(bushel (UK))	36.36872	$\times 10^{-3}$ m^3
ブッシェル（米）(bushel (US))	35.23907	$\times 10^{-3}$ m^3
フート (foot)	304.8*	$\times 10^{-3}$ m
測量フート（米）(foot (US survey))	304.8006	$\times 10^{-3}$ m
水柱フート（4℃）(foot of water (4℃))	2.988887	$\times 10^3$ Pa
フート燭 (footcandle)	10.76391	lx
フートパウンズ（フィート重量ポンド）(footpounds (force))	1.355818	J
フートパウンダル (footpoundal)	42.14011	$\times 10^{-3}$ J
フートランベルト (footlambert)	3.426259	cd m^{-2}
フナル (funal)	1.0*	$\times 10^3$ N
ブルースター (brewster)	1.0*	$\times 10^{-12}$ m^2 N^{-1}
フレネル (fresnel)	1.0*	$\times 10^{12}$ Hz
プロマックスウェル (promaxwell)	1.0*	Wb
分 (minute)	60.0*	s
恒星分 (minute (sidereal))	59.83617	s
分（角度）(minuite (angle))	290.8882	$\times 10^{-6}$ rad
ヘクタール (hectare)	10.0*	$\times 10^3$ m^2
ペース (pace)	762.0*	$\times 10^{-3}$ m
ペック（英）(peck (UK))	9.09218*	$\times 10^{-3}$ m^3
ペック（米）(peck (US))	8.809768	$\times 10^{-3}$ m^3
（トロイ）ペニーウェイト (pennyweight (troy))	1.555174	$\times 10^{-3}$ kg
ヘフナー (hefner)	902	$\times 10^{-3}$ cd
絶対[アブ]ヘンリー (abhenry)	1.0*	$\times 10^{-9}$ H
ボー (baud)	1.0*	s^{-1}
ポアズ (poise)	100.0*	$\times 10^{-3}$ Pa s
ポイント（印刷）(point (printers'))	351.4598*	$\times 10^{-6}$ m
ホグスヘッド (hogshead)	238.6697	$\times 10^{-3}$ m^3
ポトル (pottle)	2.273045	$\times 10^{-3}$ m^3
ポール (pole)	5.0292*	m
絶対[アブ]ボルト (abvolt)	10.0*	$\times 10^{-9}$ V
ボルト（米）(bolt (US))	36.576*	m
ポンスロット (poncelot)	980.665*	W
金衡ポンド (troy pound)	373.2417	$\times 10^{-3}$ kg
重量ポンド (pound-force)	4.448222	N
常衡ポンド (pound (avoirdupois))	453.5924	$\times 10^{-3}$ kg
マイル（英航海）(mile (nautical,UK))	1.853184*	$\times 10^3$ m
マイル（国際）(mile (international))	1.609344*	$\times 10^3$ m
マイル（国際，航海）海里 (mile (nautical,int.))	1.852*	$\times 10^3$ m
マイル毎時 (mile per hour)	447.04*	$\times 10^{-3}$ m s^{-1}
マックスウェル (maxwell)	10.0*	$\times 10^{-9}$ Wb
ミクロン (micron)	1.0*	$\times 10^{-6}$ m
ミニム（英）(minim (UK))	59.19390	$\times 10^{-9}$ m^3
ミニム（米）(minim (US))	61.61151	$\times 10^{-9}$ m^3
ミリアード (milliard)	1.0*	$\times 10^9$ m^3
ミリバール (millibar)	100.0*	Pa
水銀柱ミリメートル（0℃）(millimeter of Hg (0℃))	133.3224	Pa

次頁に続く…

1.4 単位の換算

単位	SI 単位での値	
ミル（体積）(mil (volume))	1.0*	$\times 10^{-6}\,\mathrm{m}^3$
ミル（長さ）(mil (length))	25.4*	$\times 10^{-6}\,\mathrm{m}$
モー (mho)	1.0*	S
絶対[アブ]モー (abmho)	1.0*	$\times 10^9\,\mathrm{S}$
ヤード (yard)	914.4*	$\times 10^{-3}\,\mathrm{m}$
ライン (line)	2.116667	$\times 10^{-3}\,\mathrm{m}$
ライン（磁束線）(line (magnetic flux))	10.0*	$\times 10^{-9}\,\mathrm{Wb}$
ラザフォード (rutherford)	1.0*	$\times 10^6\,\mathrm{Bq}$
ラド (rad)	10.0*	$\times 10^{-3}\,\mathrm{Gy}$
ランベルト (lambert)	$10/\pi$*	$\times 10^3\,\mathrm{cd\,m}^{-2}$
ラングミュア (langmuir)	133.3224	$\times 10^{-6}\,\mathrm{Pa\,s}$
ラングレイ (langley)	41.84*	$\times 10^3\,\mathrm{J\,m}^{-2}$
リーグ（航海上，英）(league (nautical,UK))	5.559552	$\times 10^3\,\mathrm{m}$
リーグ（航海上，国際）(league (nautical,int.))	5.556*	$\times 10^3\,\mathrm{m}$
リーグ（正式）(league (stature))	4.828032	$\times 10^3\,\mathrm{m}$
リットル (liter)	1.0*	$\times 10^{-3}\,\mathrm{m}^3$
リーニュ (ligne)	2.256*	$\times 10^{-3}\,\mathrm{m}$
リュードベリ (rydberg)	2.179874	$\times 10^{-18}\,\mathrm{J}$
リンク（技術者の）(link (engineers'))	304.8*	$\times 10^{-3}\,\mathrm{m}$
リンク（米）(link (US))	201.1680	$\times 10^{-3}\,\mathrm{m}$
ルード（英）(rood (UK))	1.011714	$\times 10^3\,\mathrm{m}^2$
ルーメン（555nm での）(lumen (at 555 nm))	1.470588	$\times 10^{-3}\,\mathrm{W}$
レー (rhe)	10.0*	$\mathrm{Pa}^{-1}\,\mathrm{s}^{-1}$
レイン (reyn)	689.5	$\times 10^3\,\mathrm{Pa\,s}$
レム (rem)	10.0*	$\times 10^{-3}\,\mathrm{Sv}$
レーリー (rayleigh)	$10/(4\pi)$	$\times 10^9\,\mathrm{s}^{-1}\,\mathrm{m}^{-2}\,\mathrm{sr}^{-1}$
レントゲン (roentgen)	258.0	$\times 10^{-6}\,\mathrm{C\,kg}^{-1}$
ロッド (rod)	5.0292*	m
ロープ（英）(rope (UK))	6.096*	m
アールイーエヌ (REN)	1/4000*	S

温度換算

摂氏[a]からの換算	$T_\mathrm{K} = T_\mathrm{C} + 273.15$	(1.1)	T_K ケルビン温度 T_C 摂氏
華氏からの換算	$T_\mathrm{K} = \dfrac{T_\mathrm{F} - 32}{1.8} + 273.15$	(1.2)	T_F 華氏
ランキン温度からの換算	$T_\mathrm{K} = \dfrac{T_\mathrm{R}}{1.8}$	(1.3)	T_R ランキン温度

[a] centigrade の用語は SI 単位系では，度の 10^{-2} と混乱を避けるために用いない．

1.5 （物理）次元

以下の表は，よく用いられる物理量の次元を，それらの慣習的な記号とそれらが通常示す SI 単位とともに載せてある．用いられる基本的次元は，長さ (L)，質量 (M)，時間 (T)，電流 (I)，温度 (Θ)，物質量 (N) と光度 (J) である．

物理量	記号	次元	SI 単位
圧力 (pressure)	p, P	$L^{-1} M T^{-2}$	Pa
アボガドロ数 (Avogadro constant)	N_A	N^{-1}	mol^{-1}
移動度 (mobility)	μ	$M^{-1} T^2 I$	$m^2 V^{-1} s^{-1}$
インダクタンス (inductance)	L	$L^2 M T^{-2} I^{-2}$	H
インピーダンス (impedance)	Z	$L^2 M T^{-3} I^{-2}$	Ω
運動量 (momentum)	$\boldsymbol{p}$	$L M T^{-1}$	$kg\,m\,s^{-1}$
エネルギー (energy)	E, U	$L^2 M T^{-2}$	J
エネルギー密度 (energy density)	u	$L^{-1} M T^{-2}$	$J\,m^{-3}$
エントロピー (entropy)	S	$L^2 M T^{-2} \Theta^{-1}$	$J\,K^{-1}$
応力 (stress)	σ, τ	$L^{-1} M T^{-2}$	Pa
温度 (temperature)	T	Θ	K
角運動量 (angular momentum)	$\boldsymbol{L}, \boldsymbol{J}$	$L^2 M T^{-1}$	$m^2\,kg\,s^{-1}$
角速度 (angular speed)	ω	T^{-1}	$rad\,s^{-1}$
加速度 (acceleration)	a	$L T^{-2}$	$m\,s^{-2}$
慣性モーメント (moment of inertia)	I	$L^2 M$	$kg\,m^2$
気体定数 (molar gas constant)	R	$L^2 M T^{-2} \Theta^{-1} N^{-1}$	$J\,mol^{-1}\,K^{-1}$
偶力 (couple)	$\boldsymbol{G}, \boldsymbol{T}$	$L^2 M T^{-2}$	N m
光度 (luminous intensity)	I_v	J	cd
コンダクタンス (conductance)	G	$L^{-2} M^{-1} T^3 I^2$	S
作用 (action)	S	$L^2 M T^{-1}$	J s
磁化 (magnetisation)	$\boldsymbol{M}$	$L^{-1} I$	$A\,m^{-1}$
時間 (time)	t	T	s
磁気双極子モーメント (magnetic dipole moment)	$\boldsymbol{m}, \boldsymbol{\mu}$	$L^2 I$	$A\,m^2$
磁気ベクトルポテンシャル (magnetic vector potential)	$\boldsymbol{A}$	$L M T^{-2} I^{-1}$	$Wb\,m^{-1}$
仕事 (work)	W	$L^2 M T^{-2}$	J
仕事率 (power)	P	$L^2 M T^{-3}$	W
磁束 (magnetic flux)	Φ	$L^2 M T^{-2} I^{-1}$	Wb
磁束密度 (magnetic flux density)	$\boldsymbol{B}$	$M T^{-2} I^{-1}$	T
質量 (mass)	m, M	M	kg
磁場の強さ (magnetic field strength)	$\boldsymbol{H}$	$L^{-1} I$	$A\,m^{-1}$
重量 (weight)	W	$L M T^{-2}$	N
重力定数 (gravitational constant)	G	$L^3 M^{-1} T^{-2}$	$m^3\,kg^{-1}\,s^{-2}$
照度 (illuminance)	E_v	$L^{-2} J$	lx
振動数 (frequency)	ν, f	T^{-1}	Hz
数密度 (number density)	n	L^{-3}	m^{-3}
ステファン・ボルツマン定数 (Stefan-Boltzmann constant)	σ	$M T^{-3} \Theta^{-4}$	$W\,m^{-2}\,K^{-4}$
せん断弾性係数 (shear modulus)	μ, G	$L^{-1} M T^{-2}$	Pa
速度 (velocity)	$\boldsymbol{v}, \boldsymbol{u}$	$L T^{-1}$	$m\,s^{-1}$

次頁に続く…

1.5 （物理）次元

物理量	記号	次元	SI 単位
体積 (volume)	V, v	L^3	m^3
体積弾性率 (bulk modulus)	K	$L^{-1}\,M\,T^{-2}$	Pa
力 (force)	$\boldsymbol{F}$	$L\,M\,T^{-2}$	N
抵抗 (resistance)	R	$L^2\,M\,T^{-3}\,I^{-2}$	Ω
電位差 (electric potential difference)	V	$L^2\,M\,T^{-3}\,I^{-1}$	V
電荷 (charge (electric))	q	$T\,I$	C
電荷密度 (charge density)	ρ	$L^{-3}\,T\,I$	$C\,m^{-3}$
電気分極 (electric polarisation)	$\boldsymbol{P}$	$L^{-2}\,T\,I$	$C\,m^{-2}$
電気分極率 (electric polarisability)	α	$M^{-1}\,T^4\,I^2$	$C\,m^2\,V^{-1}$
電気変位 (electric displacement)	$\boldsymbol{D}$	$L^{-2}\,T\,I$	$C\,m^{-2}$
電気容量 (capacitance)	C	$L^{-2}\,M^{-1}\,T^4\,I^2$	F
伝導率 (conductivity)	σ	$L^{-3}\,M^{-1}\,T^3\,I^2$	$S\,m^{-1}$
電場強度 (electric field strength)	$\boldsymbol{E}$	$L\,M\,T^{-3}\,I^{-1}$	$V\,m^{-1}$
電流 (current)	I, i	I	A
電流密度 (current density)	$\boldsymbol{J}, \boldsymbol{j}$	$L^{-2}\,I$	$A\,m^{-2}$
透磁率 (permeability)	μ	$L\,M\,T^{-2}\,I^{-2}$	$H\,m^{-1}$
長さ (length)	L, l	L	m
熱伝導率 (thermal conductivity)	λ	$L\,M\,T^{-3}\,\Theta^{-1}$	$W\,m^{-1}\,K^{-1}$
熱容量 (heat capacity)	C	$L^2\,M\,T^{-2}\,\Theta^{-1}$	$J\,K^{-1}$
粘性，静的 (viscosity (kinematic))	ν	$L^2\,T^{-1}$	$m^2\,s^{-1}$
粘性，動的 (viscosity (dynamic))	η, μ	$L^{-1}\,M\,T^{-1}$	$Pa\,s$
ハッブル定数 (Hubble constant)[a]	H	T^{-1}	s^{-1}
波動ベクトル (wavevector)	$\boldsymbol{k}$	L^{-1}	m^{-1}
ハミルトン関数 (Hamiltonian)	H	$L^2\,M\,T^{-2}$	J
速さ (speed)	u, v, c	$L\,T^{-1}$	$m\,s^{-1}$
比熱容量 (specific heat capacity)	c	$L^2\,T^{-2}\,\Theta^{-1}$	$J\,kg^{-1}\,K^{-1}$
表面張力 (surface tension)	σ, γ	$M\,T^{-2}$	$N\,m^{-1}$
ファラデー定数 (Faraday constant)	F	$T\,I\,N^{-1}$	$C\,mol^{-1}$
プランク定数 (Planck constant)	h	$L^2\,M\,T^{-1}$	$J\,s$
ポインティングベクトル (poynting vector)	$\boldsymbol{S}$	$M\,T^{-3}$	$W\,m^{-2}$
放射強度 (radiant intensity)	I_e	$L^2\,M\,T^{-3}$	$W\,sr^{-1}$
放射照度 (irradiance)	E_e	$M\,T^{-3}$	$W\,m^{-2}$
ボーア磁子 (Bohr magneton)	μ_B	$L^2\,I$	$J\,T^{-1}$
ホール係数 (Hall coefficient)	R_H	$L^3\,T^{-1}\,I^{-1}$	$m^3\,C^{-1}$
ボルツマン定数 (Boltzman constant)	k, k_B	$L^2\,M\,T^{-2}\,\Theta^{-1}$	$J\,K^{-1}$
曲げモーメント (bending moment)	$\boldsymbol{G}_b$	$L^2\,M\,T^{-2}$	$N\,m$
密度 (density)	ρ	$L^{-3}\,M$	$kg\,m^{-3}$
面積 (area)	A, S	L^2	m^2
ヤング率 (Young modulus)	E	$L^{-1}\,M\,T^{-2}$	Pa
誘電率 (permittivity)	ϵ	$L^{-3}\,M^{-1}\,T^4\,I^2$	$F\,m^{-1}$
ラグランジアン (Lagrangian)	L	$L^2\,M\,T^{-2}$	J
力積 (impulse)	I	$L\,M\,T^{-1}$	$N\,s$
リュードベリ定数 (Rydberg constant)	R_∞	L^{-1}	m^{-1}

[a] ハッブル定数は，世界的にほぼ $km\,s^{-1}\,Mpc^{-1}$ の単位で引用されている．メガパーセク当たり，約 3.1×10^{19} キロメートルである．

1.6 その他

ギリシャ文字

A	α		アルファ		N	ν		ニュー
B	β		ベータ		Ξ	ξ		クサイ（クシー）
Γ	γ		ガンマ		O	o		オミクロン
Δ	δ		デルタ		Π	π	ϖ	パイ
E	ϵ	ε	イプシロン		P	ρ	ϱ	ロー
Z	ζ		ゼータ		Σ	σ	ς	シグマ
H	η		エータ		T	τ		タウ
Θ	θ	ϑ	テータ（シータ）		Υ	υ		ウプシロン
I	ι		イオータ		Φ	ϕ	φ	ファイ（フィー）
K	κ		カッパ		X	χ		カイ
Λ	λ		ラムダ		Ψ	ψ		プサイ（プシー）
M	μ		ミュー		Ω	ω		オメガ

小数点 1000 桁までの円周率 π

3.1415926535 8979323846 2643383279 5028841971 6939937510 5820974944 5923078164 0628620899 8628034825 3421170679
8214808651 3282306647 0938446095 5058223172 5359408128 4811174502 8410270193 8521105559 6446229489 5493038196
4428810975 6659334461 2847564823 3786783165 2712019091 4564856692 3460348610 4543266482 1339360726 0249141273
7245870066 0631558817 4881520920 9628292540 9171536436 7892590360 0113305305 4882046652 1384146951 9415116094
3305727036 5759591953 0921861173 8193261179 3105118548 0744623799 6274956735 1885752724 8912279381 8301194912
9833673362 4406566430 8602139494 6395224737 1907021798 6094370277 0539217176 2931767523 8467481846 7669405132
0005681271 4526356082 7785771342 7577896091 7363717872 1468440901 2249534301 4654958537 1050792279 6892589235
4201995611 2129021960 8640344181 5981362977 4771309960 5187072113 4999999837 2978049951 0597317328 1609631859
5024459455 3469083026 4252230825 3344685035 2619311881 7101000313 7838752886 5875332083 8142061717 7669147303
5982534904 2875546873 1159562863 8823537875 9375195778 1857780532 1712268066 1300192787 6611195909 2164201989

小数点 1000 桁までの自然対数の底 e

2.7182818284 5904523536 0287471352 6624977572 4709369995 9574966967 6277240766 3035354759 4571382178 5251664274
2746639193 2003059921 8174135966 2904357290 0334295260 5956307381 3232862794 3490763233 8298807531 9525101901
1573834187 9307021540 8914993488 4167509244 7614606680 8226480016 8477411853 7423454424 3710753907 7744992069
5517027618 3860626133 1384583000 7520449338 2656029760 6737113200 7093287091 2744374704 7230696977 2093101416
9283681902 5515108657 4637721112 5238978442 5056953696 7707854499 6996794686 4454905987 9316368892 3009879312
7736178215 4249992295 7635148220 8269895193 6680331825 2886939849 6465105820 9392398294 8879332036 2509443117
3012381970 6841614039 7019837679 3206832823 7646480429 5311802328 7825098194 4581530175 6717361332 0698112509
9618188159 3041690351 5988885193 4580727386 6738589422 8792284998 9208680582 5749279610 4841984443 6346324496
8487560233 6248270419 7862320900 2160990235 3043699418 4914631409 3431738143 6405462531 5209618369 0888707016
7683964243 7814059271 4563549061 3031072085 1038375051 0115747704 1718986106 8739696552 1267154688 9570350354

第 2 章 数学

2.1 記号

数学は，もちろん広大な分野であるから，ここでは物理科学・工学でもっともよく用いられる数学的手法とそれらに関連したものに限る．

一般に受け入れられている数学的記法の整合性は高いが，いくつかはヴァリエーションがある．たとえば，球面調和関数 Y_ℓ^m は $Y_{\ell m}$ とも書かれるし，それらの符号についても若干の自由度がある．ここで選んだ規約は，このハンドブックの残りの部分と整合性を保ちながら，できるだけ共通に用いられるものに従っている．

特に，よく使われるものを下記に挙げる．

スカラー	a	ベクトル	$\boldsymbol{a}$
単位ベクトル	$\hat{\boldsymbol{a}}$	スカラー積（内積）	$\boldsymbol{a}\cdot\boldsymbol{b}$
クロス積（ベクトル積）	$\boldsymbol{a}\times\boldsymbol{b}$	勾配	∇
ラプラシアン（ラプラス作用素）	∇^2	微分	$\dfrac{\mathrm{d}f}{\mathrm{d}x}$ 等
偏微分	$\dfrac{\partial f}{\partial x}$ 等	時間微分	$\dot{r}$
n 次微分	$\dfrac{\mathrm{d}^n f}{\mathrm{d}x^n}$	周回積分	$\oint_L \mathrm{d}l$
閉面積分	$\oint_S \mathrm{d}s$	行列	$\mathbf{A}$ または a_{ij}
（x の）平均	$\langle x \rangle$	二項係数	$\binom{n}{r}$
階乗	$!$	虚数単位 ($\mathrm{i}^2=-1$)	i
指数定数	e	x の絶対値	$|x|$
自然対数	$\ln$	常用対数	$\log_{10}$

2.2 ベクトルと行列

ベクトル代数

スカラー積[a]	$\boldsymbol{a}\cdot\boldsymbol{b}=|\boldsymbol{a}||\boldsymbol{b}|\cos\theta$	(2.1)
ベクトル積[b]	$\boldsymbol{a}\times\boldsymbol{b}=|\boldsymbol{a}||\boldsymbol{b}|\sin\theta\hat{\boldsymbol{n}}=\begin{vmatrix}\hat{\boldsymbol{x}}&\hat{\boldsymbol{y}}&\hat{\boldsymbol{z}}\\a_x&a_y&a_z\\b_x&b_y&b_z\end{vmatrix}$	(2.2)
積の法則	$\boldsymbol{a}\cdot\boldsymbol{b}=\boldsymbol{b}\cdot\boldsymbol{a}$ $\boldsymbol{a}\times\boldsymbol{b}=-\boldsymbol{b}\times\boldsymbol{a}$ $\boldsymbol{a}\cdot(\boldsymbol{b}+\boldsymbol{c})=(\boldsymbol{a}\cdot\boldsymbol{b})+(\boldsymbol{a}\cdot\boldsymbol{c})$ $\boldsymbol{a}\times(\boldsymbol{b}+\boldsymbol{c})=(\boldsymbol{a}\times\boldsymbol{b})+(\boldsymbol{a}\times\boldsymbol{c})$	(2.3) (2.4) (2.5) (2.6)
ラグランジュの恒等式	$(\boldsymbol{a}\times\boldsymbol{b})\cdot(\boldsymbol{c}\times\boldsymbol{d})=(\boldsymbol{a}\cdot\boldsymbol{c})(\boldsymbol{b}\cdot\boldsymbol{d})-(\boldsymbol{a}\cdot\boldsymbol{d})(\boldsymbol{b}\cdot\boldsymbol{c})$	(2.7)
スカラー3重積	$(\boldsymbol{a}\times\boldsymbol{b})\cdot\boldsymbol{c}=\begin{vmatrix}a_x&a_y&a_z\\b_x&b_y&b_z\\c_x&c_y&c_z\end{vmatrix}$ $=(\boldsymbol{b}\times\boldsymbol{c})\cdot\boldsymbol{a}=(\boldsymbol{c}\times\boldsymbol{a})\cdot\boldsymbol{b}$ $=$ 平行四面体の体積	(2.8) (2.9) (2.10)
ベクトル3重積	$(\boldsymbol{a}\times\boldsymbol{b})\times\boldsymbol{c}=(\boldsymbol{a}\cdot\boldsymbol{c})\boldsymbol{b}-(\boldsymbol{b}\cdot\boldsymbol{c})\boldsymbol{a}$ $\boldsymbol{a}\times(\boldsymbol{b}\times\boldsymbol{c})=(\boldsymbol{a}\cdot\boldsymbol{c})\boldsymbol{b}-(\boldsymbol{a}\cdot\boldsymbol{b})\boldsymbol{c}$	(2.11) (2.12)
逆格子ベクトル	$\boldsymbol{a}'=(\boldsymbol{b}\times\boldsymbol{c})/[(\boldsymbol{a}\times\boldsymbol{b})\cdot\boldsymbol{c}]$ $\boldsymbol{b}'=(\boldsymbol{c}\times\boldsymbol{a})/[(\boldsymbol{a}\times\boldsymbol{b})\cdot\boldsymbol{c}]$ $\boldsymbol{c}'=(\boldsymbol{a}\times\boldsymbol{b})/[(\boldsymbol{a}\times\boldsymbol{b})\cdot\boldsymbol{c}]$ $(\boldsymbol{a}'\cdot\boldsymbol{a})=(\boldsymbol{b}'\cdot\boldsymbol{b})=(\boldsymbol{c}'\cdot\boldsymbol{c})=1$	(2.13) (2.14) (2.15) (2.16)
ベクトル $\boldsymbol{a}$ を非直交基底 $\{e_1,e_2,e_3\}$ で展開[c]	$\boldsymbol{a}=(e_1'\cdot\boldsymbol{a})e_1+(e_2'\cdot\boldsymbol{a})e_2+(e_3'\cdot\boldsymbol{a})e_3$	(2.17)

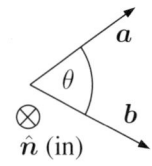

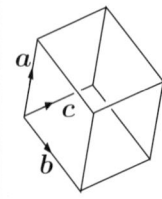

[a]ドット積，内積ともいう．
[b]クロス積ともいう．$\hat{\boldsymbol{n}}$ は $\boldsymbol{a},\boldsymbol{b}$ と右手系をなす単位ベクトルである．
[c]プライム (′) は逆格子ベクトルを表す．

常用3次元座標系

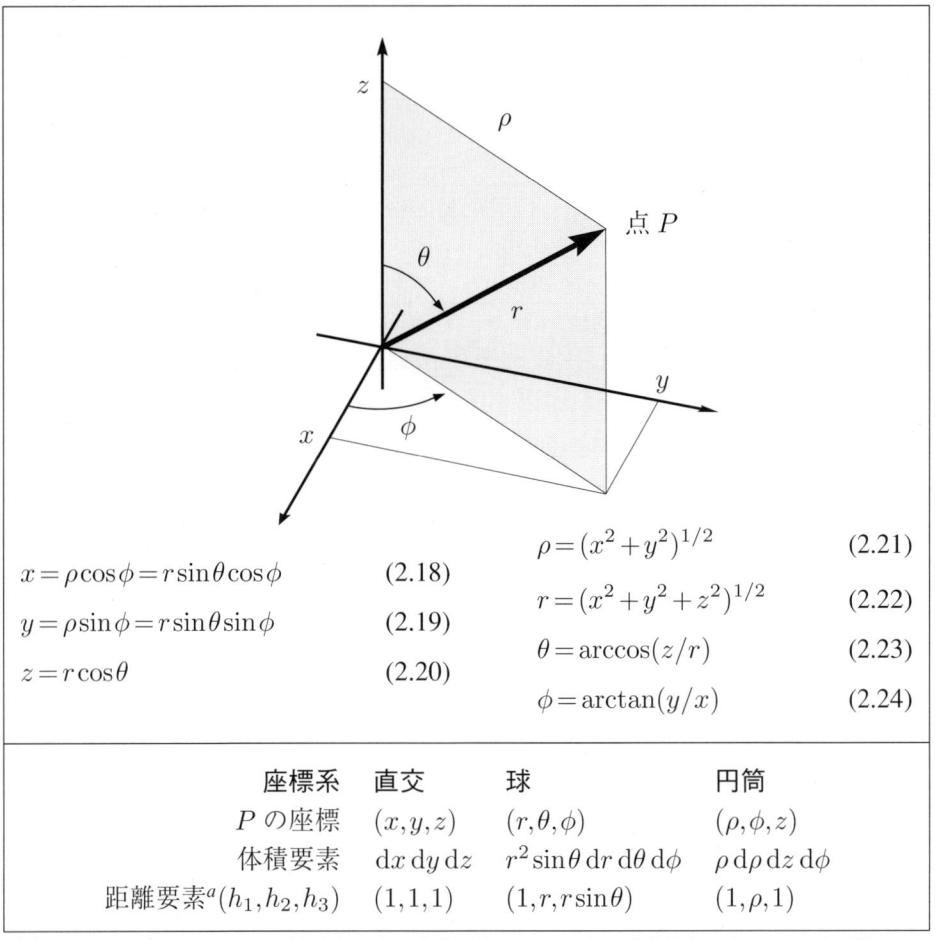

$$\rho = \rho\cos\phi = r\sin\theta\cos\phi \quad (2.18)$$
$$y = \rho\sin\phi = r\sin\theta\sin\phi \quad (2.19)$$
$$z = r\cos\theta \quad (2.20)$$

$$\rho = (x^2+y^2)^{1/2} \quad (2.21)$$
$$r = (x^2+y^2+z^2)^{1/2} \quad (2.22)$$
$$\theta = \arccos(z/r) \quad (2.23)$$
$$\phi = \arctan(y/x) \quad (2.24)$$

座標系	直交	球	円筒
P の座標	(x,y,z)	(r,θ,ϕ)	(ρ,ϕ,z)
体積要素	$dx\,dy\,dz$	$r^2\sin\theta\,dr\,d\theta\,d\phi$	$\rho\,d\rho\,dz\,d\phi$
距離要素^a (h_1,h_2,h_3)	$(1,1,1)$	$(1,r,r\sin\theta)$	$(1,\rho,1)$

^{a}座標 (q_1,q_2,q_3) でパラメータ付けられた直交座標系においては,微分線分要素 dl は,$(dl)^2 = (h_1 dq_1)^2 + (h_2 dq_2)^2 + (h_3 dq_3)^2$ から得られる.

勾配

直交座標	$\nabla f = \dfrac{\partial f}{\partial x}\hat{\boldsymbol{x}} + \dfrac{\partial f}{\partial y}\hat{\boldsymbol{y}} + \dfrac{\partial f}{\partial z}\hat{\boldsymbol{z}}$	(2.25)	f	スカラー場
			$\hat{}$	単位ベクトル
円筒座標	$\nabla f = \dfrac{\partial f}{\partial \rho}\hat{\boldsymbol{\rho}} + \dfrac{1}{r}\dfrac{\partial f}{\partial \phi}\hat{\boldsymbol{\phi}} + \dfrac{\partial f}{\partial z}\hat{\boldsymbol{z}}$	(2.26)	ρ	z 軸からの距離
球座標	$\nabla f = \dfrac{\partial f}{\partial r}\hat{\boldsymbol{r}} + \dfrac{1}{r}\dfrac{\partial f}{\partial \theta}\hat{\boldsymbol{\theta}} + \dfrac{1}{r\sin\theta}\dfrac{\partial f}{\partial \phi}\hat{\boldsymbol{\phi}}$	(2.27)		
一般直交座標	$\nabla f = \dfrac{\hat{\boldsymbol{q}}_1}{h_1}\dfrac{\partial f}{\partial q_1} + \dfrac{\hat{\boldsymbol{q}}_2}{h_2}\dfrac{\partial f}{\partial q_2} + \dfrac{\hat{\boldsymbol{q}}_3}{h_3}\dfrac{\partial f}{\partial q_3}$	(2.28)	q_i	基底
			h_i	距離要素

発散

直交座標	$\nabla \cdot \boldsymbol{A} = \dfrac{\partial A_x}{\partial x} + \dfrac{\partial A_y}{\partial y} + \dfrac{\partial A_z}{\partial z}$	(2.29)	
円筒座標	$\nabla \cdot \boldsymbol{A} = \dfrac{1}{\rho}\dfrac{\partial(\rho A_\rho)}{\partial \rho} + \dfrac{1}{\rho}\dfrac{\partial A_\phi}{\partial \phi} + \dfrac{\partial A_z}{\partial z}$	(2.30)	
球座標	$\nabla \cdot \boldsymbol{A} = \dfrac{1}{r^2}\dfrac{\partial(r^2 A_r)}{\partial r} + \dfrac{1}{r\sin\theta}\dfrac{\partial(A_\theta \sin\theta)}{\partial \theta} + \dfrac{1}{r\sin\theta}\dfrac{\partial A_\phi}{\partial \phi}$	(2.31)	
一般直交座標	$\nabla \cdot \boldsymbol{A} = \dfrac{1}{h_1 h_2 h_3}\left[\dfrac{\partial}{\partial q_1}(A_1 h_2 h_3) + \dfrac{\partial}{\partial q_2}(A_2 h_3 h_1) + \dfrac{\partial}{\partial q_3}(A_3 h_1 h_2)\right]$	(2.32)	

$\boldsymbol{A}$ ベクトル場
A_i $\boldsymbol{A}$ の i 番目の成分
ρ z 軸からの距離
q_i 基底
h_i 距離要素

回転

直交座標	$\nabla \times \boldsymbol{A} = \begin{vmatrix} \hat{\boldsymbol{x}} & \hat{\boldsymbol{y}} & \hat{\boldsymbol{z}} \\ \partial/\partial x & \partial/\partial y & \partial/\partial z \\ A_x & A_y & A_z \end{vmatrix}$	(2.33)
円筒座標	$\nabla \times \boldsymbol{A} = \begin{vmatrix} \hat{\boldsymbol{\rho}}/\rho & \hat{\boldsymbol{\phi}} & \hat{\boldsymbol{z}}/\rho \\ \partial/\partial \rho & \partial/\partial \phi & \partial/\partial z \\ A_\rho & \rho A_\phi & A_z \end{vmatrix}$	(2.34)
球座標	$\nabla \times \boldsymbol{A} = \begin{vmatrix} \hat{\boldsymbol{r}}/(r^2\sin\theta) & \hat{\boldsymbol{\theta}}/(r\sin\theta) & \hat{\boldsymbol{\phi}}/r \\ \partial/\partial r & \partial/\partial \theta & \partial/\partial \phi \\ A_r & rA_\theta & rA_\phi \sin\theta \end{vmatrix}$	(2.35)
一般直交座標	$\nabla \times \boldsymbol{A} = \dfrac{1}{h_1 h_2 h_3}\begin{vmatrix} \hat{\boldsymbol{q}}_1 h_1 & \hat{\boldsymbol{q}}_2 h_2 & \hat{\boldsymbol{q}}_3 h_3 \\ \partial/\partial q_1 & \partial/\partial q_2 & \partial/\partial q_3 \\ h_1 A_1 & h_2 A_2 & h_3 A_3 \end{vmatrix}$	(2.36)

$\hat{}$ 単位ベクトル
$\boldsymbol{A}$ ベクトル場
A_i ベクトル $\boldsymbol{A}$ の成分
ρ z 軸からの距離
q_i 基底
h_i 距離要素

動径形式[a]

$\nabla r = \dfrac{\boldsymbol{r}}{r}$	(2.37)		$\nabla(1/r) = \dfrac{-\boldsymbol{r}}{r^3}$	(2.41)
$\nabla \cdot \boldsymbol{r} = 3$	(2.38)		$\nabla \cdot (\boldsymbol{r}/r^2) = \dfrac{1}{r^2}$	(2.42)
$\nabla r^2 = 2\boldsymbol{r}$	(2.39)		$\nabla(1/r^2) = \dfrac{-2\boldsymbol{r}}{r^4}$	(2.43)
$\nabla \cdot (r\boldsymbol{r}) = 4r$	(2.40)		$\nabla \cdot (\boldsymbol{r}/r^3) = 4\pi\delta(\boldsymbol{r})$	(2.44)

[a]動径方向のみに依存するどんな関数の回転もゼロである．$\delta(\boldsymbol{r})$ はディラックのデルタ関数である．

ラプラシアン（スカラー）

直交座標	$\nabla^2 f = \dfrac{\partial^2 f}{\partial x^2} + \dfrac{\partial^2 f}{\partial y^2} + \dfrac{\partial^2 f}{\partial z^2}$	(2.45)	f スカラー場
円筒座標	$\nabla^2 f = \dfrac{1}{\rho}\dfrac{\partial}{\partial \rho}\left(\rho\dfrac{\partial f}{\partial \rho}\right) + \dfrac{1}{\rho^2}\dfrac{\partial^2 f}{\partial \phi^2} + \dfrac{\partial^2 f}{\partial z^2}$	(2.46)	ρ z 軸からの距離
球座標	$\nabla^2 f = \dfrac{1}{r^2}\dfrac{\partial}{\partial r}\left(r^2\dfrac{\partial f}{\partial r}\right) + \dfrac{1}{r^2 \sin\theta}\dfrac{\partial}{\partial \theta}\left(\sin\theta\dfrac{\partial f}{\partial \theta}\right) + \dfrac{1}{r^2 \sin^2\theta}\dfrac{\partial^2 f}{\partial \phi^2}$	(2.47)	
一般直交座標	$\nabla^2 f = \dfrac{1}{h_1 h_2 h_3}\left[\dfrac{\partial}{\partial q_1}\left(\dfrac{h_2 h_3}{h_1}\dfrac{\partial f}{\partial q_1}\right) + \dfrac{\partial}{\partial q_2}\left(\dfrac{h_3 h_1}{h_2}\dfrac{\partial f}{\partial q_2}\right)\right.$ $\left. + \dfrac{\partial}{\partial q_3}\left(\dfrac{h_1 h_2}{h_3}\dfrac{\partial f}{\partial q_3}\right)\right]$	(2.48)	q_i 基底 h_i 距離要素

微分演算子の等式[a]

$\nabla(fg) \equiv f\nabla g + g\nabla f$	(2.49)	
$\nabla\cdot(f\boldsymbol{A}) \equiv f\nabla\cdot\boldsymbol{A} + \boldsymbol{A}\cdot\nabla f$	(2.50)	
$\nabla\times(f\boldsymbol{A}) \equiv f\nabla\times\boldsymbol{A} + (\nabla f)\times\boldsymbol{A}$	(2.51)	
$\nabla(\boldsymbol{A}\cdot\boldsymbol{B}) \equiv \boldsymbol{A}\times(\nabla\times\boldsymbol{B}) + (\boldsymbol{A}\cdot\nabla)\boldsymbol{B} + \boldsymbol{B}\times(\nabla\times\boldsymbol{A}) + (\boldsymbol{B}\cdot\nabla)\boldsymbol{A}$	(2.52)	
$\nabla\cdot(\boldsymbol{A}\times\boldsymbol{B}) \equiv \boldsymbol{B}\cdot(\nabla\times\boldsymbol{A}) - \boldsymbol{A}\cdot(\nabla\times\boldsymbol{B})$	(2.53)	f, g スカラー場
$\nabla\times(\boldsymbol{A}\times\boldsymbol{B}) \equiv \boldsymbol{A}(\nabla\cdot\boldsymbol{B}) - \boldsymbol{B}(\nabla\cdot\boldsymbol{A}) + (\boldsymbol{B}\cdot\nabla)\boldsymbol{A} - (\boldsymbol{A}\cdot\nabla)\boldsymbol{B}$	(2.54)	$\boldsymbol{A}, \boldsymbol{B}$ ベクトル場
$\nabla\cdot(\nabla f) \equiv \nabla^2 f \equiv \triangle f$	(2.55)	
$\nabla\times(\nabla f) \equiv \boldsymbol{0}$	(2.56)	
$\nabla\cdot(\nabla\times\boldsymbol{A}) \equiv 0$	(2.57)	
$\nabla\times(\nabla\times\boldsymbol{A}) \equiv \nabla(\nabla\cdot\boldsymbol{A}) - \nabla^2\boldsymbol{A}$	(2.58)	

[a]数学では微分作用素というのが一般的である（訳注）．

ベクトル解析，積分公式

ガウスの発散定理	$\displaystyle\int_V (\nabla\cdot\boldsymbol{A})\,\mathrm{d}V = \oint_{S_c} \boldsymbol{A}\cdot\mathrm{d}\boldsymbol{s}$	(2.59)	$\boldsymbol{A}$ ベクトル場 $\mathrm{d}V$ 体積要素 S_c 閉曲面 V 囲まれた体積 S 表面 $\mathrm{d}\boldsymbol{s}$ 曲面積要素 L S を囲む境界 $\mathrm{d}\boldsymbol{l}$ 線素
ストークスの定理	$\displaystyle\int_S (\nabla\times\boldsymbol{A})\cdot\mathrm{d}\boldsymbol{s} = \oint_L \boldsymbol{A}\cdot\mathrm{d}\boldsymbol{l}$	(2.60)	
グリーンの第1定理	$\displaystyle\oint_S (f\nabla g)\cdot\mathrm{d}\boldsymbol{s} = \int_V \nabla\cdot(f\nabla g)\,\mathrm{d}V$ $= \displaystyle\int_V [f\nabla^2 g + (\nabla f)\cdot(\nabla g)]\,\mathrm{d}V$	(2.61) (2.62)	f, g スカラー場
グリーンの第2定理	$\displaystyle\oint_S [f(\nabla g) - g(\nabla f)]\cdot\mathrm{d}\boldsymbol{s} = \int_V (f\nabla^2 g - g\nabla^2 f)\,\mathrm{d}V$	(2.63)	

行列代数[a]

行列の定義	$\mathbf{A} = \begin{pmatrix} a_{11} & a_{12} & \cdots & a_{1n} \\ a_{21} & a_{22} & \cdots & a_{2n} \\ \vdots & \vdots & \cdots & \vdots \\ a_{m1} & a_{m2} & \cdots & a_{mn} \end{pmatrix}$ (2.64)	$\mathbf{A}$ m 行 n 列の行列 a_{ij} 行列要素
行列の和	$c_{ij} = a_{ij} + b_{ij}$ のとき $\mathbf{C} = \mathbf{A} + \mathbf{B}$ (2.65)	
行列の積	$c_{ij} = a_{ik}b_{kj}$ のとき $\mathbf{C} = \mathbf{AB}$ (2.66) $(\mathbf{AB})\mathbf{C} = \mathbf{A}(\mathbf{BC})$ (2.67) $\mathbf{A}(\mathbf{B}+\mathbf{C}) = \mathbf{AB} + \mathbf{AC}$ (2.68)	
転置行列[b]	$\tilde{a}_{ij} = a_{ji}$ (2.69) $(\widetilde{\mathbf{AB}\ldots\mathbf{N}}) = \tilde{\mathbf{N}}\ldots\tilde{\mathbf{B}}\tilde{\mathbf{A}}$ (2.70)	$\tilde{a}_{ij}$ 転置行列 $(a_{ij}^T, a'_{ij}$ とも書く).
随伴行列 （定義 1）[c]	$\mathbf{A}^\dagger = \tilde{\mathbf{A}}^*$ (2.71) $(\mathbf{AB}\ldots\mathbf{N})^\dagger = \mathbf{N}^\dagger\ldots\mathbf{B}^\dagger\mathbf{A}^\dagger$ (2.72)	* （各要素の）複素共役 † 随伴（またはエルミート共役）
エルミート行列[d]	$\mathbf{H}^\dagger = \mathbf{H}$ (2.73)	$\mathbf{H}$ エルミート（または自己共役）行列

例：

$$\mathbf{A} = \begin{pmatrix} a_{11} & a_{12} & a_{13} \\ a_{21} & a_{22} & a_{23} \\ a_{31} & a_{32} & a_{33} \end{pmatrix} \qquad \mathbf{B} = \begin{pmatrix} b_{11} & b_{12} & b_{13} \\ b_{21} & b_{22} & b_{23} \\ b_{31} & b_{32} & b_{33} \end{pmatrix}$$

$$\tilde{\mathbf{A}} = \begin{pmatrix} a_{11} & a_{21} & a_{31} \\ a_{12} & a_{22} & a_{32} \\ a_{13} & a_{23} & a_{33} \end{pmatrix} \qquad \mathbf{A} + \mathbf{B} = \begin{pmatrix} a_{11}+b_{11} & a_{12}+b_{12} & a_{13}+b_{13} \\ a_{21}+b_{21} & a_{22}+b_{22} & a_{23}+b_{23} \\ a_{31}+b_{31} & a_{32}+b_{32} & a_{33}+b_{33} \end{pmatrix}$$

$$\mathbf{AB} = \begin{pmatrix} a_{11}b_{11}+a_{12}b_{21}+a_{13}b_{31} & a_{11}b_{12}+a_{12}b_{22}+a_{13}b_{32} & a_{11}b_{13}+a_{12}b_{23}+a_{13}b_{33} \\ a_{21}b_{11}+a_{22}b_{21}+a_{23}b_{31} & a_{21}b_{12}+a_{22}b_{22}+a_{23}b_{32} & a_{21}b_{13}+a_{22}b_{23}+a_{23}b_{33} \\ a_{31}b_{11}+a_{32}b_{21}+a_{33}b_{31} & a_{31}b_{12}+a_{32}b_{22}+a_{33}b_{32} & a_{31}b_{13}+a_{32}b_{23}+a_{33}b_{33} \end{pmatrix}$$

[a] 重複した添数は陰に和をとっている．したがって，$a_{ik}b_{kj}$ は $\sum_k a_{ik}b_{kj}$ に等しい．
[b] 式 (2.85) も参照せよ．
[c] または，エルミート共役行列．随伴 (adjoint) は量子力学では，行列の転置複素共役に対して用いられ，線形代数では，余因子の転置行列に用いられる．これらの定義は両立できないが，ともに広く用いられている．式 (2.80) を参照せよ．
[d] エルミート行列は正方行列でなければならない（次の表を見よ）．

2.2 ベクトルと行列

平方行列[a]

トレース	$\text{tr}\mathbf{A} = a_{ii}$	(2.74)
	$\text{tr}(\mathbf{AB}) = \text{tr}(\mathbf{BA})$	(2.75)
行列式[b]	$\det\mathbf{A} = \epsilon_{ijk\ldots} a_{1i} a_{2j} a_{3k} \ldots$	(2.76)
	$= (-1)^{i+1} a_{i1} M_{i1}$	(2.77)
	$= a_{i1} C_{i1}$	(2.78)
	$\det(\mathbf{AB}\ldots\mathbf{N}) = \det\mathbf{A}\det\mathbf{B}\ldots\det\mathbf{N}$	(2.79)
随伴行列 (定義 2)[c]	$\text{adj}\mathbf{A} = \tilde{C}_{ij} = C_{ji}$	(2.80)
逆行列 ($\det\mathbf{A} \neq 0$)	$a_{ij}^{-1} = \dfrac{C_{ji}}{\det\mathbf{A}} = \dfrac{\text{adj}\mathbf{A}}{\det\mathbf{A}}$	(2.81)
	$\mathbf{A}\mathbf{A}^{-1} = \mathbf{1}$	(2.82)
	$(\mathbf{AB}\ldots\mathbf{N})^{-1} = \mathbf{N}^{-1}\ldots\mathbf{B}^{-1}\mathbf{A}^{-1}$	(2.83)
直交条件	$a_{ij} a_{ik} = \delta_{jk}$	(2.84)
	すなわち $\tilde{\mathbf{A}} = \mathbf{A}^{-1}$	(2.85)
対称性	$\mathbf{A} = \tilde{\mathbf{A}}$ ならば $\mathbf{A}$ は対称	(2.86)
	$\mathbf{A} = -\tilde{\mathbf{A}}$ ならば $\mathbf{A}$ は歪対称	(2.87)
ユニタリー行列	$\mathbf{U}^\dagger = \mathbf{U}^{-1}$	(2.88)

$\mathbf{A}$	正方行列
a_{ij}	行列の要素
a_{ii}	$=\sum_i a_{ii}$ を意味する
tr	トレース
det	行列式(または $|\mathbf{A}|$)
M_{ij}	a_{ij} 要素の小行列式
C_{ij}	a_{ij} 要素の余因子
adj	随伴($\hat{\mathbf{A}}$ と書くこともある)
~	転置
$\mathbf{1}$	単位行列
δ_{jk}	クロネッカーのデルタ($i=j$ のとき,=1 その他=0)
$\mathbf{U}$	ユニタリー行列
$\dagger$	エルミート共役

例:

$$\mathbf{A} = \begin{pmatrix} a_{11} & a_{12} & a_{13} \\ a_{21} & a_{22} & a_{23} \\ a_{31} & a_{32} & a_{33} \end{pmatrix} \qquad \mathbf{B} = \begin{pmatrix} b_{11} & b_{12} \\ b_{21} & b_{22} \end{pmatrix}$$

$$\text{tr}\mathbf{A} = a_{11} + a_{22} + a_{33} \qquad \text{tr}\mathbf{B} = b_{11} + b_{22}$$

$$\det\mathbf{A} = a_{11}a_{22}a_{33} - a_{11}a_{23}a_{32} - a_{21}a_{12}a_{33} + a_{21}a_{13}a_{32} + a_{31}a_{12}a_{23} - a_{31}a_{13}a_{22}$$

$$\det\mathbf{B} = b_{11}b_{22} - b_{12}b_{21}$$

$$\mathbf{A}^{-1} = \frac{1}{\det\mathbf{A}} \begin{pmatrix} a_{22}a_{33} - a_{23}a_{32} & -a_{12}a_{33} + a_{13}a_{32} & a_{12}a_{23} - a_{13}a_{22} \\ -a_{21}a_{33} + a_{23}a_{31} & a_{11}a_{33} - a_{13}a_{31} & -a_{11}a_{23} + a_{13}a_{21} \\ a_{21}a_{32} - a_{22}a_{31} & -a_{11}a_{32} + a_{12}a_{31} & a_{11}a_{22} - a_{12}a_{21} \end{pmatrix}$$

$$\mathbf{B}^{-1} = \frac{1}{\det\mathbf{B}} \begin{pmatrix} b_{22} & -b_{12} \\ -b_{21} & b_{11} \end{pmatrix}$$

---

[a] 重複した添数は陰に和をとっている.したがって,$a_{ik}b_{kj}$ は $\sum_k a_{ik}b_{kj}$ に等しい.

[b] $\epsilon_{ijk\ldots}$ は,式 (2.113) の n 次元への自然な拡張である(48 頁参照).M_{ij} は行列 $\mathbf{A}$ の i 行 j 列を除いた行列の行列式である.余因子は $C_{ij} = (-1)^{i+j} M_{ij}$ である.

[c] または,余因子行列 (adjugate matrix).随伴の用語に関する議論は式 (2.71) の脚注を参照.

交換子

交換子の定義	$[\mathbf{A},\mathbf{B}] = \mathbf{A}\mathbf{B} - \mathbf{B}\mathbf{A} = -[\mathbf{B},\mathbf{A}]$	(2.89)
随伴	$[\mathbf{A},\mathbf{B}]^\dagger = [\mathbf{B}^\dagger,\mathbf{A}^\dagger]$	(2.90)
分配	$[\mathbf{A}+\mathbf{B},\mathbf{C}] = [\mathbf{A},\mathbf{C}] + [\mathbf{B},\mathbf{C}]$	(2.91)
結合	$[\mathbf{A}\mathbf{B},\mathbf{C}] = \mathbf{A}[\mathbf{B},\mathbf{C}] + [\mathbf{A},\mathbf{C}]\mathbf{B}$	(2.92)
ヤコビ恒等式	$[\mathbf{A},[\mathbf{B},\mathbf{C}]] = [\mathbf{B},[\mathbf{A},\mathbf{C}]] - [\mathbf{C},[\mathbf{A},\mathbf{B}]]$	(2.93)

$[\cdot,\cdot]$	交換子
$\dagger$	随伴

パウリ行列

パウリ行列	$\sigma_1 = \begin{pmatrix} 0 & 1 \\ 1 & 0 \end{pmatrix} \quad \sigma_2 = \begin{pmatrix} 0 & -\mathbf{i} \\ \mathbf{i} & 0 \end{pmatrix}$ $\sigma_3 = \begin{pmatrix} 1 & 0 \\ 0 & -1 \end{pmatrix} \quad \mathbf{1} = \begin{pmatrix} 1 & 0 \\ 0 & 1 \end{pmatrix}$	(2.94)
反交換	$\sigma_i \sigma_j + \sigma_j \sigma_i = 2\delta_{ij}\mathbf{1}$	(2.95)
巡回置換	$\sigma_i \sigma_j = \mathbf{i}\sigma_k$ $(\sigma_i)^2 = \mathbf{1}$	(2.96) (2.97)

σ_i	パウリスピン行列
$\mathbf{1}$	2×2 単位行列
$\mathbf{i}$	$\mathbf{i}^2 = -1$
δ_{ij}	クロネッカーのデルタ

回転行列[a]

x_1 に関する回転	$\mathbf{R}_1(\theta) = \begin{pmatrix} 1 & 0 & 0 \\ 0 & \cos\theta & \sin\theta \\ 0 & -\sin\theta & \cos\theta \end{pmatrix}$	(2.98)
x_2 に関する回転	$\mathbf{R}_2(\theta) = \begin{pmatrix} \cos\theta & 0 & -\sin\theta \\ 0 & 1 & 0 \\ \sin\theta & 0 & \cos\theta \end{pmatrix}$	(2.99)
x_3 に関する回転	$\mathbf{R}_3(\theta) = \begin{pmatrix} \cos\theta & \sin\theta & 0 \\ -\sin\theta & \cos\theta & 0 \\ 0 & 0 & 1 \end{pmatrix}$	(2.100)
オイラー角	$\mathbf{R}(\alpha,\beta,\gamma) = \begin{pmatrix} \cos\gamma\cos\beta\cos\alpha - \sin\gamma\sin\alpha & \cos\gamma\cos\beta\sin\alpha + \sin\gamma\cos\alpha & -\cos\gamma\sin\beta \\ -\sin\gamma\cos\beta\cos\alpha - \cos\gamma\sin\alpha & -\sin\gamma\cos\beta\sin\alpha + \cos\gamma\cos\alpha & \sin\gamma\sin\beta \\ \sin\beta\cos\alpha & \sin\beta\sin\alpha & \cos\beta \end{pmatrix}$	(2.101)

$\mathbf{R}_i(\theta)$	i 軸の回りの回転に対する行列
θ	回転角
α	x_3 に関する回転
β	x_2' に関する回転
γ	x_3'' に関する回転
$\mathbf{R}$	回転行列

[a] 角度は回転軸に対して右回り（時計回り）に取るか，ベクトルの回転に対して左回りに取る．すなわち，ベクトル $\boldsymbol{v}$ は $\mathbf{R}_3(-\theta)\boldsymbol{v} \mapsto \boldsymbol{v}'$ を用いて，x_3 軸に関して θ の右回転として与えられる．慣例的に，$x_1 \equiv x, x_2 \equiv y, x_3 \equiv z$．

2.3 級数，和，数列
数列，級数の和

等差数列の和	$S_n = a + (a+d) + (a+2d) + \cdots$ $+ [a+(n-1)d]$ (2.102) $= \dfrac{n}{2}[2a+(n-1)d]$ (2.103) $= \dfrac{n}{2}(a+l)$ (2.104)		n S_n a d l	項の数 第 n 部分和 初項 公差 最終項
等比数列の和	$S_n = a + ar + ar^2 + \cdots + ar^{n-1}$ (2.105) $= a\dfrac{1-r^n}{1-r}$ (2.106) $S_\infty = \dfrac{a}{1-r} \quad (|r|<1)$ (2.107)		r	公比
相加平均 （算術平均）	$\langle x \rangle_a = \dfrac{1}{n}(x_1 + x_2 + \cdots + x_n)$ (2.108)		$\langle \cdot \rangle_a$	相加平均（算術平均）
相乗平均 （幾何平均）	$\langle x \rangle_g = (x_1 x_2 x_3 \ldots x_n)^{1/n}$ (2.109)		$\langle \cdot \rangle_g$	相乗平均（幾何平均）
調和平均	$\langle x \rangle_h = n\left(\dfrac{1}{x_1} + \dfrac{1}{x_2} + \cdots + \dfrac{1}{x_n}\right)^{-1}$ (2.110)		$\langle \cdot \rangle_h$	調和平均
平均量間の 大小関係	すべての i について $x_i > 0$ ならば $\langle x \rangle_a \geq \langle x \rangle_g \geq \langle x \rangle_h$ (2.111)			
和の公式	$\displaystyle\sum_{i=1}^{n} i = \dfrac{n}{2}(n+1)$ (2.112) $\displaystyle\sum_{i=1}^{n} i^2 = \dfrac{n}{6}(n+1)(2n+1)$ (2.113) $\displaystyle\sum_{i=1}^{n} i^3 = \dfrac{n^2}{4}(n+1)^2$ (2.114) $\displaystyle\sum_{i=1}^{n} i^4 = \dfrac{n}{30}(n+1)(2n+1)(3n^2+3n-1)$ (2.115) $\displaystyle\sum_{i=1}^{\infty} \dfrac{(-1)^{i+1}}{i} = 1 - \dfrac{1}{2} + \dfrac{1}{3} - \dfrac{1}{4} + \cdots = \ln 2$ (2.116) $\displaystyle\sum_{i=1}^{\infty} \dfrac{(-1)^{i+1}}{2i-1} = 1 - \dfrac{1}{3} + \dfrac{1}{5} - \dfrac{1}{7} + \cdots = \dfrac{\pi}{4}$ (2.117) $\displaystyle\sum_{i=1}^{\infty} \dfrac{1}{i^2} = 1 + \dfrac{1}{4} + \dfrac{1}{9} + \dfrac{1}{16} + \cdots = \dfrac{\pi^2}{6}$ (2.118)		i	整数変数
オイラーの 定数[a]	$\gamma = \displaystyle\lim_{n \to \infty}\left(1 + \dfrac{1}{2} + \dfrac{1}{3} + \cdots + \dfrac{1}{n} - \ln n\right)$ (2.119)		γ	オイラーの定数

[a] $\gamma \simeq 0.577215664\cdots$.

べき級数

二項級数[a]	$(1+x)^n = 1 + nx + \dfrac{n(n-1)}{2!}x^2 + \dfrac{n(n-1)(n-2)}{3!}x^3 + \cdots$	(2.120)
二項係数[b]	${}^nC_r \equiv \begin{pmatrix} n \\ r \end{pmatrix} \equiv \dfrac{n!}{r!(n-r)!}$	(2.121)
二項定理	$(a+b)^n = \displaystyle\sum_{k=0}^{n} \begin{pmatrix} n \\ k \end{pmatrix} a^{n-k} b^k$	(2.122)
テイラー級数（点 a における）[c]	$f(a+x) = f(a) + xf^{(1)}(a) + \dfrac{x^2}{2!}f^{(2)}(a) + \cdots + \dfrac{x^{n-1}}{(n-1)!}f^{(n-1)}(a) + \cdots$	(2.123)
テイラー級数（3次元）	$f(\boldsymbol{a}+\boldsymbol{x}) = f(\boldsymbol{a}) + (\boldsymbol{x}\cdot\boldsymbol{\nabla})f|_{\boldsymbol{a}} + \dfrac{(\boldsymbol{x}\cdot\boldsymbol{\nabla})^2}{2!}f|_{\boldsymbol{a}} + \dfrac{(\boldsymbol{x}\cdot\boldsymbol{\nabla})^3}{3!}f|_{\boldsymbol{a}} + \cdots$	(2.124)
マクローリン級数	$f(x) = f(0) + xf^{(1)}(0) + \dfrac{x^2}{2!}f^{(2)}(0) + \cdots + \dfrac{x^{n-1}}{(n-1)!}f^{(n-1)}(0) + \cdots$	(2.125)

[a] n が正整数ならば，級数は有限で，すべての x について成立する．そうでなければ，無限級数は $|x|<1$ で収束する．
[b] 二項級数における x^r の係数である．
[c] $xf^{(n)}(a)$ は，x に関数 f の x に関する n 階導関数の点 a における値を乗じたもので，a の近傍の x について収束するものと考えている．$(\boldsymbol{x}\cdot\boldsymbol{\nabla})^n f|_{\boldsymbol{a}}$ はその3次元への拡張である．

極限

任意の固定した c に対して $|x|<1$ ならば，$n\to\infty$ のとき，$n^c x^n \to 0$	(2.126)
任意の固定した x に対して $n\to\infty$ のとき，$x^n/n! \to 0$	(2.127)
$n\to\infty$ のとき，$(1+x/n)^n \to e^x$	(2.128)
$x\to 0$ のとき $x\ln x \to 0$	(2.129)
$x\to 0$ のとき $\dfrac{\sin x}{x} \to 1$	(2.130)
$f(a)=g(a)=0$ または ∞ ならば，$\displaystyle\lim_{x\to a}\dfrac{f(x)}{g(x)} = \dfrac{f^{(1)}(a)}{g^{(1)}(a)}$ （ロピタルの定理）	(2.131)

級数展開

$\exp(x)$	$1 + x + \dfrac{x^2}{2!} + \dfrac{x^3}{3!} + \cdots$	(2.132)	(すべての x で収束)
$\ln(1+x)$	$x - \dfrac{x^2}{2} + \dfrac{x^3}{3} - \dfrac{x^4}{4} + \cdots$	(2.133)	($-1 < x \leq 1$ で収束)
$\ln\left(\dfrac{1+x}{1-x}\right)$	$2\left(x + \dfrac{x^3}{3} + \dfrac{x^5}{5} + \dfrac{x^7}{7} + \cdots\right)$	(2.134)	($|x| < 1$ で収束)
$\cos(x)$	$1 - \dfrac{x^2}{2!} + \dfrac{x^4}{4!} - \dfrac{x^6}{6!} + \cdots$	(2.135)	(すべての x で収束)
$\sin(x)$	$x - \dfrac{x^3}{3!} + \dfrac{x^5}{5!} - \dfrac{x^7}{7!} + \cdots$	(2.136)	(すべての x で収束)
$\tan(x)$	$x + \dfrac{x^3}{3} + \dfrac{2x^5}{15} + \dfrac{17x^7}{315} + \cdots$	(2.137)	($|x| < \pi/2$ で収束)
$\sec(x)$	$1 + \dfrac{x^2}{2} + \dfrac{5x^4}{24} + \dfrac{61x^6}{720} + \cdots$	(2.138)	($|x| < \pi/2$ で収束)
$\csc(x)$	$\dfrac{1}{x} + \dfrac{x}{6} + \dfrac{7x^3}{360} + \dfrac{31x^5}{15120} + \cdots$	(2.139)	($|x| < \pi$ で収束)
$\cot(x)$	$\dfrac{1}{x} - \dfrac{x}{3} - \dfrac{x^3}{45} - \dfrac{2x^5}{945} - \cdots$	(2.140)	($|x| < \pi$ で収束)
$\arcsin(x)^a$	$x + \dfrac{1}{2}\dfrac{x^3}{3} + \dfrac{1\cdot 3}{2\cdot 4}\dfrac{x^5}{5} + \dfrac{1\cdot 3\cdot 5}{2\cdot 4\cdot 6}\dfrac{x^7}{7} + \cdots$	(2.141)	($|x| < 1$ で収束)
$\arctan(x)^b$	$\begin{cases} x - \dfrac{x^3}{3} + \dfrac{x^5}{5} - \dfrac{x^7}{7} + \cdots \\ \dfrac{\pi}{2} - \dfrac{1}{x} + \dfrac{1}{3x^3} - \dfrac{1}{5x^5} + \cdots \\ -\dfrac{\pi}{2} - \dfrac{1}{x} + \dfrac{1}{3x^3} - \dfrac{1}{5x^5} + \cdots \end{cases}$	(2.142)	($|x| \leq 1$ で収束) ($x > 1$ で収束) ($x < -1$ で収束)
$\cosh(x)$	$1 + \dfrac{x^2}{2!} + \dfrac{x^4}{4!} + \dfrac{x^6}{6!} + \cdots$	(2.143)	(すべての x で収束)
$\sinh(x)$	$x + \dfrac{x^3}{3!} + \dfrac{x^5}{5!} + \dfrac{x^7}{7!} + \cdots$	(2.144)	(すべての x で収束)
$\tanh(x)$	$x - \dfrac{x^3}{3} + \dfrac{2x^5}{15} - \dfrac{17x^7}{315} + \cdots$	(2.145)	($|x| < \pi/2$ で収束)

[a] $\arccos(x) = \pi/2 - \arcsin(x)$. $\arcsin(x) \equiv \sin^{-1}(x)$ などとも書く.
[b] $\arccot(x) = \pi/2 - \arctan(x)$.

不等式

三角不等式	$\lvert a_1 \rvert - \lvert a_2 \rvert \leq \lvert a_1 + a_2 \rvert \leq \lvert a_1 \rvert + \lvert a_2 \rvert$	(2.146)
	$\left\lvert \sum_{i=1}^{n} a_i \right\rvert \leq \sum_{i=1}^{n} \lvert a_i \rvert$	(2.147)
チェビシェフの不等式	$a_1 \geq a_2 \geq a_3 \geq \ldots \geq a_n,$	(2.148)
	$b_1 \geq b_2 \geq b_3 \geq \ldots \geq b_n$	(2.149)
	ならば $\quad n \sum_{i=1}^{n} a_i b_i \geq \left(\sum_{i=1}^{n} a_i \right) \left(\sum_{i=1}^{n} b_i \right)$	(2.150)
コーシーの不等式	$\left(\sum_{i=1}^{n} a_i b_i \right)^2 \leq \sum_{i=1}^{n} a_i^2 \sum_{i=1}^{n} b_i^2$	(2.151)
シュワルツの不等式	$\left[\int_a^b f(x) g(x) \, \mathrm{d}x \right]^2 \leq \int_a^b [f(x)]^2 \, \mathrm{d}x \int_a^b [g(x)]^2 \, \mathrm{d}x$	(2.152)

2.4 複素変数

複素数

			z	複素変数
直交形式	$z = x + \mathbf{i}y$	(2.153)	$\mathbf{i}$	$\mathbf{i}^2 = -1$
			x, y	実変数
極形式	$z = r \mathrm{e}^{\mathbf{i}\theta} = r(\cos\theta + \mathbf{i}\sin\theta)$	(2.154)	r	振幅（実）
			θ	位相（実）
モデュラス[a]	$\lvert z \rvert = r = (x^2 + y^2)^{1/2}$	(2.155)		
	$\lvert z_1 \cdot z_2 \rvert = \lvert z_1 \rvert \cdot \lvert z_2 \rvert$	(2.156)	$\lvert z \rvert$	z の絶対値
偏角	$\theta = \arg z = \arctan \dfrac{y}{x}$	(2.157)		
	$\arg(z_1 z_2) = \arg z_1 + \arg z_2$	(2.158)	$\arg z$	z の偏角
複素共役[b]	$z^* = x - \mathbf{i}y = r \mathrm{e}^{-\mathbf{i}\theta}$	(2.159)		
	$\arg(z^*) = -\arg z$	(2.160)	z^*	$z = r \mathrm{e}^{\mathbf{i}\theta}$ の複素共役
	$z \cdot z^* = \lvert z \rvert^2$	(2.161)		
対数[c]	$\ln z = \ln r + \mathbf{i}(\theta + 2\pi n)$	(2.162)	n	整数

[a]または，絶対値という（こちらのほうが普通（訳注））．
[b]複素共役は通常 $\bar{z}$ と書かれる（訳注）．
[c]$\ln z$ の主値は，$n = 0, -\pi < \theta \leq \pi$ で与えられる．

複素解析[a]

コーシー・リーマン方程式[b]	$f(z) = u(x,y) + \mathrm{i}v(x,y)$ ならば $$\frac{\partial u}{\partial x} = \frac{\partial v}{\partial y}$$ $$\frac{\partial u}{\partial y} = -\frac{\partial v}{\partial x}$$	(2.163) (2.164)
コーシー・グルサーの定理[c]	$$\oint_c f(z)\,\mathrm{d}z = 0$$	(2.165)
コーシーの積分公式[d]	$$f(z_0) = \frac{1}{2\pi\mathrm{i}} \oint_c \frac{f(z)}{z-z_0}\,\mathrm{d}z$$ $$f^{(n)}(z_0) = \frac{n!}{2\pi\mathrm{i}} \oint_c \frac{f(z)}{(z-z_0)^{n+1}}\,\mathrm{d}z$$	(2.166) (2.167)
ローラン展開[e]	$$f(z) = \sum_{n=-\infty}^{\infty} a_n(z-z_0)^n$$ ここで $$a_n = \frac{1}{2\pi\mathrm{i}} \oint_c \frac{f(z')}{(z'-z_0)^{n+1}}\,\mathrm{d}z'$$	(2.168) (2.169)
留数定理	$$\oint_c f(z)\,\mathrm{d}z = 2\pi\mathrm{i}\sum c \text{ に囲まれた留数}$$	(2.170)

z	複素変数
i	$\mathrm{i}^2 = -1$
x,y	実変数
$f(z)$	z の関数
u,v	実関数
(n)	n 次微分
a_n	ローラン係数
a_{-1}	$f(z)$ の z_0 における留数
z'	積分変数

[a] 閉曲線上の積分は，反時計回りに1周するようにとる．
[b] 与えられた点において $f(z)$ が解析的（正則）なための必要条件．
[c] $f(z)$ は単純閉曲線 c の中と上で正則とする．コーシーの定理ともいわれる．
[d] z_0 を囲む単純閉曲線 c の中と上で $f(z)$ は正則とする．
[e] $f(z)$ は z_0 を中心とする同心円 c_1, c_2 の間の円環領域で正則とする．c は z_0 を囲むこの円環領域内の任意の閉曲線である．

2.5 三角関数と双曲線関数

三角関数の相互関係

$$\sin(A \pm B) = \sin A \cos B \pm \cos A \sin B \quad (2.171)$$

$$\cos(A \pm B) = \cos A \cos B \mp \sin A \sin B \quad (2.172)$$

$$\tan(A \pm B) = \frac{\tan A \pm \tan B}{1 \mp \tan A \tan B} \quad (2.173)$$

$$\cos A \cos B = \frac{1}{2}[\cos(A+B) + \cos(A-B)] \quad (2.174)$$

$$\sin A \cos B = \frac{1}{2}[\sin(A+B) + \sin(A-B)] \quad (2.175)$$

$$\sin A \sin B = \frac{1}{2}[\cos(A-B) - \cos(A+B)] \quad (2.176)$$

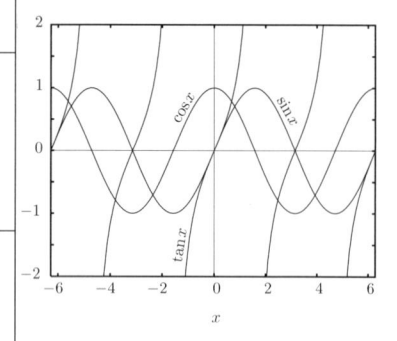

$$\cos^2 A + \sin^2 A = 1 \quad (2.177)$$

$$\sec^2 A - \tan^2 A = 1 \quad (2.178)$$

$$\csc^2 A - \cot^2 A = 1 \quad (2.179)$$

$$\sin 2A = 2\sin A \cos A \quad (2.180)$$

$$\cos 2A = \cos^2 A - \sin^2 A \quad (2.181)$$

$$\tan 2A = \frac{2\tan A}{1 - \tan^2 A} \quad (2.182)$$

$$\sin 3A = 3\sin A - 4\sin^3 A \quad (2.183)$$

$$\cos 3A = 4\cos^3 A - 3\cos A \quad (2.184)$$

$$\sin A + \sin B = 2\sin\frac{A+B}{2}\cos\frac{A-B}{2} \quad (2.185)$$

$$\sin A - \sin B = 2\cos\frac{A+B}{2}\sin\frac{A-B}{2} \quad (2.186)$$

$$\cos A + \cos B = 2\cos\frac{A+B}{2}\cos\frac{A-B}{2} \quad (2.187)$$

$$\cos A - \cos B = -2\sin\frac{A+B}{2}\sin\frac{A-B}{2} \quad (2.188)$$

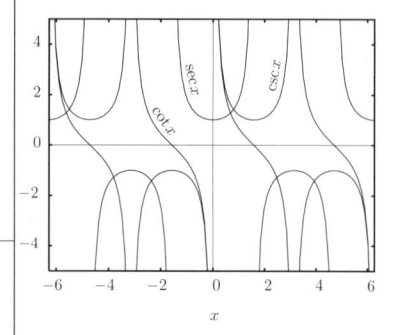

$$\cos^2 A = \frac{1}{2}(1 + \cos 2A) \quad (2.189)$$

$$\sin^2 A = \frac{1}{2}(1 - \cos 2A) \quad (2.190)$$

$$\cos^3 A = \frac{1}{4}(3\cos A + \cos 3A) \quad (2.191)$$

$$\sin^3 A = \frac{1}{4}(3\sin A - \sin 3A) \quad (2.192)$$

2.5 三角関数と双曲線関数

双曲線関数の相互関係[a]

$\sinh(x \pm y) = \sinh x \cosh y \pm \cosh x \sinh y$	(2.193)
$\cosh(x \pm y) = \cosh x \cosh y \pm \sinh x \sinh y$	(2.194)
$\tanh(x \pm y) = \dfrac{\tanh x \pm \tanh y}{1 \pm \tanh x \tanh y}$	(2.195)
$\cosh x \cosh y = \dfrac{1}{2}[\cosh(x+y) + \cosh(x-y)]$	(2.196)
$\sinh x \cosh y = \dfrac{1}{2}[\sinh(x+y) + \sinh(x-y)]$	(2.197)
$\sinh x \sinh y = \dfrac{1}{2}[\cosh(x+y) - \cosh(x-y)]$	(2.198)
$\cosh^2 x - \sinh^2 x = 1$	(2.199)
$\mathrm{sech}^2 x + \tanh^2 x = 1$	(2.200)
$\coth^2 x - \mathrm{csch}^2 x = 1$	(2.201)
$\sinh 2x = 2 \sinh x \cosh x$	(2.202)
$\cosh 2x = \cosh^2 x + \sinh^2 x$	(2.203)
$\tanh 2x = \dfrac{2 \tanh x}{1 + \tanh^2 x}$	(2.204)
$\sinh 3x = 3 \sinh x + 4 \sinh^3 x$	(2.205)
$\cosh 3x = 4 \cosh^3 x - 3 \cosh x$	(2.206)
$\sinh x + \sinh y = 2 \sinh \dfrac{x+y}{2} \cosh \dfrac{x-y}{2}$	(2.207)
$\sinh x - \sinh y = 2 \cosh \dfrac{x+y}{2} \sinh \dfrac{x-y}{2}$	(2.208)
$\cosh x + \cosh y = 2 \cosh \dfrac{x+y}{2} \cosh \dfrac{x-y}{2}$	(2.209)
$\cosh x - \cosh y = 2 \sinh \dfrac{x+y}{2} \sinh \dfrac{x-y}{2}$	(2.210)
$\cosh^2 x = \dfrac{1}{2}(\cosh 2x + 1)$	(2.211)
$\sinh^2 x = \dfrac{1}{2}(\cosh 2x - 1)$	(2.212)
$\cosh^3 x = \dfrac{1}{4}(3\cosh x + \cosh 3x)$	(2.213)
$\sinh^3 x = \dfrac{1}{4}(\sinh 3x - 3\sinh x)$	(2.214)

[a]これらは，三角関数の関係式において，$\cos x \mapsto \cosh x$, $\sin x \mapsto \mathbf{i} \sinh x$ と置き換えることによって導かれる．

三角関数と双曲線関数の定義

ドモアブルの定理 $\quad (\cos x + \mathrm{i}\sin x)^n = \mathrm{e}^{\mathrm{i}nx} = \cos nx + \mathrm{i}\sin nx$				(2.215)
$\cos x = \dfrac{1}{2}\left(\mathrm{e}^{\mathrm{i}x} + \mathrm{e}^{-\mathrm{i}x}\right)$	(2.216)	$\cosh x = \dfrac{1}{2}\left(\mathrm{e}^{x} + \mathrm{e}^{-x}\right)$	(2.217)	
$\sin x = \dfrac{1}{2\mathrm{i}}\left(\mathrm{e}^{\mathrm{i}x} - \mathrm{e}^{-\mathrm{i}x}\right)$	(2.218)	$\sinh x = \dfrac{1}{2}\left(\mathrm{e}^{x} - \mathrm{e}^{-x}\right)$	(2.219)	
$\tan x = \dfrac{\sin x}{\cos x}$	(2.220)	$\tanh x = \dfrac{\sinh x}{\cosh x}$	(2.221)	
$\cos \mathrm{i}x = \cosh x$	(2.222)	$\cosh \mathrm{i}x = \cos x$	(2.223)	
$\sin \mathrm{i}x = \mathrm{i}\sinh x$	(2.224)	$\sinh \mathrm{i}x = \mathrm{i}\sin x$	(2.225)	
$\cot x = (\tan x)^{-1}$	(2.226)	$\coth x = (\tanh x)^{-1}$	(2.227)	
$\sec x = (\cos x)^{-1}$	(2.228)	$\mathrm{sech}\, x = (\cosh x)^{-1}$	(2.229)	
$\csc x = (\sin x)^{-1}$	(2.230)	$\mathrm{csch}\, x = (\sinh x)^{-1}$	(2.231)	

逆三角関数[a]

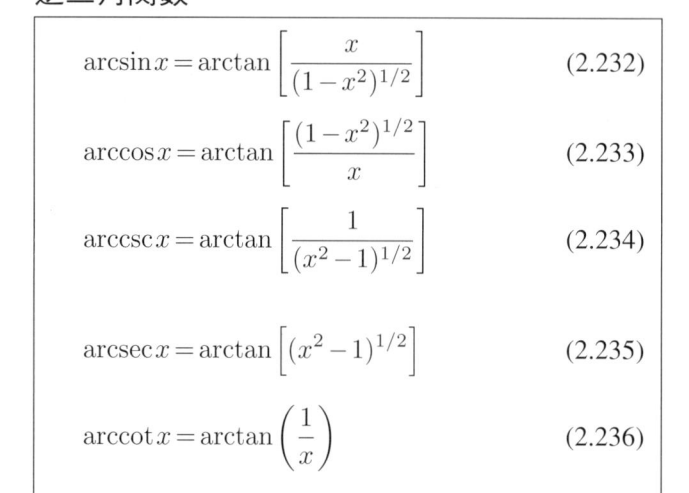

$\arcsin x = \arctan\left[\dfrac{x}{(1-x^2)^{1/2}}\right]$	(2.232)
$\arccos x = \arctan\left[\dfrac{(1-x^2)^{1/2}}{x}\right]$	(2.233)
$\mathrm{arccsc}\, x = \arctan\left[\dfrac{1}{(x^2-1)^{1/2}}\right]$	(2.234)
$\mathrm{arcsec}\, x = \arctan\left[(x^2-1)^{1/2}\right]$	(2.235)
$\mathrm{arccot}\, x = \arctan\left(\dfrac{1}{x}\right)$	(2.236)
$\arccos x = \dfrac{\pi}{2} - \arcsin x$	(2.237)

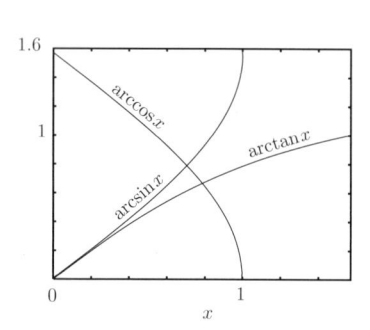

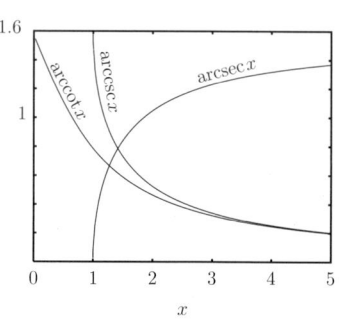

[a] 角領域 $0 \leq \theta \leq \pi/2$ で成り立つ. $\arcsin x = \sin^{-1} x$ 等に注意.

逆双曲線関数

$\operatorname{arsinh} x \equiv \sinh^{-1} x = \ln\left[x+(x^2+1)^{1/2}\right]$	(2.238)	すべての x に対して
$\operatorname{arcosh} x \equiv \cosh^{-1} x = \ln\left[x+(x^2-1)^{1/2}\right]$	(2.239)	$x \geq 1$
$\operatorname{artanh} x \equiv \tanh^{-1} x = \dfrac{1}{2}\ln\left(\dfrac{1+x}{1-x}\right)$	(2.240)	$|x| < 1$
$\operatorname{arcoth} x \equiv \coth^{-1} x = \dfrac{1}{2}\ln\left(\dfrac{x+1}{x-1}\right)$	(2.241)	$|x| > 1$
$\operatorname{arsech} x \equiv \operatorname{sech}^{-1} x = \ln\left[\dfrac{1}{x}+\dfrac{(1-x^2)^{1/2}}{x}\right]$	(2.242)	$0 < x \leq 1$
$\operatorname{arcsch} x \equiv \operatorname{csch}^{-1} x = \ln\left[\dfrac{1}{x}+\dfrac{(1+x^2)^{1/2}}{x}\right]$	(2.243)	$x \neq 0$

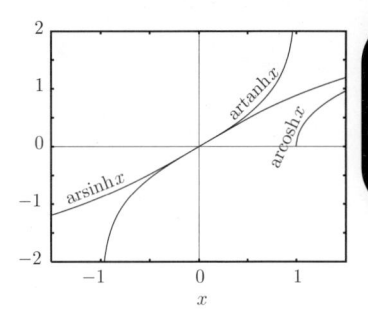

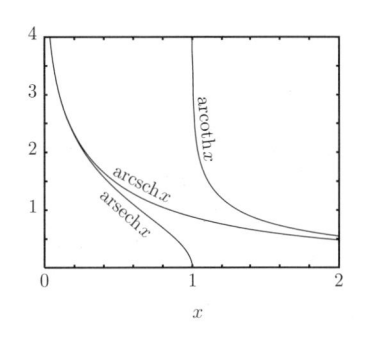

2.6 求積法

モアレ縞[a]

平行縞	$d_\mathrm{M} = \left\lvert \dfrac{1}{d_1} - \dfrac{1}{d_2} \right\rvert^{-1}$	(2.244)	d_M	モアレ縞間隔
			$d_{1,2}$	格子間隔
回転縞[b]	$d_\mathrm{M} = \dfrac{d}{2|\sin(\theta/2)|}$	(2.245)	d	共通格子間隔
			θ	相対回転角 ($|\theta| \leq \pi/2$)

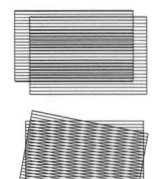

[a]重なった線形格子からのモアレ縞.
[b]相対回転角 θ で間隔 d の等しい格子からの回転縞.

平面三角形

正弦公式[a]	$\dfrac{a}{\sin A} = \dfrac{b}{\sin B} = \dfrac{c}{\sin C}$	(2.246)
余弦公式	$a^2 = b^2 + c^2 - 2bc\cos A$	(2.247)
	$\cos A = \dfrac{b^2 + c^2 - a^2}{2bc}$	(2.248)
	$a = b\cos C + c\cos B$	(2.249)
正接公式	$\tan\dfrac{A-B}{2} = \dfrac{a-b}{a+b}\cot\dfrac{C}{2}$	(2.250)
面積	面積 $= \dfrac{1}{2}ab\sin C$	(2.251)
	$= \dfrac{a^2}{2}\dfrac{\sin B \sin C}{\sin A}$	(2.252)
	$= [s(s-a)(s-b)(s-c)]^{1/2}$	(2.253)
	ここで $s = \dfrac{1}{2}(a+b+c)$	(2.254)

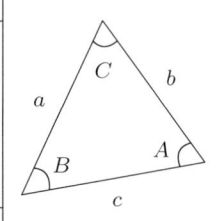

[a] 外接円の直径は $a/\sin A$ に等しい.

球面三角形[a]

正弦公式	$\dfrac{\sin a}{\sin A} = \dfrac{\sin b}{\sin B} = \dfrac{\sin c}{\sin C}$	(2.255)
余弦公式	$\cos a = \cos b \cos c + \sin b \sin c \cos A$	(2.256)
	$\cos A = -\cos B \cos C + \sin B \sin C \cos a$	(2.257)
類似の公式	$\sin a \cos B = \cos b \sin c - \sin b \cos c \cos A$	(2.258)
4部分公式	$\cos a \cos C = \sin a \cot b - \sin C \cot B$	(2.259)
面積[b]	$E = A + B + C - \pi$	(2.260)

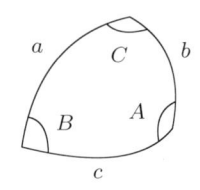

[a] 単位球上.
[b] 球面過剰とも呼ばれる.

周の長さ，面積，体積

円周の長さ	$P = 2\pi r$	(2.261)	P	周の長さ
			r	半径
円の面積	$A = \pi r^2$	(2.262)	A	面積
球の表面積[a]	$A = 4\pi R^2$	(2.263)	R	球の半径
球の体積	$V = \dfrac{4}{3}\pi R^3$	(2.264)	V	体積
楕円の周の長さ[b]	$P = 4a\,\mathrm{E}(\pi/2, e)$	(2.265)	a	長半径
			b	短半径
	$\simeq 2\pi\left(\dfrac{a^2+b^2}{2}\right)^{1/2}$	(2.266)	E	第2種楕円関数（43頁も参照のこと）
			e	離心率 $(=1-b^2/a^2)$
楕円の面積	$A = \pi ab$	(2.267)		
楕円体の体積[c]	$V = 4\pi\dfrac{abc}{3}$	(2.268)	c	第三の半径
円筒の表面積	$A = 2\pi r(h+r)$	(2.269)	h	高さ
円筒の体積	$V = \pi r^2 h$	(2.270)		
円錐の面積[d]	$A = \pi r l$	(2.271)	l	母線
錐体あるいはピラミッドの体積	$V = A_\mathrm{b} h/3$	(2.272)	A_b	底面積
円環の表面積	$A = \pi^2(r_1+r_2)(r_2-r_1)$	(2.273)	r_1	内径
			r_2	外径
円環の体積	$V = \dfrac{\pi^2}{4}(r_2^2-r_1^2)(r_2-r_1)$	(2.274)		
深さ d の球形のふたの面積	$A = 2\pi R d$	(2.275)	d	ふたの深さ
深さ d の球形のふたの体積	$V = \pi d^2\left(R-\dfrac{d}{3}\right)$	(2.276)	Ω	立体角
			z	中心からの距離
			α	中心角の半分
中心から z の距離の軸上の点からの円の立体角	$\Omega = 2\pi\left[1-\dfrac{z}{(z^2+r^2)^{1/2}}\right]$	(2.277)		
	$= 2\pi(1-\cos\alpha)$	(2.278)		

[a] 球は $x^2+y^2+z^2=R^2$ で定義される．
[b] この近似は $e=0, e\simeq 0.91$ のときは厳密であり，$e=1$ では 11% の最大誤差を与える．
[c] 楕円は $x^2/a^2+y^2/b^2+z^2/c^2=1$ で定義される．
[d] 側面のみで底面は含まれていない．

円錐曲線

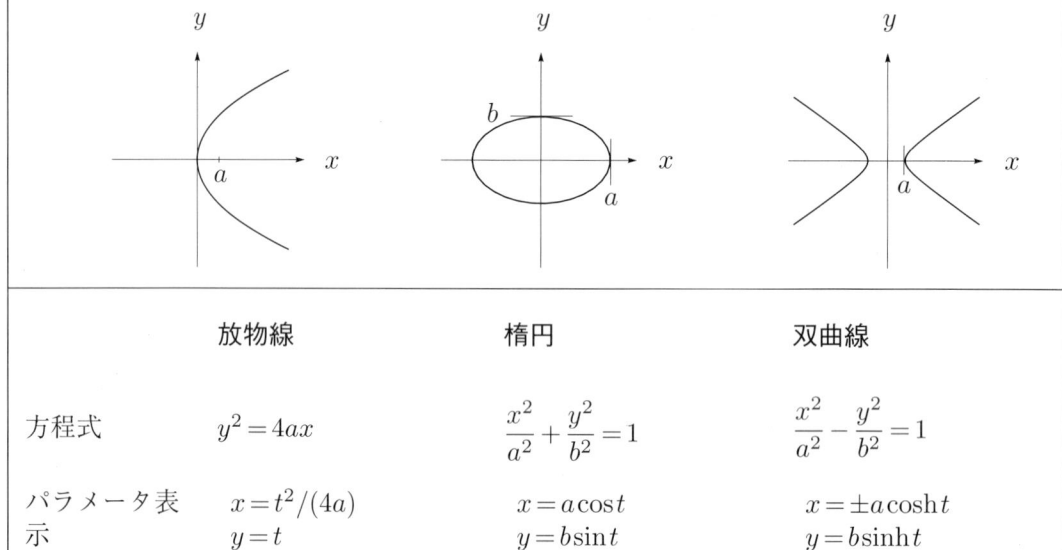

	放物線	楕円	双曲線
方程式	$y^2 = 4ax$	$\dfrac{x^2}{a^2} + \dfrac{y^2}{b^2} = 1$	$\dfrac{x^2}{a^2} - \dfrac{y^2}{b^2} = 1$
パラメータ表示	$x = t^2/(4a)$ $y = t$	$x = a\cos t$ $y = b\sin t$	$x = \pm a\cosh t$ $y = b\sinh t$
焦点	$(a, 0)$	$(\pm\sqrt{a^2-b^2}, 0)$	$(\pm\sqrt{a^2+b^2}, 0)$
離心率	$e = 1$	$e = \dfrac{\sqrt{a^2-b^2}}{a}$	$e = \dfrac{\sqrt{a^2+b^2}}{a}$
準線	$x = -a$	$x = \pm\dfrac{a}{e}$	$x = \pm\dfrac{a}{e}$

正多面体（プラトンの立体）[a]

多面体 （面の数, 辺の数, 頂点の数）	体積	表面積	外接半径	内接半径
正四面体 (4, 6, 4)	$\dfrac{a^3\sqrt{2}}{12}$	$a^2\sqrt{3}$	$\dfrac{a\sqrt{6}}{4}$	$\dfrac{a\sqrt{6}}{12}$
立方体 (6, 12, 8)	a^3	$6a^2$	$\dfrac{a\sqrt{3}}{2}$	$\dfrac{a}{2}$
正八面体 (8, 12, 6)	$\dfrac{a^3\sqrt{2}}{3}$	$2a^2\sqrt{3}$	$\dfrac{a}{\sqrt{2}}$	$\dfrac{a}{\sqrt{6}}$
正十二面体 (12, 30, 20)	$\dfrac{a^3(15+7\sqrt{5})}{4}$	$3a^2\sqrt{5(5+2\sqrt{5})}$	$\dfrac{a}{4}\sqrt{3}(1+\sqrt{5})$	$\dfrac{a}{4}\sqrt{\dfrac{50+22\sqrt{5}}{5}}$
正二十面体 (20, 30, 12)	$\dfrac{5a^3(3+\sqrt{5})}{12}$	$5a^2\sqrt{3}$	$\dfrac{a}{4}\sqrt{2(5+\sqrt{5})}$	$\dfrac{a}{4}\left(\sqrt{3}+\sqrt{\dfrac{5}{3}}\right)$

[a] 一辺の長さ a. 正多面体でもそうでない多面体もオイラーの公式：面の数－辺の数＋頂点の数＝2 が成り立つ.

2.6 求積法

曲線に関連した測度

平面曲線の長さ	$l = \int_a^b \left[1 + \left(\dfrac{\mathrm{d}y}{\mathrm{d}x} \right)^2 \right]^{1/2} \mathrm{d}x$	(2.279)	
回転体の表面積	$A = 2\pi \int_a^b y \left[1 + \left(\dfrac{\mathrm{d}y}{\mathrm{d}x} \right)^2 \right]^{1/2} \mathrm{d}x$	(2.280)	
回転体の体積	$V = \pi \int_a^b y^2 \, \mathrm{d}x$	(2.281)	
曲率半径	$\rho = \left[1 + \left(\dfrac{\mathrm{d}y}{\mathrm{d}x} \right)^2 \right]^{3/2} \left(\dfrac{\mathrm{d}^2 y}{\mathrm{d}x^2} \right)^{-1}$	(2.282)	

a	始点
b	終点
$y(x)$	平面曲線
l	長さ
A	表面積
V	体積
ρ	曲率半径

微分幾何[a]

単位接ベクトル	$\hat{\boldsymbol{\tau}} = \dfrac{\dot{\boldsymbol{r}}}{|\dot{\boldsymbol{r}}|} = \dfrac{\dot{\boldsymbol{r}}}{v}$	(2.283)
単位主法線	$\hat{\boldsymbol{n}} = \dfrac{\ddot{\boldsymbol{r}} - \dot{v}\hat{\boldsymbol{\tau}}}{|\ddot{\boldsymbol{r}} - \dot{v}\hat{\boldsymbol{\tau}}|}$	(2.284)
単位陪法線	$\hat{\boldsymbol{b}} = \hat{\boldsymbol{\tau}} \times \hat{\boldsymbol{n}}$	(2.285)
曲率	$\kappa = \dfrac{|\dot{\boldsymbol{r}} \times \ddot{\boldsymbol{r}}|}{|\dot{\boldsymbol{r}}|^3}$	(2.286)
曲率半径	$\rho = \dfrac{1}{\kappa}$	(2.287)
ねじれ率	$\lambda = \dfrac{\dot{\boldsymbol{r}} \cdot (\ddot{\boldsymbol{r}} \times \dddot{\boldsymbol{r}})}{|\dot{\boldsymbol{r}} \times \ddot{\boldsymbol{r}}|^2}$	(2.288)
フレネーの公式	$\dot{\hat{\boldsymbol{\tau}}} = \kappa v \hat{\boldsymbol{n}}$	(2.289)
	$\dot{\hat{\boldsymbol{n}}} = -\kappa v \hat{\boldsymbol{\tau}} + \lambda v \hat{\boldsymbol{b}}$	(2.290)
	$\dot{\hat{\boldsymbol{b}}} = -\lambda v \hat{\boldsymbol{n}}$	(2.291)

$\boldsymbol{\tau}$	接ベクトル
$\boldsymbol{r}$	$\boldsymbol{r}(t)$ で媒介変数付けされた曲線
v	$|\dot{\boldsymbol{r}}(t)|$
$\boldsymbol{n}$	主法線
$\boldsymbol{b}$	陪法線
κ	曲率
ρ	曲率半径
λ	ねじれ率

[a] 3 次元の連続曲線．位置ベクトル $\boldsymbol{r}(t)$ の軌跡．

2.7 微分

導関数（一般の場合）

関数のべき	$\dfrac{\mathrm{d}}{\mathrm{d}x}(u^n) = nu^{n-1}\dfrac{\mathrm{d}u}{\mathrm{d}x}$	(2.292)	n べきの指数
関数の積	$\dfrac{\mathrm{d}}{\mathrm{d}x}(uv) = u\dfrac{\mathrm{d}v}{\mathrm{d}x} + v\dfrac{\mathrm{d}u}{\mathrm{d}x}$	(2.293)	u,v x の関数
関数の商	$\dfrac{\mathrm{d}}{\mathrm{d}x}\left(\dfrac{u}{v}\right) = \dfrac{1}{v}\dfrac{\mathrm{d}u}{\mathrm{d}x} - \dfrac{u}{v^2}\dfrac{\mathrm{d}v}{\mathrm{d}x}$	(2.294)	
合成関数[a]	$\dfrac{\mathrm{d}}{\mathrm{d}x}[f(u)] = \dfrac{\mathrm{d}}{\mathrm{d}u}[f(u)] \cdot \dfrac{\mathrm{d}u}{\mathrm{d}x}$	(2.295)	$f(u)$ $u(x)$ の関数
ライプニッツの定理	$\dfrac{\mathrm{d}^n}{\mathrm{d}x^n}[uv] = \binom{n}{0}v\dfrac{\mathrm{d}^n u}{\mathrm{d}x^n} + \binom{n}{1}\dfrac{\mathrm{d}v}{\mathrm{d}x}\dfrac{\mathrm{d}^{n-1}u}{\mathrm{d}x^{n-1}} + \cdots$ $+ \binom{n}{k}\dfrac{\mathrm{d}^k v}{\mathrm{d}x^k}\dfrac{\mathrm{d}^{n-k}u}{\mathrm{d}x^{n-k}} + \cdots + \binom{n}{n}u\dfrac{\mathrm{d}^n v}{\mathrm{d}x^n}$	(2.296)	$\binom{n}{k}$ 二項係数
積分記号下の微分	$\dfrac{\mathrm{d}}{\mathrm{d}q}\left[\displaystyle\int_p^q f(x)\,\mathrm{d}x\right] = f(q)$ （p は定数）	(2.297)	
	$\dfrac{\mathrm{d}}{\mathrm{d}p}\left[\displaystyle\int_p^q f(x)\,\mathrm{d}x\right] = -f(p)$ （q は定数）	(2.298)	
積分の上端（下端）が関数	$\dfrac{\mathrm{d}}{\mathrm{d}x}\left[\displaystyle\int_{u(x)}^{v(x)} f(t)\,\mathrm{d}t\right] = f(v)\dfrac{\mathrm{d}v}{\mathrm{d}x} - f(u)\dfrac{\mathrm{d}u}{\mathrm{d}x}$	(2.299)	
対数	$\dfrac{\mathrm{d}}{\mathrm{d}x}(\log_b|ax|) = (x\ln b)^{-1}$	(2.300)	b 対数の底 a 定数
指数	$\dfrac{\mathrm{d}}{\mathrm{d}x}(\mathrm{e}^{ax}) = a\mathrm{e}^{ax}$	(2.301)	
逆関数	$\dfrac{\mathrm{d}x}{\mathrm{d}y} = \left(\dfrac{\mathrm{d}y}{\mathrm{d}x}\right)^{-1}$	(2.302)	
	$\dfrac{\mathrm{d}^2 x}{\mathrm{d}y^2} = -\dfrac{\mathrm{d}^2 y}{\mathrm{d}x^2}\left(\dfrac{\mathrm{d}y}{\mathrm{d}x}\right)^{-3}$	(2.303)	
	$\dfrac{\mathrm{d}^3 x}{\mathrm{d}y^3} = \left[3\left(\dfrac{\mathrm{d}^2 y}{\mathrm{d}x^2}\right)^2 - \dfrac{\mathrm{d}y}{\mathrm{d}x}\dfrac{\mathrm{d}^3 y}{\mathrm{d}x^3}\right]\left(\dfrac{\mathrm{d}y}{\mathrm{d}x}\right)^{-5}$	(2.304)	

[a]結合法則.

三角関数の導関数[a]

$$\frac{\mathrm{d}}{\mathrm{d}x}(\sin ax) = a\cos ax \tag{2.305}$$

$$\frac{\mathrm{d}}{\mathrm{d}x}(\cos ax) = -a\sin ax \tag{2.306}$$

$$\frac{\mathrm{d}}{\mathrm{d}x}(\tan ax) = a\sec^2 ax \tag{2.307}$$

$$\frac{\mathrm{d}}{\mathrm{d}x}(\csc ax) = -a\csc ax \cdot \cot ax \tag{2.308}$$

$$\frac{\mathrm{d}}{\mathrm{d}x}(\sec ax) = a\sec ax \cdot \tan ax \tag{2.309}$$

$$\frac{\mathrm{d}}{\mathrm{d}x}(\cot ax) = -a\csc^2 ax \tag{2.310}$$

$$\frac{\mathrm{d}}{\mathrm{d}x}(\arcsin ax) = a(1-a^2x^2)^{-1/2} \tag{2.311}$$

$$\frac{\mathrm{d}}{\mathrm{d}x}(\arccos ax) = -a(1-a^2x^2)^{-1/2} \tag{2.312}$$

$$\frac{\mathrm{d}}{\mathrm{d}x}(\arctan ax) = a(1+a^2x^2)^{-1} \tag{2.313}$$

$$\frac{\mathrm{d}}{\mathrm{d}x}(\mathrm{arccsc}\, ax) = -\frac{a}{|ax|}(a^2x^2-1)^{-1/2} \tag{2.314}$$

$$\frac{\mathrm{d}}{\mathrm{d}x}(\mathrm{arcsec}\, ax) = \frac{a}{|ax|}(a^2x^2-1)^{-1/2} \tag{2.315}$$

$$\frac{\mathrm{d}}{\mathrm{d}x}(\mathrm{arccot}\, ax) = -a(a^2x^2+1)^{-1} \tag{2.316}$$

[a] a は定数.

双曲線関数の微分[a]

$$\frac{\mathrm{d}}{\mathrm{d}x}(\sinh ax) = a\cosh ax \tag{2.317}$$

$$\frac{\mathrm{d}}{\mathrm{d}x}(\cosh ax) = a\sinh ax \tag{2.318}$$

$$\frac{\mathrm{d}}{\mathrm{d}x}(\tanh ax) = a\,\mathrm{sech}^2 ax \tag{2.319}$$

$$\frac{\mathrm{d}}{\mathrm{d}x}(\mathrm{csch}\, ax) = -a\,\mathrm{csch}\, ax \cdot \coth ax \tag{2.320}$$

$$\frac{\mathrm{d}}{\mathrm{d}x}(\mathrm{sech}\, ax) = -a\,\mathrm{sech}\, ax \cdot \tanh ax \tag{2.321}$$

$$\frac{\mathrm{d}}{\mathrm{d}x}(\coth ax) = -a\,\mathrm{csch}^2 ax \tag{2.322}$$

$$\frac{\mathrm{d}}{\mathrm{d}x}(\mathrm{arsinh}\, ax) = a(a^2x^2+1)^{-1/2} \tag{2.323}$$

$$\frac{\mathrm{d}}{\mathrm{d}x}(\mathrm{arcosh}\, ax) = a(a^2x^2-1)^{-1/2} \tag{2.324}$$

$$\frac{\mathrm{d}}{\mathrm{d}x}(\mathrm{artanh}\, ax) = a(1-a^2x^2)^{-1} \tag{2.325}$$

$$\frac{\mathrm{d}}{\mathrm{d}x}(\mathrm{arcsch}\, ax) = -\frac{a}{|ax|}(1+a^2x^2)^{-1/2} \tag{2.326}$$

$$\frac{\mathrm{d}}{\mathrm{d}x}(\mathrm{arsech}\, ax) = -\frac{a}{|ax|}(1-a^2x^2)^{-1/2} \tag{2.327}$$

$$\frac{\mathrm{d}}{\mathrm{d}x}(\mathrm{arcoth}\, ax) = a(1-a^2x^2)^{-1} \tag{2.328}$$

[a] a は定数.

偏微分

全微分	$\mathrm{d}f = \dfrac{\partial f}{\partial x}\mathrm{d}x + \dfrac{\partial f}{\partial y}\mathrm{d}y + \dfrac{\partial f}{\partial z}\mathrm{d}z$	(2.329)	f	$f(x,y,z)$
相互法則	$\left.\dfrac{\partial g}{\partial x}\right|_y \left.\dfrac{\partial x}{\partial y}\right|_g \left.\dfrac{\partial y}{\partial g}\right|_x = -1$	(2.330)	g	$g(x,y)$
結合法則	$\dfrac{\partial f}{\partial u} = \dfrac{\partial f}{\partial x}\dfrac{\partial x}{\partial u} + \dfrac{\partial f}{\partial y}\dfrac{\partial y}{\partial u} + \dfrac{\partial f}{\partial z}\dfrac{\partial z}{\partial u}$	(2.331)		
ヤコビアン	$J = \dfrac{\partial(x,y,z)}{\partial(u,v,w)} = \begin{vmatrix} \dfrac{\partial x}{\partial u} & \dfrac{\partial x}{\partial v} & \dfrac{\partial x}{\partial w} \\ \dfrac{\partial y}{\partial u} & \dfrac{\partial y}{\partial v} & \dfrac{\partial y}{\partial w} \\ \dfrac{\partial z}{\partial u} & \dfrac{\partial z}{\partial v} & \dfrac{\partial z}{\partial w} \end{vmatrix}$	(2.332)	J u v w	ヤコビアン $u(x,y,z)$ $v(x,y,z)$ $w(x,y,z)$
変数変換	$\displaystyle\int_V f(x,y,z)\,\mathrm{d}x\mathrm{d}y\mathrm{d}z = \int_{V'} f(u,v,w)J\,\mathrm{d}u\mathrm{d}v\mathrm{d}w$	(2.333)	V V'	(x,y,z) 平面における体積 V によって写像された (u,v,w) 平面における体積
オイラー・ラグランジュ方程式	$I = \displaystyle\int_a^b F(x,y,y')\,\mathrm{d}x$ ならば $\dfrac{\partial F}{\partial y} = \dfrac{\mathrm{d}}{\mathrm{d}x}\left(\dfrac{\partial F}{\partial y'}\right)$ のとき $\delta I = 0$	(2.334)	y' a,b	$\mathrm{d}y/\mathrm{d}x$ 固定端

停留点[a]

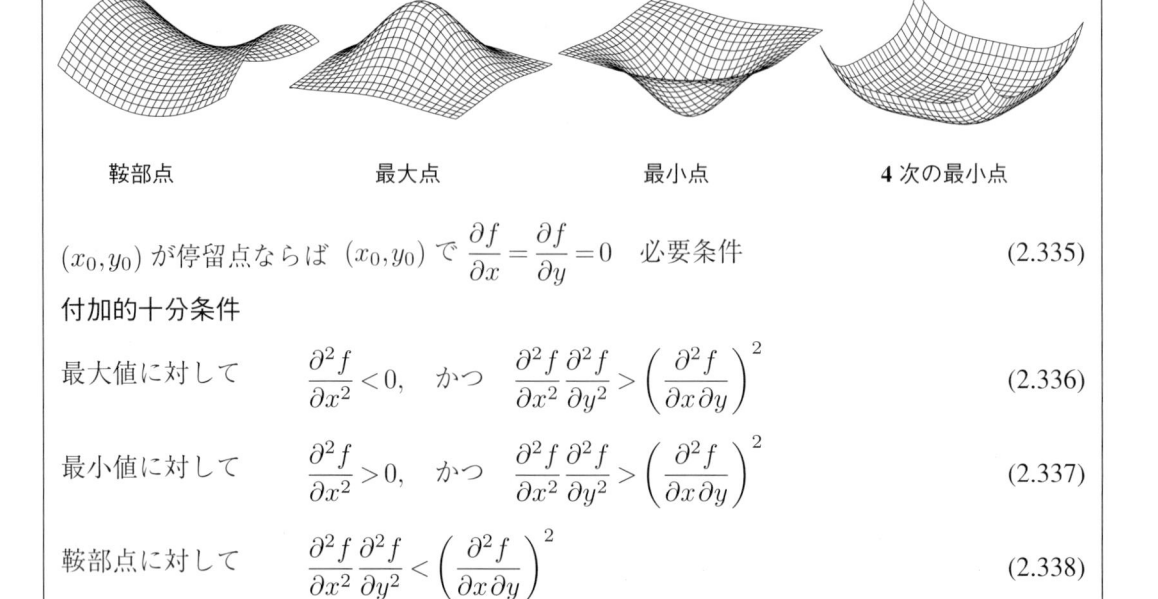

| 鞍部点 | 最大点 | 最小点 | 4 次の最小点 |

(x_0, y_0) が停留点ならば (x_0, y_0) で $\dfrac{\partial f}{\partial x} = \dfrac{\partial f}{\partial y} = 0$ 必要条件 (2.335)

付加的十分条件

最大値に対して	$\dfrac{\partial^2 f}{\partial x^2} < 0,$ かつ $\dfrac{\partial^2 f}{\partial x^2}\dfrac{\partial^2 f}{\partial y^2} > \left(\dfrac{\partial^2 f}{\partial x \partial y}\right)^2$	(2.336)
最小値に対して	$\dfrac{\partial^2 f}{\partial x^2} > 0,$ かつ $\dfrac{\partial^2 f}{\partial x^2}\dfrac{\partial^2 f}{\partial y^2} > \left(\dfrac{\partial^2 f}{\partial x \partial y}\right)^2$	(2.337)
鞍部点に対して	$\dfrac{\partial^2 f}{\partial x^2}\dfrac{\partial^2 f}{\partial y^2} < \left(\dfrac{\partial^2 f}{\partial x \partial y}\right)^2$	(2.338)

[a] 点 (x_0, y_0) における関数 $f(x,y)$ の停留点. たとえば, 4 次の最小点では, $\dfrac{\partial^2 f}{\partial x^2} = \dfrac{\partial^2 f}{\partial y^2} = 0$ に注意.

微分方程式

ラプラス	$\nabla^2 f = 0$	(2.339)	f	$f(x,y,z)$
拡散[a]	$\dfrac{\partial f}{\partial t} = D\nabla^2 f$	(2.340)	D	拡散係数
ヘルムホルツ	$\nabla^2 f + \alpha^2 f = 0$	(2.341)	α	定数
波動	$\nabla^2 f = \dfrac{1}{c^2}\dfrac{\partial^2 f}{\partial t^2}$	(2.342)	c	波の速度
ルジャンドル	$\dfrac{\mathrm{d}}{\mathrm{d}x}\left[(1-x^2)\dfrac{\mathrm{d}y}{\mathrm{d}x}\right] + l(l+1)y = 0$	(2.343)	l	整数
陪ルジャンドル	$\dfrac{\mathrm{d}}{\mathrm{d}x}\left[(1-x^2)\dfrac{\mathrm{d}y}{\mathrm{d}x}\right] + \left[l(l+1) - \dfrac{m^2}{1-x^2}\right]y = 0$	(2.344)	m	整数
ベッセル	$x^2\dfrac{\mathrm{d}^2 y}{\mathrm{d}x^2} + x\dfrac{\mathrm{d}y}{\mathrm{d}x} + (x^2 - m^2)y = 0$	(2.345)		
エルミート	$\dfrac{\mathrm{d}^2 y}{\mathrm{d}x^2} - 2x\dfrac{\mathrm{d}y}{\mathrm{d}x} + 2\alpha y = 0$	(2.346)		
ラゲール	$x\dfrac{\mathrm{d}^2 y}{\mathrm{d}x^2} + (1-x)\dfrac{\mathrm{d}y}{\mathrm{d}x} + \alpha y = 0$	(2.347)		
陪ラゲール	$x\dfrac{\mathrm{d}^2 y}{\mathrm{d}x^2} + (1+k-x)\dfrac{\mathrm{d}y}{\mathrm{d}x} + \alpha y = 0$	(2.348)	k	整数
チェビシェフ	$(1-x^2)\dfrac{\mathrm{d}^2 y}{\mathrm{d}x^2} - x\dfrac{\mathrm{d}y}{\mathrm{d}x} + n^2 y = 0$	(2.349)	n	整数
オイラー（またはコーシー）	$x^2\dfrac{\mathrm{d}^2 y}{\mathrm{d}x^2} + ax\dfrac{\mathrm{d}y}{\mathrm{d}x} + by = f(x)$	(2.350)	a,b	定数
ベルヌーイ	$\dfrac{\mathrm{d}y}{\mathrm{d}x} + p(x)y = q(x)y^a$	(2.351)	p,q	x の関数
エアリー	$\dfrac{\mathrm{d}^2 y}{\mathrm{d}x^2} = xy$	(2.352)		

[a] 熱伝導方程式としても知られている．熱伝導に対しては，$f \equiv T$，熱伝導係数 $D \equiv \kappa \equiv \lambda/(\rho c_p)$ である．ただし，T は温度分布，λ は熱伝導，ρ は密度，c_p は物質の比熱容量．

2.8 積分

標準の公式[a]

$$\int u\, \mathrm{d}v = [uv] - \int v\, \mathrm{d}u \quad (2.353)$$

$$\int uv\, \mathrm{d}x = v\int u\, \mathrm{d}x - \int \left(\int u\, \mathrm{d}x\right)\frac{\mathrm{d}v}{\mathrm{d}x}\, \mathrm{d}x \quad (2.354)$$

$$\int x^n\, \mathrm{d}x = \frac{x^{n+1}}{n+1} \quad (n \neq -1) \quad (2.355)$$

$$\int \frac{1}{x}\, \mathrm{d}x = \ln|x| \quad (2.356)$$

$$\int \mathrm{e}^{ax}\, \mathrm{d}x = \frac{1}{a}\mathrm{e}^{ax} \quad (2.357)$$

$$\int x\mathrm{e}^{ax}\, \mathrm{d}x = \mathrm{e}^{ax}\left(\frac{x}{a} - \frac{1}{a^2}\right) \quad (2.358)$$

$$\int \ln ax\, \mathrm{d}x = x(\ln ax - 1) \quad (2.359)$$

$$\int \frac{f'(x)}{f(x)}\, \mathrm{d}x = \ln f(x) \quad (2.360)$$

$$\int x \ln ax\, \mathrm{d}x = \frac{x^2}{2}\left(\ln ax - \frac{1}{2}\right) \quad (2.361)$$

$$\int b^{ax}\, \mathrm{d}x = \frac{b^{ax}}{a\ln b} \quad (b > 0) \quad (2.362)$$

$$\int \frac{1}{a+bx}\, \mathrm{d}x = \frac{1}{b}\ln(a+bx) \quad (2.363)$$

$$\int \frac{1}{x(a+bx)}\, \mathrm{d}x = -\frac{1}{a}\ln\frac{a+bx}{x} \quad (2.364)$$

$$\int \frac{1}{(a+bx)^2}\, \mathrm{d}x = \frac{-1}{b(a+bx)} \quad (2.365)$$

$$\int \frac{1}{a^2+b^2x^2}\, \mathrm{d}x = \frac{1}{ab}\arctan\left(\frac{bx}{a}\right) \quad (2.366)$$

$$\int \frac{1}{x(x^n+a)}\, \mathrm{d}x = \frac{1}{an}\ln\left|\frac{x^n}{x^n+a}\right| \quad (2.367)$$

$$\int \frac{1}{x^2-a^2}\, \mathrm{d}x = \frac{1}{2a}\ln\left|\frac{x-a}{x+a}\right| \quad (2.368)$$

$$\int \frac{x}{x^2 \pm a^2}\, \mathrm{d}x = \frac{1}{2}\ln|x^2 \pm a^2| \quad (2.369)$$

$$\int \frac{x}{(x^2 \pm a^2)^n}\, \mathrm{d}x = \frac{-1}{2(n-1)(x^2 \pm a^2)^{n-1}} \quad (2.370)$$

$$\int \frac{1}{(a^2-x^2)^{1/2}}\, \mathrm{d}x = \arcsin\left(\frac{x}{a}\right) \quad (2.371)$$

$$\int \frac{1}{(x^2 \pm a^2)^{1/2}}\, \mathrm{d}x = \ln|x + (x^2 \pm a^2)^{1/2}| \quad (2.372)$$

$$\int \frac{x}{(x^2 \pm a^2)^{1/2}}\, \mathrm{d}x = (x^2 \pm a^2)^{1/2} \quad (2.373)$$

$$\int \frac{1}{x(x^2-a^2)^{1/2}}\, \mathrm{d}x = \frac{1}{a}\operatorname{arcsec}\left(\frac{x}{a}\right) \quad (2.374)$$

[a] a と b は 0 でない定数.

三角関数と双曲線関数の積分

$\int \sin x \, dx = -\cos x$	(2.375)	$\int \sinh x \, dx = \cosh x$	(2.376)
$\int \cos x \, dx = \sin x$	(2.377)	$\int \cosh x \, dx = \sinh x$	(2.378)
$\int \tan x \, dx = -\ln|\cos x|$	(2.379)	$\int \tanh x \, dx = \ln(\cosh x)$	(2.380)
$\int \csc x \, dx = \ln\left|\tan\dfrac{x}{2}\right|$	(2.381)	$\int \operatorname{csch} x \, dx = \ln\left|\tanh\dfrac{x}{2}\right|$	(2.382)
$\int \sec x \, dx = \ln|\sec x + \tan x|$	(2.383)	$\int \operatorname{sech} x \, dx = 2\arctan(e^x)$	(2.384)
$\int \cot x \, dx = \ln|\sin x|$	(2.385)	$\int \coth x \, dx = \ln|\sinh x|$	(2.386)
$\int \sin mx \cdot \sin nx \, dx = \dfrac{\sin(m-n)x}{2(m-n)} - \dfrac{\sin(m+n)x}{2(m+n)}$ $(m^2 \neq n^2)$			(2.387)
$\int \sin mx \cdot \cos nx \, dx = -\dfrac{\cos(m-n)x}{2(m-n)} - \dfrac{\cos(m+n)x}{2(m+n)}$ $(m^2 \neq n^2)$			(2.388)
$\int \cos mx \cdot \cos nx \, dx = \dfrac{\sin(m-n)x}{2(m-n)} + \dfrac{\sin(m+n)x}{2(m+n)}$ $(m^2 \neq n^2)$			(2.389)

名前の付いた積分

誤差関数	$\operatorname{erf}(x) = \dfrac{2}{\pi^{1/2}} \int_0^x \exp(-t^2) \, dt$	(2.390)
補誤差関数	$\operatorname{erfc}(x) = 1 - \operatorname{erf}(x) = \dfrac{2}{\pi^{1/2}} \int_x^\infty \exp(-t^2) \, dt$	(2.391)
フレネル積分[a]	$\operatorname{C}(x) = \int_0^x \cos\dfrac{\pi t^2}{2} \, dt; \quad \operatorname{S}(x) = \int_0^x \sin\dfrac{\pi t^2}{2} \, dt$	(2.392)
	$\operatorname{C}(x) + \mathbf{i}\operatorname{S}(x) = \dfrac{1+\mathbf{i}}{2} \operatorname{erf}\left[\dfrac{\pi^{1/2}}{2}(1-\mathbf{i})x\right]$	(2.393)
指数積分	$\operatorname{Ei}(x) = \int_{-\infty}^x \dfrac{e^t}{t} \, dt \quad (x > 0)$	(2.394)
ガンマ関数	$\Gamma(x) = \int_0^\infty t^{x-1} e^{-t} \, dt \quad (x > 0)$	(2.395)
楕円関数（三角関数形）	$\operatorname{F}(\phi, k) = \int_0^\phi \dfrac{1}{(1 - k^2 \sin^2 \theta)^{1/2}} \, d\theta \quad (\text{第 1 種})$	(2.396)
	$\operatorname{E}(\phi, k) = \int_0^\phi (1 - k^2 \sin^2 \theta)^{1/2} \, d\theta \quad (\text{第 2 種})$	(2.397)

[a]165 頁も参照.

定積分

$$\int_0^\infty e^{-ax^2}\,dx = \frac{1}{2}\left(\frac{\pi}{a}\right)^{1/2} \quad (a>0) \tag{2.398}$$

$$\int_0^\infty xe^{-ax^2}\,dx = \frac{1}{2a} \quad (a>0) \tag{2.399}$$

$$\int_0^\infty x^n e^{-ax}\,dx = \frac{n!}{a^{n+1}} \quad (a>0; n=0,1,2,\ldots) \tag{2.400}$$

$$\int_{-\infty}^\infty \exp(2bx-ax^2)\,dx = \left(\frac{\pi}{a}\right)^{1/2}\exp\left(\frac{b^2}{a}\right) \quad (a>0) \tag{2.401}$$

$$\int_0^\infty x^n e^{-ax^2}\,dx = \begin{cases} 1\cdot 3\cdot 5\cdots(n-1)(2a)^{-(n+1)/2}(\pi/2)^{1/2} & n>0 \text{ かつ, 偶数} \\ 2\cdot 4\cdot 6\cdots(n-1)(2a)^{-(n+1)/2} & n>1 \text{ かつ, 奇数} \end{cases} \tag{2.402}$$

$$\int_0^1 x^p(1-x)^q\,dx = \frac{p!q!}{(p+q+1)!} \quad (p,q \text{ は整数}>0) \tag{2.403}$$

$$\int_0^\infty \cos(ax^2)\,dx = \int_0^\infty \sin(ax^2)\,dx = \frac{1}{2}\left(\frac{\pi}{2a}\right)^{1/2} \quad (a>0) \tag{2.404}$$

$$\int_0^\infty \frac{\sin x}{x}\,dx = \int_0^\infty \frac{\sin^2 x}{x^2}\,dx = \frac{\pi}{2} \tag{2.405}$$

$$\int_0^\infty \frac{1}{(1+x)x^a}\,dx = \frac{\pi}{\sin a\pi} \quad (0<a<1) \tag{2.406}$$

2.9 特殊関数と多項式

ガンマ関数

定義	$\Gamma(z) = \displaystyle\int_0^\infty t^{z-1}e^{-t}\,dt \quad [\Re(z)>0]$	(2.407)
関係式	$n! = \Gamma(n+1) = n\Gamma(n) \quad (n=0,1,2,\ldots)$	(2.408)
	$\Gamma(1/2) = \pi^{1/2}$	(2.409)
	$\dbinom{z}{w} = \dfrac{z!}{w!(z-w)!} = \dfrac{\Gamma(z+1)}{\Gamma(w+1)\Gamma(z-w+1)}$	(2.410)
スターリングの公式 ($\|z\|, n \gg 1$)	$\Gamma(z) \simeq e^{-z}z^{z-(1/2)}(2\pi)^{1/2}\left(1+\dfrac{1}{12z}+\dfrac{1}{288z^2}-\cdots\right)$	(2.411)
	$n! \simeq n^{n+(1/2)}e^{-n}(2\pi)^{1/2}$	(2.412)
	$\ln(n!) \simeq n\ln n - n$	(2.413)

ベッセル関数

級数展開	$$J_\nu(x) = \left(\frac{x}{2}\right)^\nu \sum_{k=0}^{\infty} \frac{(-x^2/4)^k}{k!\Gamma(\nu+k+1)}$$ (2.414) $$Y_\nu(x) = \frac{J_\nu(x)\cos(\pi\nu) - J_{-\nu}(x)}{\sin(\pi\nu)}$$ (2.415)	$J_\nu(x)$ 第1種ベッセル関数 $Y_\nu(x)$ 第2種ベッセル関数 $\Gamma(\nu)$ ガンマ関数 ν 次数 ($\nu \geq 0$)
近似	$$J_\nu(x) \simeq \begin{cases} \frac{1}{\Gamma(\nu+1)}\left(\frac{x}{2}\right)^\nu & (0 \leq x \ll \nu) \\ \left(\frac{2}{\pi x}\right)^{1/2}\cos\left(x - \frac{1}{2}\nu\pi - \frac{\pi}{4}\right) & (x \gg \nu) \end{cases}$$ (2.416) $$Y_\nu(x) \simeq \begin{cases} \frac{-\Gamma(\nu)}{\pi}\left(\frac{x}{2}\right)^{-\nu} & (0 < x \ll \nu) \\ \left(\frac{2}{\pi x}\right)^{1/2}\sin\left(x - \frac{1}{2}\nu\pi - \frac{\pi}{4}\right) & (x \gg \nu) \end{cases}$$ (2.417)	
修正ベッセル関数	$$I_\nu(x) = (-\mathbf{i})^\nu J_\nu(\mathbf{i}x)$$ (2.418) $$K_\nu(x) = \frac{\pi}{2}\mathbf{i}^{\nu+1}[J_\nu(\mathbf{i}x) + \mathbf{i}Y_\nu(\mathbf{i}x)]$$ (2.419)	$I_\nu(x)$ 第1種修正ベッセル関数 $K_\nu(x)$ 第2種修正ベッセル関数
球ベッセル関数	$$j_\nu(x) = \left(\frac{\pi}{2x}\right)^{1/2} J_{\nu+\frac{1}{2}}(x)$$ (2.420)	$j_\nu(x)$ 第1種球ベッセル関数 ($y_\nu(x)$ についても同様)

ルジャンドル多項式[a]

ルジャンドル方程式	$$(1-x^2)\frac{d^2 P_l(x)}{dx^2} - 2x\frac{dP_l(x)}{dx} + l(l+1)P_l(x) = 0$$ (2.421)	P_l	ルジャンドル多項式
		l	次数 ($l \geq 0$)
ロドリグの公式	$$P_l(x) = \frac{1}{2^l l!}\frac{d^l}{dx^l}(x^2-1)^l$$ (2.422)		
漸化式	$(l+1)P_{l+1}(x) = (2l+1)xP_l(x) - lP_{l-1}(x)$ (2.423)		
直交性	$$\int_{-1}^{1} P_l(x)P_{l'}(x)\,dx = \frac{2}{2l+1}\delta_{ll'}$$ (2.424)	$\delta_{ll'}$	クロネッカーのデルタ
具体形	$$P_l(x) = 2^{-l}\sum_{m=0}^{l/2}(-1)^m \binom{l}{m}\binom{2l-2m}{l}x^{l-2m}$$ (2.425)	$\binom{l}{m}$	二項係数
平面波展開	$\exp(\mathbf{i}kz) = \exp(\mathbf{i}kr\cos\theta)$ (2.426) $$= \sum_{l=0}^{\infty}(2l+1)\mathbf{i}^l j_l(kr) P_l(\cos\theta)$$ (2.427)	k z j_l	波数 伝播軸 $z = r\cos\theta$ (l 次の) 第1種球ベッセル関数

$P_0(x) = 1$ $P_2(x) = (3x^2-1)/2$ $P_4(x) = (35x^4 - 30x^2 + 3)/8$
$P_1(x) = x$ $P_3(x) = (5x^3-3x)/2$ $P_5(x) = (63x^5 - 70x^3 + 15x)/8$

[a] 第1種の.

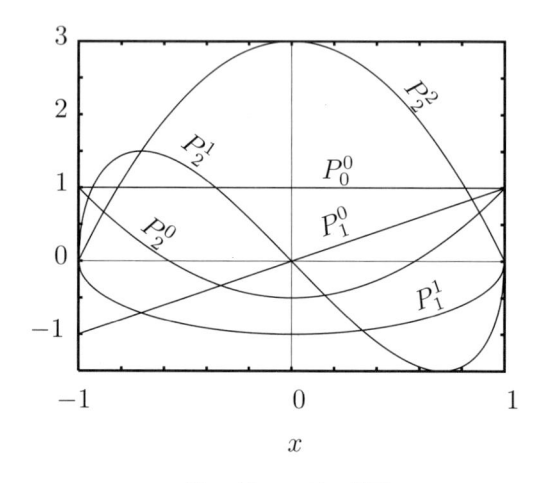

陪ルジャンドル関数[a]

陪ルジャンドル方程式	$\dfrac{d}{dx}\left[(1-x^2)\dfrac{dP_l^m(x)}{dx}\right]+\left[l(l+1)-\dfrac{m^2}{1-x^2}\right]P_l^m(x)=0 \quad (2.428)$	P_l^m	陪ルジャンドル多項式
ルジャンドル多項式との関係	$P_l^m(x)=(1-x^2)^{m/2}\dfrac{d^m}{dx^m}P_l(x), \quad 0\le m\le l \quad (2.429)$ $P_l^{-m}(x)=(-1)^m\dfrac{(l-m)!}{(l+m)!}P_l^m(x) \quad (2.430)$	P_l	ルジャンドル関数
漸化式	$P_{m+1}^m(x)=x(2m+1)P_m^m(x) \quad (2.431)$ $P_m^m(x)=(-1)^m(2m-1)!!(1-x^2)^{m/2} \quad (2.432)$ $(l-m+1)P_{l+1}^m(x)=(2l+1)xP_l^m(x)-(l+m)P_{l-1}^m(x) \quad (2.433)$	!!	$5!!=5\cdot 3\cdot 1$ (等)
直交性	$\displaystyle\int_{-1}^{1}P_l^m(x)P_{l'}^m(x)\,dx=\dfrac{(l+m)!}{(l-m)!}\dfrac{2}{2l+1}\delta_{ll'} \quad (2.434)$	$\delta_{ll'}$	クロネッカーのデルタ
$P_0^0(x)=1$ $P_1^0(x)=x$ $P_1^1(x)=-(1-x^2)^{1/2}$ $P_2^0(x)=(3x^2-1)/2$ $P_2^1(x)=-3x(1-x^2)^{1/2}$ $P_2^2(x)=3(1-x^2)$			

[a] 第1種. $P_l^m(x)$ は式 (2.430) と同様に, 式 (2.429) に $(-1)^m$ を付けて定義することができる.

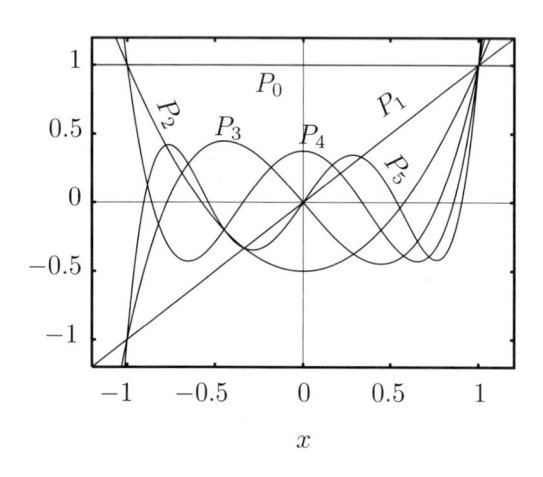

ルジャンドル多項式

陪ルジャンドル関数

球面調和関数

微分方程式	$\left[\dfrac{1}{\sin\theta}\dfrac{\partial}{\partial\theta}\left(\sin\theta\dfrac{\partial}{\partial\theta}\right)+\dfrac{1}{\sin^2\theta}\dfrac{\partial^2}{\partial\phi^2}\right]Y_l^m+l(l+1)Y_l^m=0$ (2.435)	Y_l^m	球面調和関数
定義[a]	$Y_l^m(\theta,\phi)=(-1)^m\left[\dfrac{2l+1}{4\pi}\dfrac{(l-m)!}{(l+m)!}\right]^{1/2}P_l^m(\cos\theta)\mathrm{e}^{\mathrm{i}m\phi}$ (2.436)	P_l^m	陪ルジャンドル関数
直交性	$\displaystyle\int_{\phi=0}^{2\pi}\int_{\theta=0}^{\pi}Y_l^{m*}(\theta,\phi)Y_{l'}^{m'}(\theta,\phi)\sin\theta\,\mathrm{d}\theta\,\mathrm{d}\phi=\delta_{mm'}\delta_{ll'}$ (2.437)	Y^* $\delta_{ll'}$	複素共役 クロネッカーのデルタ
ラプラス級数	$f(\theta,\phi)=\displaystyle\sum_{l=0}^{\infty}\sum_{m=-l}^{l}a_{lm}Y_l^m(\theta,\phi)$ (2.438) $a_{lm}=\displaystyle\int_{\phi=0}^{2\pi}\int_{\theta=0}^{\pi}Y_l^{m*}(\theta,\phi)f(\theta,\phi)\sin\theta\,\mathrm{d}\theta\,\mathrm{d}\phi$ (2.439)	f	連続関数
ラプラス方程式の解	$\nabla^2\psi(r,\theta,\phi)=0$ ならば $\psi(r,\theta,\phi)=\displaystyle\sum_{l=0}^{\infty}\sum_{m=-l}^{l}Y_l^m(\theta,\phi)\cdot\left[a_{lm}r^l+b_{lm}r^{-(l+1)}\right]$ (2.440)	ψ a,b	連続関数 定数

$Y_0^0(\theta,\phi)=\sqrt{\dfrac{1}{4\pi}}$ $Y_1^0(\theta,\phi)=\sqrt{\dfrac{3}{4\pi}}\cos\theta$

$Y_1^{\pm 1}(\theta,\phi)=\mp\sqrt{\dfrac{3}{8\pi}}\sin\theta\,\mathrm{e}^{\pm\mathrm{i}\phi}$ $Y_2^0(\theta,\phi)=\sqrt{\dfrac{5}{4\pi}}\left(\dfrac{3}{2}\cos^2\theta-\dfrac{1}{2}\right)$

$Y_2^{\pm 1}(\theta,\phi)=\mp\sqrt{\dfrac{15}{8\pi}}\sin\theta\cos\theta\,\mathrm{e}^{\pm\mathrm{i}\phi}$ $Y_2^{\pm 2}(\theta,\phi)=\sqrt{\dfrac{15}{32\pi}}\sin^2\theta\,\mathrm{e}^{\pm 2\mathrm{i}\phi}$

$Y_3^0(\theta,\phi)=\dfrac{1}{2}\sqrt{\dfrac{7}{4\pi}}(5\cos^2\theta-3)\cos\theta$ $Y_3^{\pm 1}(\theta,\phi)=\mp\dfrac{1}{4}\sqrt{\dfrac{21}{4\pi}}\sin\theta(5\cos^2\theta-1)\mathrm{e}^{\pm\mathrm{i}\phi}$

$Y_3^{\pm 2}(\theta,\phi)=\dfrac{1}{4}\sqrt{\dfrac{105}{2\pi}}\sin^2\theta\cos\theta\,\mathrm{e}^{\pm 2\mathrm{i}\phi}$ $Y_3^{\pm 3}(\theta,\phi)=\mp\dfrac{1}{4}\sqrt{\dfrac{35}{4\pi}}\sin^3\theta\,\mathrm{e}^{\pm 3\mathrm{i}\phi}$

[a] コンドン・ショートレー位相の符号の規約を用いて，$-l\leq m\leq l$ に対して定義される．他の規約も可能である．

デルタ関数

クロネッカーのデルタ	$\delta_{ij} = \begin{cases} 1 & i=j \text{ のとき} \\ 0 & i \neq j \text{ のとき} \end{cases}$	(2.441)	δ_{ij}	クロネッカーのデルタ
	$\delta_{ii} = 3$	(2.442)	$i,j,k,\ldots$	指数 ($=1,2,3$)
3次元レビ・チビタの記号（置換テンソル）[a]	$\epsilon_{123} = \epsilon_{231} = \epsilon_{312} = 1$			
	$\epsilon_{132} = \epsilon_{213} = \epsilon_{321} = -1$	(2.443)		
	その他の場合 $\epsilon_{ijk} = 0$		ϵ_{ijk}	レビ・チビタの記号 (23 頁も参照)
	$\epsilon_{ijk}\epsilon_{klm} = \delta_{il}\delta_{jm} - \delta_{im}\delta_{jl}$	(2.444)		
	$\delta_{ij}\epsilon_{ijk} = 0$	(2.445)		
	$\epsilon_{ilm}\epsilon_{jlm} = 2\delta_{ij}$	(2.446)		
	$\epsilon_{ijk}\epsilon_{ijk} = 6$	(2.447)		
ディラックのデルタ関数	$\int_a^b \delta(x)\,\mathrm{d}x = \begin{cases} 1 & a<0<b \text{ のとき} \\ 0 & \text{その他} \end{cases}$	(2.448)		
	$\int_a^b f(x)\delta(x-x_0)\,\mathrm{d}x = f(x_0)$	(2.449)	$\delta(x)$	ディラックのデルタ関数
	$\delta(x-x_0)f(x) = \delta(x-x_0)f(x_0)$	(2.450)	$f(x)$	x の滑らかな関数
	$\delta(-x) = \delta(x)$	(2.451)	a,b	定数
	$\delta(ax) = |a|^{-1}\delta(x) \quad (a \neq 0)$	(2.452)		
	$\delta(x) \simeq n\pi^{-1/2}\mathrm{e}^{-n^2x^2} \quad (n \gg 1)$	(2.453)		

[a] 一般の $\epsilon_{ijk\ldots}$ は，下付き指数の偶置換に対しては $+1$，奇置換に関しては -1，重複指数のときは 0 となるように定義される．点列 $(1,2,3,\ldots,n)$ は偶と考える．隣り合う指数を奇数回（偶数回）入れ換えると，奇置換（偶置換）が得られる．

2.10 二次方程式と三次方程式の根

二次方程式

方程式	$ax^2 + bx + c = 0 \quad (a \neq 0)$	(2.454)	x	変数
			a,b,c	実定数
解	$x_{1,2} = \dfrac{-b \pm \sqrt{b^2-4ac}}{2a}$	(2.455)		
	$= \dfrac{-2c}{b \pm \sqrt{b^2-4ac}}$	(2.456)	x_1, x_2	二次方程式の根
解の和と積	$x_1 + x_2 = -b/a$	(2.457)		
	$x_1 x_2 = c/a$	(2.458)		

三次方程式

方程式	$ax^3 + bx^2 + cx + d = 0 \quad (a \neq 0)$ (2.459)	x 変数 a, b, c, d 実定数
途中の定義	$p = \dfrac{1}{3}\left(\dfrac{3c}{a} - \dfrac{b^2}{a^2}\right)$ (2.460) $q = \dfrac{1}{27}\left(\dfrac{2b^3}{a^3} - \dfrac{9bc}{a^2} + \dfrac{27d}{a}\right)$ (2.461) $D = \left(\dfrac{p}{3}\right)^3 + \left(\dfrac{q}{2}\right)^2$ (2.462)	D 判別式

$D \geq 0$ ならば次のように定義する	$D < 0$ ならば次のように定義する
$u = \left(\dfrac{-q}{2} + D^{1/2}\right)^{1/3}$ (2.463) $v = \left(\dfrac{-q}{2} - D^{1/2}\right)^{1/3}$ (2.464) $y_1 = u + v$ (2.465) $y_{2,3} = \dfrac{-(u+v)}{2} \pm \mathbf{i}\dfrac{u-v}{2}3^{1/2}$ (2.466) 1つの実数解と2つの複素数解 ($D=0$ ならば, 3つの実数解. そのうち少なくとも2つは等しい)	$\phi = \arccos\left[\dfrac{-q}{2}\left(\dfrac{\|p\|}{3}\right)^{-3/2}\right]$ (2.467) $y_1 = 2\left(\dfrac{\|p\|}{3}\right)^{1/2}\cos\dfrac{\phi}{3}$ (2.468) $y_{2,3} = -2\left(\dfrac{\|p\|}{3}\right)^{1/2}\cos\dfrac{\phi \pm \pi}{3}$ (2.469) 3つの異なる実数解

解[a]	$x_n = y_n - \dfrac{b}{3a}$ (2.470)	x_n 三次方程式の解 ($n=1,2,3$)
解の和と積	$x_1 + x_2 + x_3 = -b/a$ (2.471) $x_1x_2 + x_1x_3 + x_2x_3 = c/a$ (2.472) $x_1x_2x_3 = -d/a$ (2.473)	

[a] y_n は, 方程式 $y^3 + py + q = 0$ の解である.

2.11 フーリエ級数とフーリエ変換

フーリエ級数

実形式	$f(x) = \dfrac{a_0}{2} + \sum_{n=1}^{\infty} \left(a_n \cos \dfrac{n\pi x}{L} + b_n \sin \dfrac{n\pi x}{L} \right)$	(2.474)	$f(x)$ 周期 $2L$ の周期関数
	$a_n = \dfrac{1}{L} \displaystyle\int_{-L}^{L} f(x) \cos \dfrac{n\pi x}{L}\, \mathrm{d}x$	(2.475)	a_n, b_n フーリエ係数
	$b_n = \dfrac{1}{L} \displaystyle\int_{-L}^{L} f(x) \sin \dfrac{n\pi x}{L}\, \mathrm{d}x$	(2.476)	
複素形式	$f(x) = \displaystyle\sum_{n=-\infty}^{\infty} c_n \exp\left(\dfrac{\mathrm{i} n\pi x}{L} \right)$	(2.477)	c_n 複素フーリエ係数
	$c_n = \dfrac{1}{2L} \displaystyle\int_{-L}^{L} f(x) \exp\left(\dfrac{-\mathrm{i} n\pi x}{L} \right) \mathrm{d}x$	(2.478)	
パーセバルの定理	$\dfrac{1}{2L} \displaystyle\int_{-L}^{L} |f(x)|^2\, \mathrm{d}x = \dfrac{a_0^2}{4} + \dfrac{1}{2} \sum_{n=1}^{\infty} (a_n^2 + b_n^2)$	(2.479)	$|\ |$ 絶対値
	$= \displaystyle\sum_{n=-\infty}^{\infty} |c_n|^2$	(2.480)	

フーリエ変換[a]

定義 1	$F(s) = \displaystyle\int_{-\infty}^{\infty} f(x) \mathrm{e}^{-2\pi \mathrm{i} xs}\, \mathrm{d}x$	(2.481)	$f(x)$ x の関数
	$f(x) = \displaystyle\int_{-\infty}^{\infty} F(s) \mathrm{e}^{2\pi \mathrm{i} xs}\, \mathrm{d}s$	(2.482)	$F(s)$ $f(x)$ のフーリエ変換
定義 2	$F(s) = \displaystyle\int_{-\infty}^{\infty} f(x) \mathrm{e}^{-\mathrm{i} xs}\, \mathrm{d}x$	(2.483)	
	$f(x) = \dfrac{1}{2\pi} \displaystyle\int_{-\infty}^{\infty} F(s) \mathrm{e}^{\mathrm{i} xs}\, \mathrm{d}s$	(2.484)	
定義 3	$F(s) = \dfrac{1}{\sqrt{2\pi}} \displaystyle\int_{-\infty}^{\infty} f(x) \mathrm{e}^{-\mathrm{i} xs}\, \mathrm{d}x$	(2.485)	
	$f(x) = \dfrac{1}{\sqrt{2\pi}} \displaystyle\int_{-\infty}^{\infty} F(s) \mathrm{e}^{\mathrm{i} xs}\, \mathrm{d}s$	(2.486)	

[a] これら 3 つ(またはそれ以上)の定義が用いられているが,定義 1 がたぶんいちばん良い.

フーリエ変換の定理[a]

畳み込み （合成積）	$f(x) * g(x) = \int_{-\infty}^{\infty} f(u)g(x-u)\,\mathrm{d}u$	(2.487)
畳み込みの性質	$f * g = g * f$ $f * (g * h) = (f * g) * h$	(2.488) (2.489)
畳み込みの定理	$f(x)g(x) \rightleftharpoons F(s) * G(s)$	(2.490)
自己相関	$f^*(x) \star f(x) = \int_{-\infty}^{\infty} f^*(u-x)f(u)\,\mathrm{d}u$	(2.491)
ウィナー・ヒンチンの定理	$f^*(x) \star f(x) \rightleftharpoons |F(s)|^2$	(2.492)
相互相関	$f^*(x) \star g(x) = \int_{-\infty}^{\infty} f^*(u-x)g(u)\,\mathrm{d}u$	(2.493)
相関定理	$h(x) \star j(x) \rightleftharpoons H(s)J^*(s)$	(2.494)
パーセバルの関係式[b]	$\int_{-\infty}^{\infty} f(x)g^*(x)\,\mathrm{d}x = \int_{-\infty}^{\infty} F(s)G^*(s)\,\mathrm{d}s$	(2.495)
パーセバルの定理[c]	$\int_{-\infty}^{\infty} |f(x)|^2\,\mathrm{d}x = \int_{-\infty}^{\infty} |F(s)|^2\,\mathrm{d}s$	(2.496)
微分との関係	$\dfrac{\mathrm{d}f(x)}{\mathrm{d}x} \rightleftharpoons 2\pi\mathrm{i}sF(s)$ $\dfrac{\mathrm{d}}{\mathrm{d}x}[f(x) * g(x)] = \dfrac{\mathrm{d}f(x)}{\mathrm{d}x} * g(x) = \dfrac{\mathrm{d}g(x)}{\mathrm{d}x} * f(x)$	(2.497) (2.498)

f, g	一般の関数
$*$	畳み込み
f	$f(x) \rightleftharpoons F(s)$
g	$g(x) \rightleftharpoons G(s)$
$\rightleftharpoons$	フーリエ変換の関係
$\star$	相関
f^*	f の複素共役
h, j	実関数
H	$H(s) \rightleftharpoons h(x)$
J	$J(s) \rightleftharpoons j(x)$

[a] フーリエ変換を定義 1 ($F(s) = \int_{-\infty}^{\infty} f(x)\mathrm{e}^{-2\pi\mathrm{i}xs}\,\mathrm{d}x$) で定義した.
[b] べき定理とも呼ばれている.
[c] レーリーの定理とも呼ばれている.

フーリエ変換の対称性の関係

$f(x)$	$\rightleftharpoons$	$F(s)$	定義
偶	$\rightleftharpoons$	偶	実: $f(x) = f^*(x)$
奇	$\rightleftharpoons$	奇	虚: $f(x) = -f^*(x)$
実, 偶	$\rightleftharpoons$	実, 偶	偶: $f(x) = f(-x)$
実, 奇	$\rightleftharpoons$	虚, 奇	奇: $f(x) = -f(-x)$
虚, 偶	$\rightleftharpoons$	虚, 偶	エルミート: $f(x) = f^*(-x)$
複素, 偶	$\rightleftharpoons$	複素, 偶	反エルミート: $f(x) = -f^*(-x)$
複素, 奇	$\rightleftharpoons$	複素, 奇	
実, 反対称	$\rightleftharpoons$	複素, エルミート	
虚, 反対称	$\rightleftharpoons$	複素, 反エルミート	

フーリエ変換のペア[a]

$$f(x) \rightleftharpoons F(s) = \int_{-\infty}^{\infty} f(x) e^{-2\pi i s x} \, dx \qquad (2.499)$$

$$f(ax) \rightleftharpoons \frac{1}{|a|} F(s/a) \qquad (a \neq 0, \text{実}) \qquad (2.500)$$

$$f(x-a) \rightleftharpoons e^{-2\pi i a s} F(s) \qquad (a \text{ 実}) \qquad (2.501)$$

$$\frac{d^n}{dx^n} f(x) \rightleftharpoons (2\pi i s)^n F(s) \qquad (2.502)$$

$$\delta(x) \rightleftharpoons 1 \qquad (2.503)$$

$$\delta(x-a) \rightleftharpoons e^{-2\pi i a s} \qquad (2.504)$$

$$e^{-a|x|} \rightleftharpoons \frac{2a}{a^2 + 4\pi^2 s^2} \qquad (a > 0) \qquad (2.505)$$

$$x e^{-a|x|} \rightleftharpoons \frac{8 i \pi a s}{(a^2 + 4\pi^2 s^2)^2} \qquad (a > 0) \qquad (2.506)$$

$$e^{-x^2/a^2} \rightleftharpoons a\sqrt{\pi} e^{-\pi^2 a^2 s^2} \qquad (2.507)$$

$$\sin ax \rightleftharpoons \frac{1}{2i} \left[\delta\left(s - \frac{a}{2\pi}\right) - \delta\left(s + \frac{a}{2\pi}\right) \right] \qquad (2.508)$$

$$\cos ax \rightleftharpoons \frac{1}{2} \left[\delta\left(s - \frac{a}{2\pi}\right) + \delta\left(s + \frac{a}{2\pi}\right) \right] \qquad (2.509)$$

$$\sum_{m=-\infty}^{\infty} \delta(x - ma) \rightleftharpoons \frac{1}{a} \sum_{n=-\infty}^{\infty} \delta\left(s - \frac{n}{a}\right) \qquad (2.510)$$

$$f(x) = \begin{cases} 0 & x < 0 \\ 1 & x > 0 \end{cases} \text{（ステップ）} \rightleftharpoons \frac{1}{2} \delta(s) - \frac{i}{2\pi s} \qquad (2.511)$$

$$f(x) = \begin{cases} 1 & |x| \leq a \\ 0 & |x| > a \end{cases} \text{（トップハット）} \rightleftharpoons \frac{\sin 2\pi a s}{\pi s} = 2a \operatorname{sinc} 2as \qquad (2.512)$$

$$f(x) = \begin{cases} \left(1 - \frac{|x|}{a}\right) & |x| \leq a \\ 0 & |x| > a \end{cases} \text{（三角）} \rightleftharpoons \frac{1}{2\pi^2 a s^2} (1 - \cos 2\pi a s) = a \operatorname{sinc}^2 as \qquad (2.513)$$

[a] 式 (2.499) は以下のペアに対して用いられたフーリエ変換の定義である．$\operatorname{sinc} x \equiv (\sin \pi x)/(\pi x)$ に注意．

2.12 ラプラス変換

ラプラス変換に関する定理

定義[a]	$F(s) = \mathscr{L}\{f(t)\} = \int_0^\infty f(t)\mathrm{e}^{-st}\,\mathrm{d}t$ (2.514)		$\mathscr{L}\{\}$	ラプラス変換
合成積[b]	$F(s) \cdot G(s) = \mathscr{L}\left\{\int_0^\infty f(t-z)g(z)\,\mathrm{d}z\right\}$ (2.515) $= \mathscr{L}\{f(t) * g(t)\}$ (2.516)		$F(s)$ $G(s)$ $*$	$\mathscr{L}\{f(t)\}$ $\mathscr{L}\{g(t)\}$ 畳み込み
逆変換[c]	$f(t) = \dfrac{1}{2\pi\mathrm{i}} \int_{\gamma-\mathrm{i}\infty}^{\gamma+\mathrm{i}\infty} \mathrm{e}^{st} F(s)\,\mathrm{d}s$ (2.517) $= \sum 留数 \quad (t>0 \text{ に関して})$ (2.518)		γ	定数
導関数の変換	$\mathscr{L}\left\{\dfrac{\mathrm{d}^n f(t)}{\mathrm{d}t^n}\right\} = s^n \mathscr{L}\{f(t)\} - \sum_{r=0}^{n-1} s^{n-r-1} \dfrac{\mathrm{d}^r f(t)}{\mathrm{d}t^r}\bigg|_{t=0}$ (2.519)		n	正整数
変換の導関数	$\dfrac{\mathrm{d}^n F(s)}{\mathrm{d}s^n} = \mathscr{L}\{(-t)^n f(t)\}$ (2.520)			
代入	$F(s-a) = \mathscr{L}\{\mathrm{e}^{at} f(t)\}$ (2.521)		a	定数
平行移動	$\mathrm{e}^{-as} F(s) = \mathscr{L}\{u(t-a) f(t-a)\}$ (2.522) ここで $u(t) = \begin{cases} 0 & (t<0) \\ 1 & (t>0) \end{cases}$ (2.523)		$u(t)$	単位ステップ関数

[a] もし $|\mathrm{e}^{-s_0 t} f(t)|$ が十分大きな t に対して有限ならば,そのラプラス変換は $s > s_0$ に対して存在する.
[b] 畳み込み定理としても知られている.
[c] ブロムウィッチ積分としても知られている.γ は $F(s)$ の特異点が積分路の左側にあるように選ぶ.

ラプラス変換のペア

$$f(t) \Longrightarrow F(s) = \mathscr{L}\{f(t)\} = \int_0^\infty f(t)\mathrm{e}^{-st}\,\mathrm{d}t \quad (2.524)$$

$$\delta(t) \Longrightarrow 1 \quad (2.525)$$

$$1 \Longrightarrow 1/s \quad (s>0) \quad (2.526)$$

$$t^n \Longrightarrow \frac{n!}{s^{n+1}} \quad (s>0, n>-1) \quad (2.527)$$

$$t^{1/2} \Longrightarrow \sqrt{\frac{\pi}{4s^3}} \quad (2.528)$$

$$t^{-1/2} \Longrightarrow \sqrt{\frac{\pi}{s}} \quad (2.529)$$

$$\mathrm{e}^{at} \Longrightarrow \frac{1}{s-a} \quad (s>a) \quad (2.530)$$

$$t\mathrm{e}^{at} \Longrightarrow \frac{1}{(s-a)^2} \quad (s>a) \quad (2.531)$$

$$(1-at)\mathrm{e}^{-at} \Longrightarrow \frac{s}{(s+a)^2} \quad (2.532)$$

$$t^2\mathrm{e}^{-at} \Longrightarrow \frac{2}{(s+a)^3} \quad (2.533)$$

$$\sin at \Longrightarrow \frac{a}{s^2+a^2} \quad (s>0) \quad (2.534)$$

$$\cos at \Longrightarrow \frac{s}{s^2+a^2} \quad (s>0) \quad (2.535)$$

$$\sinh at \Longrightarrow \frac{a}{s^2-a^2} \quad (s>a) \quad (2.536)$$

$$\cosh at \Longrightarrow \frac{s}{s^2-a^2} \quad (s>a) \quad (2.537)$$

$$\mathrm{e}^{-bt}\sin at \Longrightarrow \frac{a}{(s+b)^2+a^2} \quad (2.538)$$

$$\mathrm{e}^{-bt}\cos at \Longrightarrow \frac{s+b}{(s+b)^2+a^2} \quad (2.539)$$

$$\mathrm{e}^{-at}f(t) \Longrightarrow F(s+a) \quad (2.540)$$

2.13 確率と統計

離散統計

平均	$\langle x \rangle = \dfrac{1}{N} \sum_{i=1}^{N} x_i$	(2.541)	x_i データ列 N 列の長さ $\langle \cdot \rangle$ 平均
分散[a]	$\mathrm{var}[x] = \dfrac{1}{N-1} \sum_{i=1}^{N} (x_i - \langle x \rangle)^2$	(2.542)	$\mathrm{var}[\cdot]$ 分散
標準偏差	$\sigma[x] = (\mathrm{var}[x])^{1/2}$	(2.543)	σ 標準偏差
歪度	$\mathrm{skew}[x] = \dfrac{N}{(N-1)(N-2)} \sum_{i=1}^{N} \left(\dfrac{x_i - \langle x \rangle}{\sigma} \right)^3$	(2.544)	
尖度	$\mathrm{kurt}[x] \simeq \left[\dfrac{1}{N} \sum_{i=1}^{N} \left(\dfrac{x_i - \langle x \rangle}{\sigma} \right)^4 \right] - 3$	(2.545)	
相関係数[b]	$r = \dfrac{\sum_{i=1}^{N} (x_i - \langle x \rangle)(y_i - \langle y \rangle)}{\sqrt{\sum_{i=1}^{N} (x_i - \langle x \rangle)^2} \sqrt{\sum_{i=1}^{N} (y_i - \langle y \rangle)^2}}$	(2.546)	x, y 相関のデータ列 r 相関係数

[a] $\langle x \rangle$ がデータ $\{x_i\}$ から導出されるとき,関係式は上記の通りである.もし $\langle x \rangle$ が独立に知られているときは,不偏な推定は,右辺を $N-1$ でなく,むしろ N で割って得られる.(データに対する式 (2.542) を,不偏分散といい,$\langle x \rangle$ が真の値であるとき,$N-1$ の代わりに N で割った式を母分散という(訳注)).
[b] ピアソンの r としても知られている.

離散確率分布

分布	$\mathrm{pr}(x)$	平均	分散	定義域		
二項	$\binom{n}{x} p^x (1-p)^{n-x}$	np	$np(1-p)$	$(x = 0, 1, \ldots, n)$	(2.547)	$\binom{n}{x}$ 二項係数
幾何	$(1-p)^{x-1} p$	$1/p$	$(1-p)/p^2$	$(x = 1, 2, 3, \ldots)$	(2.548)	
ポアソン	$\lambda^x \exp(-\lambda)/x!$	λ	λ	$(x = 0, 1, 2, \ldots)$	(2.549)	

連続確率分布

分布	$\mathrm{pr}(x)$	平均	分散	定義域	
一様分布	$\dfrac{1}{b-a}$	$\dfrac{a+b}{2}$	$\dfrac{(b-a)^2}{12}$	$(a \leq x \leq b)$	(2.550)
指数分布	$\lambda \exp(-\lambda x)$	$1/\lambda$	$1/\lambda^2$	$(x \geq 0)$	(2.551)
正規(ガウス)分布	$\dfrac{1}{\sigma\sqrt{2\pi}} \exp\left[\dfrac{-(x-\mu)^2}{2\sigma^2}\right]$	μ	σ^2	$(-\infty < x < \infty)$	(2.552)
カイ2乗分布[a]	$\dfrac{e^{-x/2} x^{(r/2)-1}}{2^{r/2} \Gamma(r/2)}$	r	$2r$	$(x \geq 0)$	(2.553)
レーリー分布	$\dfrac{x}{\sigma^2} \exp\left(\dfrac{-x^2}{2\sigma^2}\right)$	$\sigma\sqrt{\pi/2}$	$2\sigma^2\left(1-\dfrac{\pi}{4}\right)$	$(x \geq 0)$	(2.554)
コーシー(ローレンツ)分布	$\dfrac{a}{\pi(a^2+x^2)}$	(定義されない)	(定義されない)	$(-\infty < x < \infty)$	(2.555)

[a] 自由度 r. Γ はガンマ関数.

多変量正規分布

密度関数	$\mathrm{pr}(\boldsymbol{x}) = \dfrac{\exp\left[-\frac{1}{2}(\boldsymbol{x}-\boldsymbol{\mu})\mathbf{C}^{-1}(\boldsymbol{x}-\boldsymbol{\mu})^T\right]}{(2\pi)^{k/2}[\det(\mathbf{C})]^{1/2}}$ (2.556)	pr	確率密度	
		k	次元数	
		$\mathbf{C}$	共分散行列	
		$\boldsymbol{x}$	(k 次元)変数	
		$\boldsymbol{\mu}$	平均ベクトル	
		T	転置	
平均	$\boldsymbol{\mu} = (\mu_1, \mu_2, \ldots, \mu_k)$ (2.557)	det	行列式	
		μ_i	i 変数の平均	
共分散	$\mathbf{C} = \sigma_{ij} = \langle x_i x_j \rangle - \langle x_i \rangle \langle x_j \rangle$ (2.558)	σ_{ij}	$\mathbf{C}$ の要素	
相関係数	$r = \dfrac{\sigma_{ij}}{\sigma_i \sigma_j}$ (2.559)	r	相関係数	
ボックス・ミュラー変換	$x_1 = (-2\ln y_1)^{1/2} \cos 2\pi y_2$ (2.560) $x_2 = (-2\ln y_1)^{1/2} \sin 2\pi y_2$ (2.561)	x_i	正規分布偏差	
		y_i	区間 [0,1] に一様分布する偏差	

乱歩（ランダムウォーク）

1次元の乱歩	$\mathrm{pr}(x) = \dfrac{1}{(2\pi N l^2)^{1/2}} \exp\left(\dfrac{-x^2}{2Nl^2}\right)$	(2.562)	
2乗平均移動距離	$x_{\mathrm{rms}} = N^{1/2} l$	(2.563)	
3次元の乱歩	$\mathrm{pr}(r) = \left(\dfrac{a}{\pi^{1/2}}\right)^3 \exp(-a^2 r^2)$ ここで $a = \left(\dfrac{3}{2Nl^2}\right)^{1/2}$	(2.564)	
平均距離	$\langle r \rangle = \left(\dfrac{8}{3\pi}\right)^{1/2} N^{1/2} l$	(2.565)	
2乗平均距離	$r_{\mathrm{rms}} = N^{1/2} l$	(2.566)	

x	N 歩後の移動距離（正または負）
$\mathrm{pr}(x)$	x の確率密度 x ($\int_{-\infty}^{\infty} \mathrm{pr}(x)\,\mathrm{d}x = 1$)
N	歩数
l	歩長（すべて等しい）
x_{rms}	出発点からの2乗平均移動距離
r	出発点との距離
$\mathrm{pr}(r)$	r の確率密度 r ($\int_0^\infty 4\pi r^2 \mathrm{pr}(r)\,\mathrm{d}r = 1$)
a	最大可能距離の逆数
$\langle r \rangle$	出発点からの平均距離
r_{rms}	出発点からの2乗平均距離

ベイズ推定

条件付き確率	$\mathrm{pr}(x) = \int \mathrm{pr}(x\|y')\mathrm{pr}(y')\,\mathrm{d}y'$	(2.567)
結合確率	$\mathrm{pr}(x,y) = \mathrm{pr}(x)\mathrm{pr}(y\|x)$	(2.568)
ベイズの定理[a]	$\mathrm{pr}(y\|x) = \dfrac{\mathrm{pr}(x\|y)\mathrm{pr}(y)}{\mathrm{pr}(x)}$	(2.569)

$\mathrm{pr}(x)$	x の確率（密度）
$\mathrm{pr}(x\|y')$	y' が与えられたときの x の条件付き確率
$\mathrm{pr}(x,y)$	x と y の結合確率

[a] この表現において，$\mathrm{pr}(y|x)$ は事後確率，$\mathrm{pr}(x|y)$ は尤度，$\mathrm{pr}(y)$ は事前確率として知られている．

2.14 数値解法

最小 2 乗法[a]

データ	$(\{x_i\},\{y_i\})$　n 個の点	(2.570)
重み[b]	$\{w_i\}$	(2.571)
モデル	$y = mx + c$	(2.572)
残差	$d_i = y_i - mx_i - c$	(2.573)
加重平均	$(\overline{x},\overline{y}) = \dfrac{1}{\sum w_i}\left(\sum w_i x_i, \sum w_i y_i\right)$	(2.574)
加重モーメント	$D = \sum w_i(x_i - \overline{x})^2$	(2.575)
勾配	$m = \dfrac{1}{D}\sum w_i(x_i - \overline{x})y_i$	(2.576)
	$\mathrm{var}[m] \simeq \dfrac{1}{D}\dfrac{\sum w_i d_i^2}{n-2}$	(2.577)
切片	$c = \overline{y} - m\overline{x}$	(2.578)
	$\mathrm{var}[c] \simeq \left(\dfrac{1}{\sum w_i} + \dfrac{\overline{x}^2}{D}\right)\dfrac{\sum w_i d_i^2}{n-2}$	(2.579)

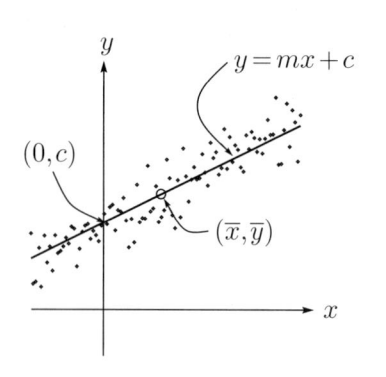

[a]データを直線 $y = mx + c$ に最小 2 乗法であわせる。y 値の誤差だけ。
[b]y_i の誤差の相関がなければ、$w_i = 1/\mathrm{var}[y_i]$ である。

時系列解析[a]

離散畳み込み	$(r \star s)_j = \displaystyle\sum_{k=-(M/2)+1}^{M/2} s_{j-k} r_k$	(2.580)
バートレット窓	$w_j = 1 - \left|\dfrac{j - N/2}{N/2}\right|$	(2.581)
ウェルチ（2次の）窓	$w_j = 1 - \left[\dfrac{j - N/2}{N/2}\right]^2$	(2.582)
ハニング窓	$w_j = \dfrac{1}{2}\left[1 - \cos\left(\dfrac{2\pi j}{N}\right)\right]$	(2.583)
ハミング窓	$w_j = 0.54 - 0.46\cos\left(\dfrac{2\pi j}{N}\right)$	(2.584)

r_i	応答関数
s_i	時系列
M	応答関数持続時間
w_j	窓関数
N	時系列の長さ

[a]時系列は $j = 0\cdots(N-1)$ を動き、窓関数は $j = N/2$ で最大になる。

数値積分

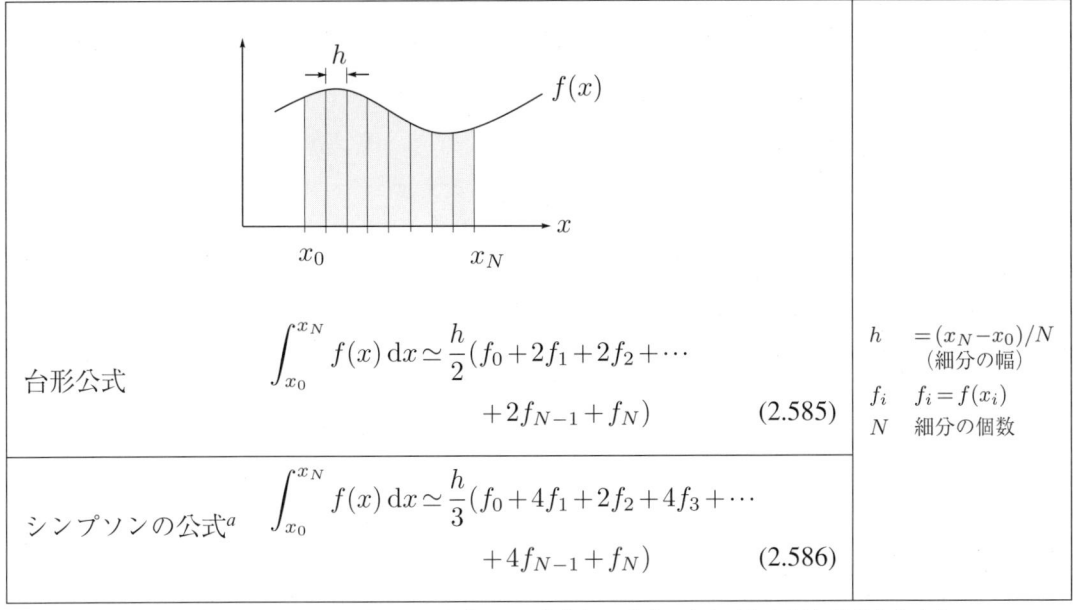

台形公式	$\displaystyle\int_{x_0}^{x_N} f(x)\,\mathrm{d}x \simeq \frac{h}{2}(f_0+2f_1+2f_2+\cdots +2f_{N-1}+f_N)$ (2.585)	$h\ =(x_N-x_0)/N$ （細分の幅） $f_i\ \ f_i=f(x_i)$ $N\ \ $細分の個数
シンプソンの公式[a]	$\displaystyle\int_{x_0}^{x_N} f(x)\,\mathrm{d}x \simeq \frac{h}{3}(f_0+4f_1+2f_2+4f_3+\cdots +4f_{N-1}+f_N)$ (2.586)	

[a] N は偶数でなければならない．シンプソンの公式は，2次式と3次式のときは打ち切り誤差を含まない．

数値微分[a]

$\displaystyle\frac{\mathrm{d}f}{\mathrm{d}x} \simeq \frac{1}{12h}\left[-f(x+2h)+8f(x+h)-8f(x-h)+f(x-2h)\right]$	(2.587)
$\displaystyle\quad\sim \frac{1}{2h}\left[f(x+h)-f(x-h)\right]$	(2.588)
$\displaystyle\frac{\mathrm{d}^2 f}{\mathrm{d}x^2} \simeq \frac{1}{12h^2}\left[-f(x+2h)+16f(x+h)-30f(x)+16f(x-h)-f(x-2h)\right]$	(2.589)
$\displaystyle\quad\sim \frac{1}{h^2}\left[f(x+h)-2f(x)+f(x-h)\right]$	(2.590)
$\displaystyle\frac{\mathrm{d}^3 f}{\mathrm{d}x^3} \sim \frac{1}{2h^3}\left[f(x+2h)-2f(x+h)+2f(x-h)-f(x-2h)\right]$	(2.591)

[a] x における $f(x)$ の導関数．h は x の微小区間．
$\simeq$ を含む式は，$O(h^4)$ で，$\sim$ を含む式は $O(h^2)$ である．

$f(x)=0$ の数値解法

セカント法	$\displaystyle x_{n+1}=x_n-\frac{x_n-x_{n-1}}{f(x_n)-f(x_{n-1})}f(x_n)$ (2.592)	$f\quad x$ の関数 $x_n\quad f(x_\infty)=0$
ニュートン・ラフソン法	$\displaystyle x_{n+1}=x_n-\frac{f(x_n)}{f'(x_n)}$ (2.593)	$f'\ =\mathrm{d}f/\mathrm{d}x$

常微分方程式に対する数値解法[a]

オイラー法	$\dfrac{dy}{dx} = f(x,y)$	(2.594)
	かつ $\quad h = x_{n+1} - x_n$	(2.595)
	ならば $\quad y_{n+1} = y_n + hf(x_n, y_n) + O(h^2)$	(2.596)
ルンゲ・クッタ法（4次の）	$\dfrac{dy}{dx} = f(x,y)$	(2.597)
	かつ $\quad h = x_{n+1} - x_n$	(2.598)
	$k_1 = hf(x_n, y_n)$	(2.599)
	$k_2 = hf(x_n + h/2, y_n + k_1/2)$	(2.600)
	$k_3 = hf(x_n + h/2, y_n + k_2/2)$	(2.601)
	$k_4 = hf(x_n + h, y_n + k_3)$	(2.602)
	ならば $\quad y_{n+1} = y_n + \dfrac{k_1}{6} + \dfrac{k_2}{3} + \dfrac{k_3}{3} + \dfrac{k_4}{6} + O(h^5)$	(2.603)

[a] $\dfrac{dy}{dx} = f(x,y)$ の形の常微分方程式．高階の方程式は，一階の連立方程式に書き直して，単独の一階方程式と並行して解くことができる．

第3章　動力学と静力学

3.1　序論

　物理学では珍しいことであるが，動力学の研究（力が運動を引き起こす仕方），運動学の研究（ものの動き），機械学（力と力が生み出す運動の研究），静力学（力が平衡状態をつくり出す合成の仕方）のすべてを要約するような簡潔な表現はない．ここでは，以上のすべてを包含する表現でないことは明らかだが，動力学と静力学というフレーズを用いることにしたい．(訳者注：英語版では動力学と機械学となっている.)

　このことは，物の運動を支配する方程式が，物理世界へのわれわれの最も古い見識をいくらか含んでいて，したがって，伝統にどっぷりと浸かっているからであると，ある程度は説明できる．このより楽しい，あるいは人によってはなやましい様相の1つは，運動を記述する際，わかりにくい用語をしばしば用いることにあらわれる．ゴールドスタイン[1]が，回転する剛体の自由運動を可視化する方法であるポアンソの作図法を「ポールホードは不変平面上のハーポールホードの上を滑らないでころがる」と，まるで早口言葉のように説明したのは，その典型的な例である．このわかりにくさにもかかわらず，流体力学を含む，動力学と静力学は物理学のすべての分野で，間違いなく実際上もっともよく応用されている．

　さらに，電磁気学と同様に，動力学と静力学の研究は他の分野に利用可能な多くの数学的な道具を生み出した．最も顕著なのは，ハミルトンとラグランジュの一般化力学を支える概念が，量子力学の多くの概念を支えていることである．

---

[1] ゴールドスタイン「古典力学（上）」吉岡書店 1983

3.2 座標系

ガリレイ変換

時間と位置[a]	$r = r' + vt$	(3.1)	r, r'	座標系 S, S' における位置
	$t = t'$	(3.2)	v	S における S' の速度
			t, t'	座標系 S, S' における時間
速度	$u = u' + v$	(3.3)	u, u'	座標系 S, S' における速度
運動量	$p = p' + mv$	(3.4)	p, p'	座標系 S, S' における運動量
			m	粒子の質量
角運動量	$J = J' + mr' \times v + v \times p' t$	(3.5)	J, J'	座標系 S, S' における角運動量
運動エネルギー	$T = T' + m u' \cdot v + \frac{1}{2} m v^2$	(3.6)	T, T'	座標系 S, S' における運動エネルギー

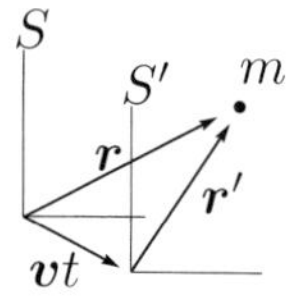

[a] 座標系は $t = 0$ で一致しているとする.

ローレンツ（時空）変換[a]

ローレンツ因子	$\gamma = \left(1 - \dfrac{v^2}{c^2}\right)^{-1/2}$	(3.7)	γ	ローレンツ因子
			v	S における S' の速度
			c	光速
時間と位置	$x = \gamma(x' + vt');\quad x' = \gamma(x - vt)$	(3.8)	x, x'	座標系 S, S' における x の位置（y, z についても同様）
	$y = y';\quad y' = y$	(3.9)		
	$z = z';\quad z' = z$	(3.10)		
	$t = \gamma\left(t' + \dfrac{v}{c^2} x'\right);\quad t' = \gamma\left(t - \dfrac{v}{c^2} x\right)$	(3.11)	t, t'	座標系 S, S' における時刻
微分 4 元ベクトル[b]	$dX = (c\,dt, -dx, -dy, -dz)$	(3.12)	X	時空 4 元ベクトル

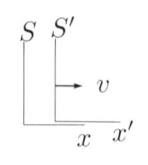

[a] x に沿っての相対運動に対して 座標系 S と S' は $t=0$ で一致しているとする. 電磁気量の変換については 139 頁を参照せよ.
[b] $(1,-1,-1,-1)$ の記号を用いた共変成分.

速度変換[a]

速度	$u_x = \dfrac{u'_x + v}{1 + u'_x v/c^2};\quad u'_x = \dfrac{u_x - v}{1 - u_x v/c^2}$	(3.13)	γ	ローレンツ因子 $= [1-(v/c)^2]^{-1/2}$
	$u_y = \dfrac{u'_y}{\gamma(1 + u'_x v/c^2)};\quad u'_y = \dfrac{u_y}{\gamma(1 - u_x v/c^2)}$	(3.14)	v	S における S' の速度
			c	光速
	$u_z = \dfrac{u'_z}{\gamma(1 + u'_x v/c^2)};\quad u'_z = \dfrac{u_z}{\gamma(1 - u_x v/c^2)}$	(3.15)	u_i, u'_i	座標系 S, S' における粒子の速度成分

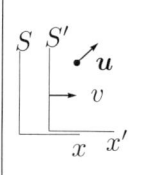

[a] x に沿っての相対運動に対して座標系 S と S' は $t=0$ で一致しているとする.

3.2 座標系

運動量とエネルギー変換[a]

運動量とエネルギー		
$p_x = \gamma(p'_x + vE'/c^2);$	$p'_x = \gamma(p_x - vE/c^2)$	(3.16)
$p_y = p'_y;$	$p'_y = p_y$	(3.17)
$p_z = p'_z;$	$p'_z = p_z$	(3.18)
$E = \gamma(E' + vp'_x);$	$E' = \gamma(E - vp_x)$	(3.19)
$E^2 - p^2c^2 = E'^2 - p'^2c^2 = m_0^2 c^4$		(3.20)
4元ベクトル[b] $\boldsymbol{P} = (E/c, -p_x, -p_y, -p_z)$		(3.21)

γ	ローレンツ因子 $= [1-(v/c)^2]^{-1/2}$
v	S における S' の速度
c	光速度
p_x, p'_x	S と S' における運動量の x 成分
E, E'	S と S' におけるエネルギー
m_0	（静止）質量
p	S における全運動量
$\boldsymbol{P}$	4元運動量ベクトル

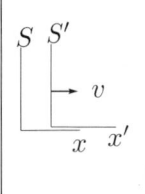

[a] x に沿っての相対運動に対して座標系 S と S' は $t=0$ で一致しているとする．
[b] $(1,-1,-1,-1)$ の記号を用いた共変成分．

光の伝播[a]

ドップラー効果	$\dfrac{\nu'}{\nu} = \gamma\left(1 + \dfrac{v}{c}\cos\alpha\right)$	(3.22)
光行差[b]	$\cos\theta = \dfrac{\cos\theta' + v/c}{1 + (v/c)\cos\theta'}$	(3.23)
	$\cos\theta' = \dfrac{\cos\theta - v/c}{1 - (v/c)\cos\theta}$	(3.24)
相対論的光線[c]	$P(\theta) = \dfrac{\sin\theta}{2\gamma^2[1-(v/c)\cos\theta]^2}$	(3.25)

ν	S で受け取る周波数
ν'	S' から放射する周波数
α	S における到来角
γ	ローレンツ因子 $= [1-(v/c)^2]^{-1/2}$
v	S における S' の速度
c	光速
θ, θ'	S と S' における光の放射角
$P(\theta)$	S における光子の角分布

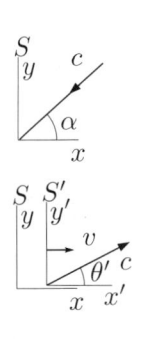

[a] x に沿っての相対運動に対して座標系 S と S' は $t=0$ で一致しているとする．
[b] 逆の意味では，光の移動は $\pi+\theta$ の伝播角をもつ．
[c] S' の中で，等方的かつ定常的な光源からの光子の角分布．$\int_0^\pi P(\theta)\,d\theta = 1$．

4元ベクトル[a]

共変ベクトルと反変ベクトル成分	$x_0 = x^0 \quad x_1 = -x^1$ $x_2 = -x^2 \quad x_3 = -x^3$	(3.26)
内積	$x^i y_i = x^0 y_0 + x^1 y_1 + x^2 y_2 + x^3 y_3$	(3.27)
ローレンツ変換	$x^0 = \gamma[x'^0 + (v/c)x'^1];\quad x'^0 = \gamma[x^0 - (v/c)x^1]$	(3.28)
	$x^1 = \gamma[x'^1 + (v/c)x'^0];\quad x'^1 = \gamma[x^1 - (v/c)x^0]$	(3.29)
	$x^2 = x'^2;\quad x'^3 = x^3$	(3.30)

x_i	共変ベクトル成分
x^i	反変ベクトル成分
x^i, x'^i	S と S' における4元ベクトル成分
γ	ローレンツ因子 $= [1-(v/c)^2]^{-1/2}$
v	S における S' の速度
c	光速度

[a] 第一成分に沿っての相対運動に対して座標系 S と S' は $t=0$ で一致しているとする．ここで用いた $(1,-1,-1,-1)$ の記号は特殊相対論で一般的である．一方，$(1,1,1,1)$ は一般相対論に関連してよく用いられる（65頁参照）．

回転座標系

ベクトル変換	$\left[\dfrac{d\boldsymbol{A}}{dt}\right]_S = \left[\dfrac{d\boldsymbol{A}}{dt}\right]_{S'} + \boldsymbol{\omega}\times\boldsymbol{A}$	(3.31)	$\boldsymbol{A}$ 任意のベクトル S 静止座標系 S' 回転座標系 $\boldsymbol{\omega}$ S' の S における角速度
加速度	$\dot{\boldsymbol{v}} = \dot{\boldsymbol{v}}' + 2\boldsymbol{\omega}\times\boldsymbol{v}' + \boldsymbol{\omega}\times(\boldsymbol{\omega}\times\boldsymbol{r}')$	(3.32)	$\dot{\boldsymbol{v}}, \dot{\boldsymbol{v}}'$ S と S' における加速度 $\boldsymbol{v}'$ S' における速度 $\boldsymbol{r}'$ S' における位置
コリオリの力	$\boldsymbol{F}'_{\mathrm{cor}} = -2m\boldsymbol{\omega}\times\boldsymbol{v}'$	(3.33)	$\boldsymbol{F}'_{\mathrm{cor}}$ コリオリの力 m 粒子の質量
遠心力	$\boldsymbol{F}'_{\mathrm{cen}} = -m\boldsymbol{\omega}\times(\boldsymbol{\omega}\times\boldsymbol{r}')$ $= +m\omega^2 \boldsymbol{r}'_\perp$	(3.34) (3.35)	$\boldsymbol{F}'_{\mathrm{cen}}$ 遠心力 $\boldsymbol{r}'_\perp$ 回転軸からの粒子に垂直
地球に関する運動	$m\ddot{x} = F_x + 2m\omega_{\mathrm{e}}(\dot{y}\sin\lambda - \dot{z}\cos\lambda)$ (3.36) $m\ddot{y} = F_y - 2m\omega_{\mathrm{e}}\dot{x}\sin\lambda$ (3.37) $m\ddot{z} = F_z - mg + 2m\omega_{\mathrm{e}}\dot{x}\cos\lambda$ (3.38)		F_i 非重力的力 λ 緯度 z 局所垂直軸 y 南北軸 x 東西軸
フーコーの振り子[a]	$\Omega_{\mathrm{f}} = -\omega_{\mathrm{e}}\sin\lambda$	(3.39)	Ω_{f} 振り子の回転比率 ω_{e} 地球のスピン比率

[a] 符号は北半球における回転を時計回りにする.

3.3 重力

ニュートン重力

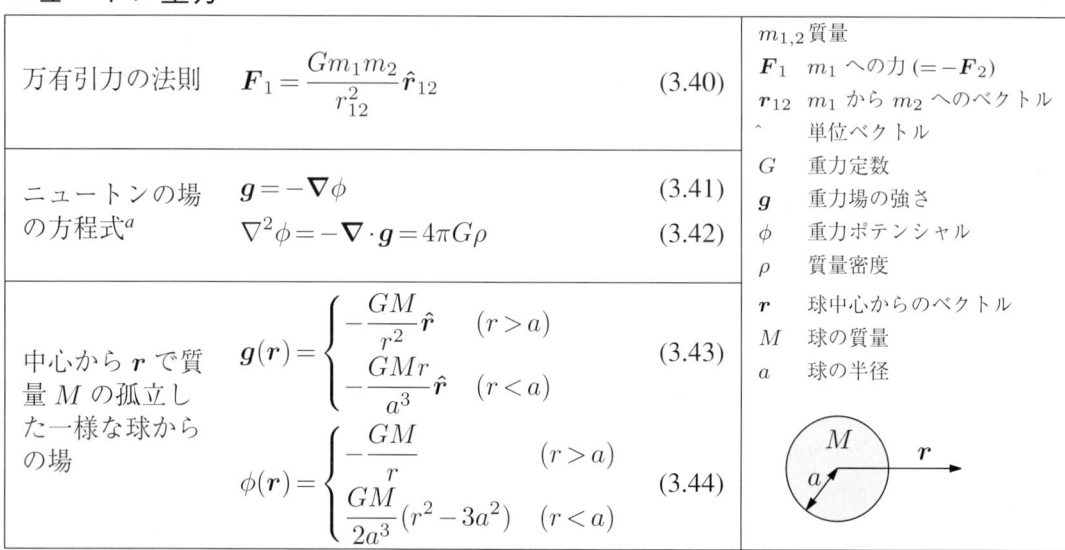

万有引力の法則	$\boldsymbol{F}_1 = \dfrac{Gm_1 m_2}{r_{12}^2}\hat{\boldsymbol{r}}_{12}$	(3.40)	$m_{1,2}$ 質量 $\boldsymbol{F}_1$ m_1 への力 $(=-\boldsymbol{F}_2)$ $\boldsymbol{r}_{12}$ m_1 から m_2 へのベクトル $\hat{}$ 単位ベクトル
ニュートンの場の方程式[a]	$\boldsymbol{g} = -\boldsymbol{\nabla}\phi$ $\nabla^2 \phi = -\boldsymbol{\nabla}\cdot\boldsymbol{g} = 4\pi G\rho$	(3.41) (3.42)	G 重力定数 $\boldsymbol{g}$ 重力場の強さ ϕ 重力ポテンシャル ρ 質量密度
中心から r で質量 M の孤立した一様な球からの場	$\boldsymbol{g}(\boldsymbol{r}) = \begin{cases} -\dfrac{GM}{r^2}\hat{\boldsymbol{r}} & (r>a) \\ -\dfrac{GMr}{a^3}\hat{\boldsymbol{r}} & (r<a) \end{cases}$ $\phi(\boldsymbol{r}) = \begin{cases} -\dfrac{GM}{r} & (r>a) \\ \dfrac{GM}{2a^3}(r^2 - 3a^2) & (r<a) \end{cases}$	(3.43) (3.44)	$\boldsymbol{r}$ 球中心からのベクトル M 球の質量 a 球の半径

[a] 質量 m に働く重力は $m\boldsymbol{g}$ である.

3.3 重力

一般相対性理論[a]

線素	$ds^2 = g_{\mu\nu} dx^\mu dx^\nu = -d\tau^2$	(3.45)	ds	不変な間隔
			$d\tau$	固有時間間隔
			$g_{\mu\nu}$	計量テンソル
クリストッフェル記号と共変微分	$\Gamma^\alpha_{\beta\gamma} = \dfrac{1}{2} g^{\alpha\delta} (g_{\delta\beta,\gamma} + g_{\delta\gamma,\beta} - g_{\beta\gamma,\delta})$	(3.46)	dx^μ	x^μ の微分
			$\Gamma^\alpha_{\beta\gamma}$	クリストッフェル記号
	$\phi_{;\gamma} = \phi_{,\gamma} \equiv \partial\phi/\partial x^\gamma$	(3.47)	$,\alpha$	x^α に関する偏微分
	$A^\alpha_{;\gamma} = A^\alpha_{,\gamma} + \Gamma^\alpha_{\beta\gamma} A^\beta$	(3.48)	$;\alpha$	x^α に関する共変微分
			ϕ	スカラー
	$B_{\alpha;\gamma} = B_{\alpha,\gamma} - \Gamma^\beta_{\alpha\gamma} B_\beta$	(3.49)	A^α	反変ベクトル
			B_α	共変ベクトル
リーマンテンソル	$R^\alpha_{\beta\gamma\delta} = \Gamma^\alpha_{\mu\gamma}\Gamma^\mu_{\beta\delta} - \Gamma^\alpha_{\mu\delta}\Gamma^\mu_{\beta\gamma}$			
	$\qquad\qquad + \Gamma^\alpha_{\beta\delta,\gamma} - \Gamma^\alpha_{\beta\gamma,\delta}$	(3.50)		
	$B_{\mu;\alpha;\beta} - B_{\mu;\beta;\alpha} = R^\gamma_{\mu\alpha\beta} B_\gamma$	(3.51)	$R^\alpha_{\beta\gamma\delta}$	リーマンテンソル
	$R_{\alpha\beta\gamma\delta} = -R_{\alpha\beta\delta\gamma}; \quad R_{\beta\alpha\gamma\delta} = -R_{\alpha\beta\gamma\delta}$	(3.52)		
	$R_{\alpha\beta\gamma\delta} + R_{\alpha\delta\beta\gamma} + R_{\alpha\gamma\delta\beta} = 0$	(3.53)		
測地線の方程式	$\dfrac{Dv^\mu}{D\lambda} = 0$	(3.54)	v^μ	接ベクトル ($= dx^\mu/d\lambda$)
	ここで $\dfrac{DA^\mu}{D\lambda} \equiv \dfrac{dA^\mu}{d\lambda} + \Gamma^\mu_{\alpha\beta} A^\alpha v^\beta$	(3.55)	λ	アフィンパラメータ（たとえば物質の粒子に対する τ）
測地線のずれ	$\dfrac{D^2\xi^\mu}{D\lambda^2} = -R^\mu_{\alpha\beta\gamma} v^\alpha \xi^\beta v^\gamma$	(3.56)	ξ^μ	測地線のずれ
リッチテンソル	$R_{\alpha\beta} \equiv R^\sigma_{\alpha\sigma\beta} = g^{\sigma\delta} R_{\delta\alpha\sigma\beta} = R_{\beta\alpha}$	(3.57)	$R_{\alpha\beta}$	リッチテンソル
アインシュタインテンソル	$G^{\mu\nu} = R^{\mu\nu} - \dfrac{1}{2} g^{\mu\nu} R$	(3.58)	$G^{\mu\nu}$	アインシュタインテンソル
			R	リッチスカラー ($= g^{\mu\nu} R_{\mu\nu}$)
アインシュタインの場の方程式	$G^{\mu\nu} = 8\pi T^{\mu\nu}$	(3.59)	$T^{\mu\nu}$	ストレスエネルギーテンソル
完全流体	$T^{\mu\nu} = (p+\rho) u^\mu u^\nu + p g^{\mu\nu}$	(3.60)	p	静止座標系での圧力
			ρ	静止座標系での密度
			u^ν	流体4元ベクトル
シュワルツシルト解（外部）	$ds^2 = -\left(1 - \dfrac{2M}{r}\right) dt^2 + \left(1 - \dfrac{2M}{r}\right)^{-1} dr^2$		M	球対称質量（181頁参照）
	$\qquad + r^2(d\theta^2 + \sin^2\theta \, d\phi^2)$	(3.61)	(r,θ,ϕ)	球座標
			t	時間
カー（Kerr）解（回転するブラックホールの外側）				
	$ds^2 = -\dfrac{\Delta - a^2 \sin^2\theta}{\varrho^2} dt^2 - 2a \dfrac{2Mr \sin^2\theta}{\varrho^2} dt \, d\phi$		J	角速度（z に沿って）
			a	$\equiv J/M$
	$\qquad + \dfrac{(r^2+a^2)^2 - a^2 \Delta \sin^2\theta}{\varrho^2} \sin^2\theta \, d\phi^2 + \dfrac{\varrho^2}{\Delta} dr^2 + \varrho^2 d\theta^2$	(3.62)	Δ	$\equiv r^2 - 2Mr + a^2$
			ϱ^2	$\equiv r^2 + a^2 \sin^2\theta$

[a] 一般相対性理論では、$(-1,1,1,1)$ の距離符号と $G=1, c=1$ の幾何学化された単位を便宜上用いている．したがって、$1\text{kg} = 7.425 \times 10^{-28}\text{m}$ 等となる．反変指数は上付添字で、共変指数は下付添字で書いてある．ds^2 は $(ds)^2$ を意味する等々に注意せよ．

3.4 粒子の運動

力学的定義[a]

ニュートン力	$\boldsymbol{F} = m\ddot{\boldsymbol{r}} = \dot{\boldsymbol{p}}$	(3.63)
運動量	$\boldsymbol{p} = m\dot{\boldsymbol{r}}$	(3.64)
運動エネルギー	$T = \dfrac{1}{2}mv^2$	(3.65)
角運動量	$\boldsymbol{J} = \boldsymbol{r} \times \boldsymbol{p}$	(3.66)
トルク	$\boldsymbol{G} = \boldsymbol{r} \times \boldsymbol{F}$	(3.67)
質量中心 N 個の粒子の集まり	$\boldsymbol{R}_0 = \dfrac{\sum_{i=1}^{N} m_i \boldsymbol{r}_i}{\sum_{i=1}^{N} m_i}$	(3.68)

$\boldsymbol{F}$	力
m	粒子の質量
$\boldsymbol{r}$	粒子の位置ベクトル
$\boldsymbol{p}$	運動量
T	運動エネルギー
v	粒子の速度
$\boldsymbol{J}$	角運動量
$\boldsymbol{G}$	トルク
$\boldsymbol{R}_0$	質量中心の位置ベクトル
m_i	i 番目の粒子の質量
$\boldsymbol{r}_i$	i 番目の粒子の位置ベクトル

[a] m は一定と仮定して，$v \ll c$ のニュートン極限における力学系．

相対論的力学系[a]

ローレンツ因子	$\gamma = \left(1 - \dfrac{v^2}{c^2}\right)^{-1/2}$	(3.69)
運動量	$\boldsymbol{p} = \gamma m_0 \boldsymbol{v}$	(3.70)
力	$\boldsymbol{F} = \dfrac{\mathrm{d}\boldsymbol{p}}{\mathrm{d}t}$	(3.71)
静止エネルギー	$E_\mathrm{r} = m_0 c^2$	(3.72)
運動エネルギー	$T = m_0 c^2 (\gamma - 1)$	(3.73)
全エネルギー	$E = \gamma m_0 c^2$	(3.74)
	$= (p^2 c^2 + m_0^2 c^4)^{1/2}$	(3.75)

γ	ローレンツ因子
$\boldsymbol{v}$	粒子の速度
c	光速
$\boldsymbol{p}$	相対論的運動量
m_0	粒子の静止質量
$\boldsymbol{F}$	粒子に働く力
t	時間
E_r	粒子の静止エネルギー
T	相対論的運動エネルギー
E	全エネルギー $(= E_\mathrm{r} + T)$

[a] 質量はローレンツ不変な性質であり，「静止質量」の用語は用いないと，現在では一般的にみなされている．記号 m_0 は，何人かの著者が用いる「相対論的質量 $(= \gamma m_0)$」のアイデアとの混同を避けるために用いた．

一定の加速

$v = u + at$	(3.76)
$v^2 = u^2 + 2as$	(3.77)
$s = ut + \dfrac{1}{2}at^2$	(3.78)
$s = \dfrac{u+v}{2}t$	(3.79)

u	初期速度
v	最終速度
t	時間
s	到達距離
a	加速度

（相互作用する）2質点の換算質量

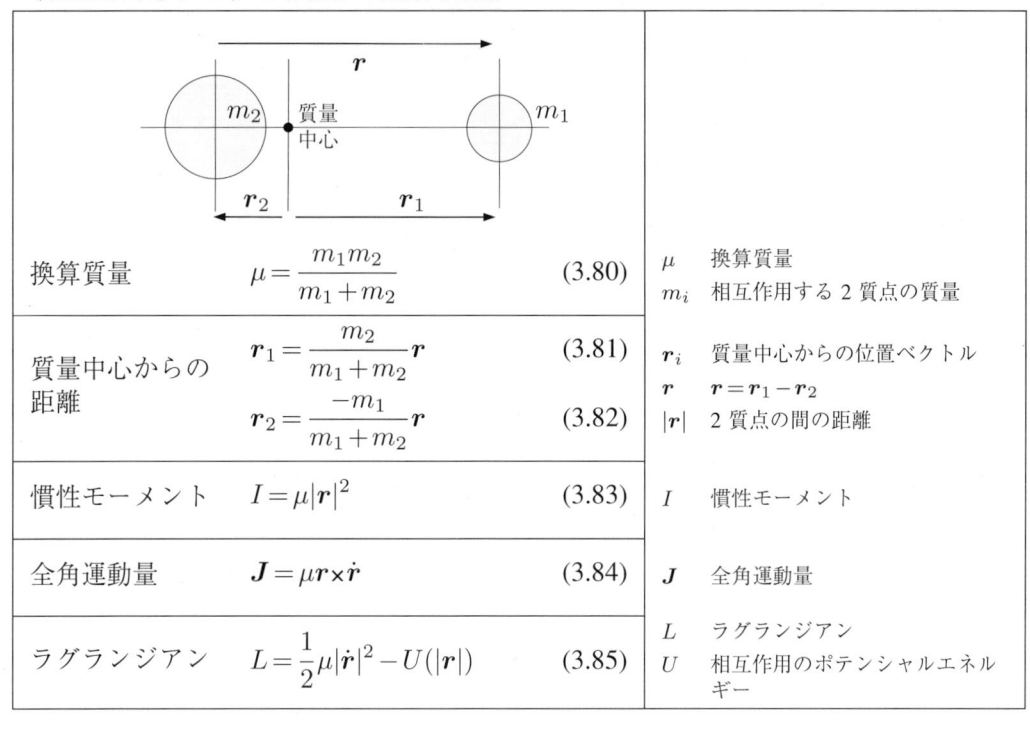

換算質量	$\mu = \dfrac{m_1 m_2}{m_1 + m_2}$	(3.80)	μ	換算質量
			m_i	相互作用する2質点の質量
質量中心からの距離	$\boldsymbol{r}_1 = \dfrac{m_2}{m_1+m_2}\boldsymbol{r}$	(3.81)	$\boldsymbol{r}_i$	質量中心からの位置ベクトル
	$\boldsymbol{r}_2 = \dfrac{-m_1}{m_1+m_2}\boldsymbol{r}$	(3.82)	$\boldsymbol{r}$	$\boldsymbol{r} = \boldsymbol{r}_1 - \boldsymbol{r}_2$
			$|\boldsymbol{r}|$	2質点の間の距離
慣性モーメント	$I = \mu|\boldsymbol{r}|^2$	(3.83)	I	慣性モーメント
全角運動量	$\boldsymbol{J} = \mu \boldsymbol{r} \times \dot{\boldsymbol{r}}$	(3.84)	$\boldsymbol{J}$	全角運動量
ラグランジアン	$L = \dfrac{1}{2}\mu|\dot{\boldsymbol{r}}|^2 - U(|\boldsymbol{r}|)$	(3.85)	L	ラグランジアン
			U	相互作用のポテンシャルエネルギー

弾道学[a]

速度	$\boldsymbol{v} = v_0 \cos\alpha\, \hat{\boldsymbol{x}} + (v_0 \sin\alpha - gt)\hat{\boldsymbol{y}}$ (3.86)		v_0	初期速度
	$v^2 = v_0^2 - 2gy$ (3.87)		$\boldsymbol{v}$	t における速度
			α	仰角
			g	重力加速度
軌道	$y = x\tan\alpha - \dfrac{gx^2}{2v_0^2 \cos^2\alpha}$ (3.88)		$\hat{\ }$	単位ベクトル
			t	時間
最大の高さ	$h = \dfrac{v_0^2}{2g}\sin^2\alpha$ (3.89)		h	最大の高さ
水平射程距離	$l = \dfrac{v_0^2}{g}\sin 2\alpha$ (3.90)		l	射程距離

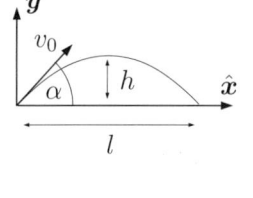

[a] 地球の曲率と回転，摩擦による減衰を無視，g は定数と仮定する．

ロケット工学

脱出速度[a]	$v_{\text{esc}} = \left(\dfrac{2GM}{r}\right)^{1/2}$	(3.91)
比推力	$I_{\text{sp}} = \dfrac{u}{g}$	(3.92)
真空中への排気速度	$u = \left[\dfrac{2\gamma R T_{\text{c}}}{(\gamma-1)\mu}\right]^{1/2}$	(3.93)
ロケット方程式 $(g=0)$	$\Delta v = u \ln\left(\dfrac{M_{\text{i}}}{M_{\text{f}}}\right) \equiv u \ln \mathscr{M}$	(3.94)
多段式ロケット	$\Delta v = \displaystyle\sum_{i=1}^{N} u_i \ln \mathscr{M}_i$	(3.95)
一定の重力場の中で	$\Delta v = u \ln \mathscr{M} - g t \cos\theta$	(3.96)
ホーマン遷移[b]	$\Delta v_{ah} = \left(\dfrac{GM}{r_a}\right)^{1/2}\left[\left(\dfrac{2r_b}{r_a+r_b}\right)^{1/2} - 1\right]$	(3.97)
	$\Delta v_{hb} = \left(\dfrac{GM}{r_b}\right)^{1/2}\left[1 - \left(\dfrac{2r_a}{r_a+r_b}\right)^{1/2}\right]$	(3.98)

v_{esc}	脱出速度
G	重力定数
M	中心体の質量
r	中心体の半径
I_{sp}	比推力
u	排気速度
g	重力加速度
R	気体定数
γ	熱容量の比
T_{c}	燃焼温度
μ	燃焼ガスの実効分子質量
Δv	ロケット速度増加量
M_{i}	燃焼前のロケットの質量
M_{f}	燃焼後のロケットの質量
$\mathscr{M}$	質量比
N	段数
$\mathscr{M}_i$	i 段の質量比
u_i	i 段の排気速度
t	時間
θ	ロケットの天頂角
Δv_{ah}	a から h への速度増加量
Δv_{hb}	h から b への速度増加量
r_a	内部軌道の半径
r_b	外部軌道の半径

[a] 質量 M の回転しない球対称体の表面からの脱出速度.
[b] 同心円の軌道 a から軌道 b の間を最小の消費エネルギーで楕円軌道 h を使って遷移する.

重力の下での軌道運動[a]

相互作用のポテンシャルエネルギー	$U(r) = -\dfrac{GMm}{r} \equiv -\dfrac{\alpha}{r}$	(3.99)	
全エネルギー	$E = -\dfrac{\alpha}{r} + \dfrac{J^2}{2mr^2} = -\dfrac{\alpha}{2a}$	(3.100)	
ビリアル定理 ($1/r$ ポテンシャル)	$E = \langle U \rangle/2 = -\langle T \rangle$ $\langle U \rangle = -2\langle T \rangle$	(3.101) (3.102)	
軌道方程式（ケプラーの第1法則）	$\dfrac{r_0}{r} = 1 + e\cos\phi,\quad$ または $r = \dfrac{a(1-e^2)}{1+e\cos\phi}$	(3.103) (3.104)	
面積速度（ケプラーの第2法則）	$\dfrac{dA}{dt} = \dfrac{J}{2m} = $ 定数	(3.105)	
長半径	$a = \dfrac{r_0}{1-e^2} = \dfrac{\alpha}{2|E|}$	(3.106)	
短半径	$b = \dfrac{r_0}{(1-e^2)^{1/2}} = \dfrac{J}{(2m|E|)^{1/2}}$	(3.107)	
離心率[b]	$e = \left(1 + \dfrac{2EJ^2}{m\alpha^2}\right)^{1/2} = \left(1 - \dfrac{b^2}{a^2}\right)^{1/2}$	(3.108)	
半通径	$r_0 = \dfrac{J^2}{m\alpha} = \dfrac{b^2}{a} = a(1-e^2)$	(3.109)	
近点	$r_{\min} = \dfrac{r_0}{1+e} = a(1-e)$	(3.110)	
遠点	$r_{\max} = \dfrac{r_0}{1-e} = a(1+e)$	(3.111)	
速度	$v^2 = GM\left(\dfrac{2}{r} - \dfrac{1}{a}\right)$	(3.112)	
周期（ケプラーの第3法則）	$P = \pi\alpha\left(\dfrac{m}{2|E|^3}\right)^{1/2} = 2\pi a^{3/2}\left(\dfrac{m}{\alpha}\right)^{1/2}$	(3.113)	

凡例:
- $U(r)$ ポテンシャルエネルギー
- G 重力定数
- M 中心質量
- m 軌道を描く点の質量 $\ll M$
- α GMm（重力に対して）
- E 全エネルギー（一定）
- J 全角運動量（一定）
- T 運動エネルギー
- $\langle \cdot \rangle$ 平均値
- r_0 半通径
- r M から m までの距離
- e 離心率
- ϕ 相（真近点離角（1焦点と軌道上の1点を結ぶ））
- A 半径ベクトルが動く面積（全面積は πab）
- a 長半径
- b 短半径
- $r_{\min}$ 近点距離
- $r_{\max}$ 遠点距離
- v 軌道速度
- P 軌道周期

[a] 非相対論的極限における2つの離れた物体の間の引力の逆2乗法則に対する軌道運動．m が $\ll M$ でないときは，$m \to \mu = Mm/(M+m), M \to M+m$ と置き換え，r を2体間の距離と取れば，方程式は成立する．質量中心から質量 m の質点までの距離は $r\mu/m$ である．（前述の換算質量の表を参照）他の軌道次元は同様に変換される．この2つの軌道は，同じ離心率をもつ．

[b] もし全エネルギー $E<0$ ならば，$e<1$ であり，軌道は楕円である．($e=0$ ならば円)．$E=0$ ならば $e=1$ であり，軌道は放物線である．$E>0$ ならば，$e>1$ であり，軌道は双曲線になる（次頁のラザフォード散乱を参照）．

ラザフォード散乱[a]

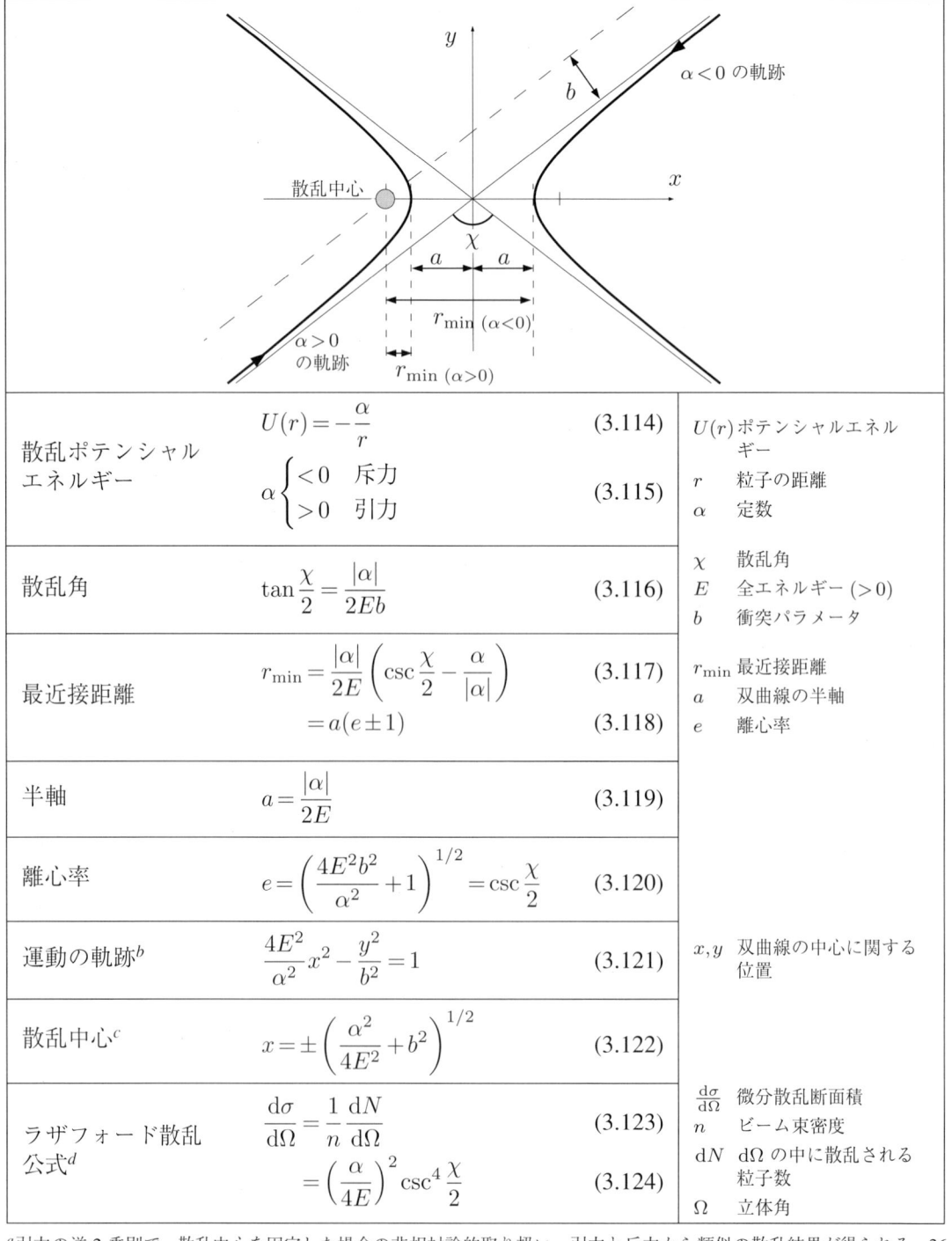

(図: 双曲線軌道。$\alpha<0$ の軌跡, $\alpha>0$ の軌跡, 散乱中心, 衝突パラメータ b, 散乱角 χ, 半軸 a, $r_{\min}(\alpha<0)$, $r_{\min}(\alpha>0)$)

散乱ポテンシャルエネルギー	$U(r) = -\dfrac{\alpha}{r}$	(3.114)	$U(r)$ ポテンシャルエネルギー
	$\alpha \begin{cases} <0 & \text{斥力} \\ >0 & \text{引力} \end{cases}$	(3.115)	r 粒子の距離 α 定数
散乱角	$\tan\dfrac{\chi}{2} = \dfrac{|\alpha|}{2Eb}$	(3.116)	χ 散乱角 E 全エネルギー (>0) b 衝突パラメータ
最近接距離	$r_{\min} = \dfrac{|\alpha|}{2E}\left(\csc\dfrac{\chi}{2} - \dfrac{\alpha}{|\alpha|}\right)$	(3.117)	$r_{\min}$ 最近接距離 a 双曲線の半軸 e 離心率
	$= a(e \pm 1)$	(3.118)	
半軸	$a = \dfrac{|\alpha|}{2E}$	(3.119)	
離心率	$e = \left(\dfrac{4E^2 b^2}{\alpha^2} + 1\right)^{1/2} = \csc\dfrac{\chi}{2}$	(3.120)	
運動の軌跡[b]	$\dfrac{4E^2}{\alpha^2}x^2 - \dfrac{y^2}{b^2} = 1$	(3.121)	x, y 双曲線の中心に関する位置
散乱中心[c]	$x = \pm\left(\dfrac{\alpha^2}{4E^2} + b^2\right)^{1/2}$	(3.122)	
ラザフォード散乱公式[d]	$\dfrac{d\sigma}{d\Omega} = \dfrac{1}{n}\dfrac{dN}{d\Omega}$	(3.123)	$\dfrac{d\sigma}{d\Omega}$ 微分散乱断面積 n ビーム束密度
	$= \left(\dfrac{\alpha}{4E}\right)^2 \csc^4\dfrac{\chi}{2}$	(3.124)	dN $d\Omega$ の中に散乱される粒子数 Ω 立体角

[a] 引力の逆2乗則で,散乱中心を固定した場合の非相対論的取り扱い.引力と斥力から類似の散乱結果が得られる.36頁の円錐曲線の項を参照せよ.
[b] 正しい分岐は視察によって得られる.
[c] 双曲線の焦点でもある.
[d] n はビームに直交する単位面積を単位秒当たりに通過する粒子数.

3.4 粒子の運動

非弾性衝突[a]

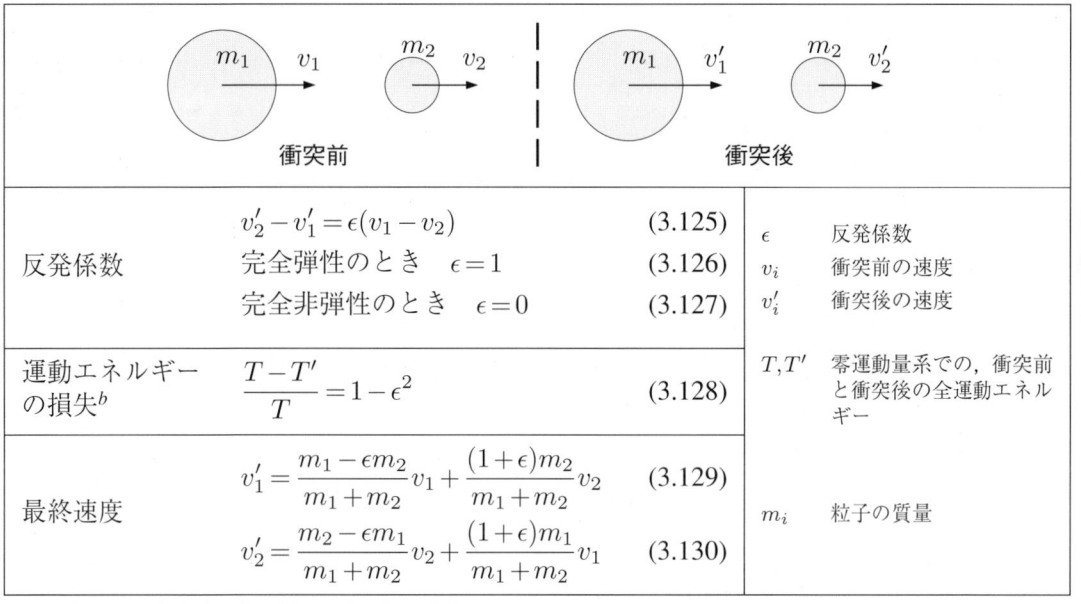

反発係数	$v'_2 - v'_1 = \epsilon(v_1 - v_2)$ (3.125) 完全弾性のとき $\epsilon = 1$ (3.126) 完全非弾性のとき $\epsilon = 0$ (3.127)	ϵ 反発係数 v_i 衝突前の速度 v'_i 衝突後の速度
運動エネルギーの損失[b]	$\dfrac{T - T'}{T} = 1 - \epsilon^2$ (3.128)	T, T' 零運動量系での，衝突前と衝突後の全運動エネルギー
最終速度	$v'_1 = \dfrac{m_1 - \epsilon m_2}{m_1 + m_2} v_1 + \dfrac{(1+\epsilon)m_2}{m_1 + m_2} v_2$ (3.129) $v'_2 = \dfrac{m_2 - \epsilon m_1}{m_1 + m_2} v_2 + \dfrac{(1+\epsilon)m_1}{m_1 + m_2} v_1$ (3.130)	m_i 粒子の質量

[a] 2つの粒子の中心を結ぶ線に沿って非弾性衝突する．$v_1, v_2 \ll c$.
[b] 零運動量系で．

斜弾性衝突[a]

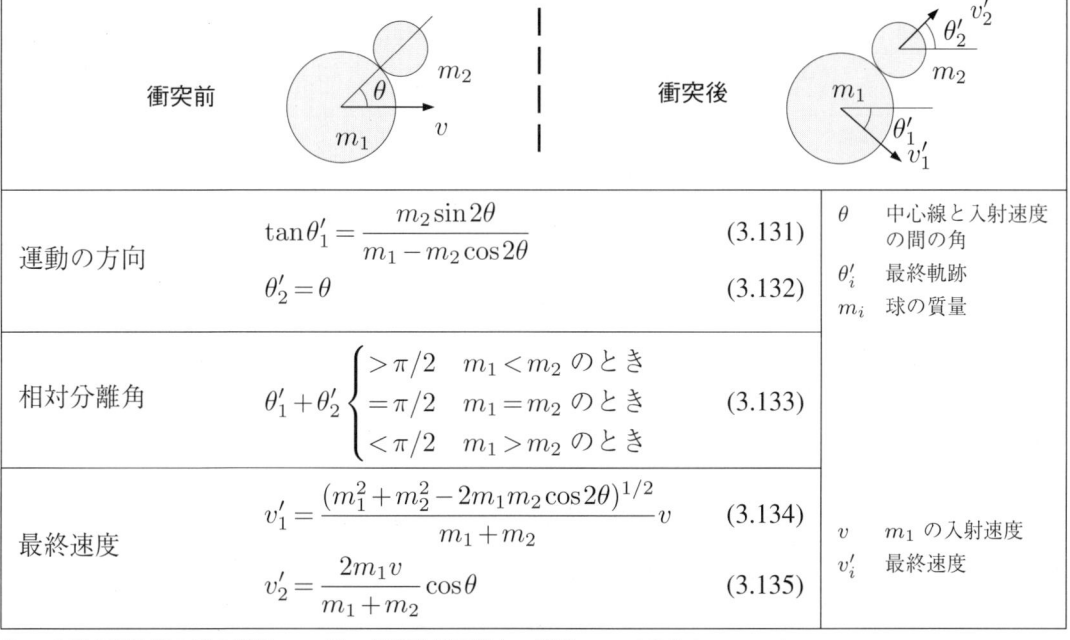

運動の方向	$\tan \theta'_1 = \dfrac{m_2 \sin 2\theta}{m_1 - m_2 \cos 2\theta}$ (3.131) $\theta'_2 = \theta$ (3.132)	θ 中心線と入射速度の間の角 θ'_i 最終軌跡 m_i 球の質量
相対分離角	$\theta'_1 + \theta'_2 \begin{cases} > \pi/2 & m_1 < m_2 \text{ のとき} \\ = \pi/2 & m_1 = m_2 \text{ のとき} \\ < \pi/2 & m_1 > m_2 \text{ のとき} \end{cases}$ (3.133)	
最終速度	$v'_1 = \dfrac{(m_1^2 + m_2^2 - 2m_1 m_2 \cos 2\theta)^{1/2}}{m_1 + m_2} v$ (3.134) $v'_2 = \dfrac{2m_1 v}{m_1 + m_2} \cos \theta$ (3.135)	v m_1 の入射速度 v'_i 最終速度

[a] 2つの完全弾性球の間の衝突: m_2 は，初期時刻に静止，速度 $\ll c$ である．

3.5 剛体力学

慣性テンソル

慣性テンソル[a]	$I_{ij} = \int (r^2 \delta_{ij} - x_i x_j)\,dm$ (3.136) $$\mathsf{I} = \begin{pmatrix} \int(y^2+z^2)\,dm & -\int xy\,dm & -\int xz\,dm \\ -\int xy\,dm & \int(x^2+z^2)\,dm & -\int yz\,dm \\ -\int xz\,dm & -\int yz\,dm & \int(x^2+y^2)\,dm \end{pmatrix}$$ (3.137)	r $r^2=x^2+y^2+z^2$ δ_{ij} クロネッカーのデルタ I 慣性テンソル dm 質量要素 x_i dm の位置ベクトル I_{ij} I の要素
平行軸定理	$I_{12} = I_{12}^{\star} - m a_1 a_2$ (3.138) $I_{11} = I_{11}^{\star} + m(a_2^2 + a_3^2)$ (3.139) $I_{ij} = I_{ij}^{\star} + m(|\boldsymbol{a}|^2 \delta_{ij} - a_i a_j)$ (3.140)	$I_{ij}^{\star}$ 質量中心に関するテンソル $a_i, \boldsymbol{a}$ 質量中心の位置ベクトル m 剛体の質量
角運動量	$\boldsymbol{J} = \mathsf{I}\boldsymbol{\omega}$ (3.141)	$\boldsymbol{J}$ 角運動量 $\boldsymbol{\omega}$ 角速度
回転運動エネルギー	$T = \dfrac{1}{2}\boldsymbol{\omega}\cdot\boldsymbol{J} = \dfrac{1}{2}I_{ij}\omega_i\omega_j$ (3.142)	T 運動エネルギー

[a] I_{ii} は剛体の慣性モーメント．$I_{ij}(i\neq j)$ は慣性乗積．積分は，剛体の体積上である．

主軸

主慣性テンソル	$\mathsf{I}' = \begin{pmatrix} I_1 & 0 & 0 \\ 0 & I_2 & 0 \\ 0 & 0 & I_3 \end{pmatrix}$ (3.143)	I' 主慣性テンソル I_i 主慣性モーメント
角運動量	$\boldsymbol{J} = (I_1\omega_1, I_2\omega_2, I_3\omega_3)$ (3.144)	$\boldsymbol{J}$ 角運動量 ω_i 主軸に沿う $\boldsymbol{\omega}$ の成分
回転運動エネルギー	$T = \dfrac{1}{2}(I_1\omega_1^2 + I_2\omega_2^2 + I_3\omega_3^2)$ (3.145)	T 運動エネルギー
楕円面の慣性モーメント[a]	$T = T(\omega_1, \omega_2, \omega_3)$ (3.146) $J_i = \dfrac{\partial T}{\partial \omega_i}$ （$\boldsymbol{J}$ は楕円体の表面に垂直） (3.147)	
垂直軸定理	$I_1 + I_2 \begin{cases} \geq I_3 & \text{一般に} \\ = I_3 & \text{3軸に垂直な平薄板のとき} \end{cases}$ (3.148)	平薄板
対称性	$I_1 \neq I_2 \neq I_3$ 非対称なコマ $I_1 = I_2 \neq I_3$ 対称なコマ $I_1 = I_2 = I_3$ 球状のコマ (3.149)	

[a] 楕円面は $T=$ 定数で定まる面によって定義される．

慣性モーメント[a]

形状	式	
長さ l の薄い棒	$I_1 = I_2 = \dfrac{ml^2}{12}$	(3.150)
	$I_3 \simeq 0$	(3.151)
半径 r の固形球	$I_1 = I_2 = I_3 = \dfrac{2}{5}mr^2$	(3.152)
半径 r の球殻	$I_1 = I_2 = I_3 = \dfrac{2}{3}mr^2$	(3.153)
半径 r, 長さ l の固形円筒	$I_1 = I_2 = \dfrac{m}{4}\left(r^2 + \dfrac{l^2}{3}\right)$	(3.154)
	$I_3 = \dfrac{1}{2}mr^2$	(3.155)
辺 a,b,c の固形直方体	$I_1 = m(b^2+c^2)/12$	(3.156)
	$I_2 = m(c^2+a^2)/12$	(3.157)
	$I_3 = m(a^2+b^2)/12$	(3.158)
底面の半径 r, 高さ h[b] の固い円錐	$I_1 = I_2 = \dfrac{3}{20}m\left(r^2 + \dfrac{h^2}{4}\right)$	(3.159)
	$I_3 = \dfrac{3}{10}mr^2$	(3.160)
半軸の長さ a,b,c の固形楕円面	$I_1 = m(b^2+c^2)/5$	(3.161)
	$I_2 = m(c^2+a^2)/5$	(3.162)
	$I_3 = m(a^2+b^2)/5$	(3.163)
半軸の長さ a,b の楕円形薄板	$I_1 = mb^2/4$	(3.164)
	$I_2 = ma^2/4$	(3.165)
	$I_3 = m(a^2+b^2)/4$	(3.166)
半径 r の円板	$I_1 = I_2 = mr^2/4$	(3.167)
	$I_3 = mr^2/2$	(3.168)
三角板[c]	$I_3 = \dfrac{m}{36}(a^2+b^2+c^2)$	(3.169)

[a] 質量 m に一様な密度の剛体に対して主軸に関する慣性モーメント. 回転運動の半径は $k = (I/m)^{1/2}$ によって定義される.
[b] 半軸の原点は, 質量中心 (底から $h/4$) である.
[c] 質量中心を通り, 板の平面に垂直な軸の回り.

質量中心

半径 r の半球	$d = 3r/8$　球の中心から	(3.170)
半径 r の半球殻	$d = r/2$　球の中心から	(3.171)
半径 r，角 2θ の扇板	$d = \dfrac{2}{3} r \dfrac{\sin\theta}{\theta}$　円板の中心から	(3.172)
半径 r，角 2θ の円の弧	$d = r \dfrac{\sin\theta}{\theta}$　円の中心から	(3.173)
高さ h^a の任意の三角薄板	$d = h/3$　底面に垂直	(3.174)
高さ h の固形円錐あるいはピラミッド	$d = h/4$　底面に垂直	(3.175)
高さ h, 球の半径 r の球状の帽子	固形のとき　$d = \dfrac{3}{4}\dfrac{(2r-h)^2}{3r-h}$　球の中心から	(3.176)
	殻のとき　$d = r - h/2$　球の中心から	(3.177)
高さ h の半楕円薄板	$d = \dfrac{4h}{3\pi}$　底から	(3.178)

[a] h は，底面から頂点の間の垂直な距離．

振り子

単振り子	$P = 2\pi \sqrt{\dfrac{l}{g}} \left(1 + \dfrac{\theta_0^2}{16} + \cdots \right)$	(3.179)	P　周期 g　重力加速度 l　長さ θ_0　最大変位角
円錐振り子	$P = 2\pi \left(\dfrac{l\cos\alpha}{g}\right)^{1/2}$	(3.180)	α　円錐の半角
ねじれ振り子[a]	$P = 2\pi \left(\dfrac{lI_0}{C}\right)^{1/2}$	(3.181)	I_0　おもりの慣性モーメント C　針金のねじれ剛性率（79頁参照）
複合振り子[b]	$P \simeq 2\pi \left[\dfrac{1}{mga}(ma^2 + I_1\cos^2\gamma_1 + I_2\cos^2\gamma_2 + I_3\cos^2\gamma_3)\right]^{1/2}$	(3.182)	a　質量中心から回転軸の距離 m　剛体の質量 I_i　主要慣性モーメント γ_i　主軸と回転軸との間の角
等二重振り子[c]	$P \simeq 2\pi \left[\dfrac{l}{(2 \pm \sqrt{2})g}\right]^{1/2}$	(3.183)	

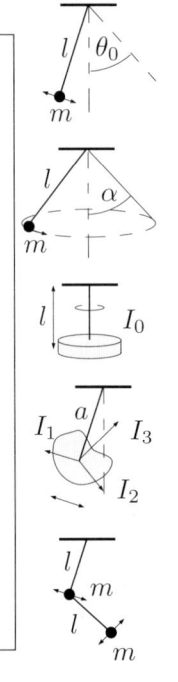

[a] おもりは主回転軸に平行に支えられていると仮定している．
[b] すなわち，任意の 3 軸剛体．
[c] 非常に小さい振動（2 つの固有モード）に対して．

コマとジャイロスコープ

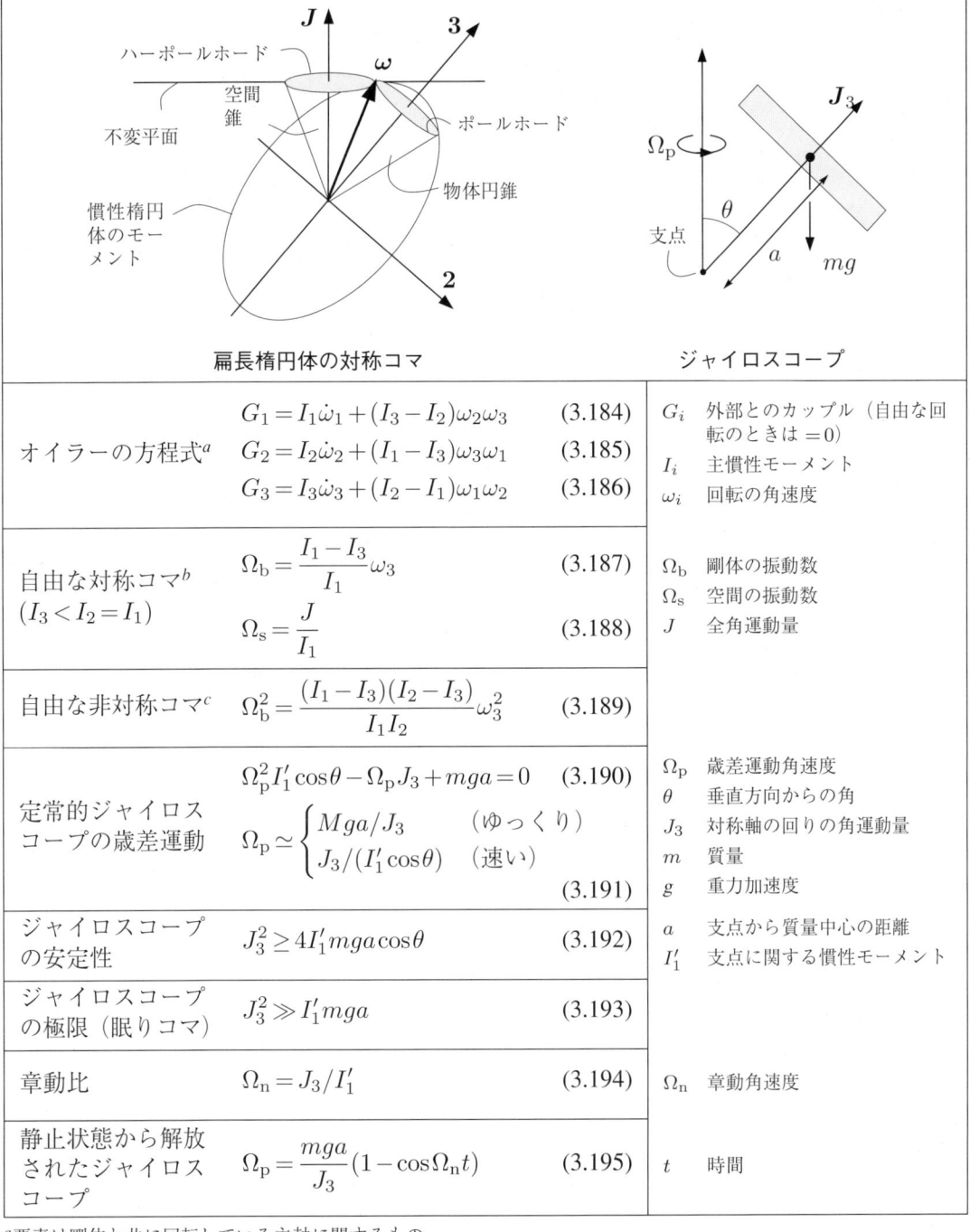

	扁長楕円体の対称コマ		ジャイロスコープ	
オイラーの方程式[a]	$G_1 = I_1\dot{\omega}_1 + (I_3 - I_2)\omega_2\omega_3$	(3.184)	G_i	外部とのカップル（自由な回転のときは $=0$）
	$G_2 = I_2\dot{\omega}_2 + (I_1 - I_3)\omega_3\omega_1$	(3.185)	I_i	主慣性モーメント
	$G_3 = I_3\dot{\omega}_3 + (I_2 - I_1)\omega_1\omega_2$	(3.186)	ω_i	回転の角速度
自由な対称コマ[b] ($I_3 < I_2 = I_1$)	$\Omega_b = \dfrac{I_1 - I_3}{I_1}\omega_3$	(3.187)	Ω_b	剛体の振動数
			Ω_s	空間の振動数
	$\Omega_s = \dfrac{J}{I_1}$	(3.188)	J	全角運動量
自由な非対称コマ[c]	$\Omega_b^2 = \dfrac{(I_1 - I_3)(I_2 - I_3)}{I_1 I_2}\omega_3^2$	(3.189)		
定常的ジャイロスコープの歳差運動	$\Omega_p^2 I_1' \cos\theta - \Omega_p J_3 + mga = 0$	(3.190)	Ω_p	歳差運動角速度
			θ	垂直方向からの角
	$\Omega_p \simeq \begin{cases} Mga/J_3 & (\text{ゆっくり}) \\ J_3/(I_1'\cos\theta) & (\text{速い}) \end{cases}$	(3.191)	J_3	対称軸の回りの角運動量
			m	質量
			g	重力加速度
ジャイロスコープの安定性	$J_3^2 \geq 4I_1' mga \cos\theta$	(3.192)	a	支点から質量中心の距離
			I_1'	支点に関する慣性モーメント
ジャイロスコープの極限（眠りコマ）	$J_3^2 \gg I_1' mga$	(3.193)		
章動比	$\Omega_n = J_3/I_1'$	(3.194)	Ω_n	章動角速度
静止状態から解放されたジャイロスコープ	$\Omega_p = \dfrac{mga}{J_3}(1 - \cos\Omega_n t)$	(3.195)	t	時間

[a]要素は剛体と共に回転している主軸に関するもの．
[b]剛体の振動数は，**3** 軸の回りの $\boldsymbol{\omega}$ の（主軸に関する）角速度である．空間振動数は，$\boldsymbol{J}$ の回りの **3** 軸の角速度，すなわち，空間錐の回りを剛体錐が動くときの角速度である．
[c]$\boldsymbol{J}$ は **3** 軸に近い．$\Omega_b^2 < 0$ ならば，剛体は倒れる．

3.6 振動系

自由振動

微分方程式	$\dfrac{d^2x}{dt^2} + 2\gamma \dfrac{dx}{dt} + \omega_0^2 x = 0$	(3.196)	
減衰振動解 ($\gamma < \omega_0$)	$x = Ae^{-\gamma t}\cos(\omega t + \phi)$ $\omega = (\omega_0^2 - \gamma^2)^{1/2}$	(3.197) (3.198)	
臨界減衰解 ($\gamma = \omega_0$)	$x = e^{-\gamma t}(A_1 + A_2 t)$	(3.199)	
過減衰解 ($\gamma > \omega_0$)	$x = e^{-\gamma t}(A_1 e^{qt} + A_2 e^{-qt})$ $q = (\gamma^2 - \omega_0^2)^{1/2}$	(3.200) (3.201)	
対数減衰率[a]	$\Delta = \ln \dfrac{a_n}{a_{n+1}} = \dfrac{2\pi\gamma}{\omega}$	(3.202)	
Q 値	$Q = \dfrac{\omega_0}{2\gamma} \quad \left[\simeq \dfrac{\pi}{\Delta}\,(Q \gg 1\text{ のとき})\right]$	(3.203)	

x	振動する変数
t	時間
γ	単位質量当たりの減衰ファクター
ω_0	減衰しない系の角振動数
A	振幅定数
ϕ	位相定数
ω	角固有振動数
A_i	振幅定数
Δ	対数減衰率
a_n	n 番目の最大変位
Q	Q 値

[a] 減衰率は通常逐次最大変位の比であるが,Δ を 2 で割ることによって逐次極値の比とすることもある.$\log_{10} e$ で割って,対数の底を 10 にすることもある.

強制振動

微分方程式	$\dfrac{d^2x}{dt^2} + 2\gamma \dfrac{dx}{dt} + \omega_0^2 x = F_0 e^{i\omega_f t}$	(3.204)	
定常解[a]	$x = A e^{i(\omega_f t - \phi)}$ $A = F_0[(\omega_0^2 - \omega_f^2)^2 + (2\gamma\omega_f)^2]^{-1/2}$ $\simeq \dfrac{F_0/(2\omega_0)}{[(\omega_0 - \omega_f)^2 + \gamma^2]^{1/2}} \quad (\gamma \ll \omega_f)$ $\tan\phi = \dfrac{2\gamma\omega_f}{\omega_0^2 - \omega_f^2}$	(3.205) (3.206) (3.207) (3.208)	
振幅共鳴[b]	$\omega_{ar}^2 = \omega_0^2 - 2\gamma^2$	(3.209)	
速度共鳴[c]	$\omega_{vr} = \omega_0$	(3.210)	
Q 値	$Q = \dfrac{\omega_0}{2\gamma}$	(3.211)	
インピーダンス	$Z = 2\gamma + i\dfrac{\omega_f^2 - \omega_0^2}{\omega_f}$	(3.212)	

x	振動する変数
t	時間
γ	単位質量当たりの減衰ファクター
ω_0	減衰しない系の角振動数
F_0	(単位質量当たりの) 強制振幅
ω_f	強制角振動数
A	振幅
ϕ	外力による応答の位相遅延
ω_{ar}	振幅共鳴の強制角振動数
ω_{vr}	速度共鳴の強制角振動数
Q	Q 値
Z	(単位質量当たりの) インピーダンス

[a] 自由振動項を除いて.
[b] 最大振幅に対する強制振動数.
[c] 最大速度に対する強制振動数.この振動数のとき $\phi = \pi/2$ であることに注意.

3.7 一般化力学

ラグランジアン力学

作用	$S = \int_{t_1}^{t_2} L(\boldsymbol{q},\dot{\boldsymbol{q}},t)\,\mathrm{d}t$	(3.213)
オイラー・ラグランジュの方程式	$\dfrac{\mathrm{d}}{\mathrm{d}t}\left(\dfrac{\partial L}{\partial \dot{q}_i}\right) - \dfrac{\partial L}{\partial q_i} = 0$	(3.214)
外場中の粒子のラグランジアン	$L = \dfrac{1}{2}mv^2 - U(\boldsymbol{r},t)$ $ = T - U$	(3.215) (3.216)
荷電粒子の相対論的ラグランジアン	$L = -\dfrac{m_0 c^2}{\gamma} - e(\phi - \boldsymbol{A}\cdot\boldsymbol{v})$	(3.217)
一般化運動量	$p_i = \dfrac{\partial L}{\partial \dot{q}_i}$	(3.218)

- S 作用（運動に対しては $\delta S = 0$）
- $\boldsymbol{q}$ 一般化座標
- $\dot{\boldsymbol{q}}$ 一般化速度
- L ラグランジアン
- t 時間
- m 質量
- $\boldsymbol{v}$ 速度
- $\boldsymbol{r}$ 位置ベクトル
- U ポテンシャルエネルギー
- T 運動エネルギー
- m_0 （静止）質量
- γ ローレンツ因子
- $+e$ 正電荷
- ϕ 電位
- $\boldsymbol{A}$ ベクトルポテンシャル
- p_i 一般化運動量

ハミルトニアン力学

ハミルトニアン	$H = \sum_i p_i \dot{q}_i - L$	(3.219)
ハミルトンの方程式	$\dot{q}_i = \dfrac{\partial H}{\partial p_i};\quad \dot{p}_i = -\dfrac{\partial H}{\partial q_i}$	(3.220)
外場中の粒子のハミルトニアン	$H = \dfrac{1}{2}mv^2 + U(\boldsymbol{r},t)$ $ = T + U$	(3.221) (3.222)
荷電粒子の相対論的ハミルトニアン	$H = (m_0^2 c^4 + |\boldsymbol{p} - e\boldsymbol{A}|^2 c^2)^{1/2} + e\phi$	(3.223)
ポアソン括弧式	$[f,g] = \sum_i \left(\dfrac{\partial f}{\partial q_i}\dfrac{\partial g}{\partial p_i} - \dfrac{\partial f}{\partial p_i}\dfrac{\partial g}{\partial q_i}\right)$ $[q_i,g] = \dfrac{\partial g}{\partial p_i},\quad [p_i,g] = -\dfrac{\partial g}{\partial q_i}$ $\dfrac{\partial g}{\partial t} = 0,\quad \dfrac{\mathrm{d}g}{\mathrm{d}t} = 0$ ならば, $[H,g] = 0$	(3.224) (3.225) (3.226)
ハミルトン・ヤコビ方程式	$\dfrac{\partial S}{\partial t} + H\left(q_i, \dfrac{\partial S}{\partial q_i}, t\right) = 0$	(3.227)

- L ラグランジアン
- p_i 一般化運動量
- $\dot{q}_i$ 一般化速度
- H ハミルトニアン
- q_i 一般化座標
- v 粒子の速さ
- $\boldsymbol{r}$ 位置ベクトル
- U ポテンシャルエネルギー
- T 運動エネルギー
- m_0 （静止）質量
- c 光速
- $+e$ 正電荷
- ϕ 電位
- $\boldsymbol{A}$ ベクトルポテンシャル
- $\boldsymbol{p}$ 粒子の運動量
- t 時間
- f,g 任意関数
- $[\cdot,\cdot]$ ポアソン括弧 24 頁の交換子も参照
- S 作用

3.8 弾性

弾性の定義（簡単な場合）[a]

応力	$\tau = F/A$	(3.228)
ひずみ	$e = \delta l / l$	(3.229)
ヤング率（フックの法則）	$E = \tau / e = $ 定数	(3.230)
ポアソン比[b]	$\sigma = -\dfrac{\delta w/w}{\delta l/l}$	(3.231)

τ	応力
F	加わる力
A	断面積
e	ひずみ
δl	長さの変分
l	長さ
E	ヤング率
σ	ポアソン比
δw	幅の変分
w	幅

[a] これらは，縦応力下での細い針金に適用される．
[b] フックの法則に従う固体は，熱力学によって $-1 \leq \sigma 1/2$ に制限されている．しかし，$\sigma < 0$ のものは知られていない．フックの法則に従わない物質は $\sigma > 1/2$ を示し得る．

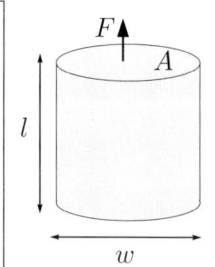

弾性の定義（一般の場合）

応力テンソル[a]	$\tau_{ij} = \dfrac{i \text{ 方向に平行な力}}{j \text{ 方向に垂直な面積}}$	(3.232)
ひずみテンソル	$e_{kl} = \dfrac{1}{2}\left(\dfrac{\partial u_k}{\partial x_l} + \dfrac{\partial u_l}{\partial x_k}\right)$	(3.233)
弾性率	$\tau_{ij} = \lambda_{ijkl} e_{kl}$	(3.234)
弾性エネルギー[b]	$U = \dfrac{1}{2} \lambda_{ijkl} e_{ij} e_{kl}$	(3.235)
体積ひずみ（膨張度）	$e_\mathrm{v} = \dfrac{\delta V}{V} = e_{11} + e_{22} + e_{33}$	(3.236)
せん断ひずみ	$e_{kl} = \underbrace{\left(e_{kl} - \dfrac{1}{3} e_\mathrm{v} \delta_{kl}\right)}_{\text{純せん断}} + \underbrace{\dfrac{1}{3} e_\mathrm{v} \delta_{kl}}_{\text{膨張}}$	(3.237)
流体静力学的圧縮	$\tau_{ij} = -p \delta_{ij}$	(3.238)

τ_{ij}	応力テンソル（$\tau_{ij} = \tau_{ji}$）
e_{kl}	ひずみテンソル（$e_{kl} = e_{lk}$）
u_k	x_k に平行な変位
x_k	座標系
λ_{ijkl}	弾性率
U	ポテンシャルエネルギー
e_v	体積ひずみ
δV	体積変分
V	体積
δ_{kl}	クロネッカーのデルタ
p	流体静力学的圧力

[a] τ_{ii} は垂直応力，$\tau_{ij}(i \neq j)$ はねじれ応力．
[b] いつものように，積は繰り返される指数について陰に和を取っている．

等方的弾性体

ラメ係数	$\mu = \dfrac{E}{2(1+\sigma)}$ (3.239) $\lambda = \dfrac{E\sigma}{(1+\sigma)(1-2\sigma)}$ (3.240)	μ, λ ラメ係数 E ヤング率 σ ポアソン比
縦弾性率[a]	$M_l = \dfrac{E(1-\sigma)}{(1+\sigma)(1-2\sigma)} = \lambda + 2\mu$ (3.241)	M_l 縦弾性率
対角化方程式[b]	$e_{ii} = \dfrac{1}{E}[\tau_{ii} - \sigma(\tau_{jj} + \tau_{kk})]$ (3.242) $\tau_{ii} = M_l \left[e_{ii} + \dfrac{\sigma}{1-\sigma}(e_{jj} + e_{kk}) \right]$ (3.243) $\mathbf{t} = 2\mu\mathbf{e} + \lambda \mathbf{1}\,\mathrm{tr}(\mathbf{e})$ (3.244)	e_{ii} i 方向のひずみ τ_{ii} i 方向の応力 $\mathbf{e}$ ひずみテンソル $\mathbf{t}$ 応力テンソル $\mathbf{1}$ 単位行列 $\mathrm{tr}(\cdot)$ トレース
体積弾性率 （圧縮率）	$K = \dfrac{E}{3(1-2\sigma)} = \lambda + \dfrac{2}{3}\mu$ (3.245) $\dfrac{1}{K_T} = -\dfrac{1}{V}\dfrac{\partial V}{\partial p}\bigg|_T$ (3.246) $-p = K e_\mathrm{v}$ (3.247)	K 体積弾性率 K_T 等温体積弾性率 V 体積 p 圧力 T 温度
ずれ弾性率	$\mu = \dfrac{E}{2(1+\sigma)}$ (3.248) $\tau_\mathrm{T} = \mu \theta_\mathrm{sh}$ (3.249)	e_v 体積ひずみ μ ずれ弾性率 τ_T 横応力 θ_sh ずれひずみ
ヤング率	$E = \dfrac{9\mu K}{\mu + 3K}$ (3.250)	
ポアソン比	$\sigma = \dfrac{3K - 2\mu}{2(3K + \mu)}$ (3.251)	

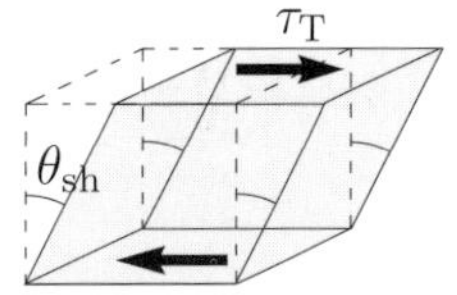

[a] まっすぐ伸びた媒質中で.
[b] 応力とひずみテンソルの固有ベクトルに沿って並べた軸.

ねじれ

ねじり剛性（均質な棒に対して）	$G = C \dfrac{\phi}{l}$ (3.252)	G ねじり偶力 C ねじり剛性 l 棒の長さ ϕ 長さ l のねじれ角 a 半径
細い円筒	$C = 2\pi a^3 \mu t$ (3.253)	t 壁の厚さ μ ずれ弾性率
太い円筒	$C = \dfrac{1}{2}\mu\pi(a_2^4 - a_1^4)$ (3.254)	a_1 内径 a_2 外径
任意の薄い壁のチューブ	$C = \dfrac{4A^2 \mu t}{P}$ (3.255)	A 断面積 P 周囲の長さ
長い平らなリボン	$C = \dfrac{1}{3}\mu w t^3$ (3.256)	w 断面の幅

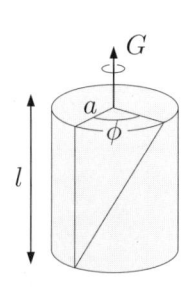

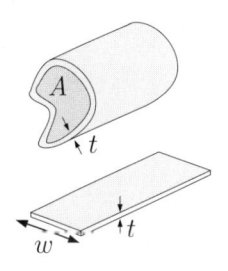

曲げた梁[a]

曲げモーメント	$G_b = \dfrac{E}{R_c}\int \xi^2\,ds$	(3.257)	
	$= \dfrac{EI}{R_c}$	(3.258)	
$x=0$ で水平で $x=l$ に加重の細い梁	$y = \dfrac{W}{2EI}\left(l-\dfrac{x}{3}\right)x^2$	(3.259)	
太い梁	$EI\dfrac{d^4 y}{dx^4} = w(x)$	(3.260)	
オイラーの圧縮座屈	$F_c = \begin{cases} \pi^2 EI/l^2 & \text{(自由端)} \\ 4\pi^2 EI/l^2 & \text{(固定端)} \\ \pi^2 EI/(4l^2) & \text{(1 端自由)} \end{cases}$	(3.261)	

- G_b 曲げモーメント
- E ヤング率
- R_c 曲率半径
- ds 面積要素
- ξ ds から中立面への距離
- I 断面モーメント
- y 水平からの変位
- W 終端荷重
- l 梁の長さ
- x 梁の水平距離
- w 単位長さ当たりの梁の重さ
- F_c 臨界圧縮力
- l 圧縮材の長さ

[a] 曲率半径は $1/R_c \simeq d^2 y/dx^2$ で近似される.

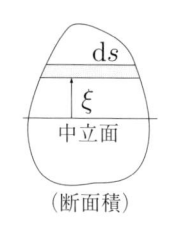

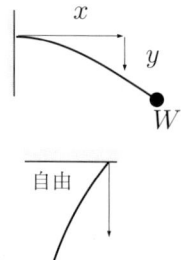

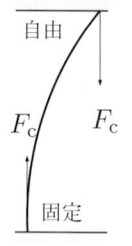

弾性波の速度[a]

無限に長い等方的固体の中[b]	$v_t = (\mu/\rho)^{1/2}$	(3.262)	
	$v_l = (M_l/\rho)^{1/2}$	(3.263)	
	$\dfrac{v_l}{v_t} = \left(\dfrac{2-2\sigma}{1-2\sigma}\right)^{1/2}$	(3.264)	
流体の中	$v_l = (K/\rho)^{1/2}$	(3.265)	
薄い板の上（z 方向に薄い板 x に沿って伝わる波）	$v_l^{(x)} = \left[\dfrac{E}{\rho(1-\sigma^2)}\right]^{1/2}$	(3.266)	
	$v_t^{(y)} = (\mu/\rho)^{1/2}$	(3.267)	
	$v_t^{(z)} = k\left[\dfrac{Et^2}{12\rho(1-\sigma^2)}\right]^{1/2}$	(3.268)	
細い丸い棒	$v_l = (E/\rho)^{1/2}$	(3.269)	
	$v_\phi = (\mu/\rho)^{1/2}$	(3.270)	
	$v_t = \dfrac{ka}{2}\left(\dfrac{E}{\rho}\right)^{1/2}$	(3.271)	

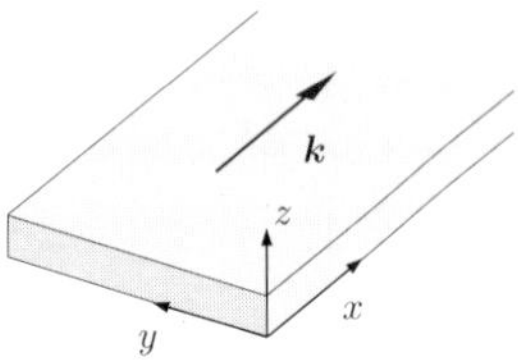

- v_t 横波の速度
- v_l 縦波の速度
- μ ずれ弾性率
- ρ 密度
- M_l 縦弾性率 $\left(=\dfrac{E(1-\sigma)}{(1+\sigma)(1-2\sigma)}\right)$
- K 体積弾性率
- $v_l^{(i)}$ （変位が i 方向と平行な）縦波の速度
- $v_t^{(i)}$ （変位が i 方向と平行な）横波の速度
- E ヤング率
- σ ポアソン比
- k 波数（$=2\pi/\lambda$）
- t 板の厚さ（z 方向の, $t \ll \lambda$）
- v_ϕ ねじれ波の速度
- a 棒の半径（$\ll \lambda$）

[a] 曲げによって生じる波は分散的である．波（位相）速度は，あらゆるところで引用される．
[b] 横波はねじれ波，あるいは S 波としても知られている．縦波は圧力波あるいは P 波としても知られている．

弦とバネの中の波[a]

バネの中	$v_l = (\kappa l/\rho_l)^{1/2}$	(3.272)
張った弦の上	$v_t = (T/\rho_l)^{1/2}$	(3.273)
張ったシートの上	$v_t = (\tau/\rho_A)^{1/2}$	(3.274)

v_l	縦波の速度
κ	バネ定数[b]
l	バネの長さ
ρ_l	単位長さ当たりの質量[c]
v_t	横波の速度
T	張力
τ	単位幅当たりの張力
ρ_A	単位面積当たりの質量

[a] 波の振幅は ≪波長 と仮定する．
[b] $\kappa =$ 力/伸び の意味で．
[c] バネの軸に沿って計って．

弾性波の伝播

音響インピーダンス	$Z = \dfrac{力}{応答速度} = \dfrac{F}{\dot{u}}$	(3.275)
	$= (E'\rho)^{1/2}$	(3.276)
波動速度とインピーダンスの関係	$v = \left(\dfrac{E'}{\rho}\right)^{1/2}$ ならば	(3.277)
	$Z = (E'\rho)^{1/2} = \rho v$	(3.278)
平均エネルギー密度（非分散波）	$\mathscr{U} = \dfrac{1}{2} E' k^2 u_0^2$	(3.279)
	$= \dfrac{1}{2} \rho \omega^2 u_0^2$	(3.280)
	$P = \mathscr{U} v$	(3.281)
正規化係数[a]	$r = \dfrac{u_r}{u_i} = -\dfrac{\tau_r}{\tau_i} = \dfrac{Z_1 - Z_2}{Z_1 + Z_2}$	(3.282)
	$t = \dfrac{2 Z_1}{Z_1 + Z_2}$	(3.283)
スネルの法則[b]	$\dfrac{\sin \theta_i}{v_i} = \dfrac{\sin \theta_r}{v_r} = \dfrac{\sin \theta_t}{v_t}$	(3.284)

Z	インピーダンス
F	応力
u	ひずみ変位
E'	弾性率
ρ	密度
v	波の位相速度
$\mathscr{U}$	エネルギー密度
k	波数
ω	角振動数
u_0	最大変位
P	平均エネルギー束
r	反射係数
t	透過係数
τ	応力
θ_i	入射角
θ_r	反射角
θ_t	透過角

[a] 応力とひずみの振幅に対して．これらの反射係数と透過係数は，通常応力ではなく変位 u で定義されているので，これらの係数と電磁気学で定義されている同値な係数との間には差違がある（式 (7.179) と 152 頁を参照）．
[b] 角は境界面の法線から定義される．入射平面圧力（縦）波は一般に，反射と透過においてねじれ（横）波と圧力波を引き起こす．波の種類に適切な速度を用いること．

3.9 流体力学

理想流体[a]

連続の式[b]	$\dfrac{\partial \rho}{\partial t} + \boldsymbol{\nabla}\cdot(\rho\boldsymbol{v}) = 0$ (3.285)	ρ 密度 $\boldsymbol{v}$ 流体の速度場 t 時間
ケルビン循環	$\Gamma = \oint \boldsymbol{v}\cdot \mathrm{d}\boldsymbol{l} = $ 定数 (3.286) $= \int_S \boldsymbol{\omega}\cdot \mathrm{d}\boldsymbol{s}$ (3.287)	Γ 循環 $\mathrm{d}\boldsymbol{l}$ ループ要素 $\mathrm{d}\boldsymbol{s}$ ループによって囲まれた表面の要素 $\boldsymbol{\omega}$ 渦度 $(=\boldsymbol{\nabla}\times\boldsymbol{v})$
オイラーの方程式[c]	$\dfrac{\partial \boldsymbol{v}}{\partial t} + (\boldsymbol{v}\cdot\boldsymbol{\nabla})\boldsymbol{v} = -\dfrac{\boldsymbol{\nabla}p}{\rho} + \boldsymbol{g}$ (3.288) または $\dfrac{\partial}{\partial t}(\boldsymbol{\nabla}\times\boldsymbol{v}) = \boldsymbol{\nabla}\times[\boldsymbol{v}\times(\boldsymbol{\nabla}\times\boldsymbol{v})]$ (3.289)	p 圧力 $\boldsymbol{g}$ 重力場の強さ $(\boldsymbol{v}\cdot\boldsymbol{\nabla})$ 移流作用素
ベルヌーイの方程式 (非圧縮性流体)	$\dfrac{1}{2}\rho v^2 + p + \rho g z = $ 定数 (3.290)	z 高さ
ベルヌーイの方程式 (圧縮性断熱流体)[d]	$\dfrac{1}{2}v^2 + \dfrac{\gamma}{\gamma-1}\dfrac{p}{\rho} + gz = $ 定数 (3.291) $= \dfrac{1}{2}v^2 + c_p T + gz$ (3.292)	γ 比熱容量の比率 (c_p/c_V) c_p 定圧比熱容量 T 温度
流体静力学	$\boldsymbol{\nabla}p = \rho\boldsymbol{g}$ (3.293)	
断熱的温度減率 (理想気体)	$\dfrac{\mathrm{d}T}{\mathrm{d}z} = -\dfrac{g}{c_p}$ (3.294)	

[a] 熱伝導率と粘性は無視.
[b] 一般に成り立つ.
[c] オイラーの第二形式は,非圧縮性の流れに対してのみ適用される.
[d] 式 (3.292) は理想気体に対してのみ成り立つ.

ポテンシャル流れ[a]

速度ポテンシャル	$\boldsymbol{v} = \boldsymbol{\nabla}\phi$ (3.295) $\nabla^2\phi = 0$ (3.296)	$\boldsymbol{v}$ 速度 ϕ 速度ポテンシャル
渦度条件	$\boldsymbol{\omega} = \boldsymbol{\nabla}\times\boldsymbol{v} = 0$ (3.297)	$\boldsymbol{\omega}$ 渦度 $\boldsymbol{F}$ 動く球に働く抗力
球に働く抗力[b]	$\boldsymbol{F} = -\dfrac{2}{3}\pi\rho a^3 \dot{\boldsymbol{u}} = -\dfrac{1}{2}M_\mathrm{d}\dot{\boldsymbol{u}}$ (3.298)	a 球の半径 $\dot{\boldsymbol{u}}$ 球の加速度 ρ 流体の密度 M_d 移動した流体の質量

[a] 非圧縮性流体に対して.
[b] この抗力の効果は,移動した流体の質量の半分に等しい付加的実効質量を球に与えることである.

3.9 流体力学

粘性流（非圧縮性）[a]

流体の応力	$\tau_{ij} = -p\delta_{ij} + \eta\left(\dfrac{\partial v_i}{\partial x_j} + \dfrac{\partial v_j}{\partial x_i}\right)$	(3.299)	τ_{ij} 流体の応力テンソル p 流体静力学的圧力 η ずれ粘性 v_i i 方向の速度 δ_{ij} クロネッカーのデルタ
ナビエ・ストークス方程式[b]	$\dfrac{\partial \boldsymbol{v}}{\partial t} + (\boldsymbol{v}\cdot\boldsymbol{\nabla})\boldsymbol{v} = -\dfrac{\boldsymbol{\nabla} p}{\rho} - \dfrac{\eta}{\rho}\boldsymbol{\nabla}\times\boldsymbol{\omega} + \boldsymbol{g}$ $\qquad\qquad = -\dfrac{\boldsymbol{\nabla} p}{\rho} + \dfrac{\eta}{\rho}\nabla^2\boldsymbol{v} + \boldsymbol{g}$	(3.300) (3.301)	$\boldsymbol{v}$ 流体速度場 $\boldsymbol{\omega}$ 渦度 $\boldsymbol{g}$ 重力加速度 ρ 密度
動粘性率	$\nu = \eta/\rho$	(3.302)	ν 動粘性率

[a] すなわち，$\nabla\cdot\boldsymbol{v}=0, \eta\neq 0$ である．
[b] バルク（第二）粘性を無視している．

層粘性流

平行な板の間	$v_z(y) = \dfrac{1}{2\eta}y(h-y)\dfrac{\partial p}{\partial z}$	(3.303)	v_z 流れの速度 z 流れの方向 y 板からの距離 η ずれ粘性 p 圧力
円管[a]に沿って	$v_z(r) = \dfrac{1}{4\eta}(a^2 - r^2)\dfrac{\partial p}{\partial z}$ $Q = \dfrac{\mathrm{d}V}{\mathrm{d}t} = \dfrac{\pi a^4}{8\eta}\dfrac{\partial p}{\partial z}$	(3.304) (3.305)	r 管の軸からの距離 a 管の半径 V 体積
回転する同心円筒の間を巡回する流れ[b]	$G_z = \dfrac{4\pi\eta a_1^2 a_2^2}{a_2^2 - a_1^2}(\omega_2 - \omega_1)$	(3.306)	G_z 単位長さ当たり円筒の間の軸の偶力 ω_i i 番目の円筒の角速度
環状管に沿って	$Q = \dfrac{\pi}{8\eta}\dfrac{\partial p}{\partial z}\left[a_2^4 - a_1^4 - \dfrac{(a_2^2 - a_1^2)^2}{\ln(a_2/a_1)}\right]$	(3.307)	a_1 内径 a_2 外径 Q 体積流量率

[a] ポアズイユ流れ．
[b] クエット流れ．

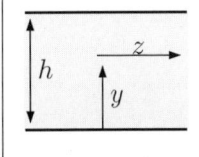

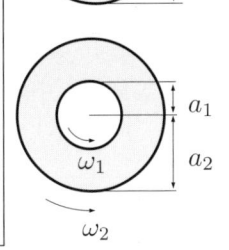

抗力[a]

球の上（ストークスの法則）	$F = 6\pi a\eta v$	(3.308)	F 抗力 a 半径
円板の上，流れに広い側を向ける	$F = 16a\eta v$	(3.309)	v 速度 η ずれ粘性
円板の上，流れにエッジを向ける	$F = 32a\eta v/3$	(3.310)	

[a] レイノルズ数 $\ll 1$ に対して．

特性を表す数値

名称	式	番号
レイノルズ数	$\mathrm{Re} = \dfrac{\rho U L}{\eta} = \dfrac{慣性力}{粘性力}$	(3.311)
フルード数[a]	$\mathrm{F} = \dfrac{U^2}{Lg} = \dfrac{慣性力}{重力}$	(3.312)
ストローハル数[b]	$\mathrm{S} = \dfrac{U\tau}{L} = \dfrac{時間変化スケール}{運動変化スケール}$	(3.313)
プラントル数	$\mathrm{P} = \dfrac{\eta c_p}{\lambda} = \dfrac{運動量の輸送}{熱の輸送}$	(3.314)
マッハ数	$\mathrm{M} = \dfrac{U}{c} = \dfrac{速度}{音速}$	(3.315)
ロスビー数	$\mathrm{Ro} = \dfrac{U}{\Omega L} = \dfrac{慣性力}{コリオリ力}$	(3.316)

- Re レイノルズ数
- ρ 密度
- U 代表速度
- L 代表長さ
- η ずれ粘性
- F フルード数
- g 重力加速度
- S ストローハル数
- τ 特徴的時間スケール
- P プラントル数
- c_p 定圧比熱容量
- λ 熱伝導率
- M マッハ数
- c 音速
- Ro ロスビー数
- Ω 角速度

[a] この表現の平方根の場合がある．L は通常流体の深さである．
[b] この表現の逆数の場合がある．

流体の波

名称	式	番号
音波	$v_\mathrm{p} = \left(\dfrac{K}{\rho}\right)^{1/2} = \left(\dfrac{\mathrm{d}p}{\mathrm{d}\rho}\right)^{1/2}$	(3.317)
理想気体の中の音波（断熱条件）[a]	$v_\mathrm{p} = \left(\dfrac{\gamma R T}{\mu}\right)^{1/2} = \left(\dfrac{\gamma p}{\rho}\right)^{1/2}$	(3.318)
液体表面の重力波[b]	$\omega^2 = gk \tanh kh$	(3.319)
	$v_\mathrm{g} \simeq \begin{cases} \dfrac{1}{2}\left(\dfrac{g}{k}\right)^{1/2} & (h \gg \lambda) \\ (gh)^{1/2} & (h \ll \lambda) \end{cases}$	(3.320)
表面張力波[c]	$\omega^2 = \dfrac{\sigma k^3}{\rho}$	(3.321)
表面張力-重力波 ($h \gg \lambda$)	$\omega^2 = gk + \dfrac{\sigma k^3}{\rho}$	(3.322)

- v_p 波動（位相）速度
- K 体積弾性率
- p 圧力
- ρ 密度
- γ 熱容量の比
- R 気体定数
- T （絶対）温度
- μ 平均分子質量
- v_g 波の群速度
- h 液体の深さ
- λ 波長
- k 波数
- g 重力加速度
- ω 角振動数
- σ 表面張力

[a] 波動が断熱的であるよりも等温的であるときは，$v_\mathrm{p} = (p/\rho)^{1/2}$ である．
[b] 振幅 $\ll$ 波長．
[c] $k^2 \gg g\rho/\sigma$ の極限において．

ドップラー効果[a]

音源は静止，観測者が速度 u で動く	$\dfrac{\nu'}{\nu} = 1 - \dfrac{|\boldsymbol{u}|}{v_\mathrm{p}}\cos\theta$	(3.323)
観測者は静止，音源が速度 u で動く	$\dfrac{\nu''}{\nu} = \dfrac{1}{1 - \dfrac{|\boldsymbol{u}|}{v_\mathrm{p}}\cos\theta}$	(3.324)

ν', ν''	観測される振動数
ν	音源の振動数
v_p	流体の波動（位相）速度
$\boldsymbol{u}$	速度
θ	波動ベクトル $\boldsymbol{k}$ と $\boldsymbol{u}$ の間の角

[a]定常的な流体の中の平面波に対して．

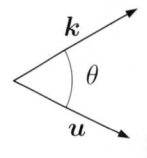

波の速度

位相速度	$v_\mathrm{p} = \dfrac{\omega}{k} = \nu\lambda$	(3.325)
群速度	$v_\mathrm{g} = \dfrac{\mathrm{d}\omega}{\mathrm{d}k}$	(3.326)
	$= v_\mathrm{p} - \lambda\dfrac{\mathrm{d}v_\mathrm{p}}{\mathrm{d}\lambda}$	(3.327)

v_p	位相速度
ν	振動数
ω	角振動数 $(=2\pi\nu)$
λ	波長
k	波数 $(=2\pi/\lambda)$
v_g	群速度

衝撃波

マッハの楔[a]	$\sin\theta_\mathrm{w} = \dfrac{v_\mathrm{p}}{v_\mathrm{b}}$	(3.328)
ケルビンの楔[b]	$\lambda_\mathrm{K} = \dfrac{4\pi v_\mathrm{b}^2}{3g}$	(3.329)
	$\theta_\mathrm{w} = \arcsin(1/3) = 19°.5$	(3.330)
球状断熱衝撃波[c]	$r \simeq \left(\dfrac{Et^2}{\rho_0}\right)^{1/5}$	(3.331)
ランキン・ユゴニオ衝撃波関係式[d]	$\dfrac{p_2}{p_1} = \dfrac{2\gamma\mathsf{M}_1^2 - (\gamma-1)}{\gamma+1}$	(3.332)
	$\dfrac{v_1}{v_2} = \dfrac{\rho_2}{\rho_1} = \dfrac{\gamma+1}{(\gamma-1) + 2/\mathsf{M}_1^2}$	(3.333)
	$\dfrac{T_2}{T_1} = \dfrac{[2\gamma\mathsf{M}_1^2 - (\gamma-1)][2+(\gamma-1)\mathsf{M}_1^2]}{(\gamma+1)^2\mathsf{M}_1^2}$	(3.334)

θ_w	楔の半角
v_p	波の（位相）速度
v_b	物体の速度
λ_K	特性波長
g	重力加速度
r	衝撃波の半径
E	エネルギー放出
t	時間
ρ_0	擾乱されていない媒質の密度
1	上流値
2	下流値
p	圧力
v	速度
T	温度
ρ	密度
γ	比熱の比
M	マッハ数

[a]非分散媒質中の物体の超音速の運動で引き起こされる跡を近似している．
[b]船の航跡のような重力波に対して．楔の半角は，v_b に依存しないことに注意せよ．
[c]セドフ・テーラー関係．
[d]衝撃波の前面とともに動く座標系で，定常的な垂直衝撃波に対する解．$\gamma=5/3$ ならば $v_1/v_2 \leq 4$ である．

表面張力

定義	$\sigma_{lv} = \dfrac{\text{表面エネルギー}}{\text{面積}}$	(3.335)	σ_{lv}	表面張力（液体/蒸気境界面）
	$= \dfrac{\text{表面張力}}{\text{長さ}}$	(3.336)		
ラプラスの公式[a]	$\Delta p = \sigma_{lv}\left(\dfrac{1}{R_1} + \dfrac{1}{R_2}\right)$	(3.337)	Δp R_i	表面上の圧力差 曲率の主半径
毛管定数	$c_c = \left(\dfrac{2\sigma_{lv}}{g\rho}\right)^{1/2}$	(3.338)	c_c ρ g	毛管定数 流体密度 重力加速度
毛管上昇（円管）	$h = \dfrac{2\sigma_{lv}\cos\theta}{\rho g a}$	(3.339)	h θ a	上昇の高さ 接触角 管半径
接触角	$\cos\theta = \dfrac{\sigma_{wv} - \sigma_{wl}}{\sigma_{lv}}$	(3.340)	σ_{wv} σ_{wl}	壁/蒸気表面張力 壁/液体表面張力

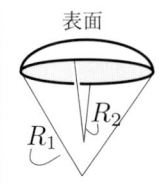

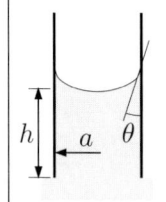

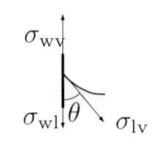

[a] 液体中の球状の気泡に対しては $\Delta p = 2\sigma_{lv}/R$. 2つの表面をもつ石鹸泡に対しては，$\Delta p = 4\sigma_{lv}/R$.

第 4 章 量子力学

4.1 序論

　量子力学的概念は，物理学の他の分野に適したものとは異なる記号と代数を発展させてきた要の位置を占める．本書の方針に基づき，学部で通常学び，パネルに簡単に表現できる公式だけを含めることにした．たとえば，原子分光学や特別な摂動解析の詳細の多くは，量子電磁気学のある意味で特定の分野からのアイデアであると見なして省いた．伝統的に，量子物理は，ステップポテンシャル，1 次元調和振動子などの標準的な「おもちゃ」問題を通して理解されており，それらはここに再現した．演算子は，上にハットの記号を付けて観測量と区別した．したがって，運動量の観測量 p_x に対する演算子は $\hat{p}_x = -i\hbar\partial/\partial x$ である．

　わかりやすくするため，自明な方法で 3 次元に拡張可能な多くの関係式は，1 次元の形で表現している．波動関数は，別に断らなければ，時間と空間について正規化されている．最後のパネルを除いて，すべての方程式は非相対論的であると考えるべきである．したがって，「全エネルギー」は静止質量エネルギーを除いた，ポテンシャルエネルギーと運動エネルギーの和である．

4.2 量子的定義

量子力学的不確定性関係

ドブロイの関係式	$p = \dfrac{h}{\lambda}$	(4.1)	$p, \boldsymbol{p}$	粒子の運動量
	$\boldsymbol{p} = \hbar \boldsymbol{k}$	(4.2)	h	プランク定数
			$\hbar$	$h/(2\pi)$
			λ	ドブロイ波長
			$\boldsymbol{k}$	ドブロイの波動ベクトル
プランク・アインシュタインの関係式	$E = h\nu = \hbar\omega$	(4.3)	E	エネルギー
			ν	振動数
			ω	角振動数 $(=2\pi\nu)$
分散[a]	$(\Delta a)^2 = \langle (a - \langle a \rangle)^2 \rangle$	(4.4)	a, b	観測量[b]
	$= \langle a^2 \rangle - \langle a \rangle^2$	(4.5)	$\langle \cdot \rangle$	期待値
			$(\Delta a)^2$	a の分散
一般不確定性関係	$(\Delta a)^2 (\Delta b)^2 \geq \dfrac{1}{4}\langle \mathbf{i}[\hat{a},\hat{b}]\rangle^2$	(4.6)	$\hat{a}$	観測量 a に対応する演算子
			$[\cdot,\cdot]$	交換子（24 頁参）
運動量-位置不確定性関係[c]	$\Delta p \Delta x \geq \dfrac{\hbar}{2}$	(4.7)	x	位置
エネルギー-時間不確定性関係	$\Delta E \Delta t \geq \dfrac{\hbar}{2}$	(4.8)	t	時間
光子数-位相不確定性関係	$\Delta n \Delta \phi \geq \dfrac{1}{2}$	(4.9)	n	光子数
			ϕ	波位相

[a] 量子力学における分散 (dispersion) は，統計における分散 (variance) に相等する．
[b] 観測量は，系の直接計測可能なパラメータである．
[c] ハイゼンベルグの不確定性関係としても知られている．

波動関数

確率密度	$\mathrm{pr}(x,t)\,\mathrm{d}x = |\psi(x,t)|^2\,\mathrm{d}x$	(4.10)	pr	確率密度
			ψ	波動関数
確率密度流[a]	$j(x) = \dfrac{\hbar}{2\mathbf{i}m}\left(\psi^*\dfrac{\partial \psi}{\partial x} - \psi\dfrac{\partial \psi^*}{\partial x}\right)$	(4.11)	$\boldsymbol{j}, j$	確率密度流
	$\boldsymbol{j} = \dfrac{\hbar}{2\mathbf{i}m}[\psi^*(\boldsymbol{r})\boldsymbol{\nabla}\psi(\boldsymbol{r}) - \psi(\boldsymbol{r})\boldsymbol{\nabla}\psi^*(\boldsymbol{r})]$	(4.12)	$\hbar$	（プランク定数）$/(2\pi)$
	$= \dfrac{1}{m}\Re(\psi^* \hat{\boldsymbol{p}} \psi)$	(4.13)	x	位置座標
			$\hat{\boldsymbol{p}}$	運動量演算子
			m	粒子の質量
			$\Re$	実数部分
			t	時間
連続の方程式	$\boldsymbol{\nabla} \cdot \boldsymbol{j} = -\dfrac{\partial}{\partial t}(\psi\psi^*)$	(4.14)		
シュレディンガー方程式	$\hat{H}\psi = \mathbf{i}\hbar\dfrac{\partial \psi}{\partial t}$	(4.15)	H	ハミルトニアン
粒子の定常状態[b]	$-\dfrac{\hbar^2}{2m}\dfrac{\partial^2 \psi(x)}{\partial x^2} + V(x)\psi(x) = E\psi(x)$	(4.16)	V	ポテンシャルエネルギー
			E	全エネルギー

[a] 粒子数に関する確率密度流．3 次元において，適切な単位は粒子数 $\times \mathrm{m}^{-2}\mathrm{s}^{-1}$．
[b] 1 次元における 1 粒子の定常シュレディンガー方程式．

演算子（作用素）

エルミート共役演算子	$\int (\hat{a}\phi)^* \psi \, \mathrm{d}x = \int \phi^* \hat{a}\psi \, \mathrm{d}x$	(4.17)
位置演算子	$\hat{x}^n = x^n$	(4.18)
運動量演算子	$\hat{p}_x^n = \dfrac{\hbar^n}{\mathbf{i}^n} \dfrac{\partial^n}{\partial x^n}$	(4.19)
運動エネルギー演算子	$\hat{T} = -\dfrac{\hbar^2}{2m} \dfrac{\partial^2}{\partial x^2}$	(4.20)
ハミルトニアン演算子	$\hat{H} = -\dfrac{\hbar^2}{2m} \dfrac{\partial^2}{\partial x^2} + V(x)$	(4.21)
角運動量演算子	$\hat{L}_z = \hat{x}\hat{p}_y - \hat{y}\hat{p}_x$ $\hat{L}^2 = \hat{L}_x^{\,2} + \hat{L}_y^{\,2} + \hat{L}_z^{\,2}$	(4.22) (4.23)
偶奇性（パリティ）演算子	$\hat{P}\psi(\boldsymbol{r}) = \psi(-\boldsymbol{r})$	(4.24)

$\hat{a}$	エルミート共役演算子
ψ, ϕ	正規化可能な関数
$*$	複素共役
x, y	位置座標
n	任意整数 ≥ 1
p_x	運動量座標
T	運動エネルギー
$\hbar$	（プランク定数）$/(2\pi)$
m	粒子の質量
H	ハミルトニアン
V	ポテンシャルエネルギー
L_z	z 軸に沿っての角運動量（x, y についても同様）
L	全角運動量
$\hat{P}$	パリティ演算子
$\boldsymbol{r}$	位置ベクトル

期待値

期待値[a]	$\langle a \rangle = \langle \hat{a} \rangle = \int \Psi^* \hat{a} \Psi \, \mathrm{d}x$ $= \langle \Psi | \hat{a} | \Psi \rangle$	(4.25) (4.26)
時間依存	$\dfrac{\mathrm{d}}{\mathrm{d}t}\langle \hat{a} \rangle = \dfrac{\mathbf{i}}{\hbar}\langle [\hat{H}, \hat{a}] \rangle + \left\langle \dfrac{\partial \hat{a}}{\partial t} \right\rangle$	(4.27)
固有関数との関係	$\hat{a}\psi_n = a_n \psi_n$ かつ $\Psi = \sum c_n \psi_n$ ならば $\langle a \rangle = \sum |c_n|^2 a_n$	(4.28)
エーレンフェストの定理	$m\dfrac{\mathrm{d}}{\mathrm{d}t}\langle \boldsymbol{r} \rangle = \langle \boldsymbol{p} \rangle$ $\dfrac{\mathrm{d}}{\mathrm{d}t}\langle \boldsymbol{p} \rangle = -\langle \boldsymbol{\nabla} V \rangle$	(4.29) (4.30)

$\langle a \rangle$	a の期待値
$\hat{a}$	a に対応する演算子
Ψ	（空間的）波動関数
x	（空間）座標
t	時間
$\hbar$	（プランク定数）$/(2\pi)$
ψ_n	$\hat{a}$ の固有関数
a_n	固有値
n	添数
c_n	確率振幅
m	粒子の質量
$\boldsymbol{r}$	位置ベクトル
$\boldsymbol{p}$	運動量
V	ポテンシャルエネルギー

[a] 式 (4.26) は演算子を含む積分に対するディラックのブラとケットの記号 を用いている．縦線の存在は，方程式の左辺と右辺では山括弧の使い方が異なっていることを示す．$\langle a \rangle$ と $\langle \hat{a} \rangle$ は同値と考える．

ディラックの記号

行列要素[a]	$a_{nm} = \int \psi_n^* \hat{a} \psi_m \, dx$	(4.31)	
	$= \langle n|\hat{a}|m \rangle$	(4.32)	
ブラベクトル	ブラ状態ベクトル $= \langle n|$	(4.33)	
ケットベクトル	ケット状態ベクトル $= |m\rangle$	(4.34)	
内積	$\langle n|m \rangle = \int \psi_n^* \psi_m \, dx$	(4.35)	
期待値	$\Psi = \sum_n c_n \psi_n$	(4.36)	
	ならば $\langle a \rangle = \sum_m \sum_n c_n^* c_m a_{nm}$	(4.37)	

n, m	固有ベクトルの指数
a_{nm}	行列要素
ψ_n	基底状態
$\hat{a}$	演算子
x	空間座標
$\langle \cdot |$	ブラ
$| \cdot \rangle$	ケット
Ψ	波動関数
c_n	確率振幅

[a] ディラックのブラケット $\langle n|\hat{a}|m \rangle$ は $\langle \psi_n|\hat{a}|\psi_m \rangle$ とも書かれる.

4.3 波動力学

ステップポテンシャル[a]

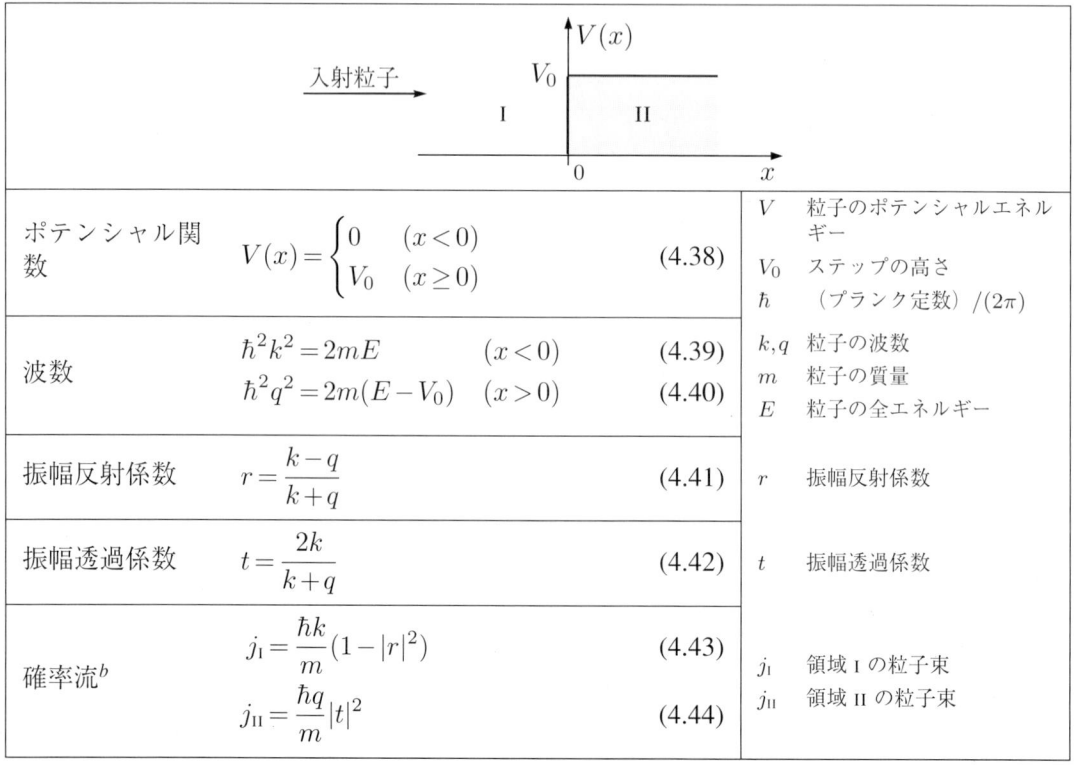

ポテンシャル関数	$V(x) = \begin{cases} 0 & (x<0) \\ V_0 & (x \geq 0) \end{cases}$	(4.38)	V	粒子のポテンシャルエネルギー
			V_0	ステップの高さ
			$\hbar$	（プランク定数）$/(2\pi)$
波数	$\hbar^2 k^2 = 2mE \quad (x<0)$	(4.39)	k, q	粒子の波数
	$\hbar^2 q^2 = 2m(E-V_0) \quad (x>0)$	(4.40)	m	粒子の質量
			E	粒子の全エネルギー
振幅反射係数	$r = \dfrac{k-q}{k+q}$	(4.41)	r	振幅反射係数
振幅透過係数	$t = \dfrac{2k}{k+q}$	(4.42)	t	振幅透過係数
確率流[b]	$j_\text{I} = \dfrac{\hbar k}{m}(1-|r|^2)$	(4.43)	j_I	領域 I の粒子束
	$j_\text{II} = \dfrac{\hbar q}{m}|t|^2$	(4.44)	j_II	領域 II の粒子束

[a] 全エネルギー $E = \text{KE} + V$ の入射粒子の 1 次元的相互作用. $E < V_0$ ならば, q は純虚数で $|r|^2 = 1$. $1/|q|$ はトンネル効果の深さの限界である.
[b] x の増加の符号をもつ粒子束.

井戸型ポテンシャル[a]

	入射粒子 → I −a II a III → x V(x), 0, −V_0		
ポテンシャル関数	$V(x) = \begin{cases} 0 & (|x| > a) \\ -V_0 & (|x| \leq a) \end{cases}$ (4.45)	V	粒子のポテンシャルエネルギー
		V_0	井戸の深さ
		$\hbar$	（プランク定数）/(2π)
		$2a$	井戸の幅
波数	$\hbar^2 k^2 = 2mE \quad (|x| > a)$ (4.46)	k, q	粒子の波数
	$\hbar^2 q^2 = 2m(E + V_0) \quad (|x| < a)$ (4.47)	m	粒子の質量
		E	粒子の全エネルギー
振幅反射係数	$r = \dfrac{\mathrm{i}e^{-2\mathrm{i}ka}(q^2 - k^2)\sin 2qa}{2kq\cos 2qa - \mathrm{i}(q^2 + k^2)\sin 2qa}$ (4.48)	r	振幅反射係数
振幅透過係数	$t = \dfrac{2kq e^{-2\mathrm{i}ka}}{2kq\cos 2qa - \mathrm{i}(q^2 + k^2)\sin 2qa}$ (4.49)	t	振幅透過係数
確率流[b]	$j_{\mathrm{I}} = \dfrac{\hbar k}{m}(1 - |r|^2)$ (4.50)	j_{I}	領域 I の粒子束
	$j_{\mathrm{III}} = \dfrac{\hbar k}{m}|t|^2$ (4.51)	j_{III}	領域 III の粒子束
ラムザウアー効果[c]	$E_n = -V_0 + \dfrac{n^2 \hbar^2 \pi^2}{8ma^2}$ (4.52)	n	正定数
		E_n	ラムザウアーエネルギー
束縛状態 $(V_0 < E < 0)$[d]	$\tan qa = \begin{cases} |k|/q & \text{偶パリティ} \\ -q/|k| & \text{奇パリティ} \end{cases}$ (4.53)		
	$q^2 - |k|^2 = 2mV_0/\hbar^2$ (4.54)		

[a] 全エネルギー $E = \mathrm{KE} + V > 0$ の入射粒子の 1 次元的相互作用.
[b] x の増加の符号をもつ粒子束.
[c] $2qa = n\pi, |r| = 0, |t| = 1$ となる入射エネルギー.
[d] $E < 0$ のとき, k は純虚数. $|k|$ と q はこれらの陰な方程式を解くことによって得られる.

障壁トンネル効果[a]

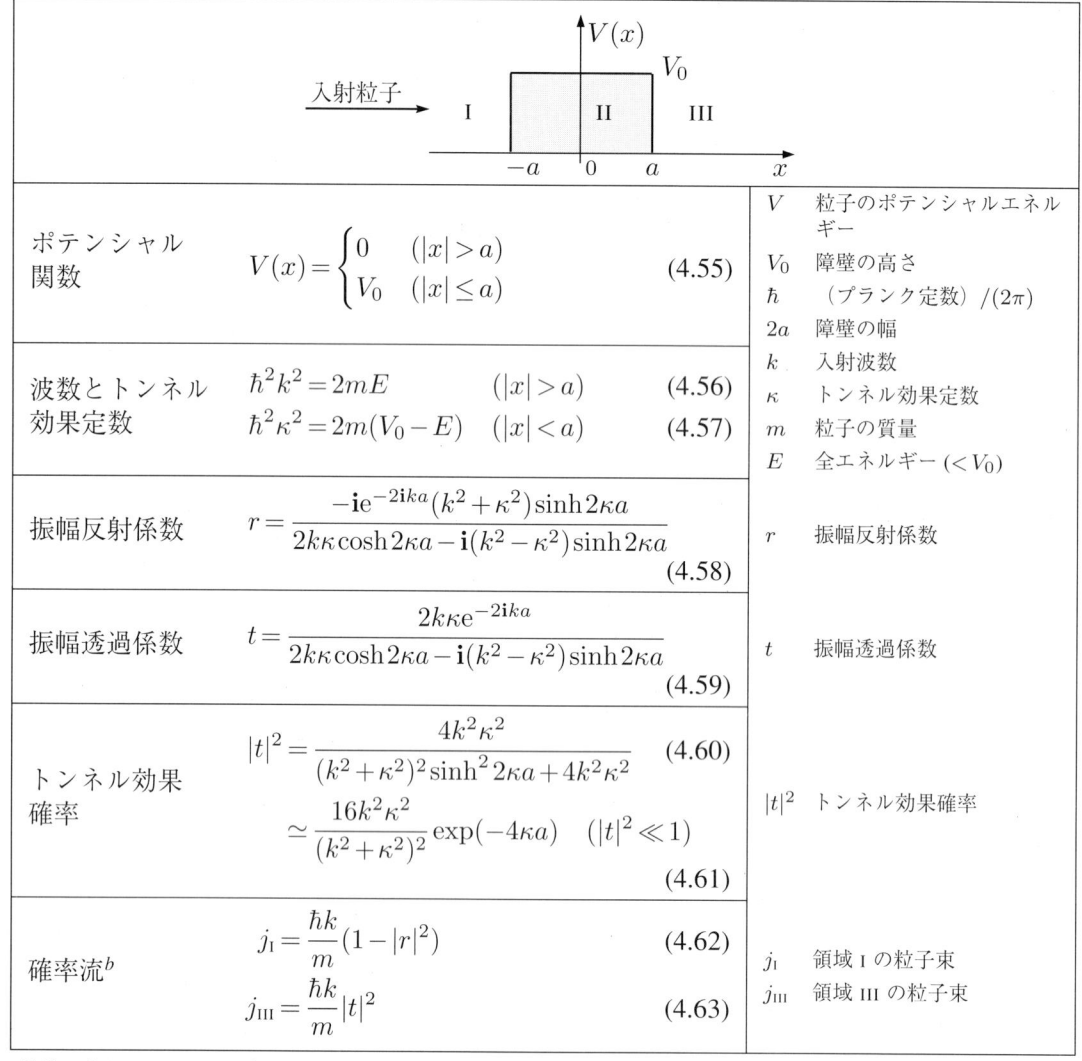

	(図: $V(x)$, V_0, 入射粒子, 領域 I, II, III, $-a$, 0, a, x)	
ポテンシャル関数	$V(x) = \begin{cases} 0 & (\|x\| > a) \\ V_0 & (\|x\| \leq a) \end{cases}$ (4.55)	V 粒子のポテンシャルエネルギー V_0 障壁の高さ $\hbar$ （プランク定数）/(2π) $2a$ 障壁の幅
波数とトンネル効果定数	$\hbar^2 k^2 = 2mE \quad (\|x\| > a)$ (4.56) $\hbar^2 \kappa^2 = 2m(V_0 - E) \quad (\|x\| < a)$ (4.57)	k 入射波数 κ トンネル効果定数 m 粒子の質量 E 全エネルギー $(< V_0)$
振幅反射係数	$r = \dfrac{-i e^{-2ika}(k^2 + \kappa^2)\sinh 2\kappa a}{2k\kappa \cosh 2\kappa a - i(k^2 - \kappa^2)\sinh 2\kappa a}$ (4.58)	r 振幅反射係数
振幅透過係数	$t = \dfrac{2k\kappa e^{-2ika}}{2k\kappa \cosh 2\kappa a - i(k^2 - \kappa^2)\sinh 2\kappa a}$ (4.59)	t 振幅透過係数
トンネル効果確率	$\|t\|^2 = \dfrac{4k^2\kappa^2}{(k^2 + \kappa^2)^2 \sinh^2 2\kappa a + 4k^2\kappa^2}$ (4.60) $\simeq \dfrac{16 k^2 \kappa^2}{(k^2 + \kappa^2)^2} \exp(-4\kappa a) \quad (\|t\|^2 \ll 1)$ (4.61)	$\|t\|^2$ トンネル効果確率
確率流[b]	$j_{\mathrm{I}} = \dfrac{\hbar k}{m}(1 - \|r\|^2)$ (4.62) $j_{\mathrm{III}} = \dfrac{\hbar k}{m}\|t\|^2$ (4.63)	j_{I} 領域 I の粒子束 j_{III} 領域 III の粒子束

[a] 障壁の高さ $V_0 > E$ の 1 次元矩形ポテンシャルを通過する全エネルギー $E = \mathrm{KE} + V$ の入射粒子による.
[b] x の増加の符号をもつ粒子束.

直方体の中の粒子[a]

固有関数	$\Psi_{lmn} = \left(\dfrac{8}{abc}\right)^{1/2} \sin\dfrac{l\pi x}{a} \sin\dfrac{m\pi y}{b} \sin\dfrac{n\pi z}{c}$ (4.64)	Ψ_{lmn} 固有関数 a, b, c 直方体の 3 辺 l, m, n 1 以上の整数
エネルギー準位	$E_{lmn} = \dfrac{h^2}{8M}\left(\dfrac{l^2}{a^2} + \dfrac{m^2}{b^2} + \dfrac{n^2}{c^2}\right)$ (4.65)	E_{lmn} エネルギー h プランク定数 M 粒子の質量
状態密度	$\rho(E)\,dE = \dfrac{4\pi}{h^3}(2M^3 E)^{1/2}\,dE$ (4.66)	$\rho(E)$ （単位体積当りの）状態密度

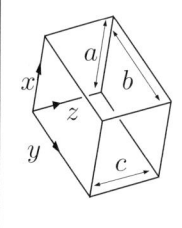

[a] 平面 $x=0, y=0, z=0, x=a, y=b, z=c$ で限られた直方体の中のスピンのない粒子. ポテンシャルは，直方体の内部でゼロ，外部で無限大である.

調和振動子

シュレディンガー方程式	$-\dfrac{\hbar^2}{2m}\dfrac{\partial^2 \psi_n}{\partial x^2}+\dfrac{1}{2}m\omega^2 x^2 \psi_n = E_n \psi_n$	(4.67)
エネルギー準位[a]	$E_n = \left(n+\dfrac{1}{2}\right)\hbar\omega$	(4.68)
固有関数	$\psi_n = \dfrac{H_n(x/a)\exp[-x^2/(2a^2)]}{(n!\,2^n a\pi^{1/2})^{1/2}}$ ここで $a=\left(\dfrac{\hbar}{m\omega}\right)^{1/2}$	(4.69)
エルミート多項式	$H_0(y)=1,\quad H_1(y)=2y,\quad H_2(y)=4y^2-2$ $H_{n+1}(y)=2yH_n(y)-2nH_{n-1}(y)$	(4.70)

$\hbar$	（プランク定数）$/(2\pi)$
m	質量
ψ_n	n 次の固有関数
x	変位
n	非負整数
ω	角振動数
E_n	n 次の固有状態の全エネルギー
H_n	エルミート多項式
y	変数

[a] E_0 は，振動子のゼロ点（基底）エネルギー．

4.4 水素原子

ボーア模型[a]

量子化条件	$\mu r_n^2 \Omega = n\hbar$	(4.71)
ボーア半径	$a_0 = \dfrac{\epsilon_0 h^2}{\pi m_e e^2} = \dfrac{\alpha}{4\pi R_\infty} \simeq 52.9\,\mathrm{pm}$	(4.72)
軌道半径	$r_n = \dfrac{n^2}{Z} a_0 \dfrac{m_e}{\mu}$	(4.73)
全エネルギー	$E_n = -\dfrac{\mu e^4 Z^2}{8\epsilon_0^2 h^2 n^2} = -R_\infty hc \dfrac{\mu}{m_e}\dfrac{Z^2}{n^2}$	(4.74)
微細構造定数	$\alpha = \dfrac{\mu_0 c e^2}{2h} = \dfrac{e^2}{4\pi\epsilon_0 \hbar c} \simeq \dfrac{1}{137}$	(4.75)
ハートリーエネルギー	$E_H = \dfrac{\hbar^2}{m_e a_0^2} \simeq 4.36\times 10^{-18}\,\mathrm{J}$	(4.76)
リュードベリ定数	$R_\infty = \dfrac{m_e c\alpha^2}{2h} = \dfrac{m_e e^4}{8h^3 \epsilon_0^2 c} = \dfrac{E_H}{2hc}$	(4.77)
リュードベリの公式[b]	$\dfrac{1}{\lambda_{mn}} = R_\infty \dfrac{\mu}{m_e} Z^2 \left(\dfrac{1}{n^2}-\dfrac{1}{m^2}\right)$	(4.78)

r_n	n 次の軌道半径
Ω	角速度
n	主量子数 >0
a_0	ボーア半径
μ	換算質量 ($\simeq m_e$)
$-e$	素電荷 >0
Z	原子数
h	プランク定数
$\hbar$	$h/(2\pi)$
E_n	n 次軌道の全エネルギー
ϵ_0	真空の誘電率
m_e	電子の質量
α	微細構造定数
μ_0	自由空間の透磁率
E_H	ハートリーエネルギー
R_∞	リュードベリ定数
c	光速度
λ_{mn}	光子の波長
m	整数 $>n$

[a] ボーア模型は，厳密に 2 体問題なので，方程式は，換算質量 $\mu = m_e m_{\mathrm{nuc}}/(m_e+m_{\mathrm{nuc}})\simeq m_e$ を用いる．ただし，m_{nuc} は原子核の質量．したがって，軌道半径は電子と原子核との距離である．
[b] 軌道 m と n の間の電子遷移に対応したスペクトル線の波長．

水素型原子–シュレディンガーの解[a]

シュレディンガー方程式
$-\dfrac{\hbar^2}{2\mu}\nabla^2\Psi_{nlm} - \dfrac{Ze^2}{4\pi\epsilon_0 r}\Psi_{nlm} = E_n\Psi_{nlm}$ with $\mu = \dfrac{m_e m_{\text{nuc}}}{m_e + m_{\text{nuc}}}$ (4.79)

固有関数
$\Psi_{nlm}(r,\theta,\phi) = \left[\dfrac{(n-l-1)!}{2n(n+l)!}\right]^{1/2}\left(\dfrac{2}{an}\right)^{3/2} x^l e^{-x/2} L_{n-l-1}^{2l+1}(x) Y_l^m(\theta,\phi)$ (4.80)
ただし $a = \dfrac{m_e}{\mu}\dfrac{a_0}{Z}$, $x = \dfrac{2r}{an}$, $L_{n-l-1}^{2l+1}(x) = \displaystyle\sum_{k=0}^{n-l-1} \dfrac{(l+n)!(-x)^k}{(2l+1+k)!(n-l-1-k)!k!}$

全エネルギー	$E_n = -\dfrac{\mu e^4 Z^2}{8\epsilon_0^2 h^2 n^2}$ (4.81)	E_n	全エネルギー
		ϵ_0	真空の誘電率
動径期待値	$\langle r \rangle = \dfrac{a}{2}[3n^2 - l(l+1)]$ (4.82)	h	プランク定数
		m_e	電子の質量
	$\langle r^2 \rangle = \dfrac{a^2 n^2}{2}[5n^2 + 1 - 3l(l+1)]$ (4.83)	$\hbar$	$h/2\pi$
		μ	換算質量 ($\simeq m_e$)
	$\langle 1/r \rangle = \dfrac{1}{an^2}$ (4.84)	m_{nuc}	核子の質量
		Ψ_{nlm}	固有関数
	$\langle 1/r^2 \rangle = \dfrac{2}{(2l+1)n^3 a^2}$ (4.85)	Ze	核子の電荷
		$-e$	電子の電荷
許容量子数と選択則[b]	$n = 1, 2, 3, \ldots$ (4.86)	L_p^q	陪ラゲール多項式[c]
	$l = 0, 1, 2, \ldots, (n-1)$ (4.87)	a	古典軌道半径 $n=1$
	$m = 0, \pm 1, \pm 2, \ldots, \pm l$ (4.88)	r	電子-核子間隔
	$\Delta n \neq 0$ (4.89)	Y_l^m	球調和関数
	$\Delta l = \pm 1$ (4.90)	a_0	ボーア半径 $= \dfrac{\epsilon_0 h^2}{\pi m_e e^2}$
	$\Delta m = 0$ または, ± 1 (4.91)		

$\Psi_{100} = \dfrac{a^{-3/2}}{\pi^{1/2}} e^{-r/a}$ $\Psi_{200} = \dfrac{a^{-3/2}}{4(2\pi)^{1/2}}\left(2 - \dfrac{r}{a}\right) e^{-r/2a}$

$\Psi_{210} = \dfrac{a^{-3/2}}{4(2\pi)^{1/2}} \dfrac{r}{a} e^{-r/2a} \cos\theta$ $\Psi_{21\pm 1} = \mp \dfrac{a^{-3/2}}{8\pi^{1/2}} \dfrac{r}{a} e^{-r/2a} \sin\theta \, e^{\pm i\phi}$

$\Psi_{300} = \dfrac{a^{-3/2}}{81(3\pi)^{1/2}} \left(27 - 18\dfrac{r}{a} + 2\dfrac{r^2}{a^2}\right) e^{-r/3a}$ $\Psi_{310} = \dfrac{2^{1/2} a^{-3/2}}{81\pi^{1/2}} \left(6 - \dfrac{r}{a}\right) \dfrac{r}{a} e^{-r/3a} \cos\theta$

$\Psi_{31\pm 1} = \mp \dfrac{a^{-3/2}}{81\pi^{1/2}} \left(6 - \dfrac{r}{a}\right) \dfrac{r}{a} e^{-r/3a} \sin\theta \, e^{\pm i\phi}$ $\Psi_{320} = \dfrac{a^{-3/2}}{81(6\pi)^{1/2}} \dfrac{r^2}{a^2} e^{-r/3a} (3\cos^2\theta - 1)$

$\Psi_{32\pm 1} = \mp \dfrac{a^{-3/2}}{81\pi^{1/2}} \dfrac{r^2}{a^2} e^{-r/3a} \sin\theta \cos\theta \, e^{\pm i\phi}$ $\Psi_{32\pm 2} = \dfrac{a^{-3/2}}{162\pi^{1/2}} \dfrac{r^2}{a^2} e^{-r/3a} \sin^2\theta \, e^{\pm 2i\phi}$

[a] (非相対論的でスピンなしの) 完全核クーロンポテンシャルの中で結びつけられた 1 電子.
[b] 軌道の間の双極子遷移.
[c] この関数に関する符号と指数は場合によって変化する. この形は式 (4.80) に対して適切である.

4.4 水素原子

軌道関数の角依存

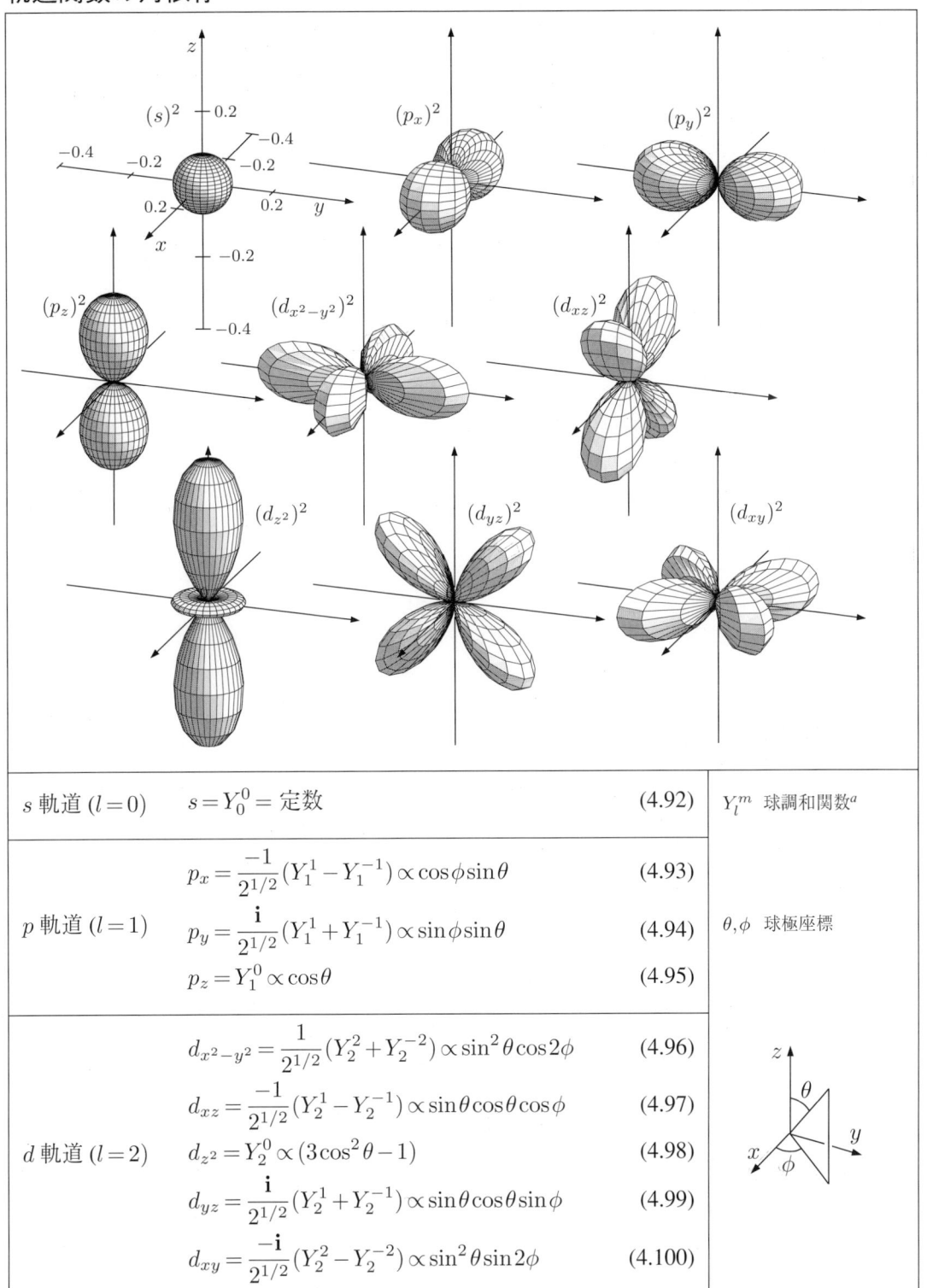

s 軌道 ($l=0$)	$s = Y_0^0 =$ 定数	(4.92)

	$p_x = \dfrac{-1}{2^{1/2}}(Y_1^1 - Y_1^{-1}) \propto \cos\phi \sin\theta$	(4.93)
p 軌道 ($l=1$)	$p_y = \dfrac{\mathbf{i}}{2^{1/2}}(Y_1^1 + Y_1^{-1}) \propto \sin\phi \sin\theta$	(4.94)
	$p_z = Y_1^0 \propto \cos\theta$	(4.95)

	$d_{x^2-y^2} = \dfrac{1}{2^{1/2}}(Y_2^2 + Y_2^{-2}) \propto \sin^2\theta \cos 2\phi$	(4.96)
	$d_{xz} = \dfrac{-1}{2^{1/2}}(Y_2^1 - Y_2^{-1}) \propto \sin\theta \cos\theta \cos\phi$	(4.97)
d 軌道 ($l=2$)	$d_{z^2} = Y_2^0 \propto (3\cos^2\theta - 1)$	(4.98)
	$d_{yz} = \dfrac{\mathbf{i}}{2^{1/2}}(Y_2^1 + Y_2^{-1}) \propto \sin\theta \cos\theta \sin\phi$	(4.99)
	$d_{xy} = \dfrac{-\mathbf{i}}{2^{1/2}}(Y_2^2 - Y_2^{-2}) \propto \sin^2\theta \sin 2\phi$	(4.100)

Y_l^m 球調和関数[a]

θ, ϕ 球極座標

[a] 球調和関数の定義については，47 頁を参照せよ．

4.5 角運動量

軌道角運動量

角運動量 演算子	$\hat{\boldsymbol{L}} = \boldsymbol{r} \times \hat{\boldsymbol{p}}$	(4.101)	L 角運動量
	$\hat{L}_z = \dfrac{\hbar}{\mathrm{i}}\left(x\dfrac{\partial}{\partial y} - y\dfrac{\partial}{\partial x}\right)$	(4.102)	p 線運動量
	$= \dfrac{\hbar}{\mathrm{i}}\dfrac{\partial}{\partial \phi}$	(4.103)	r 位置ベクトル xyz デカルト座標
	$\hat{L}^2 = \hat{L}_x{}^2 + \hat{L}_y{}^2 + \hat{L}_z{}^2$	(4.104)	$r\theta\phi$ 球極座標
	$= -\hbar^2\left[\dfrac{1}{\sin\theta}\dfrac{\partial}{\partial\theta}\left(\sin\theta\dfrac{\partial}{\partial\theta}\right) + \dfrac{1}{\sin^2\theta}\dfrac{\partial^2}{\partial\phi^2}\right]$ (4.105)		$\hbar$ （プランク定数）$/(2\pi)$
昇降演算子	$\hat{L}_\pm = \hat{L}_x \pm \mathrm{i}\hat{L}_y$	(4.106)	$\hat{L}_\pm$ 昇降演算子
	$= \hbar e^{\pm\mathrm{i}\phi}\left(\mathrm{i}\cot\theta\dfrac{\partial}{\partial\phi} \pm \dfrac{\partial}{\partial\theta}\right)$	(4.107)	$Y_l^{m_l}$ 球調和関数
	$\hat{L}_\pm Y_l^{m_l} = \hbar[l(l+1) - m_l(m_l\pm 1)]^{1/2} Y_l^{m_l\pm 1}$	(4.108)	l, m_l 整数
固有関数と 固有値	$\hat{L}^2 Y_l^{m_l} = l(l+1)\hbar^2 Y_l^{m_l}$ $\quad(l\geq 0)$	(4.109)	
	$\hat{L}_z Y_l^{m_l} = m_l \hbar Y_l^{m_l}$ $\quad(|m_l|\leq l)$	(4.110)	
	$\hat{L}_z[\hat{L}_\pm Y_l^{m_l}(\theta,\phi)] = (m_l\pm 1)\hbar \hat{L}_\pm Y_l^{m_l}(\theta,\phi)$	(4.111)	
	l 多重度 $=(2l+1)$	(4.112)	

角運動量，交換関係[a]

角運動量の保存[b]	$[\hat{H},\hat{L}_z] = 0$	(4.113)	L 角運動量 p 運動量 H ハミルトニアン $\hat{L}_\pm$ 昇降演算子

$[\hat{L}_z, x] = \mathrm{i}\hbar y$	(4.114)	$[\hat{L}_x, \hat{L}_y] = \mathrm{i}\hbar \hat{L}_z$	(4.120)
$[\hat{L}_z, y] = -\mathrm{i}\hbar x$	(4.115)	$[\hat{L}_z, \hat{L}_x] = \mathrm{i}\hbar \hat{L}_y$	(4.121)
$[\hat{L}_z, z] = 0$	(4.116)	$[\hat{L}_y, \hat{L}_z] = \mathrm{i}\hbar \hat{L}_x$	(4.122)
$[\hat{L}_z, \hat{p}_x] = \mathrm{i}\hbar \hat{p}_y$	(4.117)	$[\hat{L}_+, \hat{L}_z] = -\hbar \hat{L}_+$	(4.123)
$[\hat{L}_z, \hat{p}_y] = -\mathrm{i}\hbar \hat{p}_x$	(4.118)	$[\hat{L}_-, \hat{L}_z] = \hbar \hat{L}_-$	(4.124)
$[\hat{L}_z, \hat{p}_z] = 0$	(4.119)	$[\hat{L}_+, \hat{L}_-] = 2\hbar \hat{L}_z$	(4.125)
		$[\hat{L}^2, \hat{L}_\pm] = 0$	(4.126)

$$[\hat{L}^2, \hat{L}_x] = [\hat{L}^2, \hat{L}_y] = [\hat{L}^2, \hat{L}_z] = 0 \qquad (4.127)$$

[a] a と b の交換子は $[a,b] = ab - ba$ で定義される（24頁参照）．同様の表現が S と J について成り立つ．
[b] 中心力の下での運動に対して．

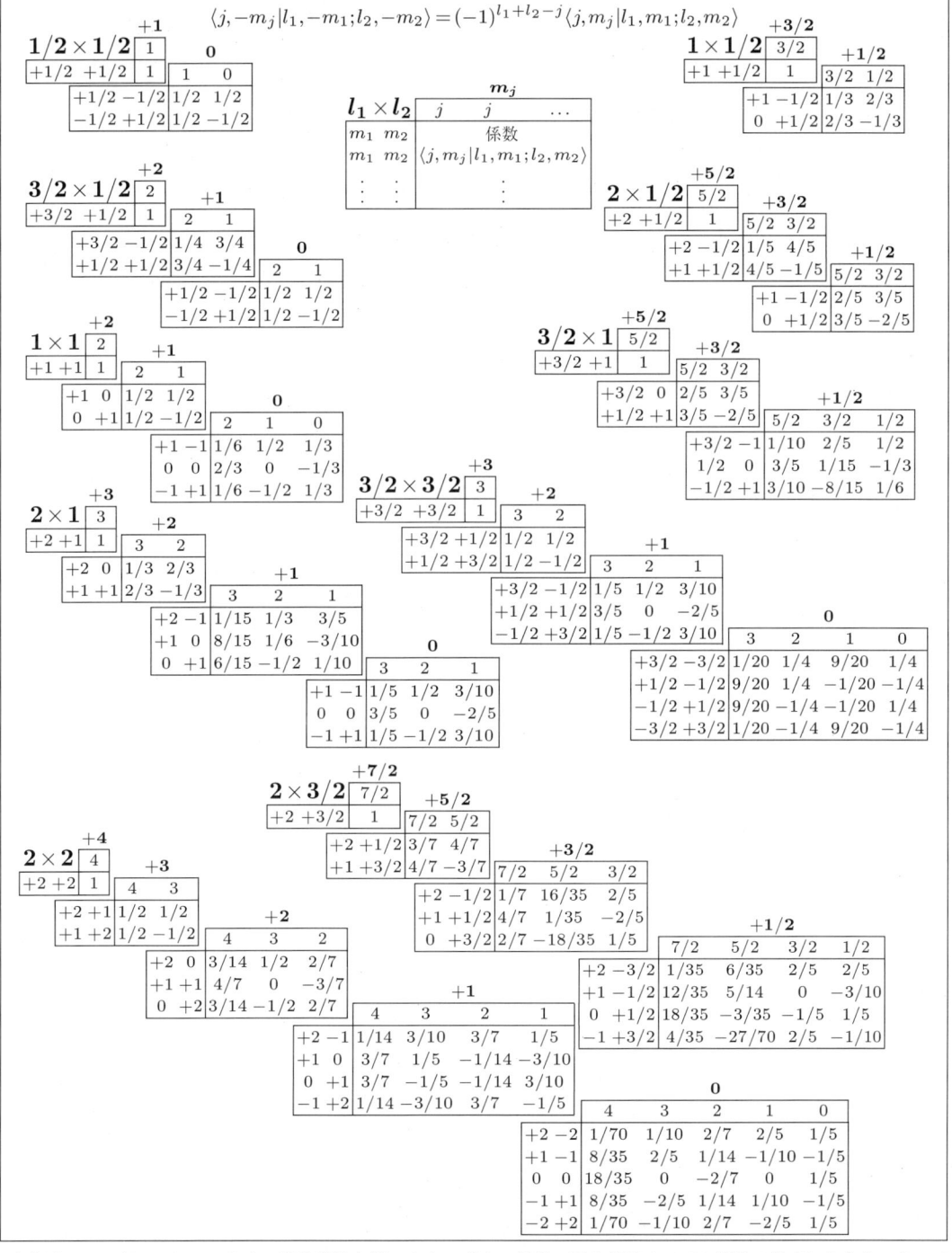

4.5 角運動量

クレプシュ・ゴルダン係数[a]

$$\langle j, -m_j | l_1, -m_1; l_2, -m_2 \rangle = (-1)^{l_1+l_2-j} \langle j, m_j | l_1, m_1; l_2, m_2 \rangle$$

$l_1 \times l_2$		m_j	
	j	j	...
m_1 m_2		係数	
m_1 m_2		$\langle j, m_j | l_1, m_1; l_2, m_2 \rangle$	
⋮ ⋮		⋮	

$1/2 \times 1/2$

+1: $+1/2\ +1/2$ → 1

0: $+1/2\ -1/2$ → $1/2,\ 1/2$; $-1/2\ +1/2$ → $1/2,\ -1/2$

$3/2 \times 1/2$

+2: $+3/2\ +1/2$ → 1

+1: $+3/2\ -1/2$ → $1/4,\ 3/4$; $+1/2\ +1/2$ → $3/4,\ -1/4$

0: $+1/2\ -1/2$ → $1/2,\ 1/2$; $-1/2\ +1/2$ → $1/2,\ -1/2$

1×1

+2: $+1\ +1$ → 1

+1: $+1\ 0$ → $1/2,\ 1/2$; $0\ +1$ → $1/2,\ -1/2$

0: $+1\ -1$ → $1/6,\ 1/2,\ 1/3$; $0\ 0$ → $2/3,\ 0,\ -1/3$; $-1\ +1$ → $1/6,\ -1/2,\ 1/3$

2×1

+3: $+2\ +1$ → 1

+2: $+2\ 0$ → $1/3,\ 2/3$; $+1\ +1$ → $2/3,\ -1/3$

+1: $+2\ -1$ → $1/15,\ 1/3,\ 3/5$; $+1\ 0$ → $8/15,\ 1/6,\ -3/10$; $0\ +1$ → $6/15,\ -1/2,\ 1/10$

0: $+1\ -1$ → $1/5,\ 1/2,\ 3/10$; $0\ 0$ → $3/5,\ 0,\ -2/5$; $-1\ +1$ → $1/5,\ -1/2,\ 3/10$

$3/2 \times 3/2$

+3: $+3/2\ +3/2$ → 1

+2: $+3/2\ +1/2$ → $1/2,\ 1/2$; $+1/2\ +3/2$ → $1/2,\ -1/2$

+1: $+3/2\ -1/2$ → $1/5,\ 1/2,\ 3/10$; $+1/2\ +1/2$ → $3/5,\ 0,\ -2/5$; $-1/2\ +3/2$ → $1/5,\ -1/2,\ 3/10$

0: $+3/2\ -3/2$ → $1/20,\ 1/4,\ 9/20,\ 1/4$; $+1/2\ -1/2$ → $9/20,\ 1/4,\ -1/20,\ -1/4$; $-1/2\ +1/2$ → $9/20,\ -1/4,\ -1/20,\ 1/4$; $-3/2\ +3/2$ → $1/20,\ -1/4,\ 9/20,\ -1/4$

$1 \times 1/2$

+3/2: $+1\ +1/2$ → 1

+1/2: $+1\ -1/2$ → $1/3,\ 2/3$; $0\ +1/2$ → $2/3,\ -1/3$

$2 \times 1/2$

+5/2: $+2\ +1/2$ → 1

+3/2: $+2\ -1/2$ → $1/5,\ 4/5$; $+1\ +1/2$ → $4/5,\ -1/5$

+1/2: $+1\ -1/2$ → $2/5,\ 3/5$; $0\ +1/2$ → $3/5,\ -2/5$

$3/2 \times 1$

+5/2: $+3/2\ +1$ → 1

+3/2: $+3/2\ 0$ → $2/5,\ 3/5$; $+1/2\ +1$ → $3/5,\ -2/5$

+1/2: $+3/2\ -1$ → $1/10,\ 2/5,\ 1/2$; $+1/2\ 0$ → $3/5,\ 1/15,\ -1/3$; $-1/2\ +1$ → $3/10,\ -8/15,\ 1/6$

$2 \times 3/2$

+7/2: $+2\ +3/2$ → 1

+5/2: $+2\ +1/2$ → $3/7,\ 4/7$; $+1\ +3/2$ → $4/7,\ -3/7$

+3/2: $+2\ -1/2$ → $1/7,\ 16/35,\ 2/5$; $+1\ +1/2$ → $4/7,\ 1/35,\ -2/5$; $0\ +3/2$ → $2/7,\ -18/35,\ 1/5$

+1/2: $+2\ -3/2$ → $1/35,\ 6/35,\ 2/5,\ 2/5$; $+1\ -1/2$ → $12/35,\ 5/14,\ 0,\ -3/10$; $0\ +1/2$ → $18/35,\ -3/35,\ -1/5,\ 1/5$; $-1\ +3/2$ → $4/35,\ -27/70,\ 2/5,\ -1/10$

2×2

+4: $+2\ +2$ → 1

+3: $+2\ +1$ → $1/2,\ 1/2$; $+1\ +2$ → $1/2,\ -1/2$

+2: $+2\ 0$ → $3/14,\ 1/2,\ 2/7$; $+1\ +1$ → $4/7,\ 0,\ -3/7$; $0\ +2$ → $3/14,\ -1/2,\ 2/7$

+1: $+2\ -1$ → $1/14,\ 3/10,\ 3/7,\ 1/5$; $+1\ 0$ → $3/7,\ 1/5,\ -1/14,\ -3/10$; $0\ +1$ → $3/7,\ -1/5,\ -1/14,\ 3/10$; $-1\ +2$ → $1/14,\ -3/10,\ 3/7,\ -1/5$

0: $+2\ -2$ → $1/70,\ 1/10,\ 2/7,\ 2/5,\ 1/5$; $+1\ -1$ → $8/35,\ 2/5,\ 1/14,\ -1/10,\ -1/5$; $0\ 0$ → $18/35,\ 0,\ -2/7,\ 0,\ 1/5$; $-1\ +1$ → $8/35,\ -2/5,\ 1/14,\ 1/10,\ -1/5$; $-2\ +2$ → $1/70,\ -1/10,\ 2/7,\ -2/5,\ 1/5$

[a]または、コンドン・ショートリー符号規約を用いたウィグナー係数。平方根はすべての係数の数字にわたる。よって、$-3/10$ は $-\sqrt{3/10}$ に対応する。また、明確さのために、ここでは $m_j \geq 0$ の値しか表に書いていない。$m_j < 0$ に対する係数は対称性の関係 $\langle j, -m_j | l_1, -m_1; l_2, -m_2 \rangle = (-1)^{l_1+l_2-j} \langle j, m_j | l_1, m_1; l_2, m_2 \rangle$ より得られる。

角運動量，追加[a]

全角運動量	$\boldsymbol{J} = \boldsymbol{L} + \boldsymbol{S}$	(4.128)	$\boldsymbol{J}, J$ 全角運動量
	$\hat{J}_z = \hat{L}_z + \hat{S}_z$	(4.129)	$\boldsymbol{L}, L$ 軌道角運動量
	$\hat{J}^2 = \hat{L}^2 + \hat{S}^2 + 2\widehat{\boldsymbol{L}\cdot\boldsymbol{S}}$	(4.130)	$\boldsymbol{S}, S$ スピン角運動量
	$\hat{J}_z \psi_{j,m_j} = m_j \hbar \psi_{j,m_j}$	(4.131)	ψ 固有関数
	$\hat{J}^2 \psi_{j,m_j} = j(j+1)\hbar^2 \psi_{j,m_j}$	(4.132)	m_j 磁気量子数 $|m_j| \leq j$
	j 多重度 $= (2l+1)(2s+1)$	(4.133)	j $(l+s) \geq j \geq |l-s|$
交換可能な観測量の集合	$\{L^2, S^2, J^2, J_z, \boldsymbol{L}\cdot\boldsymbol{S}\}$	(4.134)	$\{\}$ 交換可能な観測量の集合
	$\{L^2, S^2, L_z, S_z, J_z\}$	(4.135)	
クレプシュ・ゴルダン係数[b]	$\lvert j, m_j \rangle = \sum_{\substack{m_l, m_s \\ m_s + m_l = m_j}} \langle j, m_j \lvert l, m_l; s, m_s \rangle \lvert l, m_l \rangle \lvert s, m_s \rangle$ (4.136)		$\lvert \cdot \rangle$ 固有状態 $\langle \cdot \lvert \cdot \rangle$ クレプシュ・ゴルダン係数

[a] たとえば，固有状態が $\lvert s, m_s \rangle$ と $\lvert l, m_l \rangle$ のように，スピン角運動量と軌道角運動量を加える．
[b] または，ウィグナー係数という．L–S 相互関係がないと仮定している．

磁気モーメント

ボーア磁子	$\mu_B = \dfrac{e\hbar}{2m_e}$	(4.137)	μ_B ボーア磁子 $-e$ 電子の電荷 $\hbar$ プランク定数 $/(2\pi)$ m_e 電子の質量
磁気回転比[a]	$\gamma = \dfrac{\text{軌道磁気モーメント}}{\text{軌道角運動量}}$	(4.138)	γ 磁気回転比
電子の軌道磁気回転比	$\gamma_e = \dfrac{-\mu_B}{\hbar}$	(4.139)	γ_e 電子の磁気回転比
	$= \dfrac{-e}{2m_e}$	(4.140)	
電子のスピン磁気モーメント[b]	$\mu_{e,z} = -g_e \mu_B m_s$	(4.141)	$\mu_{e,z}$ スピン磁気モーメントの z 成分
	$= \pm g_e \gamma_e \dfrac{\hbar}{2}$	(4.142)	g_e 電子の g 因子 $(\simeq 2.002)$
	$= \pm \dfrac{g_e e \hbar}{4 m_e}$	(4.143)	m_s スピン量子数 $(\pm 1/2)$
ランデの g 因子[c]	$\mu_J = g_J \sqrt{J(J+1)} \mu_B$	(4.144)	μ_J 全磁気モーメント
	$\mu_{J,z} = -g_J \mu_B m_J$	(4.145)	$\mu_{J,z}$ μ_J の z 成分 m_J 磁気量子数
	$g_J = 1 + \dfrac{J(J+1) + S(S+1) - L(L+1)}{2J(J+1)}$ (4.146)		J, L, S 全，軌道，スピン量子数 g_J ランデの g 因子

[a] ジャイロ磁気比ともいう．
[b] 電子の g 因子は，ディラックの理論では，ちょうど 2 に等しい．α を微細構造定数として，$g_e = 2 + \alpha/\pi + \cdots$ と修正するのは量子電気力学による．
[c] $g_e = 2$ と仮定して，電子のスピン＋軌道角運動量に全磁気モーメントを関連させる．

4.5 角運動量

量子常磁性

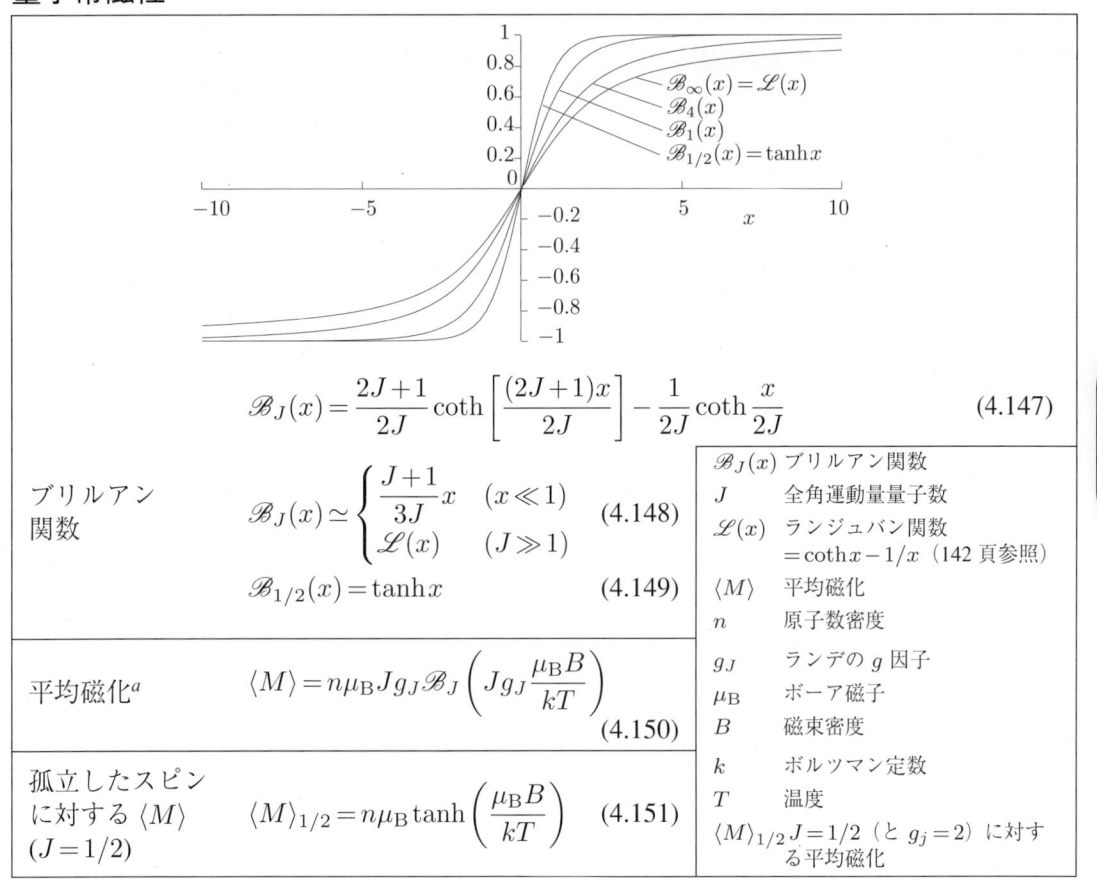

$$\mathscr{B}_J(x) = \frac{2J+1}{2J}\coth\left[\frac{(2J+1)x}{2J}\right] - \frac{1}{2J}\coth\frac{x}{2J} \quad (4.147)$$

ブリルアン関数	$\mathscr{B}_J(x) \simeq \begin{cases} \dfrac{J+1}{3J}x & (x \ll 1) \\ \mathscr{L}(x) & (J \gg 1) \end{cases}$ (4.148) $\mathscr{B}_{1/2}(x) = \tanh x$ (4.149)	$\mathscr{B}_J(x)$ J $\mathscr{L}(x)$ $\langle M \rangle$ n	ブリルアン関数 全角運動量量子数 ランジュバン関数 $= \coth x - 1/x$（142頁参照） 平均磁化 原子数密度
平均磁化[a]	$\langle M \rangle = n\mu_B J g_J \mathscr{B}_J\left(Jg_J \dfrac{\mu_B B}{kT}\right)$ (4.150)	g_J μ_B B k T	ランデのg因子 ボーア磁子 磁束密度 ボルツマン定数 温度
孤立したスピンに対する $\langle M \rangle$ $(J=1/2)$	$\langle M \rangle_{1/2} = n\mu_B \tanh\left(\dfrac{\mu_B B}{kT}\right)$ (4.151)	$\langle M \rangle_{1/2}$	$J=1/2$（と$g_j=2$）に対する平均磁化

[a] 温度 T の熱平衡における全角運動量量子数 J の原子の集合に対する平均磁化.

4.6 摂動理論

時間に依存しない摂動理論

非摂動状態	$\hat{H}_0 \psi_n = E_n \psi_n$ （ψ_n は縮退していない）	(4.152)	$\hat{H}_0$ 非摂動状態ハミルトニアン ψ_n $\hat{H}_0$ の固有関数 E_n $\hat{H}_0$ の固有値 n 非負整数
摂動ハミルトニアン	$\hat{H} = \hat{H}_0 + \hat{H}'$	(4.153)	$\hat{H}$ 摂動ハミルトンアン $\hat{H}'$ 摂動（$\ll \hat{H}_0$）
摂動固有値[a]	$E'_k = E_k + \langle \psi_k | \hat{H}' | \psi_k \rangle$ $\quad + \sum_{n \neq k} \dfrac{|\langle \psi_k | \hat{H}' | \psi_n \rangle|^2}{E_k - E_n} + \cdots$	(4.154)	E'_k 摂動固有値（$\simeq E_k$） $\langle | \rangle$ ディラックのブラケット
摂動固有関数[b]	$\psi'_k = \psi_k + \sum_{n \neq k} \dfrac{\langle \psi_k | \hat{H}' | \psi_n \rangle}{E_k - E_n} \psi_n + \cdots$	(4.155)	ψ'_k 摂動固有関数（$\simeq \psi_k$）

[a] 2次のオーダーまで．
[b] 1次のオーダーまで．

時間依存の摂動理論

非摂動状態	$\hat{H}_0 \psi_n = E_n \psi_n$	(4.156)	$\hat{H}_0$ 非摂動状態ハミルトニアン ψ_n $\hat{H}_0$ の固有関数 E_n $\hat{H}_0$ の固有値 n 非負整数
摂動ハミルトニアン	$\hat{H}(t) = \hat{H}_0 + \hat{H}'(t)$	(4.157)	$\hat{H}$ 摂動ハミルトニアン $\hat{H}'(t)$ 摂動（$\ll \hat{H}_0$） t 時間
シュレディンガー方程式	$[\hat{H}_0 + \hat{H}'(t)]\Psi(t) = \mathrm{i}\hbar \dfrac{\partial \Psi(t)}{\partial t}$ $\Psi(t=0) = \psi_0$	(4.158) (4.159)	Ψ 波動関数 ψ_0 初期状態 $\hbar$ （プランク定数）/(2π)
摂動波動関数[a]	$\Psi(t) = \sum_n c_n(t) \psi_n \exp(-\mathrm{i} E_n t / \hbar)$ ここで $c_n = \dfrac{-\mathrm{i}}{\hbar} \displaystyle\int_0^t \langle \psi_n | \hat{H}'(t') | \psi_0 \rangle \exp[\mathrm{i}(E_n - E_0) t'/\hbar] \, \mathrm{d}t'$	(4.160) (4.161)	c_n 確率振幅
フェルミの黄金則	$\Gamma_{i \to f} = \dfrac{2\pi}{\hbar} |\langle \psi_f | \hat{H}' | \psi_i \rangle|^2 \rho(E_f)$	(4.162)	$\Gamma_{i \to f}$ 状態 i から状態 f への単位時間当たりの遷移確率 $\rho(E_f)$ 最終状態の密度

[a] 1次のオーダーまで．

4.7 高エネルギーと核物理

原子核崩壊

原子核崩壊法則	$N(t) = N(0)\mathrm{e}^{-\lambda t}$ (4.163)	$N(t)$ t 時間後に残る原子核の数 t 時間
半減期と平均寿命	$T_{1/2} = \dfrac{\ln 2}{\lambda}$ (4.164) $\langle T \rangle = 1/\lambda$ (4.165)	λ 崩壊定数 $T_{1/2}$ 半減期 $\langle T \rangle$ 平均寿命
逐次崩壊 $(1 \to 2 \to 3)$（種3安定）	$N_1(t) = N_1(0)\mathrm{e}^{-\lambda_1 t}$ (4.166) $N_2(t) = N_2(0)\mathrm{e}^{-\lambda_2 t} + \dfrac{N_1(0)\lambda_1(\mathrm{e}^{-\lambda_1 t} - \mathrm{e}^{-\lambda_2 t})}{\lambda_2 - \lambda_1}$ (4.167) $N_3(t) = N_3(0) + N_2(0)(1 - \mathrm{e}^{-\lambda_2 t}) + N_1(0)\left(1 + \dfrac{\lambda_1 \mathrm{e}^{-\lambda_2 t} - \lambda_2 \mathrm{e}^{-\lambda_1 t}}{\lambda_2 - \lambda_1}\right)$ (4.168)	N_1 種1の個数 N_2 種2の個数 N_3 種3の個数 λ_1 $1\to 2$ の崩壊定数 λ_2 $2\to 3$ の崩壊定数
ガイガーの法則[a]	$v^3 = a(R - x)$ (4.169)	v アルファ粒子の速度 x 線源からの距離 a 定数 R 飛程
ガイガー・ヌッタルの法則	$\log \lambda = b + c \log R$ (4.170)	b, c α, β, γ の崩壊系列によって決まる定数

[a] 空気中の α 粒子に対して（経験的）.

原子核結合エネルギー

液滴モデル[a]	$B = a_\mathrm{v} A - a_\mathrm{s} A^{2/3} - a_\mathrm{c}\dfrac{Z^2}{A^{1/3}} - a_\mathrm{a}\dfrac{(N-Z)^2}{A} + \delta(A)$ (4.171) $\delta(A) \simeq \begin{cases} +a_\mathrm{p} A^{-3/4} & Z, N \text{ が共に偶数} \\ -a_\mathrm{p} A^{-3/4} & Z, N \text{ が共に奇数} \\ 0 & \text{その他} \end{cases}$ (4.172)	N 中性子の数 A 質量数 $(= N + Z)$ B 半経験的結合エネルギー Z 陽子の数 a_v 体積項 $(\sim 15.8\,\mathrm{MeV})$ a_s 面積項 $(\sim 18.0\,\mathrm{MeV})$ a_c クーロン項 $(\sim 0.72\,\mathrm{MeV})$ a_a 非対称項 $(\sim 23.5\,\mathrm{MeV})$ a_p 対項 $(\sim 33.5\,\mathrm{MeV})$
半経験的質量公式	$M(Z, A) = ZM_\mathrm{H} + Nm_\mathrm{n} - B$ (4.173)	$M(Z, A)$ 原子の質量 M_H 水素原子の質量 m_n 中性子の質量

[a] 係数の値は経験的かつ近似である.

原子核衝突

ブライト・ウィグナーの公式[a]	$\sigma(E) = \dfrac{\pi}{k^2} g \dfrac{\Gamma_{ab}\Gamma_c}{(E-E_0)^2 + \Gamma^2/4}$ (4.174) $g = \dfrac{2J+1}{(2s_a+1)(2s_b+1)}$ (4.175)	$\sigma(E)$ $a+b \to c$ に対する断面積 k 入射波数 g スピンファクター E 全エネルギー (PE+KE) E_0 共鳴エネルギー Γ 共鳴状態 R の幅 Γ_{ab} $a+b$ に入る部分的幅 Γ_c c に入る部分的幅 τ 共鳴状態の寿命 J R の全角運動量量子数 $s_{a,b}$ a と b のスピン
全幅	$\Gamma = \Gamma_{ab} + \Gamma_c$ (4.176)	
共鳴状態の寿命	$\tau = \dfrac{\hbar}{\Gamma}$ (4.177)	
ボルンの散乱公式[b]	$\dfrac{d\sigma}{d\Omega} = \left\| \dfrac{2\mu}{\hbar^2} \displaystyle\int_0^\infty \dfrac{\sin Kr}{Kr} V(r) r^2 \, dr \right\|^2$ (4.178)	$\dfrac{d\sigma}{d\Omega}$ 微分衝突断面積 μ 換算質量 K $=\|\boldsymbol{k}_{\text{in}} - \boldsymbol{k}_{\text{out}}\|$ (脚注参照) r 動径距離 $V(r)$ 相互作用のポテンシャルエネルギー
モットの散乱公式[c]	$\dfrac{d\sigma}{d\Omega} = \left(\dfrac{\alpha}{4E}\right)^2 \left[\csc^4 \dfrac{\chi}{2} + \sec^4 \dfrac{\chi}{2} + \dfrac{A\cos\left(\dfrac{\alpha}{\hbar v}\ln\tan^2\dfrac{\chi}{2}\right)}{\sin^2\dfrac{\chi}{2}\cos\dfrac{\chi}{2}}\right]$ (4.179) $\dfrac{d\sigma}{d\Omega} \simeq \left(\dfrac{\alpha}{2E}\right)^2 \dfrac{4-3\sin^2\chi}{\sin^4\chi}$ $(A=-1, \alpha \ll v\hbar)$ (4.180)	$\hbar$ (プランク定数)$/2\pi$ α/r 散乱ポテンシャルエネルギー χ 散乱角 v 接近する速度 A スピンゼロ粒子に対しては $=2$, スピン 1/2 粒子に対しては $=1$

[a] 質量中心系における反応 $a+b \leftrightarrow R \to c$ に対して.
[b] 中心場に対して. ボルン近似は, 散乱のポテンシャルエネルギー V が, 全運動エネルギーよりも非常に小さい場合に対して成り立つ. K は散乱による粒子の波動ベクトルの変化の大きさである.
[c] 質量中心系におけるクーロン散乱を受けている同一の粒子に対して. 同一でない粒子はラザフォード散乱公式 (70頁) に従う.

相対論的波動方程式[a]

クライン・ゴルドン方程式 (質量のあるスピンゼロ粒子)	$(\nabla^2 - m^2)\psi = \dfrac{\partial^2 \psi}{\partial t^2}$ (4.181)	ψ 波動関数 m 粒子の質量 t 時間
ワイル方程式 (質量のないスピン 1/2 の粒子)	$\dfrac{\partial \psi}{\partial t} = \pm \left(\boldsymbol{\sigma}_x \dfrac{\partial \psi}{\partial x} + \boldsymbol{\sigma}_y \dfrac{\partial \psi}{\partial y} + \boldsymbol{\sigma}_z \dfrac{\partial \psi}{\partial z}\right)$ (4.182)	$\boldsymbol{\psi}$ スピノール波動関数 $\boldsymbol{\sigma}_i$ パウリのスピン行列 (24頁参照)
ディラック方程式 (質量のあるスピン 1/2 の粒子)	$(\mathbf{i}\gamma^\mu \partial_\mu - m)\boldsymbol{\psi} = 0$ (4.183) ここで $\partial_\mu = \left(\dfrac{\partial}{\partial t}, \dfrac{\partial}{\partial x}, \dfrac{\partial}{\partial y}, \dfrac{\partial}{\partial z}\right)$ (4.184) $(\boldsymbol{\gamma}^0)^2 = \mathbf{1}_4; \quad (\boldsymbol{\gamma}^1)^2 = (\boldsymbol{\gamma}^2)^2 = (\boldsymbol{\gamma}^3)^2 = -\mathbf{1}_4$ (4.185)	$\mathbf{i}$ $\mathbf{i}^2 = -1$ γ^μ ディラック行列 $\boldsymbol{\gamma}^0 = \begin{pmatrix} \mathbf{1}_2 & 0 \\ 0 & -\mathbf{1}_2 \end{pmatrix}$ $\boldsymbol{\gamma}^i = \begin{pmatrix} 0 & \boldsymbol{\sigma}_i \\ -\boldsymbol{\sigma}_i & 0 \end{pmatrix}$ $\mathbf{1}_n$ $n \times n$ 単位行列

[a] $c = \hbar = 1$ である自然単位系で記述.

第 5 章　熱力学

5.1　序論

「熱力学」という用語は，ここではおおざっぱに用いていて，古典的熱力学，統計的熱力学，熱物理，緩和過程をすべて含んでいる．これらの分野の記法には混乱する可能性もあるが，この章で用いる慣例は現在では一般的に扱われるものがほとんどである．特に

- 系の内部エネルギーは，系に供給される熱と系に作用した仕事の和で定義される．すなわち，$dU = đQ + đW$．
- 圧力には小文字 p を用いる．確率密度関数は $\mathrm{pr}(x)$ で，ミクロ状態の確率は p_i で表す．
- （輻射）比強度を除いて，もしその量が単位質量当たりを意味していて，かつ，小文字を用いて大文字で表される物理量と区別されているならば，その量は比 (specific) としてとらえている（比という接頭語を物理量の前につける）．したがって，V を気体の体積 m をその質量とするとき，比体積 v は V/m に等しい．同様に等圧ガスの比熱容量は $c_p = C_p/m$ である（ただし，C_p は質量 m の気体の熱容量）．モル量は，大文字のまま下付文字 m で表す．たとえば，V_m はモル体積である．
- 偏微分のとき，定数とみなす要素は縦向きバーの後に示される．したがって，$\left.\dfrac{\partial V}{\partial p}\right|_T$ は温度を一定にして，圧力に関して体積を偏微分することを表す．

固体の熱的性質は，固体物理学（121 頁）の章でもっと陽に扱う．なお固体物理学の文献では比熱容量はしばしば単位体積当たりの平均熱容量として扱われていることに注意せよ．

5.2 古典的熱力学

熱力学の法則

熱力学的温度[a]	$T \propto \lim\limits_{p \to 0}(pV)$	(5.1)	T	熱力学的温度
			V	ガスの固定した質量の体積
			p	ガスの圧力
ケルビンの温度スケール	$T/\mathrm{K} = 273.16 \dfrac{\lim\limits_{p\to 0}(pV)_T}{\lim\limits_{p\to 0}(pV)_\mathrm{tr}}$	(5.2)	K	ケルビン単位
			tr	水の3重点の温度
第1法則[b]	$\mathrm{d}U = \mathchar'26\mkern-12mu dQ + \mathchar'26\mkern-12mu dW$	(5.3)	$\mathrm{d}U$	内部エネルギーの変化
			$\mathchar'26\mkern-12mu dW$	系になされた仕事
			$\mathchar'26\mkern-12mu dQ$	系に供給される熱
エントロピー[c]	$\mathrm{d}S = \dfrac{\mathchar'26\mkern-12mu dQ_\mathrm{rev}}{T} \geq \dfrac{\mathchar'26\mkern-12mu dQ}{T}$	(5.4)	S	経験的エントロピー
			T	温度
			rev	可逆変化

[a] 気体温度計によって定められる．温度の概念は熱力学の第0法則に付随している．熱力学の第0法則「2つの系が3番目の系とそれぞれ熱力学的平衡状態にあるならば，その2つの系は互いに熱力学的平衡状態にある」．
[b] đの記号は，系の状態関数ではない量に関する微分を表す．
[c] 熱力学第2法則に付随する．熱力学の第2法則「他に変化を残さずに熱を得てそれをすべて仕事に変えることが可能な過程はない」（ケルビンの表現）．

熱力学的仕事[a]

流体静力学的圧力	$\mathchar'26\mkern-12mu dW = -p\,\mathrm{d}V$	(5.5)	p	（流体静力学的）圧力
			$\mathrm{d}V$	体積要素
			$\mathchar'26\mkern-12mu dW$	系になされた仕事
表面張力	$\mathchar'26\mkern-12mu dW = \gamma\,\mathrm{d}A$	(5.6)	γ	表面張力
			$\mathrm{d}A$	面積要素
電場（電界）	$\mathchar'26\mkern-12mu dW = \boldsymbol{E} \cdot \mathrm{d}\boldsymbol{p}$	(5.7)	$\boldsymbol{E}$	電場
			$\mathrm{d}\boldsymbol{p}$	誘導電気双極子モーメント
磁場（磁界）	$\mathchar'26\mkern-12mu dW = \boldsymbol{B} \cdot \mathrm{d}\boldsymbol{m}$	(5.8)	$\boldsymbol{B}$	磁束密度
			$\mathrm{d}\boldsymbol{m}$	誘導磁気双極子モーメント
電流	$\mathchar'26\mkern-12mu dW = \Delta\phi\,\mathrm{d}q$	(5.9)	$\Delta\phi$	電位差
			$\mathrm{d}q$	動いた電荷

[a] 電場と磁場のソースは，それらが働く熱力学的系の外にあるとする．

熱力学的サイクルの効率性[a]

熱機関	$\eta = \dfrac{\text{変換された仕事}}{\text{吸収した熱}} \leq \dfrac{T_h - T_l}{T_h}$	(5.10)
冷蔵庫	$\eta = \dfrac{\text{変換された熱}}{\text{行った仕事}} \leq \dfrac{T_l}{T_h - T_l}$	(5.11)
ヒートポンプ	$\eta = \dfrac{\text{供給された熱}}{\text{行った仕事}} \leq \dfrac{T_h}{T_h - T_l}$	(5.12)
オットーサイクル[b]	$\eta = \dfrac{\text{変換された仕事}}{\text{吸収した熱}} = 1 - \left(\dfrac{V_2}{V_1}\right)^{\gamma-1}$	(5.13)

η 効率
T_h 高温度
T_l 低温度
$\dfrac{V_1}{V_2}$ 圧縮比
γ 熱容量の比（定数と仮定した）

[a] 等式は，温度 T_h と T_l の間に働くカルノーサイクルのような可逆過程に対して成り立つ．
[b] 理想的可逆ガソリン（熱）機関．

熱容量

定積比熱	$C_V = \left.\dfrac{\text{đ}Q}{dT}\right\|_V = \left.\dfrac{\partial U}{\partial T}\right\|_V = T\left.\dfrac{\partial S}{\partial T}\right\|_V$	(5.14)
定圧比熱	$C_p = \left.\dfrac{\text{đ}Q}{dT}\right\|_p = \left.\dfrac{\partial H}{\partial T}\right\|_p = T\left.\dfrac{\partial S}{\partial T}\right\|_p$	(5.15)
熱容量の差	$C_p - C_V = \left(\left.\dfrac{\partial U}{\partial V}\right\|_T + p\right)\left.\dfrac{\partial V}{\partial T}\right\|_p$	(5.16)
	$= \dfrac{VT\beta_p^2}{\kappa_T}$	(5.17)
熱容量の比	$\gamma = \dfrac{C_p}{C_V} = \dfrac{\kappa_T}{\kappa_S}$	(5.18)

C_V 定積熱容量
Q 熱
T 温度
V 体積
U 内部エネルギー
S エントロピー
C_p 定圧熱容量
p 圧力
H エンタルピー
β_p 等圧膨張率
κ_T 等温圧縮率
γ 熱容量の比
κ_S 断熱圧縮率

熱力学的係数

等圧膨張率[a]	$\beta_p = \dfrac{1}{V}\left.\dfrac{\partial V}{\partial T}\right\|_p$	(5.19)
等温圧縮率	$\kappa_T = -\dfrac{1}{V}\left.\dfrac{\partial V}{\partial p}\right\|_T$	(5.20)
断熱圧縮率	$\kappa_S = -\dfrac{1}{V}\left.\dfrac{\partial V}{\partial p}\right\|_S$	(5.21)
等温体積弾性率	$K_T = \dfrac{1}{\kappa_T} = -V\left.\dfrac{\partial p}{\partial V}\right\|_T$	(5.22)
断熱体積弾性率	$K_S = \dfrac{1}{\kappa_S} = -V\left.\dfrac{\partial p}{\partial V}\right\|_S$	(5.23)

β_p 等圧膨張率
V 体積
T 温度
κ_T 等温圧縮率
p 圧力
κ_S 断熱圧縮率
K_T 等温体積弾性率
K_S 断熱体積弾性率

[a] 立方膨張率あるいは体積膨張率とも呼ばれる．線形膨張率は $\alpha_p = \beta_p/3$ である．

膨張過程

ジュール膨張[a]	$\eta = \left.\dfrac{\partial T}{\partial V}\right|_U = -\dfrac{T^2}{C_V}\left.\dfrac{\partial (p/T)}{\partial T}\right|_V$ (5.24) $= -\dfrac{1}{C_V}\left(\left.T\dfrac{\partial p}{\partial T}\right|_V - p\right)$ (5.25)	η　ジュール係数 T　温度 p　圧力 U　内部エネルギー C_V　定積熱容量
ジュール・ケルビン膨張[b]	$\mu = \left.\dfrac{\partial T}{\partial p}\right|_H = \dfrac{T^2}{C_p}\left.\dfrac{\partial (V/T)}{\partial T}\right|_p$ (5.26) $= \dfrac{1}{C_p}\left(\left.T\dfrac{\partial V}{\partial T}\right|_p - V\right)$ (5.27)	μ　ジュール・ケルビン係数 V　体積 H　エンタルピー C_p　定圧熱容量

[a]内部エネルギー一定の膨張．
[b]エンタルピー一定の膨張．ジュール・トンプソン膨張とか，スロット過程とも呼ばれる．

熱力学的ポテンシャル[a]

内部エネルギー	$dU = TdS - pdV + \mu dN$ (5.28)	U　内部エネルギー T　温度 S　エントロピー μ　化学ポテンシャル N　粒子数
エンタルピー	$H = U + pV$ (5.29) $dH = TdS + Vdp + \mu dN$ (5.30)	H　エンタルピー p　圧力 V　体積
ヘルムホルツの自由エネルギー[b]	$F = U - TS$ (5.31) $dF = -SdT - pdV + \mu dN$ (5.32)	F　ヘルムホルツの自由エネルギー
ギブスの自由エネルギー[c]	$G = U - TS + pV$ (5.33) $= F + pV = H - TS$ (5.34) $dG = -SdT + Vdp + \mu dN$ (5.35)	G　ギブスの自由エネルギー
グランドポテンシャル	$\Phi = F - \mu N$ (5.36) $d\Phi = -SdT - pdV - Nd\mu$ (5.37)	Φ　グランドポテンシャル
ギブス・デューエムの関係式	$-SdT + Vdp - Nd\mu = 0$ (5.38)	
アベイラビリティ	$A = U - T_0 S + p_0 V$ (5.39) $dA = (T - T_0)dS - (p - p_0)dV$ (5.40)	A　アベイラビリティ T_0　環境の温度 p_0　環境の圧力

[a]閉じた系では $dN = 0$．
[b]仕事関数と呼ばれることもある．
[c]熱力学的ポテンシャルと呼ばれることもある．

マックスウェルの関係式

マックスウェルの関係式1	$\left.\dfrac{\partial T}{\partial V}\right|_S = -\left.\dfrac{\partial p}{\partial S}\right|_V$	$\left(=\dfrac{\partial^2 U}{\partial S \partial V}\right)$	(5.41)
マックスウェルの関係式2	$\left.\dfrac{\partial T}{\partial p}\right|_S = \left.\dfrac{\partial V}{\partial S}\right|_p$	$\left(=\dfrac{\partial^2 H}{\partial p \partial S}\right)$	(5.42)
マックスウェルの関係式3	$\left.\dfrac{\partial p}{\partial T}\right|_V = \left.\dfrac{\partial S}{\partial V}\right|_T$	$\left(=\dfrac{\partial^2 F}{\partial T \partial V}\right)$	(5.43)
マックスウェルの関係式4	$\left.\dfrac{\partial V}{\partial T}\right|_p = -\left.\dfrac{\partial S}{\partial p}\right|_T$	$\left(=\dfrac{\partial^2 G}{\partial p \partial T}\right)$	(5.44)

U	内部エネルギー
T	温度
V	体積
H	エンタルピー
S	エントロピー
p	圧力
F	ヘルムホルツの自由エネルギー
G	ギブスの自由エネルギー

ギブス・ヘルムホルツ方程式

$U = -T^2 \left.\dfrac{\partial (F/T)}{\partial T}\right|_V$	(5.45)
$G = -V^2 \left.\dfrac{\partial (F/V)}{\partial V}\right|_T$	(5.46)
$H = -T^2 \left.\dfrac{\partial (G/T)}{\partial T}\right|_p$	(5.47)

F	ヘルムホルツの自由エネルギー
U	内部エネルギー
G	ギブスの自由エネルギー
H	エンタルピー
T	温度
p	圧力
V	体積

相転移

吸熱	$L = T(S_2 - S_1)$	(5.48)
クラウジウス・クラペイロンの式[a]	$\dfrac{dp}{dT} = \dfrac{S_2 - S_1}{V_2 - V_1}$	(5.49)
	$= \dfrac{L}{T(V_2 - V_1)}$	(5.50)
共存曲線[b]	$p(T) \propto \exp\left(\dfrac{-L}{RT}\right)$	(5.51)
エーレンフェストの式[c]	$\dfrac{dp}{dT} = \dfrac{\beta_{p2} - \beta_{p1}}{\kappa_{T2} - \kappa_{T1}}$	(5.52)
	$= \dfrac{1}{VT}\dfrac{C_{p2} - C_{p1}}{\beta_{p2} - \beta_{p1}}$	(5.53)
ギブスの相律	$P + F = C + 2$	(5.54)

L	(状態1が状態2に変わるときの) 吸収された (潜) 熱
T	相変化の温度
S	エントロピー
p	圧力
V	体積
1,2	状態相
R	気体定数
β_p	等圧膨張
κ_T	等温圧縮
C_p	定圧熱容量
P	平衡状態にある相の数
F	自由度の数
C	独立な成分の数

[a] 1次相転移に対する相境界勾配. 式 (5.50) はクラペイロンの式とも呼ばれる.
[b] たとえば, 相1が液体で, 相2が気体ならば, $V_2 \gg V_1$ に対して.
[c] 2次の相転移に対して.

5.3 気体の法則

理想気体

ジュールの法則	$U = U(T)$	(5.55)	U 内部エネルギー T 温度
ボイルの法則	$pV|_T = $ 定数	(5.56)	p 圧力 V 体積
状態方程式（理想気体の法則）	$pV = nRT$	(5.57)	n モル数 R 気体定数
断熱方程式	$pV^\gamma = $ 定数 $TV^{(\gamma-1)} = $ 定数 $T^\gamma p^{(1-\gamma)} = $ 定数 $\Delta W = \dfrac{1}{\gamma - 1}(p_2 V_2 - p_1 V_1)$	(5.58) (5.59) (5.60) (5.61)	γ 熱容量の比 (C_p/C_V) ΔW 系になされた仕事
内部エネルギー	$U = \dfrac{nRT}{\gamma - 1}$	(5.62)	
可逆等温膨張	$\Delta Q = nRT \ln(V_2/V_1)$	(5.63)	ΔQ 系に供給される熱 1,2 初期，終期状態
ジュール膨張[a]	$\Delta S = nR \ln(V_2/V_1)$	(5.64)	ΔS 系のエントロピーの変化率

[a] ジュール膨張に対しては $\Delta Q = 0$ であるから，ΔS は完全に非可逆性による．エントロピーは状態の関数であるから，$\Delta S = \Delta Q/T$ の可逆等温膨張に対しても同じ値をもつ．

ビリアル展開

ビリアル展開	$pV = RT\left(1 + \dfrac{B_2(T)}{V} + \dfrac{B_3(T)}{V^2} + \cdots\right)$	(5.65)	p 圧力 V 体積 R 気体定数 T 温度 B_i ビリアル係数
ボイル温度	$B_2(T_B) = 0$	(5.66)	T_B ボイル温度

ファンデルワールス気体

状態方程式	$\left(p+\dfrac{a}{V_\mathrm{m}^2}\right)(V_\mathrm{m}-b)=RT$	(5.67)	p 圧力 V_m モル体積 R 気体定数 T 温度 a,b ファンデルワールス定数
臨界点	$T_\mathrm{c}=8a/(27Rb)$ $p_\mathrm{c}=a/(27b^2)$ $V_\mathrm{mc}=3b$	(5.68) (5.69) (5.70)	T_c 臨界温度 p_c 臨界圧力 V_mc 臨界モル体積
換算状態方程式	$\left(p_\mathrm{r}+\dfrac{3}{V_\mathrm{r}^2}\right)(3V_\mathrm{r}-1)=8T_\mathrm{r}$	(5.71)	$p_\mathrm{r}=p/p_\mathrm{c}$ $V_\mathrm{r}=V_\mathrm{m}/V_\mathrm{mc}$ $T_\mathrm{r}=T/T_\mathrm{c}$

ディートリヒ気体

状態方程式	$p=\dfrac{RT}{V_\mathrm{m}-b'}\exp\left(\dfrac{-a'}{RTV_\mathrm{m}}\right)$	(5.72)	p 圧力 V_m モル体積 R 気体定数 T 温度 a',b' ディートリヒ定数
臨界点	$T_\mathrm{c}=a'/(4Rb')$ $p_\mathrm{c}=a'/(4b'^2\mathrm{e}^2)$ $V_\mathrm{mc}=2b'$	(5.73) (5.74) (5.75)	T_c 臨界温度 p_c 臨界圧力 V_mc 臨界モル体積 $\mathrm{e}=2.71828\ldots$
換算状態方程式	$p_\mathrm{r}=\dfrac{T_\mathrm{r}}{2V_\mathrm{r}-1}\exp\left(2-\dfrac{2}{V_\mathrm{r}T_\mathrm{r}}\right)$	(5.76)	$p_\mathrm{r}=p/p_\mathrm{c}$ $V_\mathrm{r}=V_\mathrm{m}/V_\mathrm{mc}$ $T_\mathrm{r}=T/T_\mathrm{c}$

ファンデルワールス気体

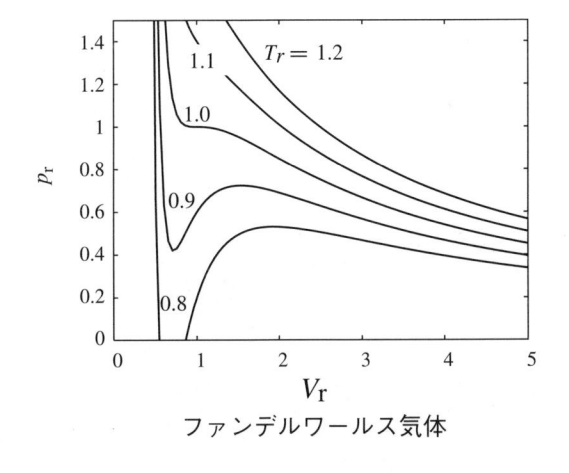

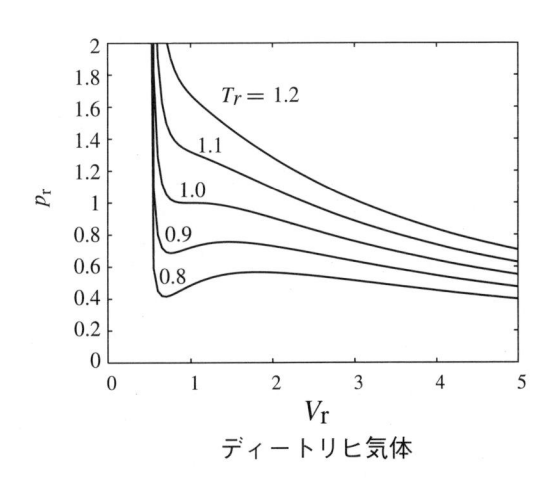

ディートリヒ気体

5.4 分子運動論

単原子気体

圧力	$p = \dfrac{1}{3} nm \langle c^2 \rangle$	(5.77)	p	圧力
			n	数密度 $= N/V$
			m	粒子の質量
			$\langle c^2 \rangle$	平均2乗粒子速度
理想気体の状態方程式	$pV = NkT$	(5.78)	V	体積
			k	ボルツマン定数
			N	粒子数
			T	温度
内部エネルギー	$U = \dfrac{3}{2} NkT = \dfrac{N}{2} m \langle c^2 \rangle$	(5.79)	U	内部エネルギー
熱容量	$C_V = \dfrac{3}{2} Nk$	(5.80)		
	$C_p = C_V + Nk = \dfrac{5}{2} Nk$	(5.81)	C_V	定積熱容量
			C_p	定圧熱容量
	$\gamma = \dfrac{C_p}{C_V} = \dfrac{5}{3}$	(5.82)	γ	熱容量の比
エントロピー (サッカー・テトロード方程式)[a]	$S = Nk \ln \left[\left(\dfrac{mkT}{2\pi \hbar^2} \right)^{3/2} e^{5/2} \dfrac{V}{N} \right]$	(5.83)	S	エントロピー
			$\hbar$	$=$ (プランク定数)$/(2\pi)$
			e	$= 2.71828\ldots$

[a]非圧縮性ガスに対して. $\left(\dfrac{mkT}{2\pi \hbar^2} \right)^{3/2}$ 因子は, 粒子の量子濃度 n_Q である. これらの熱ドブロイ波長 λ_T は, 近似的に $n_Q^{-1/3}$ に等しい.

マックスウェル・ボルツマン分布[a]

粒子の速度分布	$\mathrm{pr}(c)\, dc = \left(\dfrac{m}{2\pi kT} \right)^{3/2} \exp\left(\dfrac{-mc^2}{2kT} \right) 4\pi c^2\, dc$ (5.84)		pr	確率密度
			m	粒子の質量
			k	ボルツマン定数
			T	温度
			c	粒子の速度
粒子のエネルギー分布	$\mathrm{pr}(E)\, dE = \dfrac{2 E^{1/2}}{\pi^{1/2} (kT)^{3/2}} \exp\left(\dfrac{-E}{kT} \right) dE$ (5.85)		E	粒子の運動エネルギー $(= mc^2/2)$
平均速度	$\langle c \rangle = \left(\dfrac{8kT}{\pi m} \right)^{1/2}$ (5.86)		$\langle c \rangle$	平均速度
2乗平均速度	$c_{\mathrm{rms}} = \left(\dfrac{3kT}{m} \right)^{1/2} = \left(\dfrac{3\pi}{8} \right)^{1/2} \langle c \rangle$ (5.87)		c_{rms}	2乗平均速度
最確速度	$\hat{c} = \left(\dfrac{2kT}{m} \right)^{1/2} = \left(\dfrac{\pi}{4} \right)^{1/2} \langle c \rangle$ (5.88)		$\hat{c}$	最確速度

[a]確率密度関数は, $\int_0^\infty \mathrm{pr}(x)\, dx = 1$ に正規化されている.

輸送的性質

平均自由行程[a]	$l = \dfrac{1}{\sqrt{2}\pi d^2 n}$	(5.89)	l	平均自由行程
			d	分子の直径
			n	粒子数密度
生存方程式[b]	$\mathrm{pr}(x) = \exp(-x/l)$	(5.90)	pr	確率
			x	直線距離
平面を通る分子束[c]	$J = \dfrac{1}{4} n \langle c \rangle$	(5.91)	J	分子束
			$\langle c \rangle$	平均分子速度
自己拡散（拡散のフィックの法則）[d]	$\boldsymbol{J} = -D \boldsymbol{\nabla} n$	(5.92)		
	$D \simeq \dfrac{2}{3} l \langle c \rangle$	(5.93)	D	拡散係数
熱伝導[d]	$\boldsymbol{H} = -\lambda \boldsymbol{\nabla} T$	(5.94)	$\boldsymbol{H}$	単位面積当たりの熱流束
	$\nabla^2 T = \dfrac{1}{D} \dfrac{\partial T}{\partial t}$	(5.95)	λ	熱伝導率
			T	温度
	単一原子ガスに対しては $\lambda \simeq \dfrac{5}{4} \rho l \langle c \rangle c_V$ (5.96)		ρ	密度
			c_V	定積比熱容量
粘性[d]	$\eta \simeq \dfrac{1}{2} \rho l \langle c \rangle$	(5.97)	η	動的粘性
			x	時刻 t 後の x 方向の球の変位
（球）のブラウン運動	$\langle x^2 \rangle = \dfrac{kTt}{3\pi\eta a}$	(5.98)	k	ボルツマン定数
			t	時間間隔
			a	球の半径
			$\dfrac{dM}{dt}$	単位時間当たりの質量流率
自由分子流（クヌーセン流）[e]	$\dfrac{dM}{dt} = \dfrac{4R_p^3}{3L}\left(\dfrac{2\pi m}{k}\right)^{1/2}\left(\dfrac{p_1}{T_1^{1/2}} - \dfrac{p_2}{T_2^{1/2}}\right)$ (5.99)		R_p	パイプの半径
			L	パイプの長さ
			m	粒子の質量
			p	圧力

[a]マックスウェル・ボルツマン速度分布に従う硬い球状粒子の完全気体に対する平均自由行程.
[b]衝突なしに距離 x まで動く確率.
[c]等方的速度分布の仮定の下で，数密度 n の側からの流束．衝突数としても知られている．
[d]単純な分子運動論では，D, λ, η に対して $1/3$ の数値的係数を与えている．
[e]端 1 から端 2 までのパイプのいたるところで，$R_p \ll l$（すなわち，非常に低い圧力）を仮定している．

ガスの等分配

古典的等分配[a]	$E_q = \dfrac{1}{2} kT$	(5.100)	E_q	2自由度ごとのエネルギー
			k	ボルツマン定数
			T	温度
理想気体の熱容量	$C_V = \dfrac{1}{2} fNk = \dfrac{1}{2} fnR$	(5.101)	C_V	定積熱容量
			C_p	定圧熱容量
	$C_p = Nk\left(1 + \dfrac{f}{2}\right)$	(5.102)	N	分子数
			f	自由度
			n	モル数
	$\gamma = \dfrac{C_p}{C_V} = 1 + \dfrac{2}{f}$	(5.103)	R	気体定数
			γ	熱容量の比

[a]温度 T の熱平衡な系.

5.5 統計熱力学

統計的エントロピー

ボルツマンの公式[a]	$S = k \ln W$	(5.104)	S	エントロピー
	$\simeq k \ln g(E)$	(5.105)	k	ボルツマン定数
			W	微視的状態数
			$g(E)$	エネルギー E の微視的状態の密度
ギブスのエントロピー[b]	$S = -k \sum_i p_i \ln p_i$	(5.106)	$\sum_i$	微視的状態の和
			p_i	系が微視的状態 i である確率
N 個の 2 層系	$W = \dfrac{N!}{(N-n)!n!}$	(5.107)	N	層の数
			n	上状態の数
N 個の調和振動子	$W = \dfrac{(Q+N-1)!}{Q!(N-1)!}$	(5.108)	Q	得られるエネルギー量子の総数

[a] 配位エントロピーとも呼ばれることもある．式 (5.105) は大きな系に対してだけ成り立つ．
[b] 正準エントロピーとも呼ばれることもある．

確率集団

小正準集団（ミクロカノニカル集団）[a]	$p_i = \dfrac{1}{W}$	(5.109)	p_i	系が微視的状態 i である確率
			W	微視的状態数
分配関数[b]	$Z = \sum_i e^{-\beta E_i}$	(5.110)	Z	分配関数
			$\sum_i$	微視的状態に関する和
			β	$= 1/(kT)$
			E_i	微視的状態 i のエネルギー
正準集団（カノニカル集団）（ボルツマン分布）[c]	$p_i = \dfrac{1}{Z} e^{-\beta E_i}$	(5.111)	k	ボルツマン定数
			T	温度
大分配関数	$\Xi = \sum_i e^{-\beta(E_i - \mu N_i)}$	(5.112)	Ξ	大分配関数
			μ	化学ポテンシャル
			N_i	微視的状態 i である粒子の数
大正準集団（グランドカノニカル集団）（ギブス分布）[d]	$p_i = \dfrac{1}{\Xi} e^{-\beta(E_i - \mu N_i)}$	(5.113)		

[a] エネルギーは一定．
[b] 状態和ともいう．
[c] 温度一定．
[d] 温度一定．熱と粒子ともに熱浴と交換．

巨視的熱力学変数

ヘルムホルツの自由エネルギー	$F = -kT \ln Z$	(5.114)	F	ヘルムホルツの自由エネルギー
			k	ボルツマン定数
			T	温度
			Z	分配関数
大ポテンシャル	$\Phi = -kT \ln \Xi$	(5.115)	Φ	大ポテンシャル
			Ξ	分配関数
内部エネルギー	$U = F + TS = -\left.\dfrac{\partial \ln Z}{\partial \beta}\right|_{V,N}$	(5.116)	U	内部エネルギー
			β	$= 1/(kT)$
エントロピー	$S = -\left.\dfrac{\partial F}{\partial T}\right|_{V,N} = \left.\dfrac{\partial (kT \ln Z)}{\partial T}\right|_{V,N}$	(5.117)	S	エントロピー
			N	粒子数
圧力	$p = -\left.\dfrac{\partial F}{\partial V}\right|_{T,N} = \left.\dfrac{\partial (kT \ln Z)}{\partial V}\right|_{T,N}$	(5.118)	p	圧力
化学ポテンシャル	$\mu = \left.\dfrac{\partial F}{\partial N}\right|_{V,T} = -\left.\dfrac{\partial (kT \ln Z)}{\partial N}\right|_{V,T}$	(5.119)	μ	化学ポテンシャル

同一粒子問題

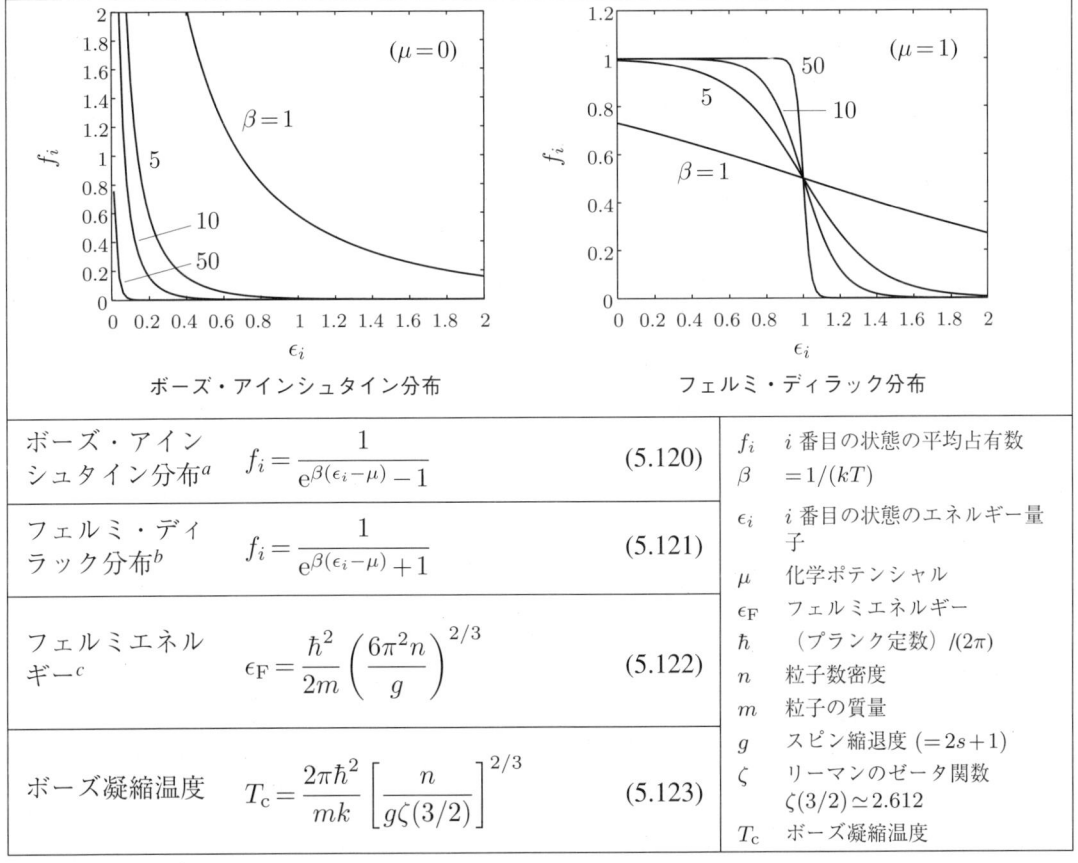

ボーズ・アインシュタイン分布

フェルミ・ディラック分布

ボーズ・アインシュタイン分布[a]	$f_i = \dfrac{1}{\mathrm{e}^{\beta(\epsilon_i - \mu)} - 1}$	(5.120)	f_i	i 番目の状態の平均占有数
			β	$= 1/(kT)$
フェルミ・ディラック分布[b]	$f_i = \dfrac{1}{\mathrm{e}^{\beta(\epsilon_i - \mu)} + 1}$	(5.121)	ϵ_i	i 番目の状態のエネルギー量子
			μ	化学ポテンシャル
フェルミエネルギー[c]	$\epsilon_F = \dfrac{\hbar^2}{2m}\left(\dfrac{6\pi^2 n}{g}\right)^{2/3}$	(5.122)	ϵ_F	フェルミエネルギー
			$\hbar$	(プランク定数)$/(2\pi)$
			n	粒子数密度
			m	粒子の質量
ボーズ凝縮温度	$T_c = \dfrac{2\pi\hbar^2}{mk}\left[\dfrac{n}{g\zeta(3/2)}\right]^{2/3}$	(5.123)	g	スピン縮退度 $(= 2s+1)$
			ζ	リーマンのゼータ関数 $\zeta(3/2) \simeq 2.612$
			T_c	ボーズ凝縮温度

[a] ボゾン $f_i \geq 0$ に対して．
[b] フェルミオン $0 \leq f_i \leq 1$ に対して．
[c] 相互作用しない粒子間に対して，低温においては，$\mu \approx \epsilon_F$.

占有密度[a]

ボルツマン励起方程式	$\dfrac{n_{mj}}{n_{lj}} = \dfrac{g_{mj}}{g_{lj}} \exp\left[\dfrac{-(\chi_{mj}-\chi_{lj})}{kT}\right]$	(5.124)
	$= \dfrac{g_{mj}}{g_{lj}} \exp\left(\dfrac{-h\nu_{lm}}{kT}\right)$	(5.125)
分配関数	$Z_j(T) = \sum_i g_{ij} \exp\left(\dfrac{-\chi_{ij}}{kT}\right)$	(5.126)
	$\dfrac{n_{ij}}{N_j} = \dfrac{g_{ij}}{Z_j(T)} \exp\left(\dfrac{-\chi_{ij}}{kT}\right)$	(5.127)
サハの式（一般）	$n_{ij} = n_{0,j+1} n_e \dfrac{g_{ij}}{g_{0,j+1}} \dfrac{h^3}{2} (2\pi m_e kT)^{-3/2} \exp\left(\dfrac{\chi_{Ij}-\chi_{ij}}{kT}\right)$	(5.128)
サハの式（イオンの分布）	$\dfrac{N_j}{N_{j+1}} = n_e \dfrac{Z_j(T)}{Z_{j+1}(T)} \dfrac{h^3}{2} (2\pi m_e kT)^{-3/2} \exp\left(\dfrac{\chi_{Ij}}{kT}\right)$	(5.129)

n_{ij}	イオン化状態 j（イオン化していないならば $j=0$）の励起レベル i にある原子の数密度
g_{ij}	レベルの縮退度
χ_{ij}	基底状態に関する励起エネルギー
ν_{ij}	光子遷移周波数
h	プランク定数
k	ボルツマン定数
T	温度
Z_j	イオン化状態 j に対する分配関数
N_j	イオン化状態 j に対する全数密度
n_e	電子数密度
m_e	電子質量
χ_{Ij}	イオン化状態 j における原子のイオン化エネルギー

[a] すべての式は，局所熱平衡状態 (LTE) の条件の下でのみ成り立つ．磁気分離をしていない原子では，全角運動量子数 J の準位の縮退度は $g_{ij}=2J+1$ である．

5.6 揺らぎと雑音

熱力学的揺らぎ[a]

揺らぎの確率	$\mathrm{pr}(x) \propto \exp[S(x)/k]$	(5.130)
	$\propto \exp\left[\dfrac{-A(x)}{kT}\right]$	(5.131)
一般の分散	$\mathrm{var}[x] = kT\left[\dfrac{\partial^2 A(x)}{\partial x^2}\right]^{-1}$	(5.132)
温度の揺らぎ	$\mathrm{var}[T] = kT \left.\dfrac{\partial T}{\partial S}\right|_V = \dfrac{kT^2}{C_V}$	(5.133)
体積の揺らぎ	$\mathrm{var}[V] = -kT \left.\dfrac{\partial V}{\partial p}\right|_T = \kappa_T V kT$	(5.134)
エントロピーの揺らぎ	$\mathrm{var}[S] = kT \left.\dfrac{\partial S}{\partial T}\right|_p = kC_p$	(5.135)
圧力の揺らぎ	$\mathrm{var}[p] = -kT \left.\dfrac{\partial p}{\partial V}\right|_S = \dfrac{K_S kT}{V}$	(5.136)
密度の揺らぎ	$\mathrm{var}[n] = \dfrac{n^2}{V^2}\mathrm{var}[V] = \dfrac{n^2}{V}\kappa_T kT$	(5.137)

pr	確率密度
x	拘束されない変数
S	エントロピー
A	有用性
var[·]	平均2乗偏差
k	ボルツマン定数
T	温度
V	体積
C_V	定積熱容量
p	圧力
κ_T	等温圧縮率
C_p	定圧熱容量
K_S	断熱体積弾性率
n	数密度

[a] 平均温度を固定した大きな系の一部において．量子効果は無視できると仮定している．

雑音

ナイキストの雑音定理	$dw = kT \cdot \beta\epsilon(e^{\beta\epsilon}-1)^{-1} d\nu$		(5.138)
	$= kT_N\, d\nu$		(5.139)
	$\simeq kT\, d\nu \quad (h\nu \ll kT)$		(5.140)
ジョンソンの（熱）雑音電圧[a]	$v_{\rm rms} = (4kT_N R \Delta\nu)^{1/2}$		(5.141)
ショット雑音（電気的）	$I_{\rm rms} = (2eI_0 \Delta\nu)^{1/2}$		(5.142)
雑音指数[b]	$f_{\rm dB} = 10\log_{10}\left(1+\dfrac{T_N}{T_0}\right)$		(5.143)
相対パワー	$G = 10\log_{10}\left(\dfrac{P_2}{P_1}\right)$		(5.144)

w	交換可能雑音パワー
k	ボルツマン定数
T	温度
T_N	雑音温度
$\beta\epsilon$	$= h\nu/(kT)$
ν	振動数
h	プランク定数
$v_{\rm rms}$	rms 雑音電圧
R	抵抗
$\Delta\nu$	帯域幅
$I_{\rm rms}$	rms 雑音電流
$-e$	電荷
I_0	平均電流
$f_{\rm dB}$	雑音指数（デシベル）
T_0	周囲の温度（通常 290 K に取る）
G	P_2 を P_1 で割ったデシベル利得
P_1, P_2	パワーレベル

[a] 開回路抵抗にわたる熱電圧．
[b] 雑音指数は $f = 1 + T_N/T_0$ とも定義される．これを雑音因子とも呼ぶ．

5.7 放射過程

放射測定[a]

名称	式	単位	式番号	記号	説明
放射エネルギー[b]	$Q_e = \iiint L_e \cos\theta \, dA \, d\Omega \, dt$	J	(5.145)	Q_e	放射エネルギー
				L_e	放射輝度（一般に位置と方向の関数）
				θ	$d\Omega$ の方向と dA の法線との間の角
				Ω	立体角
放射束（放射パワー）	$\Phi_e = \dfrac{\partial Q_e}{\partial t}$	W	(5.146)	A	面積
	$= \iint L_e \cos\theta \, dA \, d\Omega$		(5.147)	t	時間
				Φ_e	放射束
放射エネルギー密度[c]	$W_e = \dfrac{\partial Q_e}{\partial V}$	$\mathrm{J\,m^{-3}}$	(5.148)	W_e	放射エネルギー密度
				dV	伝播媒質の微小体積要素
放射発散度[d]	$M_e = \dfrac{\partial \Phi_e}{\partial A}$	$\mathrm{W\,m^{-2}}$	(5.149)	M_e	放射発散度
	$= \int L_e \cos\theta \, d\Omega$		(5.150)		
放射照度[e]	$E_e = \dfrac{\partial \Phi_e}{\partial A}$	$\mathrm{W\,m^{-2}}$	(5.151)		
	$= \int L_e \cos\theta \, d\Omega$		(5.152)		
放射強度	$I_e = \dfrac{\partial \Phi_e}{\partial \Omega}$	$\mathrm{W\,sr^{-1}}$	(5.153)	E_e	放射照度
	$= \int L_e \cos\theta \, dA$		(5.154)	I_e	放射強度
放射輝度	$L_e = \dfrac{1}{\cos\theta}\dfrac{\partial^2 \Phi_e}{dA \, d\Omega}$	$\mathrm{W\,m^{-2}\,sr^{-1}}$	(5.155)		
	$= \dfrac{1}{\cos\theta}\dfrac{\partial I_e}{\partial A}$		(5.156)		

[a] 放射測定は光をエネルギーとして扱うことに関連している．
[b] 全エネルギーとも呼ばれる．われわれは不透明な放射表面を仮定しているので $0 \le \theta \le \pi/2$．
[c] 伝播媒質の単位体積中に含まれる放射エネルギーの瞬間の量．
[d] 表面から離れる単位面積当たりの力．完全な拡散面に対しては，$M_e = \pi L_e$．
[e] 表面に入射する単位面積当たりの力．

5.7 放射過程

測光[a]

発光エネルギー（全光）	$Q_v = \iiint L_v \cos\theta \, dA \, d\Omega \, dt$	lms	(5.157)
光束	$\Phi_v = \dfrac{\partial Q_v}{\partial t}$ lumen (lm)		(5.158)
	$= \iint L_v \cos\theta \, dA \, d\Omega$		(5.159)
発光密度[b]	$W_v = \dfrac{\partial Q_v}{\partial V}$ lmsm^{-3}		(5.160)
発光発散度[c]	$M_v = \dfrac{\partial \Phi_v}{\partial A}$ lx (lmm^{-2})		(5.161)
	$= \int L_v \cos\theta \, d\Omega$		(5.162)
照度（照明）[d]	$E_v = \dfrac{\partial \Phi_v}{\partial A}$ lmm^{-2}		(5.163)
	$= \int L_v \cos\theta \, d\Omega$		(5.164)
光度[e]	$I_v = \dfrac{\partial \Phi_v}{\partial \Omega}$ cd		(5.165)
	$= \int L_v \cos\theta \, dA$		(5.166)
輝度（測光輝度）	$L_v = \dfrac{1}{\cos\theta} \dfrac{\partial^2 \Phi_v}{\partial A \, \partial\Omega}$ cdm^{-2}		(5.167)
	$= \dfrac{1}{\cos\theta} \dfrac{\partial I_v}{\partial A}$		(5.168)
視感度効率	$K = \dfrac{\Phi_v}{\Phi_e} = \dfrac{L_v}{L_e} = \dfrac{I_v}{I_e}$ lmW^{-1}		(5.169)
視感度関数	$V(\lambda) = \dfrac{K(\lambda)}{K_\mathrm{max}}$		(5.170)

Q_v 発光エネルギー
L_v 輝度（一般に位置と方向の関数）
θ $d\Omega$ の方向と dA の法線との間の角
Ω 立体角
A 面積
t 時間
Φ_v 光束
W_v 発光密度
V 体積
M_v 発光発散度
E_v 照度
I_v 光度
K 視感度効率
L_e 放射輝度
Φ_e 放射束
I_e 放射強度
V 視感度関数
λ 波長
K_max $K(\lambda)$ のスペクトル最大値

[a] 測光は光を人間の目によって見えることとして扱うことに関連している．
[b] 伝播媒質の単位体積中に含まれる発光エネルギーの瞬間の量．
[c] 単位面積当たりの発光束．
[d] 単位面積当たりの入光束．組立 SI 単位はルックス (lx)．1 lx = 1 lmm^{-2}．
[e] 光度の SI 単位はカンデラ (cd) である．1 cd = 1 lmsr^{-1}．

放射（輻射）輸送[a]

束密度（平面を通過する）	$F_\nu = \int I_\nu(\theta,\phi)\cos\theta\,d\Omega$	$\mathrm{W\,m^{-2}\,Hz^{-1}}$	(5.171)
平均強度[b]	$J_\nu = \dfrac{1}{4\pi}\int I_\nu(\theta,\phi)\,d\Omega$	$\mathrm{W\,m^{-2}\,Hz^{-1}}$	(5.172)
スペクトルエネルギー密度[c]	$u_\nu = \dfrac{1}{c}\int I_\nu(\theta,\phi)\,d\Omega$	$\mathrm{J\,m^{-3}\,Hz^{-1}}$	(5.173)
比放出係数	$j_\nu = \dfrac{\epsilon_\nu}{\rho}$	$\mathrm{W\,kg^{-1}\,Hz^{-1}\,sr^{-1}}$	(5.174)
ガス線形吸収係数 ($\alpha_\nu \ll 1$)	$\alpha_\nu = n\sigma_\nu = \dfrac{1}{l_\nu}$	$\mathrm{m^{-1}}$	(5.175)
乳白度[d]	$\kappa_\nu = \dfrac{\alpha_\nu}{\rho}$	$\mathrm{kg^{-1}\,m^2}$	(5.176)
光学的深さ	$\tau_\nu = \int \kappa_\nu \rho\,ds$		(5.177)
輸送方程式[e]	$\dfrac{1}{\rho}\dfrac{dI_\nu}{ds} = -\kappa_\nu I_\nu + j_\nu$		(5.178)
	または $\dfrac{dI_\nu}{ds} = -\alpha_\nu I_\nu + \epsilon_\nu$		(5.179)
キルヒホッフの法則[f]	$S_\nu \equiv \dfrac{j_\nu}{\kappa_\nu} = \dfrac{\epsilon_\nu}{\alpha_\nu}$		(5.180)
均一媒質からの輻射	$I_\nu = S_\nu(1 - e^{-\tau_\nu})$		(5.181)

F_ν	束密度
I_ν	比強度 ($\mathrm{W\,m^{-2}\,Hz^{-1}\,sr^{-1}}$)
J_ν	平均強度
u_ν	スペクトルエネルギー密度
Ω	立体角
θ	法線と Ω の方向の間の角
j_ν	比放出係数
ϵ_ν	放出係数 ($\mathrm{W\,m^{-3}\,Hz^{-1}\,sr^{-1}}$)
ρ	密度
α_ν	線形吸収係数
n	粒子の数密度
σ_ν	粒子の断面積
l_ν	平均自由行程
κ_ν	乳白度
τ_ν	光学的深さまたは光学的厚さ
ds	線素
S_ν	ソース関数

[a] これらの量の定義は文献によって異なっている．ここで与えた定義は気象学と天体物理学で一般的なものである．特に，「比」の用語は比強度のときは，単位振動数区間の意味で取り，比放出係数のときは，単位質量かつ単位振動数区間の意味であることに注意せよ．
[b] 電波天文学において，束密度は通常 $S = 4\pi J_\nu$ にとる．
[c] 1 の反射指数を仮定している．
[d] または質量吸収係数．
[e] またはシュワルツシルトの方程式．
[f] 局所熱平衡 (LTE) の条件の下で，ソース関数 S_ν はプランク関数 $B_\nu(T)$ に等しい（式 (5.182) を参照）．

黒体輻射

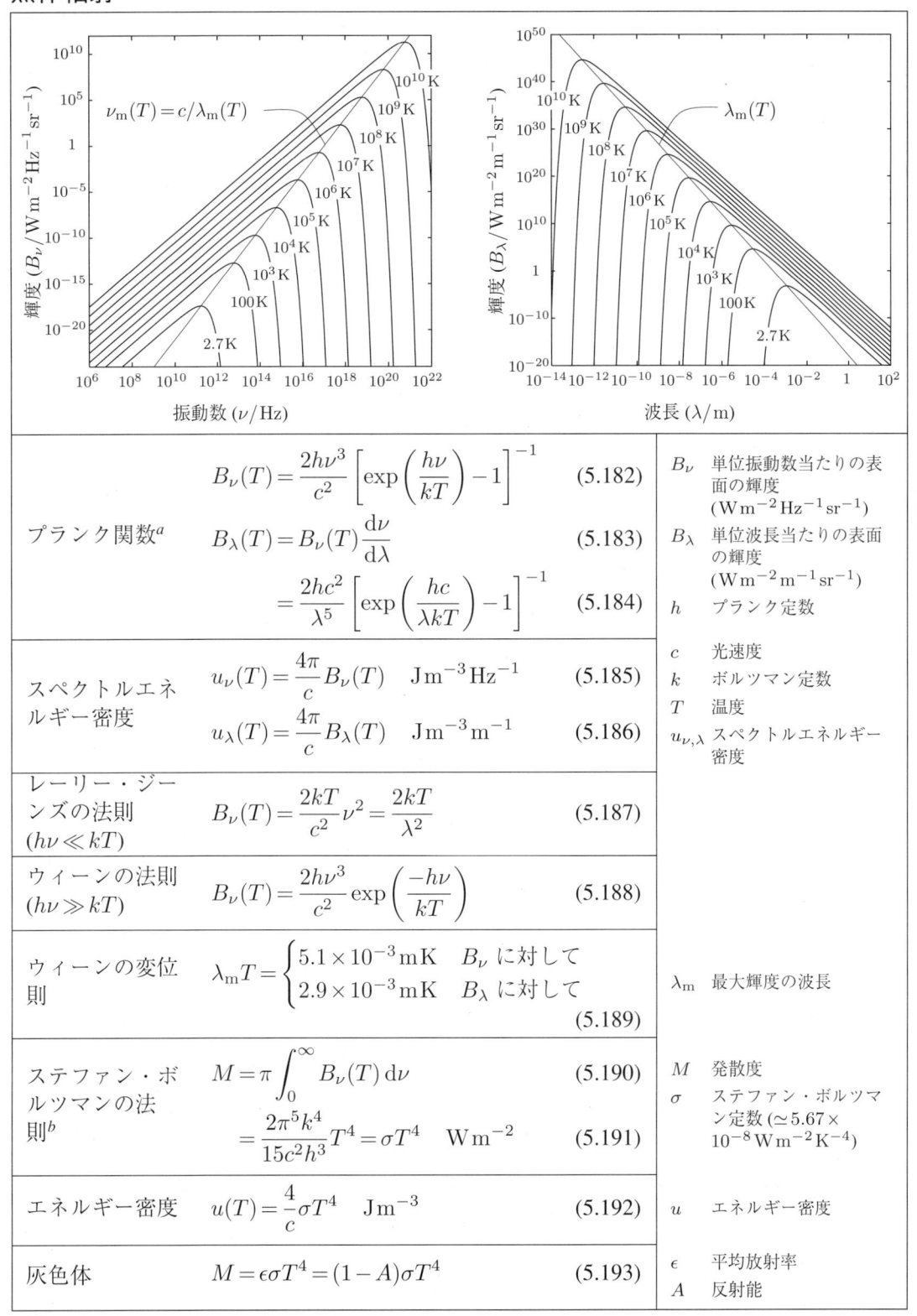

プランク関数[a]	$B_\nu(T) = \dfrac{2h\nu^3}{c^2}\left[\exp\left(\dfrac{h\nu}{kT}\right)-1\right]^{-1}$	(5.182)	B_ν 単位振動数当たりの表面の輝度 $(\mathrm{W\,m^{-2}\,Hz^{-1}\,sr^{-1}})$
	$B_\lambda(T) = B_\nu(T)\dfrac{d\nu}{d\lambda}$	(5.183)	B_λ 単位波長当たりの表面の輝度 $(\mathrm{W\,m^{-2}\,m^{-1}\,sr^{-1}})$
	$= \dfrac{2hc^2}{\lambda^5}\left[\exp\left(\dfrac{hc}{\lambda kT}\right)-1\right]^{-1}$	(5.184)	h プランク定数
スペクトルエネルギー密度	$u_\nu(T) = \dfrac{4\pi}{c}B_\nu(T)\quad \mathrm{J\,m^{-3}\,Hz^{-1}}$	(5.185)	c 光速度 k ボルツマン定数 T 温度
	$u_\lambda(T) = \dfrac{4\pi}{c}B_\lambda(T)\quad \mathrm{J\,m^{-3}\,m^{-1}}$	(5.186)	$u_{\nu,\lambda}$ スペクトルエネルギー密度
レーリー・ジーンズの法則 $(h\nu \ll kT)$	$B_\nu(T) = \dfrac{2kT}{c^2}\nu^2 = \dfrac{2kT}{\lambda^2}$	(5.187)	
ウィーンの法則 $(h\nu \gg kT)$	$B_\nu(T) = \dfrac{2h\nu^3}{c^2}\exp\left(\dfrac{-h\nu}{kT}\right)$	(5.188)	
ウィーンの変位則	$\lambda_m T = \begin{cases} 5.1\times 10^{-3}\,\mathrm{m\,K} & B_\nu \text{に対して} \\ 2.9\times 10^{-3}\,\mathrm{m\,K} & B_\lambda \text{に対して} \end{cases}$ (5.189)		λ_m 最大輝度の波長
ステファン・ボルツマンの法則[b]	$M = \pi\int_0^\infty B_\nu(T)\,d\nu$	(5.190)	M 発散度
	$= \dfrac{2\pi^5 k^4}{15c^2 h^3}T^4 = \sigma T^4 \quad \mathrm{W\,m^{-2}}$	(5.191)	σ ステファン・ボルツマン定数 $(\simeq 5.67\times 10^{-8}\,\mathrm{W\,m^{-2}\,K^{-4}})$
エネルギー密度	$u(T) = \dfrac{4}{c}\sigma T^4 \quad \mathrm{J\,m^{-3}}$	(5.192)	u エネルギー密度
灰色体	$M = \epsilon\sigma T^4 = (1-A)\sigma T^4$	(5.193)	ϵ 平均放射率 A 反射能

[a] 表面の放射された領域に関して．表面輝度は単に輝度としても知られている．比強度は受信に対して用いられる．「ハノフスの法則」ともいう．発散度は単位時間当たり黒体の単位面積から放出される全放射エネルギーである．

第6章　固体物理学

6.1　序論

　この章では，固体物理学におけるいくつかの話題を取り上げている．この分野の学部レベルの多くの教科書に掲載されている基本的部分はカバーしたが，この広大な領域の表面をなでる以上のことは試みていない．それに加えて，元素の物理的性質のいくつかを加えた周期律表を次の2ページに示した．

次ページの周期律表　元素の周期律表に対するデータは，*Pure Appl. Chem.*, **71**, 1593-1607 (1999), Kaye and Laby が編集した物理化学定数表 (Longman,1995) の第 16 版（ロングマン，1995），化学と物理の CRC ハンドブック (CRC Press, 1993) の第 74 版から取っている．融点と沸点は，Kaye and Laby に載っていた摂氏の値に 273.15 を加えて，ケルヴィンに変換した．標準的原子質量は地球上に自然に見出される試料の等方的存在度を反映している．有効数字は試料間の変動を反映している．原子質量が角括弧（大括弧）で表されている元素は安定した核種をもたず，値は最も長い寿命の同位体の質量数を表している．結晶学的データは標準の状態の下で安定な最もよく知られた形（他に断らなければ，アルファ体の）元素の形に基づいている．密度は，固体に対するものである．もっと詳しい事実や各元素に対する脚注に対しては，原著に当たっていただきたい．
元素 110, 111, 112, 114 の存在は知られているが，名前は永続的でない．

6.2 周期律表

凡例（チタンの例）:
- 原子番号
- 電子配置
- 密度 (kg m^{-3})
- 結晶系
- 融点 (K)
- 元素名
- 原子量（相対原子質量）(u)
- 元素記号
- 格子定数 a (fm)
- c/a (in RHL, c/a in ORC & MCL), b/a
- 沸点 (K)

チタン 47.867 / 22 Ti / [Ca]3d^2 / 4 508 295 / HEX 1.587 / 1 943 3 563

1	2	3	4	5	6	7	8	9
水素 1.007 94 **1 H** $1s^1$ 89 (β) 378 HEX 1.632 13.80 20.28								
リチウム 6.941 **3 Li** [He]2s^1 533 (β) 351 BCC 453.65 1613	ベリリウム 9.012 182 **4 Be** [He]2s^2 1 846 229 HEX 1.568 1 560 2 745							
ナトリウム 22.989 770 **11 Na** [Ne]3s^1 966 429 BCC 370.8 1 153	マグネシウム 24.305 0 **12 Mg** [Ne]3s^2 1 738 321 HEX 1.624 923 1 363							
カリウム 39.098 3 **19 K** [Ar]4s^1 862 532 BCC 336.5 1 033	カルシウム 40.078 **20 Ca** [Ar]4s^2 1 530 559 FCC 1 113 1 757	スカンジウム 44.955 910 **21 Sc** [Ca]3d^1 2 992 331 HEX 1.592 1 813 3 103	チタン 47.867 **22 Ti** [Ca]3d^2 4 508 295 HEX 1.587 1 943 3 563	バナジウム 50.941 5 **23 V** [Ca]3d^3 6 090 302 BCC 2 193 3 673	クロム 51.996 1 **24 Cr** [Ar]3$d^5$4s^1 7 194 388 BCC 2 180 2 943	マンガン 54.938 049 **25 Mn** [Ca]3d^5 7 473 891 BCC 1 523 2 333	鉄 55.845 **26 Fe** [Ca]3d^6 7 873 287 BCC 1 813 3 133	コバルト 58.933 200 **27 Co** [Ca]3d^7 8 800 (ϵ) 251 HEX 1.623 1 768 3 203
ルビジウム 85.467 8 **37 Rb** [Kr]5s^1 1 533 571 BCC 312.4 963.1	ストロンチウム 87.62 **38 Sr** [Kr]5s^2 2 583 608 FCC 1 050 1 653	イットリウム 88.905 85 **39 Y** [Sr]4d^1 4 475 365 HEX 1.571 1 798 3 613	ジルコニウム 91.224 **40 Zr** [Sr]4d^2 6 507 323 HEX 1.593 2 123 4 673	ニオブ 92.906 38 **41 Nb** [Kr]4$d^4$5s^1 8 578 330 BCC 2 750 4 973	モリブデン 95.94 **42 Mo** [Kr]4$d^5$5s^1 10 222 315 BCC 2 896 4 913	テクチウム [98] **43 Tc** [Sr]4d^5 11 496 270 HEX 1.604 2 433 4 533	ルテニウム 101.07 **44 Ru** [Kr]4$d^7$5s^1 12 360 270 HEX 1.582 2 603 4 423	ロジウム 102.905 50 **45 Rh** [Kr]4$d^8$5s^1 12 420 380 FCC 2 236 3 973
セシウム 132.905 45 **55 Cs** [Xe]6s^1 1 900 614 BCC 301.6 943.2	バリウム 137.327 **56 Ba** [Xe]6s^2 3 594 502 BCC 1 001 2 173	ランタノイド **57 – 71**	ハフニウム 178.49 **72 Hf** [Yb]5d^2 13 276 319 HEX 1.581 2 503 4 873	タンタル 180.947 9 **73 Ta** [Yb]5d^3 16 670 330 BCC 3 293 5 833	タングステン 183.84 **74 W** [Yb]5d^4 19 254 316 BCC 3 695 5 823	レニウム 186.207 **75 Re** [Yb]5d^5 21 023 276 HEX 1.615 3 459 5 873	オスミウム 190.23 **76 Os** [Yb]5d^6 22 580 273 HEX 1.606 3 303 5 273	イリジウム 192.217 **77 Ir** [Yb]5d^7 22 550 384 FCC 2 720 4 703
フランシウム [223] **87 Fr** [Rn]7s^1 300 923	ラジウム [226] **88 Ra** [Rn]7s^2 5 000 515 BCC 973 1 773	アクチノイド **89 – 103**	ラザホージウム [261] **104 Rf** [Ra]5f^{14}6d^2	ドブニウム [262] **105 Db** [Ra]5f^{14}6d^3?	シーボーギウム [263] **106 Sg** [Ra]5f^{14}6d^4?	ボーリウム [264] **107 Bh** [Ra]5f^{14}6d^5?	ハッシウム [265] **108 Hs** [Ra]5f^{14}6d^6?	マイトネリウム [268] **109 Mt** [Ra]5f^{14}6d^7?

ランタノイド

ランタン 138.905 5 **57 La** [Ba]5d^1 6 174 377 HEX 3.23 1 193 3 733	セリウム 140.116 **58 Ce** [Ba]4$f^1$5d^1 6 711 (γ) 516 FCC 1 073 3 693	プラセオジウム 140.907 65 **59 Pr** [Ba]4f^3 6 779 367 HEX 3.222 1 204 3 783	ネオジウム 144.24 **60 Nd** [Ba]4f^4 7 000 366 HEX 3.225 1 289 3 343	プロメテウム [145] **61 Pm** [Ba]4f^5 7 220 365 HEX 3.19 1 415 3 573	サマリウム 150.36 **62 Sm** [Ba]4f^6 7 536 363 HEX 7.221 1 443 2 063

アクチノイド

アクチニウム [227] **89 Ac** [Ra]6d^1 10 060 531 FCC 1 323 3 473	トリウム 232.038 1 **90 Th** [Ra]6d^2 11 725 508 FCC 2 023 5 063	プロトアクチニウム 231.035 88 **91 Pa** [Rn]5$f^2$6$d^1$7s^2 15 370 392 TET 0.825 1 843 4 273	ウラン 238.028 9 **92 U** [Rn]5$f^3$6$d^1$7s^2 19 050 285 ORC 1.736, 2.056 1 405.3 4 403	ネプツニウム [237] **93 Np** [Rn]5$f^4$6$d^1$7s^2 20 450 666 ORC 0.733, 0.709 913 4 173	プルトニウム [244] **94 Pu** [Rn]5$f^6$7s^2 19 816 618 MCL 1.773, 0.780 913 3 503

6.2 周期律表

結晶系

BCC	体心立方晶
CUB	単純立方晶
DIA	ダイアモンド
FCC	面心立方晶
HEX	六方晶
MCL	単斜晶
ORC	斜方晶
RHL	菱面体晶
TET	正方晶
(t-pt)	(三重点)

10	11	12	13	14	15	16	17	18
								ヘリウム 4.002602 **2 He** $1s^2$ 120 356 HEX 1.631 3-5 4.22
			ホウ素 10.811 **5 B** $[Be]2p^1$ 2466 1017 RHL 65°7′ 2348 4273	炭素 12.0107 **6 C** $[Be]2p^2$ 2266 357 DIA 4763 (t-pt)	窒素 14.00674 **7 N** $[Be]2p^3$ 1035 (β) 405 HEX 1.631 63 77.35	酸素 15.9994 **8 O** $[Be]2p^4$ 1460 (γ) 683 CUB 54.36 90.19	フッ素 18.9984032 **9 F** $[Be]2p^5$ 1140 550 MCL 1.32/0.61 53.55 85.05	ネオン 20.1797 **10 Ne** $[Be]2p^6$ 1442 446 FCC 24.56 27.07
			アルミニウム 26.981538 **13 Al** $[Mg]3p^1$ 2698 405 FCC 933.47 2793	シリコン 28.0855 **14 Si** $[Mg]3p^2$ 2329 543 DIA 1683 3533	リン 30.973761 **15 P** $[Mg]3p^3$ 1820 331 ORC 1.320/3.162 317.3 550	イオウ 32.066 **16 S** $[Mg]3p^4$ 2086 1046 ORC 2.340/1.229 388.47 717.82	塩素 35.4527 **17 Cl** $[Mg]3p^5$ 2030 624 ORC 1.324/0.718 172 239.1	アルゴン 39.948 **18 Ar** $[Mg]3p^6$ 1656 532 FCC 83.81 87.30
ニッケル 58.6934 **28 Ni** $[Ca]3d^8$ 8907 352 FCC 1728 3263	銅 63.546 **29 Cu** $[Ar]3d^{10}4s^1$ 8933 361 FCC 1357.8 2833	亜鉛 65.39 **30 Zn** $[Ca]3d^{10}$ 7135 266 HEX 1.856 692.68 1183	ガリウム 69.723 **31 Ga** $[Zn]4p^1$ 5905 452 ORC 1.001/1.695 302.9 2473	ゲルマニウム 72.61 **32 Ge** $[Zn]4p^2$ 5323 566 DIA 1211 3103	ヒ素 74.92160 **33 As** $[Zn]4p^3$ 5776 413 RHL 54°7′ 883 (t-pt)	セレン 78.96 **34 Se** $[Zn]4p^4$ 4808 (γ) 436 HEX 1.135 493 958	臭素 79.904 **35 Br** $[Zn]4p^5$ 3120 668 ORC 1.308/0.672 265.90 332.0	クリプトン 83.80 **36 Kr** $[Zn]4p^6$ 3000 581 FCC 115.8 119.9
パラジウム 106.42 **46 Pd** $[Kr]4d^{10}$ 11995 389 FCC 1828 3233	銀 107.8682 **47 Ag** $[Pd]5s^1$ 10500 409 FCC 1235 2433	カドミウム 112.411 **48 Cd** $[Pd]5s^2$ 8647 298 HEX 1.886 594.2 1043	インジウム 114.818 **49 In** $[Cd]5p^1$ 7290 325 TET 1.521 429.75 2343	スズ 118.710 **50 Sn** $[Cd]5p^2$ 7285 (β) 583 TET 0.546 505.08 2893	アンチモン 121.760 **51 Sb** $[Cd]5p^3$ 6692 451 RHL 57°7′ 903.8 1860	テルル 127.60 **52 Te** $[Cd]5p^4$ 6247 446 HEX 1.33 723 1263	ヨウ素 126.90447 **53 I** $[Cd]5p^5$ 4953 727 ORC 1.347/0.659 386.7 457	キセノン 131.29 **54 Xe** $[Cd]5p^6$ 3560 635 FCC 161.3 165.0
白金 195.078 **78 Pt** $[Xe]4f^{14}5d^96s^1$ 21450 392 FCC 2041 4093	金 196.96655 **79 Au** $[Xe]4f^{14}5d^{10}6s^1$ 19281 408 FCC 1337.3 3123	水銀 200.59 **80 Hg** $[Yb]5d^{10}$ 13546 300 RHL 70°32′ 234.32 629.9	タリウム 204.3833 **81 Tl** $[Hg]6p^1$ 11871 346 HEX 1.598 577 1743	鉛 207.2 **82 Pb** $[Hg]6p^2$ 11343 495 FCC 600.7 2023	ビスマス 208.98038 **83 Bi** $[Hg]6p^3$ 9803 475 RHL 57°14′ 544.59 1833	ポロニウム [209] **84 Po** $[Hg]6p^4$ 9400 337 CUB 527 1233	アスタチン [210] **85 At** $[Hg]6p^5$ 573 623	ラドン [222] **86 Rn** $[Hg]6p^6$ 440 202 211
ダームスタチウム[*1] [271] **110 Ds**	ウンウンウニウム[*2] [272] **111 Uuu**	ウンウンビウム [285] **112 Uub**		ウンウンクアジウム [289] **114 Uuq**				

[*1] 2003年8月 IUPAC, 2004年3月日本化学会決定 (訳注)
[*2] Rg(Roentgenium) 2004年11月 IUPAC 決定, 日本名レントゲニウム (訳注)

ユウロビウム 151.964 **63 Eu** $[Ba]4f^7$ 5248 458 BCC 1095 1873	ガドリニウム 157.25 **64 Gd** $[Ba]4f^75d^1$ 7870 363 HEX 1.591 1587 3533	テルビウム 158.92534 **65 Tb** $[Ba]4f^9$ 8267 361 HEX 1.580 1633 3493	ジスプロシウム 162.50 **66 Dy** $[Ba]4f^{10}$ 8531 359 HEX 1.573 1683 2833	ホルミウム 164.93032 **67 Ho** $[Ba]4f^{11}$ 8797 358 HEX 1.570 1743 2973	エルビウム 167.26 **68 Er** $[Ba]4f^{12}$ 9044 356 HEX 1.570 1803 3133	ツリウム 168.93421 **69 Tm** $[Ba]4f^{13}$ 9325 354 HEX 1.570 1823 2223	イッテルビウム 173.04 **70 Yb** $[Ba]4f^{14}$ 6966 (β) 549 FCC 1097 1473	ルテチウム 174.967 **71 Lu** $[Yb]5d^1$ 9842 351 HEX 1.583 1933 3663
アメリシウム [243] **95 Am** $[Ra]5f^7$ 13670 347 HEX 3.24 1449 2873	キュリウム [247] **96 Cm** $[Rn]5f^76d^17s^2$ 13510 350 HEX 3.24 1618 3383	バークリウム [247] **97 Bk** $[Ra]5f^9$ 14780 342 HEX 1323	カリフォルニウム [251] **98 Cf** $[Ra]5f^{10}$ 15100 338 HEX 3.24 1173	アインスタニウム [252] **99 Es** $[Ra]5f^{11}$ HEX 1133	フェルミウム [257] **100 Fm** $[Ra]5f^{12}$ 1803	メンデレビウム [258] **101 Md** $[Ra]5f^{13}$ 1103	ノーベリウム [259] **102 No** $[Ra]5f^{14}$ 1103	ローレンシウム [262] **103 Lr** $[Ra]5f^{14}7p^1$ 1903

6.3 結晶構造

ブラベ格子

基本セルの体積	$V=(\boldsymbol{a}\times\boldsymbol{b})\cdot\boldsymbol{c}$	(6.1)	$\boldsymbol{a},\boldsymbol{b},\boldsymbol{c}$	基本基底ベクトル
			V	基本セルの体積
逆格子基底ベクトル[a]	$\boldsymbol{a}^*=2\pi\boldsymbol{b}\times\boldsymbol{c}/[(\boldsymbol{a}\times\boldsymbol{b})\cdot\boldsymbol{c}]$	(6.2)		
	$\boldsymbol{b}^*=2\pi\boldsymbol{c}\times\boldsymbol{a}/[(\boldsymbol{a}\times\boldsymbol{b})\cdot\boldsymbol{c}]$	(6.3)		
	$\boldsymbol{c}^*=2\pi\boldsymbol{a}\times\boldsymbol{b}/[(\boldsymbol{a}\times\boldsymbol{b})\cdot\boldsymbol{c}]$	(6.4)	$\boldsymbol{a}^*,\boldsymbol{b}^*,\boldsymbol{c}^*$	逆格子基底ベクトル
	$\boldsymbol{a}\cdot\boldsymbol{a}^*=\boldsymbol{b}\cdot\boldsymbol{b}^*=\boldsymbol{c}\cdot\boldsymbol{c}^*=2\pi$	(6.5)		
	$\boldsymbol{a}\cdot\boldsymbol{b}^*=\boldsymbol{a}\cdot\boldsymbol{c}^*=0$（等）	(6.6)		
格子ベクトル	$\boldsymbol{R}_{uvw}=u\boldsymbol{a}+v\boldsymbol{b}+w\boldsymbol{c}$	(6.7)	$\boldsymbol{R}_{uvw}$	格子ベクトル $[uvw]$
			u,v,w	整数
逆格子ベクトル	$\boldsymbol{G}_{hkl}=h\boldsymbol{a}^*+k\boldsymbol{b}^*+l\boldsymbol{c}^*$	(6.8)	$\boldsymbol{G}_{hkl}$	逆格子ベクトル $[hkl]$
	$\exp(\mathrm{i}\boldsymbol{G}_{hkl}\cdot\boldsymbol{R}_{uvw})=1$	(6.9)	i	$\mathrm{i}^2=-1$
ワイスゾーン方程式[b]	$hu+kv+lw=0$	(6.10)	(hkl)	平面のミラー指数[c]
格子面間隔（一般）	$d_{hkl}=\dfrac{2\pi}{G_{hkl}}$	(6.11)	d_{hkl}	(hkl) 面の間の距離
格子面間隔（直交基底）	$\dfrac{1}{d_{hkl}^2}=\dfrac{h^2}{a^2}+\dfrac{k^2}{b^2}+\dfrac{l^2}{c^2}$	(6.12)		

[a] これは，通常の逆格子の 2π 倍である（18 頁参照）．
[b] 任意のブラベ格子において，格子ベクトル $[uvw]$ が格子平面 hkl に平行な条件．
[c] ミラー指数は，G_{hkl} が，(hkl) 平面に直交するもっとも短い逆格子ベクトルであるように定義される．

ウェーバーの記号

$[uvw]$ から $[UVTW]$ への変換	$U=\dfrac{1}{3}(2u-v)$	(6.13)	U,V,T,W	ウェーバー指数
	$V=\dfrac{1}{3}(2v-u)$	(6.14)	u,v,w	晶帯軸指数
	$T=-\dfrac{1}{3}(u+v)$	(6.15)	$[UVTW]$	ウェーバー記号
	$W=w$	(6.16)	$[uvw]$	晶帯軸記号
$[UVTW]$ から $[uvw]$ への変換	$u=(U-T)$	(6.17)		
	$v=(V-T)$	(6.18)		
	$w=W$	(6.19)		
晶帯則[a]	$hU+kV+iT+lW=0$	(6.20)	$(hkil)$	ミラー・ブラベ指数

[a] 三方晶系，六方晶系に対して．

立方格子

格子	単純	体心	面心
格子定数	a	a	a
慣用単位胞の体積	a^3	a^3	a^3
単位胞当たりの格子点の数	1	2	4
最も近い隣接格子点の数[a]	6	8	12
最も近い隣接格子点の距離	a	$a\sqrt{3}/2$	$a/\sqrt{2}$
2番目に近い隣接格子点の数	12	6	6
2番目に近い隣接格子点の距離	$a\sqrt{2}$	a	a
充填率[b]	$\pi/6$	$\sqrt{3}\pi/8$	$\sqrt{2}\pi/6$
逆格子[c]	P	F	I
単純基底ベクトル[d]	$\boldsymbol{a}_1 = a\hat{\boldsymbol{x}}$ $\boldsymbol{a}_2 = a\hat{\boldsymbol{y}}$ $\boldsymbol{a}_3 = a\hat{\boldsymbol{z}}$	$\boldsymbol{a}_1 = \frac{a}{2}(\hat{\boldsymbol{y}}+\hat{\boldsymbol{z}}-\hat{\boldsymbol{x}})$ $\boldsymbol{a}_2 = \frac{a}{2}(\hat{\boldsymbol{z}}+\hat{\boldsymbol{x}}-\hat{\boldsymbol{y}})$ $\boldsymbol{a}_3 = \frac{a}{2}(\hat{\boldsymbol{x}}+\hat{\boldsymbol{y}}-\hat{\boldsymbol{z}})$	$\boldsymbol{a}_1 = \frac{a}{2}(\hat{\boldsymbol{y}}+\hat{\boldsymbol{z}})$ $\boldsymbol{a}_2 = \frac{a}{2}(\hat{\boldsymbol{z}}+\hat{\boldsymbol{x}})$ $\boldsymbol{a}_3 = \frac{a}{2}(\hat{\boldsymbol{x}}+\hat{\boldsymbol{y}})$

[a] または，配位数．
[b] 球の充填に対して．球の最大可能な充填率は $\sqrt{2}\pi/6$．
[c] P, I, F の逆格子に対する格子パラメータはそれぞれ $2\pi/a, 4\pi/a, 4\pi/a$ である．
[d] $\hat{\boldsymbol{x}}, \hat{\boldsymbol{y}}, \hat{\boldsymbol{z}}$ は単位ベクトルである．

結晶系[a]

系	対称性	単位胞[b]	格子[c]
三斜晶	なし	$a \neq b \neq c$; $\alpha \neq \beta \neq \gamma \neq 90°$	P
単斜晶	one diad（2価）‖ [010]	$a \neq b \neq c$; $\alpha = \gamma = 90°, \beta \neq 90°$	P, C
斜方晶	3 直交 2 価	$a \neq b \neq c$; $\alpha = \beta = \gamma = 90°$	P, C, I, F
正方晶	one tetrad（4価）‖ [001]	$a = b \neq c$; $\alpha = \beta = \gamma = 90°$	P, I
三方晶[d]	one triad（3価）‖ [111]	$a = b = c$; $\alpha = \beta = \gamma < 120° \neq 90°$	P, R
六方晶	one hexad（6価）‖ [001]	$a = b \neq c$; $\alpha = \beta = 90°, \gamma = 120°$	P
立方晶	four triads（3価）‖ ⟨111⟩	$a = b = c$; $\alpha = \beta = \gamma = 90°$	P, F, I

[a] $\neq$ の記号は，等式は対称性に必要ではないが，禁止されてもいないことを意味している．
[b] 単位胞の軸は a, b, c で，α, β, γ はそれぞれ，b と c, c と a, a と b の間の角である．
[c] 格子の型は，単純 (P)，体心 (I)，面心 (F)，菱面体 (R) である．
[d] 3 価 ‖ [001] の単純六方晶単位胞が，一般にこの菱面体単位胞よりも好まれる．

転位と割れ目

刃状転位	$\hat{l}\cdot b = 0$		(6.21)
らせん転位	$\hat{l}\cdot b = b$		(6.22)
単位長さ当たりのらせん転位エネルギー[b]	$U = \dfrac{\mu b^2}{4\pi}\ln\dfrac{R}{r_0}$		(6.23)
	$\sim \mu b^2$		(6.24)
臨界割れ目の長さ[c]	$L = \dfrac{4\alpha E}{\pi(1-\sigma^2)p_0^2}$		(6.25)

$\hat{l}$	転位線に平行な単位ベクトル
b, b	バーガースベクトル[a]
U	単位長さ当たりの転位エネルギー
μ	せん断弾性係数
R	r に対する外側切断
r_0	r に対する内側切断
L	臨界割れ目の長さ
α	単位面積当たりの表面エネルギー
E	ヤング率
σ	ポアソン比
p_0	加わった拡張応力

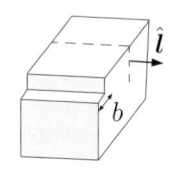

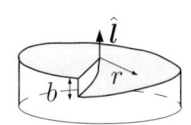

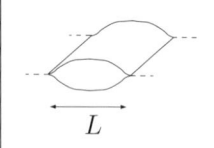

[a]バーガースベクトルは，転位が結晶を移動するならば，全相対滑りを特徴づけるブラベ格子ベクトルである．
[b]または張力．刃状転移の単位長さ当たりのエネルギーも $\sim \mu b^2$ である．
[c]等方的媒質中の（長く，L に垂直な）割れ目の穴に対して．一様な応力 p_0 の下での L 以上の割れ目は成長し，より小さい割れ目は縮小する．

結晶回折

ラウエ方程式	$a(\cos\alpha_1 - \cos\alpha_2) = h\lambda$	(6.26)
	$b(\cos\beta_1 - \cos\beta_2) = k\lambda$	(6.27)
	$c(\cos\gamma_1 - \cos\gamma_2) = l\lambda$	(6.28)
ブラッグの法則[a]	$2\boldsymbol{k}_{\mathrm{in}}\cdot\boldsymbol{G} + |\boldsymbol{G}|^2 = 0$	(6.29)
原子形状因子	$f(\boldsymbol{G}) = \displaystyle\int_{\mathrm{vol}} e^{-i\boldsymbol{G}\cdot\boldsymbol{r}}\rho(\boldsymbol{r})\,d^3r$	(6.30)
原子構造因子[b]	$S(\boldsymbol{G}) = \displaystyle\sum_{j=1}^{n} f_j(\boldsymbol{G})e^{-i\boldsymbol{G}\cdot\boldsymbol{d}_j}$	(6.31)
散乱強度[c]	$I(\boldsymbol{K}) \propto N^2 |S(\boldsymbol{K})|^2$	(6.32)
デバイ・ワラー因子[d]	$I_T = I_0 \exp\left[-\dfrac{1}{3}\langle u^2\rangle |\boldsymbol{G}|^2\right]$	(6.33)

a, b, c	格子パラメータ
$\alpha_1, \beta_1, \gamma_1$	基底ベクトルと入射波動ベクトルとの間の角
$\alpha_2, \beta_2, \gamma_2$	基底ベクトルと出射波動ベクトルとの間の角
h, k, l	整数（ラウエ指数）
λ	波長
$\boldsymbol{k}_{\mathrm{in}}$	入射波動ベクトル
$\boldsymbol{G}$	逆格子ベクトル
$f(\boldsymbol{G})$	原子形状因子
$\boldsymbol{r}$	位置ベクトル
$\rho(\boldsymbol{r})$	原子の電子密度
$S(\boldsymbol{G})$	構造因子
n	基盤の原子の数
$\boldsymbol{d}_j$	基盤の j 番目の原子の位置
$\boldsymbol{K}$	波動ベクトルの変化（$=\boldsymbol{k}_{\mathrm{out}} - \boldsymbol{k}_{\mathrm{in}}$）
$I(\boldsymbol{K})$	散乱強度
N	照射された格子点の数
I_T	温度 T の強度
I_0	動かない格子からの強度
$\langle u^2 \rangle$	原子の2乗平均温度変位

[a]あるいは，式 (8.32) を参照せよ．
[b]和は基底の中の原子，すなわち，ブラベ格子で繰り返される原子のモチーフに関して取る．
[c]ブラッグ条件は $\boldsymbol{K}$ を $|k_{\mathrm{in}}| = |k_{\mathrm{out}}|$ なる逆格子ベクトルにする．
[d]熱振動の影響．

6.4 格子力学

フォノン分散関係[a]

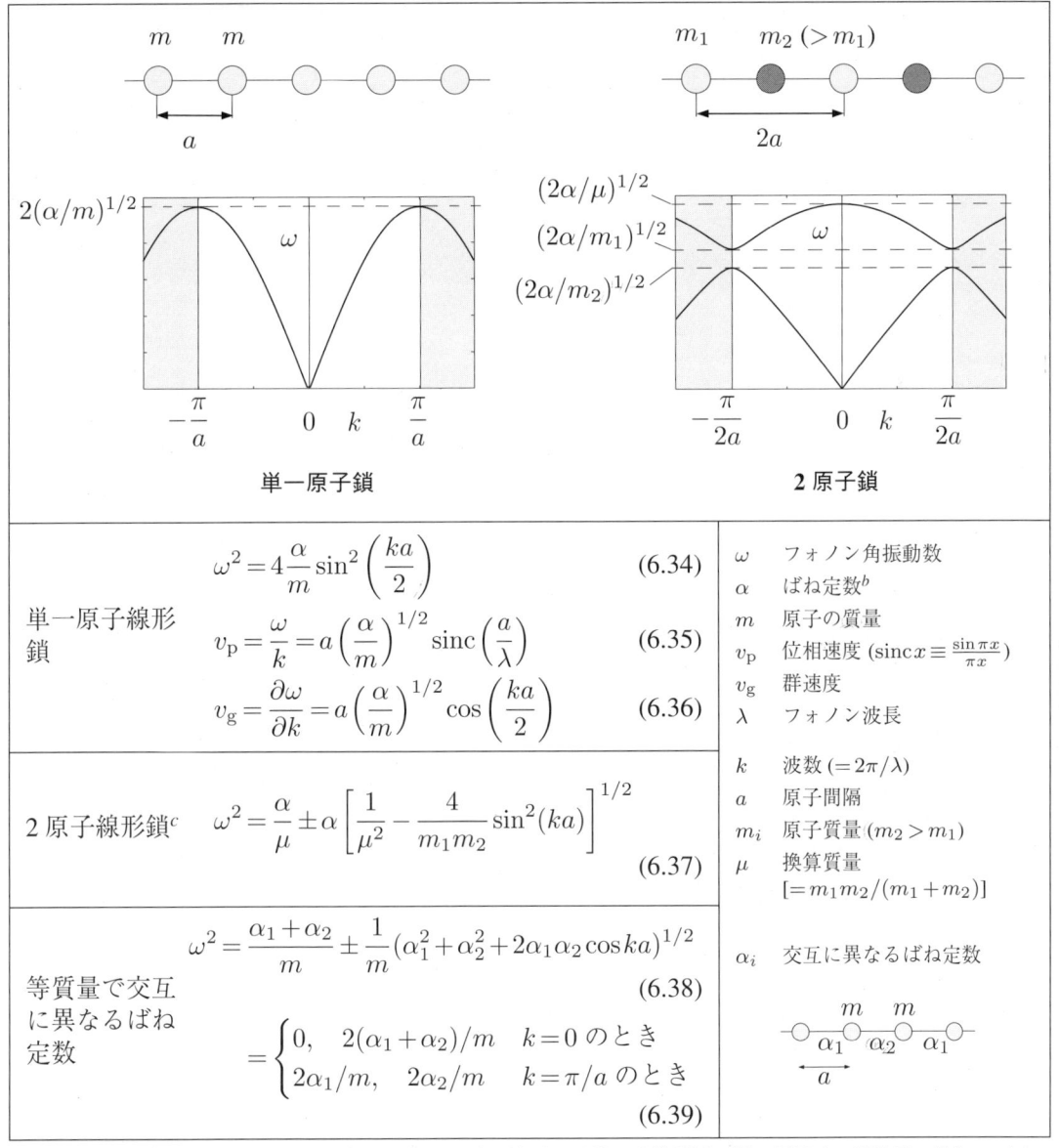

単一原子鎖 / **2原子鎖**

単一原子線形鎖	$\omega^2 = 4\dfrac{\alpha}{m}\sin^2\left(\dfrac{ka}{2}\right)$	(6.34)
	$v_\mathrm{p} = \dfrac{\omega}{k} = a\left(\dfrac{\alpha}{m}\right)^{1/2}\mathrm{sinc}\left(\dfrac{a}{\lambda}\right)$	(6.35)
	$v_\mathrm{g} = \dfrac{\partial \omega}{\partial k} = a\left(\dfrac{\alpha}{m}\right)^{1/2}\cos\left(\dfrac{ka}{2}\right)$	(6.36)
2原子線形鎖[c]	$\omega^2 = \dfrac{\alpha}{\mu} \pm \alpha\left[\dfrac{1}{\mu^2} - \dfrac{4}{m_1 m_2}\sin^2(ka)\right]^{1/2}$	(6.37)
等質量で交互に異なるばね定数	$\omega^2 = \dfrac{\alpha_1+\alpha_2}{m} \pm \dfrac{1}{m}(\alpha_1^2+\alpha_2^2+2\alpha_1\alpha_2\cos ka)^{1/2}$	(6.38)
	$= \begin{cases} 0,\ 2(\alpha_1+\alpha_2)/m & k=0\text{ のとき} \\ 2\alpha_1/m,\ 2\alpha_2/m & k=\pi/a\text{ のとき} \end{cases}$	(6.39)

ω	フォノン角振動数
α	ばね定数[b]
m	原子の質量
v_p	位相速度 $(\mathrm{sinc}\,x \equiv \frac{\sin \pi x}{\pi x})$
v_g	群速度
λ	フォノン波長
k	波数 $(=2\pi/\lambda)$
a	原子間隔
m_i	原子質量 $(m_2 > m_1)$
μ	換算質量 $[=m_1 m_2/(m_1+m_2)]$
α_i	交互に異なるばね定数

[a] 簡単な調和最近接相互作用だけを考えた，無限に長い線形原子鎖．分散関係の影の領域は，逆格子の最初のブリルアン帯域の外である．

[b] α = 復元力/相対変位 の意味で．

[c] この鎖の繰返しの距離は $2a$ であるから，最初のブリルアン帯域は $|k|<\pi/(2a)$ に広がっていることに注意．光学的分枝と音響的分枝はそれぞれ，+ 解と − 解である．

デバイ理論

フォノンモード^{a}ごとの平均エネルギー	$\langle E \rangle = \dfrac{1}{2}\hbar\omega + \dfrac{\hbar\omega}{\exp[\hbar\omega/(k_{\rm B}T)] - 1}$	(6.40)	$\langle E \rangle$ ω における平均エネルギー $\hbar$ （プランク定数）$/(2\pi)$ ω フォノンの角振動数 $k_{\rm B}$ ボルツマン定数 T 温度
デバイ振動数	$\omega_{\rm D} = v_{\rm s}(6\pi^2 N/V)^{1/3}$ (6.41) ここで $\dfrac{3}{v_{\rm s}^3} = \dfrac{1}{v_{\rm l}^3} + \dfrac{2}{v_{\rm t}^3}$ (6.42)		$\omega_{\rm D}$ デバイ（角）振動数 $v_{\rm s}$ 有効音速 $v_{\rm l}$ 横位相速度 $v_{\rm t}$ 縦位相速度 N 結晶中の原子の個数 V 結晶の体積 $\theta_{\rm D}$ デバイ温度
デバイ温度	$\theta_{\rm D} = \hbar\omega_{\rm D}/k_{\rm B}$	(6.43)	
状態のフォノン密度	$g(\omega)\,{\rm d}\omega = \dfrac{3V\omega^2}{2\pi^2 v_{\rm s}^3}\,{\rm d}\omega \quad (0 < \omega < \omega_{\rm D})$ (6.44) ($g = 0$ その他の場合)		$g(\omega)$ ω における状態密度 C_V 定積熱容量 U 結晶中にある熱フォノンエネルギー ${\rm D}(x)$ デバイ関数
デバイ熱容量	$C_V = 9Nk_{\rm B}\dfrac{T^3}{\theta_{\rm D}^3}\displaystyle\int_0^{\theta_{\rm D}/T}\dfrac{x^4 {\rm e}^x}{({\rm e}^x - 1)^2}\,{\rm d}x$	(6.45)	
デュロン・プティの法則	$\simeq 3Nk_{\rm B} \quad (T \gg \theta_{\rm D})$	(6.46)	
デバイ T^3 法則	$\simeq \dfrac{12\pi^4}{5}Nk_{\rm B}\dfrac{T^3}{\theta_{\rm D}^3} \quad (T \ll \theta_{\rm D})$	(6.47)	
内部熱エネルギー^b	$U(T) = \dfrac{9N}{\omega_{\rm D}^3}\displaystyle\int_0^{\omega_{\rm D}}\dfrac{\hbar\omega^3}{\exp[\hbar\omega/(k_{\rm B}T)] - 1}\,{\rm d}\omega \equiv 3Nk_{\rm B}T{\rm D}(\theta_{\rm D}/T)$ (6.48) ${\rm D}(x) = \dfrac{3}{x^3}\displaystyle\int_0^x \dfrac{y^3}{{\rm e}^y - 1}\,{\rm d}y$ (6.49)		

^{a}または，温度 T の熱平衡状態の単純調和振動子．
^{b}零点エネルギーを無視している．

格子力（単純な場合）

ファンデルワールス相互作用[a]	$\phi(r) = -\dfrac{3}{4} \dfrac{\alpha_p^2 \hbar \omega}{(4\pi\epsilon_0)^2 r^6}$	(6.50)	$\phi(r)$	2粒子ポテンシャルエネルギー
			r	粒子の距離
			α_p	粒子の分極率
レナード・ジョーンズ 6–12 ポテンシャル（分子結晶）	$\phi(r) = -\dfrac{A}{r^6} + \dfrac{B}{r^{12}}$	(6.51)	$\hbar$	（プランク定数）$/(2\pi)$
	$= 4\epsilon \left[\left(\dfrac{\sigma}{r}\right)^{12} - \left(\dfrac{\sigma}{r}\right)^6 \right]$	(6.52)	ϵ_0	自由空間の誘電率
			ω	偏光軌道の角振動数
	$\sigma = (B/A)^{1/6}; \quad \epsilon = A^2/(4B)$		A, B	定数
	$r = \dfrac{2^{1/6}}{\sigma}$ のとき ϕ は最小	(6.53)	ϵ, σ	レナード・ジョーンズパラメータ
デボアのパラメータ	$\Lambda = \dfrac{h}{\sigma(m\epsilon)^{1/2}}$	(6.54)	Λ	デボアのパラメータ
			h	プランク定数
			m	粒子の質量
クーロン相互作用（イオン結晶）	$U_C = -\alpha_M \dfrac{e^2}{4\pi\epsilon_0 r_0}$	(6.55)	U_C	イオン対ごとの格子クーロンエネルギー
			α_M	マーデルング定数
			$-e$	電子の電荷
			r_0	最近接原子間の距離

[a]粒子間の伝播時間を無視して，揺らいでいる双極子相互作用に対するロンドンの公式．

格子熱膨張と熱伝導

グリューナイゼンのパラメータ[a]	$\gamma = -\dfrac{\partial \ln \omega}{\partial \ln V}$	(6.56)	γ	グリューナイゼンのパラメータ
			ω	ノーマルモード振動数
			V	体積
線形膨脹率[b]	$\alpha = \dfrac{1}{3K_T} \dfrac{\partial p}{\partial T}\bigg|_V = \dfrac{\gamma C_V}{3K_T V}$	(6.57)	α	線形膨脹率
			K_T	等温体積弾性率
			p	圧力
			T	温度
			C_V	定積格子熱容量
フォノン気体の熱伝導率	$\lambda = \dfrac{1}{3} \dfrac{C_V}{V} v_s l$	(6.58)	λ	熱伝導率
			v_s	有効音速
			l	フォノンの平均自由行程
ウムクラップ平均自由行程[c]	$l_u \propto \exp(\theta_u/T)$	(6.59)	l_u	ウムクラップ平均自由行程
			θ_u	ウムクラップ温度 $\sim \theta_D/2$

[a]厳密には，グリューナイゼンのパラメータは C_V へのモードの寄与によって重み付けされたすべてのノーマルモードに渡る γ の平均を意味する．
[b]または，等方的に膨張する結晶に対する熱膨脹係数．
[c]平均自由行程は，単にウムクラップ過程，すなわち，第一ブリルアン帯域外のフォノンの散乱によって定まる．

6.5 固体中の電子

自由電子輸送の性質

電流密度	$\boldsymbol{J} = -ne\boldsymbol{v}_\mathrm{d}$	(6.60)	
平均電子流動速度	$\boldsymbol{v}_\mathrm{d} = -\dfrac{e\tau}{m_\mathrm{e}}\boldsymbol{E}$	(6.61)	
直流電気伝導率	$\sigma_0 = \dfrac{ne^2\tau}{m_\mathrm{e}}$	(6.62)	
交流電気伝導率[a]	$\sigma(\omega) = \dfrac{\sigma_0}{1-\mathrm{i}\omega\tau}$	(6.63)	
熱伝導率	$\lambda = \dfrac{1}{3}\dfrac{C_V}{V}\langle c^2\rangle\tau$	(6.64)	
	$= \dfrac{\pi^2 n k_\mathrm{B}^2 \tau T}{3m_\mathrm{e}}\quad (T\ll T_\mathrm{F})$	(6.65)	
ウィーデマン・フランツの法則[b]	$\dfrac{\lambda}{\sigma T} = L = \dfrac{\pi^2 k_\mathrm{B}^2}{3e^2}$	(6.66)	
ホール係数[c]	$R_\mathrm{H} = -\dfrac{1}{ne} = \dfrac{E_y}{J_x B_z}$	(6.67)	
ホール電圧（矩形の板）	$V_\mathrm{H} = R_\mathrm{H}\dfrac{B_z I_x}{w}$	(6.68)	

$\boldsymbol{J}$ 電流密度
n 自由電子数密度
$-e$ 電子の電荷
$\boldsymbol{v}_\mathrm{d}$ 平均電子流動速度
τ 衝突までの平均時間（緩和時間）
m_e 電子の質量
$\boldsymbol{E}$ 電場
σ_0 直流伝導率 ($\boldsymbol{J}=\sigma\boldsymbol{E}$)
ω 交流角振動数
$\sigma(\omega)$ 交流伝導率
C_V 定積全電子熱容量
V 体積
$\langle c^2\rangle$ 平均2乗電子速度
k_B ボルツマン定数
T 温度
T_F フェルミ温度
L ローレンツ定数 ($\simeq 2.45\times 10^{-8}\,\mathrm{W\Omega K^{-2}}$)
λ 熱伝導率
R_H ホール係数
E_y ホール電場
J_x 電流密度
B_z 磁束密度
V_H ホール電圧
I_x 電荷 ($J_x\times$ 断面積)
w z 方向の板の厚さ

[a] $\mathrm{e}^{-\mathrm{i}\omega t}$ のように変動する電場に対して．
[b] 任意のバンド構造に対して成立する．
[c] 電子の電荷は $-e$ である．ここで e は素電荷（近似的に $+1.6\times 10^{-19}\mathrm{C}$）．したがって，ホール係数は，電荷を運ぶ主要な担い手が電子のときは負の数である．

フェルミガス

電子の状態密度[a]	$g(E) = \dfrac{V}{2\pi^2}\left(\dfrac{2m_e}{\hbar^2}\right)^{3/2} E^{1/2}$	(6.69)	E 電子のエネルギー (>0) $g(E)$ 状態密度 V ガスの体積 m_e 電子の質量 $\hbar$ （プランク定数）$/(2\pi)$
	$g(E_F) = \dfrac{3}{2}\dfrac{nV}{E_F}$	(6.70)	
フェルミ波数	$k_F = (3\pi^2 n)^{1/3}$	(6.71)	k_F フェルミ波数 n 単位体積当たりの電子の個数
フェルミ速度	$v_F = \hbar k_F / m_e$	(6.72)	v_F フェルミ速度
フェルミエネルギー $(T=0)$	$E_F = \dfrac{\hbar^2 k_F^2}{2m_e} = \dfrac{\hbar^2}{2m_e}(3\pi^2 n)^{2/3}$	(6.73)	E_F フェルミエネルギー
フェルミ温度	$T_F = \dfrac{E_F}{k_B}$	(6.74)	T_F フェルミ温度 k_B ボルツマン定数
電子熱容量[b] $(T \ll T_F)$	$C_{Ve} = \dfrac{\pi^2}{3} g(E_F) k_B^2 T$	(6.75)	C_{Ve} 電子当たりの熱容量 T 温度
	$= \dfrac{\pi^2 k_B^2}{2 E_F} T$	(6.76)	
全運動エネルギー $(T=0)$	$U_0 = \dfrac{3}{5} n V E_F$	(6.77)	U_0 全運動エネルギー
パウリの常磁性	$M = \chi_{HP} H$	(6.78)	χ_{HP} パウリ磁気感受率 H 磁場の強さ M 磁化 μ_0 真空の透磁率 μ_B ボーア磁子
	$= \dfrac{3n}{2E_F} \mu_0 \mu_B^2 H$	(6.79)	
ランダウ反磁性	$\chi_{HL} = -\dfrac{1}{3} \chi_{HP}$	(6.80)	χ_{HL} ランダウ磁気感受率

[a] 状態密度は，しばしば実空間の単位体積当たり（すなわち $g(E)/V$）を示す.
[b] 式 (6.75) は任意の状態密度に対して成り立つ.

熱電効果

熱電能[a]	$\mathcal{E} = \dfrac{\boldsymbol{J}}{\sigma} + S_T \boldsymbol{\nabla} T$	(6.81)	$\mathcal{E}$ 電気化学場[b] $\boldsymbol{J}$ 電流密度 σ 電気伝導度 S_T 熱電能 T 温度 $\boldsymbol{H}$ 単位面積当たりの熱束
ペルティエ効果	$\boldsymbol{H} = \Pi \boldsymbol{J} - \lambda \boldsymbol{\nabla} T$	(6.82)	
ケルビンの関係式	$\Pi = T S_T$	(6.83)	Π ペルティエ係数 λ 熱伝導度

[a] または，絶対熱電力.
[b] 電気化学場は $(\mu/e) - \phi$ の勾配である．ここで，μ は化学ポテンシャル，$-e$ は電子の電荷，ϕ は電気ポテンシャル．

バンド理論と半導体

ブロッホの定理	$\Psi(\boldsymbol{r}+\boldsymbol{R})=\exp(\mathrm{i}\boldsymbol{k}\cdot\boldsymbol{R})\Psi(\boldsymbol{r})$	(6.84)	Ψ	電子の固有状態
			$\boldsymbol{k}$	ブロッホ波動ベクトル
			$\boldsymbol{R}$	格子ベクトル
			$\boldsymbol{r}$	位置ベクトル
電子速度	$\boldsymbol{v}_b(\boldsymbol{k})=\dfrac{1}{\hbar}\boldsymbol{\nabla}_{\boldsymbol{k}}E_b(\boldsymbol{k})$	(6.85)	$\boldsymbol{v}_b$	（波動ベクトル k）に対する電子速度
			$\hbar$	（プランク定数）$/2\pi$
			b	バンド指数
			$E_b(\boldsymbol{k})$	エネルギーバンド
有効質量テンソル	$m_{ij}=\hbar^2\left[\dfrac{\partial^2 E_b(\boldsymbol{k})}{\partial k_i \partial k_j}\right]^{-1}$	(6.86)	m_{ij}	有効質量テンソル
			k_i	$\boldsymbol{k}$ の成分
スカラー有効質量[a]	$m^*=\hbar^2\left[\dfrac{\partial^2 E_b(\boldsymbol{k})}{\partial k^2}\right]^{-1}$	(6.87)	m^*	スカラー有効質量
			k	$=|\boldsymbol{k}|$
易動度（移動度）	$\mu=\dfrac{|\boldsymbol{v}_\mathrm{d}|}{|\boldsymbol{E}|}=\dfrac{eD}{k_\mathrm{B}T}$	(6.88)	μ	粒子の易動度
			v_d	平均移動速度
			$\boldsymbol{E}$	加わった電場
			$-e$	電子の電荷
			D	拡散係数
			T	温度
正味の電流密度	$\boldsymbol{J}=(n_\mathrm{e}\mu_\mathrm{e}+n_\mathrm{h}\mu_\mathrm{h})e\boldsymbol{E}$	(6.89)	$\boldsymbol{J}$	電流密度
			$n_{\mathrm{e,h}}$	電子，正孔，数密度
			$\mu_{\mathrm{e,h}}$	電子，正孔，易動度
半導体方程式	$n_\mathrm{e}n_\mathrm{h}=\dfrac{(k_\mathrm{B}T)^3}{2(\pi\hbar^2)^3}(m_\mathrm{e}^*m_\mathrm{h}^*)^{3/2}\mathrm{e}^{-E_\mathrm{g}/(k_\mathrm{B}T)}$	(6.90)	k_B	ボルツマン定数
			E_g	バンドギャップ
			$m_{\mathrm{e,h}}^*$	電子，正孔，有効質量
p–n 接合	$I=I_0\left[\exp\left(\dfrac{eV}{k_\mathrm{B}T}\right)-1\right]$	(6.91)	I	電流
			I_0	飽和電流
	$I_0=en_\mathrm{i}^2 A\left(\dfrac{D_\mathrm{e}}{L_\mathrm{e}N_\mathrm{a}}+\dfrac{D_\mathrm{h}}{L_\mathrm{h}N_\mathrm{d}}\right)$	(6.92)	V	バイアス（前方を $+$）
			n_i	真性キャリア濃度
			A	接合面積
	$L_\mathrm{e}=(D_\mathrm{e}\tau_\mathrm{e})^{1/2}$	(6.93)	$D_{\mathrm{e,h}}$	電子，正孔，拡散係数
			$L_{\mathrm{e,h}}$	電子，正孔，拡散長
	$L_\mathrm{h}=(D_\mathrm{h}\tau_\mathrm{h})^{1/2}$	(6.94)	$\tau_{\mathrm{e,h}}$	電子，正孔，再結合時間
			$N_{\mathrm{a,d}}$	アクセプター，ドナー，濃度

[a] $E_b(\boldsymbol{k})$ が $\boldsymbol{k}$ の方向に依存しないように取れる $\boldsymbol{k}$ 空間の領域で成り立つ．

第 7 章　電磁気学

7.1　序論

電磁気力はわれわれの周辺で起こるほとんどすべての物理過程で中心的であり，古典物理学の主要な要素の 1 つである．実際，19 世紀の電磁気理論の発展によって，ポテンシャル理論，ベクトル解析，発散と回転の概念など，他の分野できわめて一般的に適用される，より数学的な仕組みを獲得した．

したがって，この章で物理量がたくさん配列され，その間の関係式が考察されるのは驚くことではない．いつものように，この章を通して SI 単位系が仮定されている．過去の電磁気理論は，esu 形式と emu 形式の cgs 単位系などさまざまな単位系を用いることに悩まされてきた．いまや霧は完全に晴れたが，依然としてこれらの歴史的計測にしがみついている特殊な分野もある．読者は，もし文献の中でそのような異色な部分に出会ったならば，単位の換算に関する節を参照することを勧める．

合理化された SI 単位系で書かれた方程式は，次の記号変換を用いて，一般の（合理化されていない）ガウス単位系に容易に書き換えることができる．

方程式の変換：SI からガウス単位系へ

$$\epsilon_0 \mapsto 1/(4\pi) \qquad \mu_0 \mapsto 4\pi/c^2 \qquad \bm{B} \mapsto \bm{B}/c$$

$$\chi_E \mapsto 4\pi\chi_E \qquad \chi_H \mapsto 4\pi\chi_H \qquad \bm{H} \mapsto c\bm{H}/(4\pi)$$

$$\bm{A} \mapsto \bm{A}/c \qquad \bm{M} \mapsto c\bm{M} \qquad \bm{D} \mapsto \bm{D}/(4\pi)$$

$$\rho, \bm{J}, \bm{E}, \phi, \sigma, \bm{P}, \epsilon_{\mathrm{r}}, \mu_{\mathrm{r}} \text{ は不変}$$

7.2 静的場

静電場

静電ポテンシャル	$\boldsymbol{E} = -\boldsymbol{\nabla}\phi$	(7.1)	$\boldsymbol{E}$	電場
			ϕ	静電ポテンシャル
電位差[a]	$\phi_a - \phi_b = \int_a^b \boldsymbol{E}\cdot\mathrm{d}\boldsymbol{l} = -\int_b^a \boldsymbol{E}\cdot\mathrm{d}\boldsymbol{l}$ (7.2)		ϕ_a	a におけるポテンシャル
			ϕ_b	b におけるポテンシャル
			$\mathrm{d}\boldsymbol{l}$	線分要素
ポアソンの方程式 (自由空間)	$\nabla^2\phi = -\dfrac{\rho}{\epsilon_0}$	(7.3)	ρ	電荷密度
			ϵ_0	真空の誘電率
$\boldsymbol{r}'$ における点電荷	$\phi(\boldsymbol{r}) = \dfrac{q}{4\pi\epsilon_0|\boldsymbol{r}-\boldsymbol{r}'|}$ (7.4) $\boldsymbol{E}(\boldsymbol{r}) = \dfrac{q(\boldsymbol{r}-\boldsymbol{r}')}{4\pi\epsilon_0|\boldsymbol{r}-\boldsymbol{r}'|^3}$ (7.5)		q	点電荷
電荷分布からの場 (自由空間)	$\boldsymbol{E}(\boldsymbol{r}) = \dfrac{1}{4\pi\epsilon_0}\int_{\text{volume}} \dfrac{\rho(\boldsymbol{r}')(\boldsymbol{r}-\boldsymbol{r}')}{|\boldsymbol{r}-\boldsymbol{r}'|^3}\,\mathrm{d}\tau'$ (7.6)		$\mathrm{d}\tau'$	体積要素
			$\boldsymbol{r}'$	$\mathrm{d}\tau'$ の位置ベクトル

[a] 経路 l に沿って点 a と b の間の電位差.

静磁場[a]

磁気スカラーポテンシャル	$\boldsymbol{B} = -\mu_0\boldsymbol{\nabla}\phi_\mathrm{m}$	(7.7)	ϕ_m	磁気スカラーポテンシャル
			$\boldsymbol{B}$	磁束密度
生成された電流ループの立体角による ϕ_m	$\phi_\mathrm{m} = \dfrac{I\Omega}{4\pi}$	(7.8)	Ω	立体角
			I	電流
ビオ・サバールの法則 (線電流からの場)	$\boldsymbol{B}(\boldsymbol{r}) = \dfrac{\mu_0 I}{4\pi}\int_{\text{line}} \dfrac{\mathrm{d}\boldsymbol{l}\times(\boldsymbol{r}-\boldsymbol{r}')}{|\boldsymbol{r}-\boldsymbol{r}'|^3}$ (7.9)		$\mathrm{d}\boldsymbol{l}$	電流の方向の線要素
			$\boldsymbol{r}'$	$\mathrm{d}\boldsymbol{l}$ の位置ベクトル
アンペールの法則微分形	$\boldsymbol{\nabla}\times\boldsymbol{B} = \mu_0\boldsymbol{J}$	(7.10)	$\boldsymbol{J}$	電流密度
			μ_0	真空の透磁率
アンペールの法則積分形	$\oint \boldsymbol{B}\cdot\mathrm{d}\boldsymbol{l} = \mu_0 I_\mathrm{tot}$	(7.11)	I_tot	ループを通過する全電流

[a] 自由空間における静磁場.

容量[a]

半径 a の球の容量	$C = 4\pi\epsilon_0\epsilon_r a$	(7.12)
半径 a の円板の容量	$C = 8\epsilon_0\epsilon_r a$	(7.13)
接触した2つの半径 a の球の容量	$C = 8\pi\epsilon_0\epsilon_r a \ln 2$	(7.14)
半径 a,長さ l の円柱の容量	$C \simeq [8 + 4.1(l/a)^{0.76}]\epsilon_0\epsilon_r a$	(7.15)
面積 S のほとんど球面の容量	$C \simeq 3.139 \times 10^{-11}\epsilon_r S^{1/2}$	(7.16)
辺の長さ a の立方体の容量	$C \simeq 7.283 \times 10^{-11}\epsilon_r a$	(7.17)
半径 $a<b$ の同心球の間の容量	$C = 4\pi\epsilon_0\epsilon_r ab(b-a)^{-1}$	(7.18)
半径 $a<b$ の同軸円筒の間の容量	$C = \dfrac{2\pi\epsilon_0\epsilon_r}{\ln(b/a)}$ 単位長さ当たり	(7.19)
半径 a で間隔 $2d$ の平行な円筒間の容量	$C = \dfrac{\pi\epsilon_0\epsilon_r}{\operatorname{arcosh}(d/a)}$ 単位長さ当たり	(7.20)
	$\simeq \dfrac{\pi\epsilon_0\epsilon_r}{\ln(2d/a)} \quad (d \gg a)$	(7.21)
半径 a で間隔 d の平行な同軸円板間の容量	$C \simeq \dfrac{\epsilon_0\epsilon_r \pi a^2}{d} + \epsilon_0\epsilon_r a[\ln(16\pi a/d) - 1]$	(7.22)

[a] 相対誘電率 ϵ_r の媒質に埋め込まれた導体に対して.

インダクタンス[a]

長さ l,面積 $(A \ll l^2)$,N 重の(直線あるいはトロイド状)ソレノイドのインダクタンス	$L = \mu_0 N^2 A/l$	(7.23)
半径 $a,b(a<b)$ の同軸円筒	$L = \dfrac{\mu_0}{2\pi}\ln\dfrac{b}{a}$ 単位長さ当たり	(7.24)
距離 $2d$ の平行に置かれた半径 a の針金	$L \simeq \dfrac{\mu_0}{\pi}\ln\dfrac{2d}{a}$ 単位長さ当たり $(2d \gg a)$	(7.25)
半径 $b \gg a$ のループに曲げられた半径 a の針金	$L \simeq \mu_0 b\left(\ln\dfrac{8b}{a} - 2\right)$	(7.26)

[a] 自由空間における完全導体の表面を流れている電流に対して.

電場[a]

半径 a，電荷 q の一様荷電球	$\boldsymbol{E}(\boldsymbol{r}) = \begin{cases} \dfrac{q}{4\pi\epsilon_0 a^3}\boldsymbol{r} & (r < a) \\ \dfrac{q}{4\pi\epsilon_0 r^3}\boldsymbol{r} & (r \geq a) \end{cases}$	(7.27)
半径 a，電荷 q の z 軸上の一様荷電円板	$\boldsymbol{E}(\boldsymbol{z}) = \dfrac{q}{2\pi\epsilon_0 a^2}\boldsymbol{z}\left(\dfrac{1}{|z|} - \dfrac{1}{\sqrt{z^2+a^2}}\right)$	(7.28)
単位長さ当たり荷電密度 λ の線荷電	$\boldsymbol{E}(\boldsymbol{r}) = \dfrac{\lambda}{2\pi\epsilon_0 r^2}\boldsymbol{r}$	(7.29)
モーメント $\boldsymbol{p}$ の電気双極子（球座標，$\boldsymbol{p}$ と $\boldsymbol{r}$ の角 θ）	$E_r = \dfrac{p\cos\theta}{2\pi\epsilon_0 r^3}$	(7.30)
	$E_\theta = \dfrac{p\sin\theta}{4\pi\epsilon_0 r^3}$	(7.31)
表面の電荷密度 σ 荷電薄膜	$E = \dfrac{\sigma}{2\epsilon_0}$	(7.32)

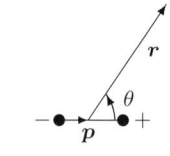

[a]まわりの媒質中で $\epsilon_r = 1$ に対する電場．

磁場[a]

単位長さ当たりの巻き数が n，流れる電流 I の一様な無限に長いソレノイド	$B = \begin{cases} \mu_0 nI & \text{内部で} \\ 0 & \text{外部で} \end{cases}$	(7.33)
半径 a，流れる電流 I の一様な円筒	$B(r) = \begin{cases} \mu_0 Ir/(2\pi a^2) & r < a \\ \mu_0 I/(2\pi r) & r \geq a \end{cases}$	(7.34)
モーメント $\boldsymbol{m}$ の磁気双極子（$\boldsymbol{m}$ と $\boldsymbol{r}$ の角 θ）	$B_r = \mu_0 \dfrac{m\cos\theta}{2\pi r^3}$	(7.35)
	$B_\theta = \dfrac{\mu_0 m\sin\theta}{4\pi r^3}$	(7.36)
z 軸に沿って半径 a，N 巻の円電流ループ	$B(z) = \dfrac{\mu_0 NI}{2}\dfrac{a^2}{(a^2+z^2)^{3/2}}$	(7.37)
電流 I，単位長さ当たり n 巻 z 軸のまっすぐなソレノイド	$B_{\text{axis}} = \dfrac{\mu_0 nI}{2}(\cos\alpha_1 - \cos\alpha_2)$	(7.38)

[a]まわりの媒質中で $\mu_r = 1$ に対する磁場．

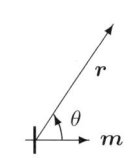

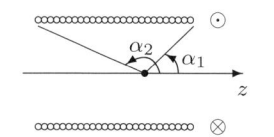

仮想電荷

間隔 b に実電荷 $+q$	仮想点	仮想電荷
伝導平面から間隔 b	$-b$	$-q$
半径 a の伝導球面から間隔 b	a^2/b	$-qa/b$
平面誘電体の境界から間隔 b		
自由空間から見て	$-b$	$-q(\epsilon_r - 1)/(\epsilon_r + 1)$
誘電体から見て	b	$+2q/(\epsilon_r + 1)$

7.3 電磁場（一般の場合）

場の関係式

電荷保存	$\nabla \cdot \boldsymbol{J} = -\dfrac{\partial \rho}{\partial t}$	(7.39)	$\boldsymbol{J}$	電流密度
			ρ	電荷密度
			t	時間
磁気ベクトルポテンシャル	$\boldsymbol{B} = \nabla \times \boldsymbol{A}$	(7.40)	$\boldsymbol{A}$	ベクトルポテンシャル
ポテンシャルからの電場	$\boldsymbol{E} = -\dfrac{\partial \boldsymbol{A}}{\partial t} - \nabla \phi$	(7.41)	ϕ	スカラーポテンシャル
クーロンゲージ	$\nabla \cdot \boldsymbol{A} = 0$	(7.42)		
ローレンツゲージ	$\nabla \cdot \boldsymbol{A} + \dfrac{1}{c^2}\dfrac{\partial \phi}{\partial t} = 0$	(7.43)	c	光速度
ポテンシャル場の方程式[a]	$\dfrac{1}{c^2}\dfrac{\partial^2 \phi}{\partial t^2} - \nabla^2 \phi = \dfrac{\rho}{\epsilon_0}$	(7.44)		
	$\dfrac{1}{c^2}\dfrac{\partial^2 \boldsymbol{A}}{\partial t^2} - \nabla^2 \boldsymbol{A} = \mu_0 \boldsymbol{J}$	(7.45)		
ϕ を ρ で表現する[a]	$\phi(\boldsymbol{r},t) = \dfrac{1}{4\pi\epsilon_0}\displaystyle\int_{体積}\dfrac{\rho(\boldsymbol{r}',t-|\boldsymbol{r}-\boldsymbol{r}'|/c)}{|\boldsymbol{r}-\boldsymbol{r}'|}\,\mathrm{d}\tau'$	(7.46)	$\mathrm{d}\tau'$	体積要素
			$\boldsymbol{r}'$	$\mathrm{d}\tau'$ の位置ベクトル
$\boldsymbol{A}$ を $\boldsymbol{J}$ で表現する[a]	$\boldsymbol{A}(\boldsymbol{r},t) = \dfrac{\mu_0}{4\pi}\displaystyle\int_{体積}\dfrac{\boldsymbol{J}(\boldsymbol{r}',t-|\boldsymbol{r}-\boldsymbol{r}'|/c)}{|\boldsymbol{r}-\boldsymbol{r}'|}\,\mathrm{d}\tau'$	(7.47)	μ_0	真空の透磁率

[a] ローレンツゲージを仮定している．

レナード・ビーヘルトポテンシャル[a]

動く点電荷のスカラーポテンシャル	$\phi = \dfrac{q}{4\pi\epsilon_0(|\boldsymbol{r}| - \boldsymbol{v}\cdot\boldsymbol{r}/c)}$	(7.48)	q	電荷
			$\boldsymbol{r}$	電荷から観測点へのベクトル
			$\boldsymbol{v}$	粒子の速度
動く点電荷の磁気ベクトルポテンシャル	$\boldsymbol{A} = \dfrac{\mu_0 q \boldsymbol{v}}{4\pi(|\boldsymbol{r}| - \boldsymbol{v}\cdot\boldsymbol{r}/c)}$	(7.49)		

[a] 自由空間で．これらの方程式の右辺は遅延時間，すなわち $t' = t - |\boldsymbol{r}'|/c$ で値を求めている．ここで，$\boldsymbol{r}'$ は時刻 t' における電荷から観測点へのベクトルである．

マックスウェルの方程式

微分形式		積分形式	
$\nabla \cdot \boldsymbol{E} = \dfrac{\rho}{\epsilon_0}$	(7.50)	$\oint_{\text{閉曲面}} \boldsymbol{E} \cdot \mathrm{d}\boldsymbol{s} = \dfrac{1}{\epsilon_0} \int_{\text{体積}} \rho \, \mathrm{d}\tau$	(7.51)
$\nabla \cdot \boldsymbol{B} = 0$	(7.52)	$\oint_{\text{閉曲面}} \boldsymbol{B} \cdot \mathrm{d}\boldsymbol{s} = 0$	(7.53)
$\nabla \times \boldsymbol{E} = -\dfrac{\partial \boldsymbol{B}}{\partial t}$	(7.54)	$\oint_{\text{閉曲線}} \boldsymbol{E} \cdot \mathrm{d}\boldsymbol{l} = -\dfrac{\mathrm{d}\Phi}{\mathrm{d}t}$	(7.55)
$\nabla \times \boldsymbol{B} = \mu_0 \boldsymbol{J} + \mu_0 \epsilon_0 \dfrac{\partial \boldsymbol{E}}{\partial t}$	(7.56)	$\oint_{\text{閉曲線}} \boldsymbol{B} \cdot \mathrm{d}\boldsymbol{l} = \mu_0 I + \mu_0 \epsilon_0 \int_{\text{曲面}} \dfrac{\partial \boldsymbol{E}}{\partial t} \cdot \mathrm{d}\boldsymbol{s}$	(7.57)

式 (7.51) はガウスの法則
式 (7.55) はファラデーの法則
- $\boldsymbol{E}$　電場
- $\boldsymbol{B}$　磁束密度
- $\boldsymbol{J}$　電流密度
- ρ　電荷密度
- $\mathrm{d}\boldsymbol{s}$　面積要素
- $\mathrm{d}\tau$　体積要素
- $\mathrm{d}\boldsymbol{l}$　線素
- Φ　対応磁束密度 $(= \int \boldsymbol{B} \cdot \mathrm{d}\boldsymbol{s})$
- I　対応電流 $(= \int \boldsymbol{J} \cdot \mathrm{d}\boldsymbol{s})$
- t　時間

マックスウェルの方程式（$\boldsymbol{D}$ と $\boldsymbol{H}$ を用いた表現）

微分形式		積分形式	
$\nabla \cdot \boldsymbol{D} = \rho_{\text{free}}$	(7.58)	$\oint_{\text{閉曲面}} \boldsymbol{D} \cdot \mathrm{d}\boldsymbol{s} = \int_{\text{体積}} \rho_{\text{free}} \, \mathrm{d}\tau$	(7.59)
$\nabla \cdot \boldsymbol{B} = 0$	(7.60)	$\oint_{\text{閉曲面}} \boldsymbol{B} \cdot \mathrm{d}\boldsymbol{s} = 0$	(7.61)
$\nabla \times \boldsymbol{E} = -\dfrac{\partial \boldsymbol{B}}{\partial t}$	(7.62)	$\oint_{\text{閉曲線}} \boldsymbol{E} \cdot \mathrm{d}\boldsymbol{l} = -\dfrac{\mathrm{d}\Phi}{\mathrm{d}t}$	(7.63)
$\nabla \times \boldsymbol{H} = \boldsymbol{J}_{\text{free}} + \dfrac{\partial \boldsymbol{D}}{\partial t}$	(7.64)	$\oint_{\text{閉曲線}} \boldsymbol{H} \cdot \mathrm{d}\boldsymbol{l} = I_{\text{free}} + \int_{\text{曲面}} \dfrac{\partial \boldsymbol{D}}{\partial t} \cdot \mathrm{d}\boldsymbol{s}$	(7.65)

- $\boldsymbol{D}$　変位場
- ρ_{free}　自由電荷密度
  （$\rho = \rho_{\text{induced}} + \rho_{\text{free}}$ の意味で）
- $\boldsymbol{B}$　磁束密度
- $\boldsymbol{H}$　磁場の強さ
- $\boldsymbol{J}_{\text{free}}$　自由電流密度
  （$\boldsymbol{J} = \boldsymbol{J}_{\text{induced}} + \boldsymbol{J}_{\text{free}}$ の意味で）
- $\boldsymbol{E}$　電場
- $\mathrm{d}\boldsymbol{s}$　面積要素
- $\mathrm{d}\tau$　体積要素
- $\mathrm{d}\boldsymbol{l}$　線素
- Φ　対応磁束密度 $(= \int \boldsymbol{B} \cdot \mathrm{d}\boldsymbol{s})$
- I_{free}　対応自由電流 $(= \int \boldsymbol{J}_{\text{free}} \cdot \mathrm{d}\boldsymbol{s})$
- t　時間

7.3 電磁場（一般の場合）

相対論的電気力学

電磁場のローレンツ変換	$E'_\parallel = E_\parallel$	(7.66)	E	電場
	$E'_\perp = \gamma(E + v \times B)_\perp$	(7.67)	B	磁束密度
	$B'_\parallel = B_\parallel$	(7.68)	$'$	相対速度 v で動く座標系で計測した量
	$B'_\perp = \gamma(B - v \times E/c^2)_\perp$	(7.69)	γ	ローレンツ因子 $= [1-(v/c)^2]^{-1/2}$
			$\parallel$	v に平行
			$\perp$	v に垂直
電流と電荷密度のローレンツ変換	$\rho' = \gamma(\rho - vJ_\parallel/c^2)$	(7.70)		
	$J'_\perp = J_\perp$	(7.71)	J	電流密度
	$J'_\parallel = \gamma(J_\parallel - v\rho)$	(7.72)	ρ	電荷密度
ポテンシャル場のローレンツ変換	$\phi' = \gamma(\phi - vA_\parallel)$	(7.73)		
	$A'_\perp = A_\perp$	(7.74)	ϕ	電位
	$A'_\parallel = \gamma(A_\parallel - v\phi/c^2)$	(7.75)	A	磁気ベクトルポテンシャル
4元ベクトル場[a]	$\underset{\sim}{J} = (\rho c, J)$	(7.76)		
	$\underset{\sim}{A} = \left(\dfrac{\phi}{c}, A\right)$	(7.77)	$\underset{\sim}{J}$	4元ベクトル電流密度
	$\Box^2 = \left(\dfrac{1}{c^2}\dfrac{\partial^2}{\partial t^2}, -\nabla^2\right)$	(7.78)	$\underset{\sim}{A}$	ポテンシャル4元ベクトル
	$\Box^2 \underset{\sim}{A} = \mu_0 \underset{\sim}{J}$	(7.79)	$\Box^2$	ダランベルシアン

[a] ここでは，他の符号規約が一般的である．4元ベクトルの一般的定義は 63 頁を参照せよ．

7.4 媒質中の場

分極

名称	式	番号	記号	説明
電気双極子モーメントの定義	$\boldsymbol{p} = q\boldsymbol{a}$	(7.80)	$\pm q$	末端の電荷
			$\boldsymbol{a}$	電荷分離ベクトル（−から＋へ）
一般化された電気双極子モーメント	$\boldsymbol{p} = \int_{\text{体積}} \boldsymbol{r}' \rho \, d\tau'$	(7.81)	$\boldsymbol{p}$	双極子モーメント
			ρ	電荷密度
			$d\tau'$	体積要素
			$\boldsymbol{r}'$	$d\tau'$ へのベクトル
電気双極子ポテンシャル	$\phi(\boldsymbol{r}) = \dfrac{\boldsymbol{p} \cdot \boldsymbol{r}}{4\pi\epsilon_0 r^3}$	(7.82)	ϕ	双極子ポテンシャル
			$\boldsymbol{r}$	双極子からのベクトル
			ϵ_0	真空の誘電率
単位体積当たりの双極子モーメント（分極）[a]	$\boldsymbol{P} = n\boldsymbol{p}$	(7.83)	$\boldsymbol{P}$	分極
			n	単位体積当たりの双極子の個数
誘導体電荷密度	$\nabla \cdot \boldsymbol{P} = -\rho_{\text{ind}}$	(7.84)	ρ_{ind}	体電荷密度
誘導面電荷密度	$\sigma_{\text{ind}} = \boldsymbol{P} \cdot \hat{\boldsymbol{s}}$	(7.85)	σ_{ind}	面電荷密度
			$\hat{\boldsymbol{s}}$	表面への単位法線ベクトル
電気変位の定義	$\boldsymbol{D} = \epsilon_0 \boldsymbol{E} + \boldsymbol{P}$	(7.86)	$\boldsymbol{D}$	電気変位
			$\boldsymbol{E}$	電場
電気感受率の定義	$\boldsymbol{P} = \epsilon_0 \chi_E \boldsymbol{E}$	(7.87)	χ_E	電気感受率（テンソルであることもある）
相対誘電率の定義[b]	$\epsilon_r = 1 + \chi_E$	(7.88)	ϵ_r	相対誘電率
	$\boldsymbol{D} = \epsilon_0 \epsilon_r \boldsymbol{E}$	(7.89)	ϵ	誘電率
	$= \epsilon \boldsymbol{E}$	(7.90)		
原子分極率[c]	$\boldsymbol{p} = \alpha \boldsymbol{E}_{\text{loc}}$	(7.91)	α	分極率
			$\boldsymbol{E}_{\text{loc}}$	局所電場
			$\boldsymbol{E}_d$	減極場
			N_d	減極因子
				=1/3（球）
減極場	$\boldsymbol{E}_d = -\dfrac{N_d \boldsymbol{P}}{\epsilon_0}$	(7.92)		=1（$\boldsymbol{P}$ に垂直な薄い平板）
				=0（$\boldsymbol{P}$ に平行な薄い平板）
				=1/2（$\boldsymbol{P}$ に軸が垂直な長い円筒）
クラウジウス・モソッティ方程式[d]	$\dfrac{n\alpha}{3\epsilon_0} = \dfrac{\epsilon_r - 1}{\epsilon_r + 2}$	(7.93)		

[a] 双極子は平行であると仮定している．式 (7.112) と同値な方程式が，電気双極子の熱いガスに対して成立する．
[b] ここで定義した相対誘電率は，線形の等方性媒質に対するものである．
[c] 半径 a の伝導性球の分極率は $\alpha = 4\pi\epsilon_0 a^3$ である．$\boldsymbol{p} = \alpha\epsilon_0 \boldsymbol{E}_{\text{loc}}$ の定義も用いられる．
[d] $\eta^2 = \epsilon_r$ と置き換えると（式 (7.195) で $\mu_r = 1$ としたものを参照），これは，ローレンツ・ローレンツ (Lorentz-Lorenz) の公式としても知られている．

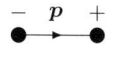

7.4 媒質中の場

磁化

磁気双極子モーメントの定義	$d\boldsymbol{m} = I\,d\boldsymbol{s}$	(7.94)	$d\boldsymbol{m}$ 双極子モーメント I ループ電流 $d\boldsymbol{s}$ （ループ電流に関して右手の）ループ領域
一般化された磁気双極子モーメント	$\boldsymbol{m} = \dfrac{1}{2}\displaystyle\int_{\text{体積}} \boldsymbol{r}' \times \boldsymbol{J}\,d\tau'$	(7.95)	$\boldsymbol{m}$ 双極子モーメント $\boldsymbol{J}$ 電流密度 $d\tau'$ 体積要素 $\boldsymbol{r}'$ $d\tau'$ へのベクトル
磁気双極子（スカラー）ポテンシャル	$\phi_\text{m}(\boldsymbol{r}) = \dfrac{\mu_0 \boldsymbol{m}\cdot\boldsymbol{r}}{4\pi r^3}$	(7.96)	ϕ_m 磁気スカラーポテンシャル $\boldsymbol{r}$ 双極子からのベクトル μ_0 真空の透磁率
単位体積当たりの双極子モーメント（磁化）[a]	$\boldsymbol{M} = n\boldsymbol{m}$	(7.97)	$\boldsymbol{M}$ 磁化 n 単位体積当たりの双極子の個数
誘導体電流密度	$\boldsymbol{J}_\text{ind} = \nabla\times\boldsymbol{M}$	(7.98)	$\boldsymbol{J}_\text{ind}$ 体電流密度 (A m^{-2})
誘導面電荷密度	$\boldsymbol{j}_\text{ind} = \boldsymbol{M}\times\hat{\boldsymbol{s}}$	(7.99)	$\boldsymbol{j}_\text{ind}$ 面電流密度 (A m^{-1}) $\hat{\boldsymbol{s}}$ 表面への単位法線ベクトル
磁場の強さの定義, $\boldsymbol{H}$	$\boldsymbol{B} = \mu_0(\boldsymbol{H}+\boldsymbol{M})$	(7.100)	$\boldsymbol{B}$ 磁束密度 $\boldsymbol{H}$ 磁場の強さ
磁気感受率の定義	$\boldsymbol{M} = \chi_H \boldsymbol{H}$ $= \dfrac{\chi_B \boldsymbol{B}}{\mu_0}$ $\chi_B = \dfrac{\chi_H}{1+\chi_H}$	(7.101) (7.102) (7.103)	χ_H 磁気感受率．χ_B も用いられる（両方ともテンソル）
相対透磁率の定義[b]	$\boldsymbol{B} = \mu_0\mu_\text{r}\boldsymbol{H}$ $= \mu\boldsymbol{H}$ $\mu_\text{r} = 1+\chi_H$ $= \dfrac{1}{1-\chi_B}$	(7.104) (7.105) (7.106) (7.107)	μ_r 相対透磁率 μ 透磁率

[a] すべての双極子は平行であると仮定している．古典的常磁性気体に対する式 (7.112) とその量子的拡張については 99 頁を参照．
[b] ここで定義された相対透磁率は，線形等方性媒質に対するものである．

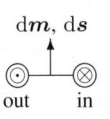

常磁性と反磁性

原子の反磁性モーメント	$\bm{m} = -\dfrac{e^2}{6m_\mathrm{e}} Z \langle r^2 \rangle \bm{B}$	(7.108)
固有磁気モーメント[a]	$\bm{m} \simeq -\dfrac{e}{2m_\mathrm{e}} g \bm{J}$	(7.109)
ランジュバン関数	$\mathscr{L}(x) = \coth x - \dfrac{1}{x}$	(7.110)
	$\simeq x/3 \quad (x \lesssim 1)$	(7.111)
古典気体常磁性 ($|\bm{J}| \gg \hbar$)	$\langle M \rangle = n m_0 \mathscr{L}\left(\dfrac{m_0 B}{kT}\right)$	(7.112)
キュリーの法則	$\chi_H = \dfrac{\mu_0 n m_0^2}{3kT}$	(7.113)
キュリー・バイスの法則	$\chi_H = \dfrac{\mu_0 n m_0^2}{3k(T-T_\mathrm{c})}$	(7.114)

$\bm{m}$	磁気モーメント
$\langle r^2 \rangle$	(すべての電子の) 平均 2 乗軌道半径
Z	原子数
$\bm{B}$	磁束密度
m_e	電子の質量
$-e$	電荷
$\bm{J}$	全角運動量
g	ランデの g 因子 (スピンのとき $g=2$, 軌道運動量のとき $g=1$)
$\mathscr{L}(x)$	ランジュバン関数
$\langle M \rangle$	見かけの磁化
m_0	磁気双極子モーメントの大きさ
n	双極子数密度
T	温度
k	ボルツマン定数
χ_H	磁化率
μ_0	真空の透磁率
T_c	キュリー温度

[a] 98 頁も参照.

E, D, B, H に対する境界条件[a]

電場の平行な成分	$E_\parallel$ は連続	(7.115)
磁束密度の垂直成分	$B_\perp$ は連続	(7.116)
電束密度[b]	$\hat{\bm{s}} \cdot (\bm{D}_2 - \bm{D}_1) = \sigma$	(7.117)
磁場の強さ[c]	$\hat{\bm{s}} \times (\bm{H}_2 - \bm{H}_1) = \bm{j}_s$	(7.118)

$\parallel$	境界面に平行な成分
$\perp$	境界面に垂直な成分
$\bm{D}_{1,2}$	媒質 1, 2 における電束密度
$\hat{\bm{s}}$	媒質 1 から 2 へ向いた表面の単位法線
σ	自由電荷の表面密度
$\bm{H}_{1,2}$	媒質 1, 2 における磁場の強さ
$\bm{j}_s$	単位幅当たりの表面電流

[a] 2 つの一様媒質の間の平らな表面における境界条件.
[b] $\sigma = 0$ ならば $D_\perp$ は連続である.
[c] $\bm{j}_s = \bm{0}$ ならば, $H_\parallel$ は連続である.

7.5 力，トルクとエネルギー

電磁的力とトルク

静止した2電荷の間の力：クーロンの法則	$F_2 = \dfrac{q_1 q_2}{4\pi\epsilon_0 r_{12}^2}\hat{r}_{12}$ (7.119)	F_2 $q_{1,2}$ r_{12} $\hat{\ }$ ϵ_0	q_2 に働く力 電荷 1 から 2 へのベクトル 単位ベクトル 真空の誘電率
電流が流れる 2 線素間の力	$dF_2 = \dfrac{\mu_0 I_1 I_2}{4\pi r_{12}^2}[dl_2 \times (dl_1 \times \hat{r}_{12})]$ (7.120)	$dl_{1,2}$ $I_{1,2}$ dF_2 μ_0	線素 dl_1 と dl_2 に沿って流れる電流 dl_2 にかかる力 真空の透磁率
磁場中の電流が流れる線素に加わる力	$dF = I\,dl \times B$ (7.121)	dl F I B	線素 力 dl に沿って流れる電流 磁束密度
電荷に加わる力（ローレンツ力）	$F = q(E + v \times B)$ (7.122)	E v	電場 電荷の速度
電気双極子に加わる力[a]	$F = (p \cdot \nabla)E$ (7.123)	p	電気双極子モーメント
磁気双極子に加わる力[b]	$F = (m \cdot \nabla)B$ (7.124)	m	磁気双極子モーメント
電気双極子に加わるトルク	$G = p \times E$ (7.125)	G	トルク
磁気双極子に加わるトルク	$G = m \times B$ (7.126)		
電流ループに加わるトルク	$G = I_L \displaystyle\oint_{\text{loop}} r \times (dl_L \times B)$ (7.127)	dl_L r I_L	ループの線素 dl_L の位置ベクトル ループの電流

[a] p が固有電気モーメントのとき，F は $\nabla(p \cdot E)$ と簡単化される．p が E から誘導され，媒質が等方的のとき，F は $\nabla(pE/2)$ と簡単化される．

[b] m が固有磁気モーメントのとき，F は $\nabla(m \cdot B)$ と簡単化される．m が B から誘導され，媒質が等方的のとき，F は $\nabla(mB/2)$ と簡単化される．

電磁エネルギー

（自由空間における）電磁場エネルギー密度	$u = \dfrac{1}{2}\epsilon_0 E^2 + \dfrac{1}{2}\dfrac{B^2}{\mu_0}$	(7.128)	u	エネルギー密度
			E	電場
			B	磁束密度
			ϵ_0	真空の誘電率
媒質のエネルギー密度	$u = \dfrac{1}{2}(\boldsymbol{D}\cdot\boldsymbol{E} + \boldsymbol{B}\cdot\boldsymbol{H})$	(7.129)	μ_0	真空の透磁率
			$\boldsymbol{D}$	電束密度
			$\boldsymbol{H}$	磁場の強さ
エネルギー流（ポインティング）ベクトル	$\boldsymbol{N} = \boldsymbol{E}\times\boldsymbol{H}$	(7.130)	c	光速
			$\boldsymbol{N}$	流れの方向に垂直な単位面積当たりのエネルギー流率
短い振動する双極子からの距離が r のところの平均束密度	$\langle\boldsymbol{N}\rangle = \dfrac{\omega^4 p_0^2 \sin^2\theta}{32\pi^2\epsilon_0 c^3 r^3}\boldsymbol{r}$	(7.131)	p_0	双極子モーメントの振幅
			$\boldsymbol{r}$	双極子からのベクトル($\gg$ 波長)
			θ	$\boldsymbol{p}$ と $\boldsymbol{r}$ の間の角
			ω	振動周波数
振動双極子からの全平均パワー[a]	$W = \dfrac{\omega^4 p_0^2/2}{6\pi\epsilon_0 c^3}$	(7.132)	W	全平均放射パワー
電荷分布の自己エネルギー	$U_{\rm tot} = \dfrac{1}{2}\int_{\text{体積}} \phi(\boldsymbol{r})\rho(\boldsymbol{r})\,{\rm d}\tau$	(7.133)	$U_{\rm tot}$	全エネルギー
			${\rm d}\tau$	体積要素
			$\boldsymbol{r}$	${\rm d}\tau$ の位置ベクトル
			ϕ	電気ポテンシャル
			ρ	電荷密度
コンデンサの集合のエネルギー[b]	$U_{\rm tot} = \dfrac{1}{2}\sum_i\sum_j C_{ij}V_iV_j$	(7.134)	V_i	i 番目のコンデンサの電位
			C_{ij}	i 番目と j 番目のコンデンサの間の相互容量
インダクタの集合のエネルギー[c]	$U_{\rm tot} = \dfrac{1}{2}\sum_i\sum_j L_{ij}I_iI_j$	(7.135)	L_{ij}	i 番目と j 番目のインダクタの間の相互インダクタンス
電場中の固有双極子	$U_{\rm dip} = -\boldsymbol{p}\cdot\boldsymbol{E}$	(7.136)	$U_{\rm dip}$	双極子のエネルギー
			$\boldsymbol{p}$	電気双極子モーメント
磁場中の固有双極子	$U_{\rm dip} = -\boldsymbol{m}\cdot\boldsymbol{B}$	(7.137)	$\boldsymbol{m}$	磁気双極子モーメント
電磁場中の荷電粒子のハミルトニアン[d]	$H = \dfrac{\|\boldsymbol{p}_m - q\boldsymbol{A}\|^2}{2m} + q\phi$	(7.138)	H	ハミルトニアン
			$\boldsymbol{p}_m$	粒子の運動量
			q	粒子の電荷
			m	粒子の質量
			$\boldsymbol{A}$	磁気ベクトルポテンシャル

[a]ラーマーの公式とも呼ばれる。
[b]C_{ii} は i 番目のコンデンサの自己容量。$C_{ij} = C_{ji}$ に注意。
[c]L_{ii} は i 番目のインダクタの自己インダクタンス。$L_{ij} = L_{ji}$ に注意。
[d]ニュートン力学的極限，すなわち，速度 $\ll c$。

7.6 LCR 回路

LCR 定義

電流	$I = \dfrac{dQ}{dt}$	(7.139)	I	電流
			Q	電荷
オームの法則	$V = IR$	(7.140)	R	抵抗
			V	R の電位差
			I	R を流れる電流
オームの法則 （場の形式）	$\boldsymbol{J} = \sigma \boldsymbol{E}$	(7.141)	$\boldsymbol{J}$	電流密度
			$\boldsymbol{E}$	電場
			σ	伝導率
抵抗率	$\rho = \dfrac{1}{\sigma} = \dfrac{RA}{l}$	(7.142)	ρ	抵抗率
			A	表面の面積（I は表面に垂直）
			l	長さ
電気容量	$C = \dfrac{Q}{V}$	(7.143)	C	電気容量
			V	C を横切る電位差
C を流れる電流	$I = C \dfrac{dV}{dt}$	(7.144)	I	C を通る電流
			t	時間
自己インダクタンス	$L = \dfrac{\Phi}{I}$	(7.145)	Φ	全回路を貫く磁束
			I	インダクタに流れる電流
インダクタをまたぐ電圧	$V = -L \dfrac{dI}{dt}$	(7.146)	V	L の電位差
相互インダクタンス	$L_{12} = \dfrac{\Phi_1}{I_2} = L_{21}$	(7.147)	Φ_1	回路 2 に電流を流したときの回路 1 の磁束
			L_{12}	相互インダクタンス
			I_2	回路 2 に流れる電流
結合係数	$|L_{12}| = k\sqrt{L_1 L_2}$	(7.148)	k	L_1 と L_2 の間の結合係数 (≤ 1)
コイルを通る磁束	$\Phi = N\phi$	(7.149)	Φ	コイルを通る磁束
			N	ϕ の回りのコイルの巻き数
			ϕ	巻き領域を通る磁束

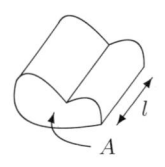

共振 LCR 回路

位相共振周波数[a]	$\omega_0^2 = \begin{cases} 1/LC & （直列） \\ 1/LC - R^2/L^2 & （並列） \end{cases}$		(7.150)
同調[b]	$\dfrac{\delta\omega}{\omega_0} = \dfrac{1}{Q} = \dfrac{R}{\omega_0 L}$		(7.151)
品質係数（Q 値）	$Q = 2\pi \dfrac{\text{蓄えられたエネルギー}}{\text{一周期に失うエネルギー}}$		(7.152)

ω_0	共鳴角周波数
L	インダクタンス
C	電気容量
R	抵抗
$\delta\omega$	半値電力帯域幅
Q	品質係数（Q 値）

[a]インピーダンスが，実の点で．振動数を工学では周波数という（訳注）．
[b]コンデンサは純粋に無効であると仮定している．L と R が並列のときは，$1/Q = \omega_0 L/R$ である．

コンデンサ，インダクタ，抵抗のエネルギー

コンデンサに蓄えられたエネルギー	$U = \dfrac{1}{2}CV^2 = \dfrac{1}{2}QV = \dfrac{1}{2}\dfrac{Q^2}{C}$	(7.153)
インダクタに蓄えられたエネルギー	$U = \dfrac{1}{2}LI^2 = \dfrac{1}{2}\Phi I = \dfrac{1}{2}\dfrac{\Phi^2}{L}$	(7.154)
抵抗で散逸する電力[a]（ジュールの法則）	$W = IV = I^2 R = \dfrac{V^2}{R}$	(7.155)
緩和時間	$\tau = \dfrac{\epsilon_0 \epsilon_r}{\sigma}$	(7.156)

U	蓄えられたエネルギー
C	電気容量
Q	電荷
V	電位差
L	インダクタンス
Φ	結合磁束
I	電流
W	散逸する電力
R	抵抗
τ	緩和時間
ϵ_r	相対誘電率
σ	伝導率

[a]これは直流電力，あるいは瞬間の交流電力．

電気インピーダンス

直列インピーダンス	$\mathbf{Z}_{\text{tot}} = \sum_n \mathbf{Z}_n$	(7.157)
並列インピーダンス	$\mathbf{Z}_{\text{tot}} = \left(\sum_n \mathbf{Z}_n^{-1}\right)^{-1}$	(7.158)
コンデンサのインピーダンス	$\mathbf{Z}_C = -\dfrac{\mathbf{i}}{\omega C}$	(7.159)
インダクタンスのインピーダンス	$\mathbf{Z}_L = \mathbf{i}\omega L$	(7.160)

インピーダンス: $\mathbf{Z}$	電気容量: C
インダクタンス: L	抵抗: $R = \text{Re}[\mathbf{Z}]$
コンダクタンス: $G = 1/R$	リアクタンス: $X = \text{Im}[\mathbf{Z}]$
アドミッタンス: $\mathbf{Y} = 1/\mathbf{Z}$	サスセプタンス: $S = 1/X$

7.6 LCR 回路

キルヒホッフの法則

電流則	$\sum_{接点} I_i = 0$	(7.161)	I_i	接点に当たる電流
電圧則	$\sum_{ループ} V_i = 0$	(7.162)	V_i	ループの回りの電位差

変圧器[a]

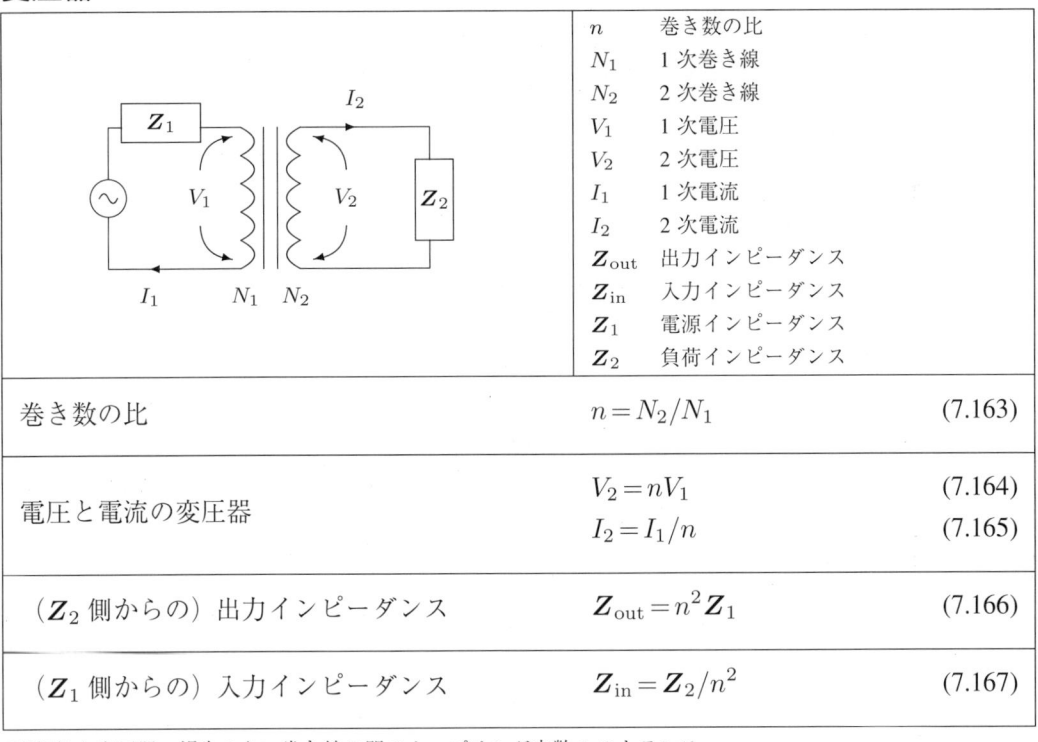

	n	巻き数の比
	N_1	1 次巻き線
	N_2	2 次巻き線
	V_1	1 次電圧
	V_2	2 次電圧
	I_1	1 次電流
	I_2	2 次電流
	Z_{out}	出力インピーダンス
	Z_{in}	入力インピーダンス
	Z_1	電源インピーダンス
	Z_2	負荷インピーダンス

巻き数の比	$n = N_2/N_1$	(7.163)
電圧と電流の変圧器	$V_2 = nV_1$	(7.164)
	$I_2 = I_1/n$	(7.165)
(Z_2 側からの) 出力インピーダンス	$Z_{\text{out}} = n^2 Z_1$	(7.166)
(Z_1 側からの) 入力インピーダンス	$Z_{\text{in}} = Z_2/n^2$	(7.167)

[a]理想的な変圧器，損失のない巻き線の間のカップリング定数 1 のトランス．

スター回路とデルタ回路の相互変換

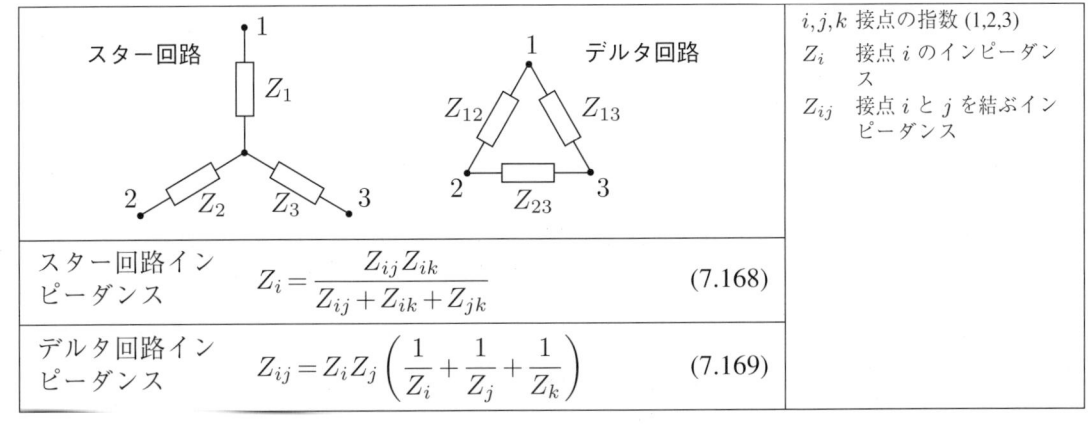

i,j,k 接点の指数 (1,2,3)
Z_i 接点 i のインピーダンス
Z_{ij} 接点 i と j を結ぶインピーダンス

スター回路インピーダンス	$Z_i = \dfrac{Z_{ij} Z_{ik}}{Z_{ij} + Z_{ik} + Z_{jk}}$	(7.168)
デルタ回路インピーダンス	$Z_{ij} = Z_i Z_j \left(\dfrac{1}{Z_i} + \dfrac{1}{Z_j} + \dfrac{1}{Z_k} \right)$	(7.169)

7.7 伝送線路と導波路

伝送線路関連の式

無損失伝送線路方程式	$\dfrac{\partial V}{\partial x} = -L\dfrac{\partial I}{\partial t}$	(7.170)	V 線路の電位差
	$\dfrac{\partial I}{\partial x} = -C\dfrac{\partial V}{\partial t}$	(7.171)	I 線路を流れる電流 L 単位長さ当たりのインダクタンス C 単位長さ当たりの電気容量
無損失伝送線路に対する波動方程式	$\dfrac{1}{LC}\dfrac{\partial^2 V}{\partial x^2} = \dfrac{\partial^2 V}{\partial t^2}$	(7.172)	x 線路に沿った距離
	$\dfrac{1}{LC}\dfrac{\partial^2 I}{\partial x^2} = \dfrac{\partial^2 I}{\partial t^2}$	(7.173)	t 時間
無損失線路の特性インピーダンス	$Z_\mathrm{c} = \sqrt{\dfrac{L}{C}}$	(7.174)	Z_c 特性インピーダンス
損失線路の特性インピーダンス	$\boldsymbol{Z}_\mathrm{c} = \sqrt{\dfrac{R+\mathrm{i}\omega L}{G+\mathrm{i}\omega C}}$	(7.175)	R コンダクタの単位長さ当たりの抵抗 G 絶縁体の単位長さ当たりのコンダクタンス ω 角周波数
無損失線路を伝わる波の速度	$v_\mathrm{p} = v_\mathrm{g} = \dfrac{1}{\sqrt{LC}}$	(7.176)	v_p 位相速度 v_g 群速度
有限な無損失線路の入力インピーダンス	$\boldsymbol{Z}_\mathrm{in} = Z_\mathrm{c}\dfrac{\boldsymbol{Z}_\mathrm{t}\cos kl - \mathrm{i}Z_\mathrm{c}\sin kl}{Z_\mathrm{c}\cos kl - \mathrm{i}\boldsymbol{Z}_\mathrm{t}\sin kl}$ (7.177) $= Z_\mathrm{c}^2/\boldsymbol{Z}_\mathrm{t}\quad(l=\lambda/4\text{ のとき})$ (7.178)		$\boldsymbol{Z}_\mathrm{in}$ (複素)入力インピーダンス $\boldsymbol{Z}_\mathrm{t}$ (複素)終端インピーダンス k 波数 $(=2\pi/\lambda)$
有限線路からの反射係数	$\boldsymbol{r} = \dfrac{\boldsymbol{Z}_\mathrm{t}-Z_\mathrm{c}}{\boldsymbol{Z}_\mathrm{t}+Z_\mathrm{c}}$	(7.179)	l 終端からの距離 $\boldsymbol{r}$ (複素)電圧反射係数
線電圧定在波比	$\mathrm{VSWR} = \dfrac{1+|\boldsymbol{r}|}{1-|\boldsymbol{r}|}$	(7.180)	

伝送線路インピーダンス[a]

同心線	$Z_\mathrm{c} = \sqrt{\dfrac{\mu}{4\pi^2\epsilon}}\ln\dfrac{b}{a} \simeq \dfrac{60}{\sqrt{\epsilon_\mathrm{r}}}\ln\dfrac{b}{a}$	(7.181)	Z_c 特性インピーダンス (Ω) a 内部コンダクタの半径 b 外部コンダクタの半径 ϵ 誘電率 $(=\epsilon_0\epsilon_\mathrm{r})$ μ 透磁率 $(=\mu_0\mu_r)$
開放送電線	$Z_\mathrm{c} = \sqrt{\dfrac{\mu}{\pi^2\epsilon}}\ln\dfrac{l}{r} \simeq \dfrac{120}{\sqrt{\epsilon_\mathrm{r}}}\ln\dfrac{l}{r}$	(7.182)	r 送電線の半径 l 送電線間の距離 $(\gg r)$
2対の細長い板	$Z_\mathrm{c} = \sqrt{\dfrac{\mu}{\epsilon}}\dfrac{d}{w} \simeq \dfrac{377}{\sqrt{\epsilon_\mathrm{r}}}\dfrac{d}{w}$	(7.183)	d 細長い板の間隔 w 細長い板の幅 $(\gg d)$
マイクロストリップ	$Z_\mathrm{c} \simeq \dfrac{377}{\sqrt{\epsilon_\mathrm{r}}[(w/h)+2]}$	(7.184)	h 接地平面上の高さ $(\ll w)$

[a] 無損失の線路に対して.

7.7 伝送線路と導波路

導波路[a]

			k_g	導波路の波数
			ω	角周波数
導波路の方程式	$k_g^2 = \dfrac{\omega^2}{c^2} - \dfrac{m^2\pi^2}{a^2} - \dfrac{n^2\pi^2}{b^2}$	(7.185)	a	導波路の高さ
			b	導波路の幅
			m,n	a,b に関するモードの指数（整数）
			c	光速度
導波路の遮断周波数	$\nu_c = c\sqrt{\left(\dfrac{m}{2a}\right)^2 + \left(\dfrac{n}{2b}\right)^2}$	(7.186)	ν_c	遮断周波数
			ω_c	$2\pi\nu_c$
遮断周波数より上の位相速度	$v_p = \dfrac{c}{\sqrt{1-(\nu_c/\nu)^2}}$	(7.187)	v_p	位相速度
			ν	周波数
遮断周波数より上の群速度	$v_g = c^2/v_p = c\sqrt{1-(\nu_c/\nu)^2}$	(7.188)	v_g	群速度
波動インピーダンス[b]	$Z_{TM} = Z_0\sqrt{1-(\nu_c/\nu)^2}$	(7.189)	Z_{TM}	TM モードに対する波動インピーダンス
	$Z_{TE} = Z_0/\sqrt{1-(\nu_c/\nu)^2}$	(7.190)	Z_{TE}	TE モードに対する波動インピーダンス
			Z_0	自由区間のインピーダンス ($= \sqrt{\mu_0/\epsilon_0}$)

TE$_{mn}$ モードに対する場の解[c]

$$B_x = \frac{ik_g c^2}{\omega_c^2}\frac{\partial B_z}{\partial x} \qquad E_x = \frac{i\omega c^2}{\omega_c^2}\frac{\partial B_z}{\partial y}$$

$$B_y = \frac{ik_g c^2}{\omega_c^2}\frac{\partial B_z}{\partial y} \qquad E_y = \frac{-i\omega c^2}{\omega_c^2}\frac{\partial B_z}{\partial x} \qquad (7.191)$$

$$B_z = B_0 \cos\frac{m\pi x}{a}\cos\frac{n\pi y}{b} \qquad E_z = 0$$

TM$_{mn}$ モードに対する場の解[c]

$$E_x = \frac{ik_g c^2}{\omega_c^2}\frac{\partial E_z}{\partial x} \qquad B_x = \frac{-i\omega}{\omega_c^2}\frac{\partial E_z}{\partial y}$$

$$E_y = \frac{ik_g c^2}{\omega_c^2}\frac{\partial E_z}{\partial y} \qquad B_y = \frac{i\omega}{\omega_c^2}\frac{\partial E_z}{\partial x} \qquad (7.192)$$

$$E_z = E_0 \sin\frac{m\pi x}{a}\sin\frac{n\pi y}{b} \qquad B_z = 0$$

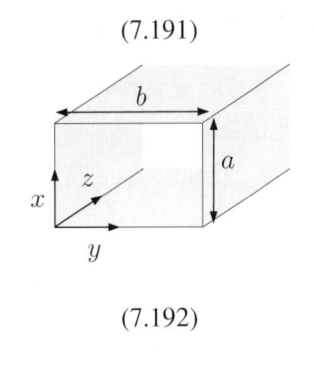

[a] 方程式は断面が矩形で誘電体でない無損失導波路に対するものである.
[b] xy 平面における電場の磁場の強さに対する比.
[c] TE, TM モードは両方とも，すべての成分に $\exp[i(k_g z - \omega t)]$ の因子をもって z 方向に伝播する. B_0 と E_0 はそれぞれ磁束密度と電場の z 成分の振幅である.

7.8 媒質の中と外の波動

無損失媒質中の波動

電場	$\nabla^2 \boldsymbol{E} = \mu\epsilon \dfrac{\partial^2 \boldsymbol{E}}{\partial t^2}$	(7.193)
磁場	$\nabla^2 \boldsymbol{B} = \mu\epsilon \dfrac{\partial^2 \boldsymbol{B}}{\partial t^2}$	(7.194)
屈折率	$\eta = \sqrt{\epsilon_\mathrm{r} \mu_\mathrm{r}}$	(7.195)
波の速度	$v = \dfrac{1}{\sqrt{\mu\epsilon}} = \dfrac{c}{\eta}$	(7.196)
自由空間のインピーダンス	$Z_0 = \sqrt{\dfrac{\mu_0}{\epsilon_0}} \simeq 376.7\,\Omega$	(7.197)
波動インピーダンス	$Z = \dfrac{E}{H} = Z_0 \sqrt{\dfrac{\mu_\mathrm{r}}{\epsilon_\mathrm{r}}}$	(7.198)

$\boldsymbol{E}$ 電場
μ 透磁率 ($=\mu_0 \mu_\mathrm{r}$)
ϵ 誘電率 ($=\epsilon_0 \epsilon_\mathrm{r}$)
$\boldsymbol{B}$ 磁束密度
t 時間
v 波の位相速度
η 屈折率
c 光速度
Z_0 自由空間のインピーダンス
Z 波動インピーダンス
H 磁場の強さ

放射圧[a]

放射運動量密度	$G = \dfrac{N}{c^2}$	(7.199)
等方的放射	$p_\mathrm{n} = \dfrac{1}{3} u (1+R)$	(7.200)
鏡面反射	$p_\mathrm{n} = u(1-R)\cos^2 \theta_\mathrm{i}$ $p_\mathrm{t} = u(1-R)\sin\theta_\mathrm{i}\cos\theta_\mathrm{i}$	(7.201) (7.202)
広がったソースから[b]	$p_\mathrm{n} = \dfrac{1+R}{c} \iint I_\nu(\theta,\phi) \cos^2\theta \, d\Omega \, d\nu$	(7.203)
光度 L の点ソースから[c]	$p_\mathrm{n} = \dfrac{L(1+R)}{4\pi r^2 c}$	(7.204)

$\boldsymbol{G}$ 運動量密度
$\boldsymbol{N}$ ポインティングベクトル
c 光速度
p_n 法線圧力
u 入射エネルギー密度
R (電力)反射係数
p_t 接線圧力
θ_i 入射角
I_ν 比放射度
ν 振動数
Ω 立体角
θ $d\Omega$ と平面の法線との間の角
L ソースの光度(放射パワー)
r ソースからの距離

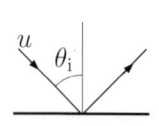

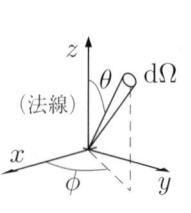

[a] 不透明な表面上.
[b] 球極座標で. 比放射度の意味は 118 頁を参照せよ.
[c] 平面に垂直.

7.8 媒質の中と外の波動

アンテナ

	球面極座標幾何	

自由空間における微小 ($l \ll \lambda$) 双極子からの場[a]	$E_r = \dfrac{1}{2\pi\epsilon_0}\left(\dfrac{[\dot{p}]}{r^2 c}+\dfrac{[p]}{r^3}\right)\cos\theta$ (7.205) $E_\theta = \dfrac{1}{4\pi\epsilon_0}\left(\dfrac{[\ddot{p}]}{rc^2}+\dfrac{[\dot{p}]}{r^2 c}+\dfrac{[p]}{r^3}\right)\sin\theta$ (7.206) $B_\phi = \dfrac{\mu_0}{4\pi}\left(\dfrac{[\ddot{p}]}{rc}+\dfrac{[\dot{p}]}{r^2}\right)\sin\theta$ (7.207)	r 双極子からの距離 θ r と p の間の角 $[p]$ 遅延双極子モーメント $[p]=p(t-r/c)$ c 光速度
自由空間における短い双極子の放射抵抗	$R = \dfrac{\omega^2 l^2}{6\pi\epsilon_0 c^3} = \dfrac{2\pi Z_0}{3}\left(\dfrac{l}{\lambda}\right)^2$ (7.208) $\simeq 789\left(\dfrac{l}{\lambda}\right)^2$ ohm (7.209)	l 双極子の長さ ($\ll \lambda$) ω 角周波数 λ 波長 Z_0 自由空間のインピーダンス
ビームの立体角	$\Omega_A = \displaystyle\int_{4\pi} P_n(\theta,\phi)\,\mathrm{d}\Omega$ (7.210)	Ω_A ビームの立体角 P_n 正規化アンテナパワーパターン $P_n(0,0)=1$ $\mathrm{d}\Omega$ 微分立体角
順方向電力利得	$G(0) = \dfrac{4\pi}{\Omega_A}$ (7.211)	G アンテナ利得
アンテナ有効面積	$A_e = \dfrac{\lambda^2}{\Omega_A}$ (7.212)	A_e 有効面積
微小双極子の電力利得	$G(\theta) = \dfrac{3}{2}\sin^2\theta$ (7.213)	
ビーム有効度	有効度 $= \dfrac{\Omega_M}{\Omega_A}$ (7.214)	Ω_M メインローブ立体角
アンテナ温度[b]	$T_A = \dfrac{1}{\Omega_A}\displaystyle\int_{4\pi} T_b(\theta,\phi) P_n(\theta,\phi)\,\mathrm{d}\Omega$ (7.215)	T_A アンテナ温度 T_b 空(そら)の輝度温度

[a] すべての場の成分は，$\exp \mathrm{i}(kr-\omega t)$, $k=2\pi/\lambda$ に等しい位相因子で伝播する．
[b] 比放射度 I_ν のソースの輝度温度は $T_b = \lambda^2 I_\nu/(2k_B)$ である．

反射,屈折,透過[a]

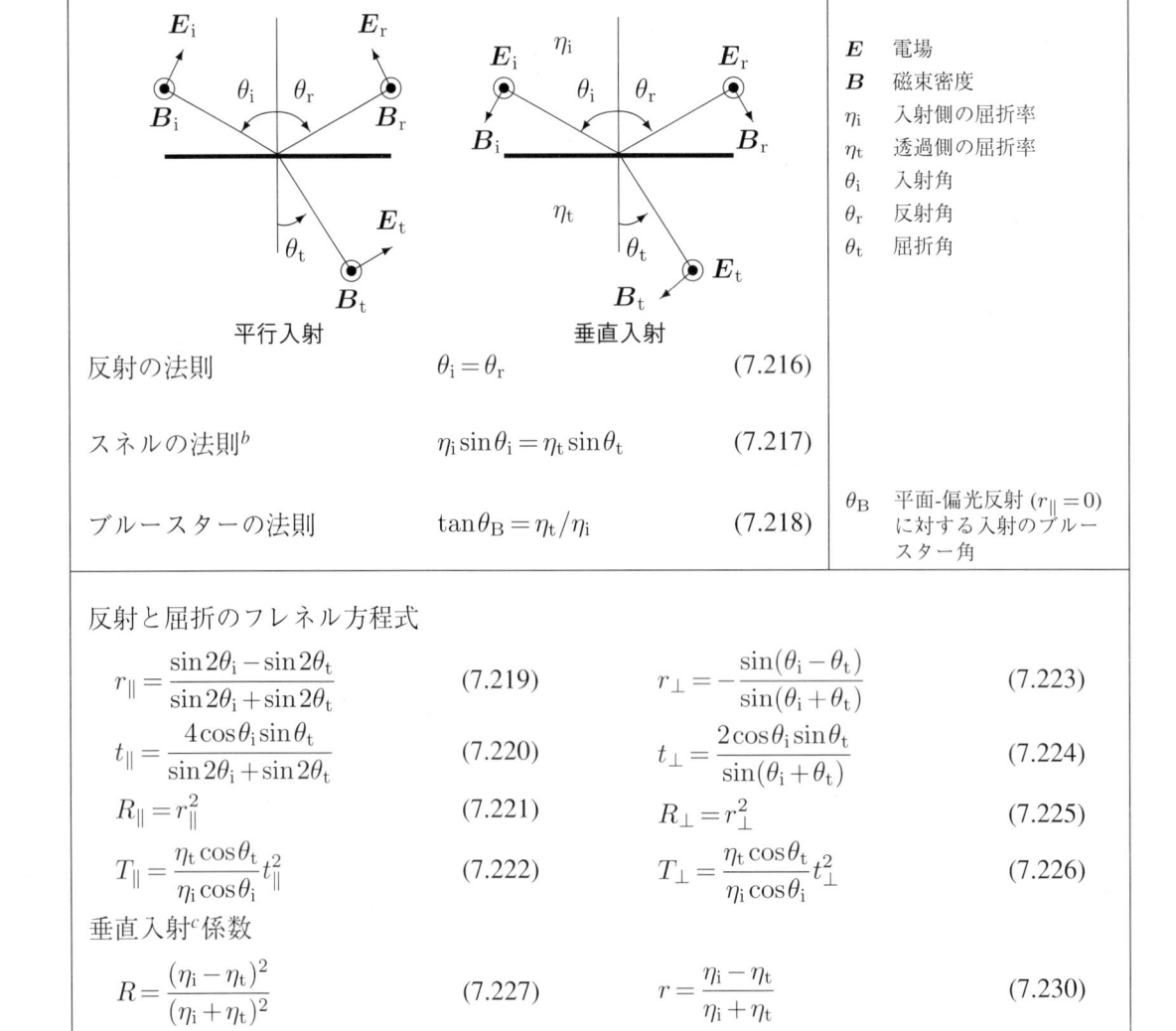

平行入射 / 垂直入射

E	電場	
B	磁束密度	
η_i	入射側の屈折率	
η_t	透過側の屈折率	
θ_i	入射角	
θ_r	反射角	
θ_t	屈折角	

反射の法則 $\theta_i = \theta_r$ (7.216)

スネルの法則[b] $\eta_i \sin\theta_i = \eta_t \sin\theta_t$ (7.217)

ブルースターの法則 $\tan\theta_B = \eta_t/\eta_i$ (7.218)

θ_B 平面-偏光反射 ($r_\parallel = 0$) に対する入射のブルースター角

反射と屈折のフレネル方程式

$$r_\parallel = \frac{\sin 2\theta_i - \sin 2\theta_t}{\sin 2\theta_i + \sin 2\theta_t} \quad (7.219)$$

$$r_\perp = -\frac{\sin(\theta_i - \theta_t)}{\sin(\theta_i + \theta_t)} \quad (7.223)$$

$$t_\parallel = \frac{4\cos\theta_i \sin\theta_t}{\sin 2\theta_i + \sin 2\theta_t} \quad (7.220)$$

$$t_\perp = \frac{2\cos\theta_i \sin\theta_t}{\sin(\theta_i + \theta_t)} \quad (7.224)$$

$$R_\parallel = r_\parallel^2 \quad (7.221)$$

$$R_\perp = r_\perp^2 \quad (7.225)$$

$$T_\parallel = \frac{\eta_t \cos\theta_t}{\eta_i \cos\theta_i} t_\parallel^2 \quad (7.222)$$

$$T_\perp = \frac{\eta_t \cos\theta_t}{\eta_i \cos\theta_i} t_\perp^2 \quad (7.226)$$

垂直入射[c]係数

$$R = \frac{(\eta_i - \eta_t)^2}{(\eta_i + \eta_t)^2} \quad (7.227)$$

$$r = \frac{\eta_i - \eta_t}{\eta_i + \eta_t} \quad (7.230)$$

$$T = \frac{4\eta_i \eta_t}{(\eta_i + \eta_t)^2} \quad (7.228)$$

$$t = \frac{2\eta_i}{\eta_i + \eta_t} \quad (7.231)$$

$$R + T = 1 \quad (7.229)$$

$$t - r = 1 \quad (7.232)$$

$\parallel$	入射面に平行な電場	$\perp$	入射面に垂直な電場
R	(パワー) 反射率係数	r	振幅反射係数
T	(パワー) 透過率係数	t	振幅透過係数

[a] 無損失誘電物質の間の平面境界に対して.すべての係数は電場の成分とそれが入射面に平行か垂直かに関係する.垂直成分は,この紙の外である.
[b] 入射波は $\frac{\eta_i}{\eta_t}\sin\theta_i > 1$ ならば,総内面反射をする.
[c] すなわち,$\theta_i = 0$. 修正された場合に対して,垂直入射と表示された図表を用いよ.

7.8 媒質の中と外の波動

伝導媒質中の伝播[a]

電気伝導度 ($B=0$)	$\sigma = n_e e \mu = \dfrac{n_e e^2}{m_e} \tau_c$	(7.233)
オーミック導体の屈折率[b]	$\eta = (1+\mathbf{i}) \left(\dfrac{\sigma}{4\pi\nu\epsilon_0} \right)^{1/2}$	(7.234)
オーミック導体中の表皮深さ	$\delta = (\mu_0 \sigma \pi \nu)^{-1/2}$	(7.235)

σ	電気伝導度
n_e	電子数密度
τ_c	電子緩和時間
μ	電子移動度
B	磁束密度
m_e	電子の質量
$-e$	電子の電荷
η	屈折率
ϵ_0	真空の誘電率
ν	振動数
δ	表皮深さ
μ_0	真空の透磁率

[a]相対透磁率 μ_r を1と仮定して.
[b]波動は, $e^{-i\omega t}$ の時間依存をもち, 低振動数極限 ($\sigma \gg 2\pi\nu\epsilon_0$) のとき.

電子の散乱過程[a]

レーリー散乱の断面積[b]	$\sigma_R = \dfrac{\omega^4 \alpha^2}{6\pi\epsilon_0 c^4}$	(7.236)
トムソン散乱の断面積[c]	$\sigma_T = \dfrac{8\pi}{3} \left(\dfrac{e^2}{4\pi\epsilon_0 m_e c^2} \right)^2$	(7.237)
	$= \dfrac{8\pi}{3} r_e^2 \simeq 6.652 \times 10^{-29}\,\mathrm{m}^2$	(7.238)
逆コンプトン散乱[d]	$P_{\text{tot}} = \dfrac{4}{3} \sigma_T c u_{\text{rad}} \gamma^2 \left(\dfrac{v^2}{c^2} \right)$	(7.239)
コンプトン散乱[e]	$\lambda' - \lambda = \dfrac{h}{m_e c} (1 - \cos\theta)$	(7.240)
	$h\nu' = \dfrac{m_e c^2}{1 - \cos\theta + (1/\varepsilon)}$	(7.241)
	$\cot\phi = (1+\varepsilon) \tan\dfrac{\theta}{2}$	(7.242)
クライン・仁科断面積(自由電子に対して)	$\sigma_{\text{KN}} = \dfrac{\pi r_e^2}{\varepsilon} \left\{ \left[1 - \dfrac{2(\varepsilon+1)}{\varepsilon^2} \right] \ln(2\varepsilon+1) + \dfrac{1}{2} + \dfrac{4}{\varepsilon} - \dfrac{1}{2(2\varepsilon+1)^2} \right\}$	(7.243)
	$\simeq \sigma_T \quad (\varepsilon \ll 1)$	(7.244)
	$\simeq \dfrac{\pi r_e^2}{\varepsilon} \left(\ln 2\varepsilon + \dfrac{1}{2} \right) \quad (\varepsilon \gg 1)$	(7.245)

σ_R	レーリー断面積
ω	放射角振動数
α	粒子の分極率
ϵ_0	真空の誘電率
σ_T	トムソン断面積
m_e	電子(静止)質量
r_e	古典電子半径
c	光速度
P_{tot}	電子のエネルギー損失率
u_{rad}	放射エネルギー密度
γ	ローレンツ因子 $=[1-(v/c)^2]^{-1/2}$
v	電子の速度
λ, λ'	入射, 散乱波長
ν, ν'	入射, 散乱振動数
θ	光子散乱角
$\dfrac{h}{m_e c}$	電子コンプトン波長
ε	$= h\nu/(m_e c^2)$
σ_{KN}	クライン・仁科断面積

[a]ラザフォード散乱に対して. 70頁参照.
[b]束縛電子による散乱.
[c]自由電子による散乱 $\varepsilon \ll 1$.
[d]電子のエネルギー損失はトムソン極限 ($h\nu \ll m_e c^2$) 中の光子散乱による.
[e]静止した電子から.

チェレンコフ放射

チェレンコフ錐角	$\sin\theta = \dfrac{c}{\eta v}$ (7.246)	θ　錐半角 c　（真空中の）光速度 $\eta(\omega)$　屈折率 v　粒子の速度
放射パワー[a]	$P_{\text{tot}} = \dfrac{e^2\mu_0}{4\pi}v\displaystyle\int_0^{\omega_c}\left[1-\dfrac{c^2}{v^2\eta^2(\omega)}\right]\omega\,d\omega$ (7.247) ここで $0<\omega<\omega_c$ のとき $\eta(\omega) \geq \dfrac{c}{v}$	P_{tot}　全放射パワー $-e$　電子の電荷 μ_0　真空の透磁率 ω　角振動数 ω_c　カットオフ振動数

[a]屈折率 $\eta(\omega)$ の媒質中を，速度 v で通過する点電荷 e から放射されるパワー.

7.9 プラズマ物理

暖かいプラズマ

ランダウ長	$l_L = \dfrac{e^2}{4\pi\epsilon_0 k_B T_e}$ (7.248) $\simeq 1.67\times 10^{-5} T_e^{-1}$　m (7.249)	l_L　ランダウ長 $-e$　電子の電荷 ϵ_0　真空の誘電率 k_B　ボルツマン定数 T_e　電子温度 (K)
電子デバイ長	$\lambda_{De} = \left(\dfrac{\epsilon_0 k_B T_e}{n_e e^2}\right)^{1/2}$ (7.250) $\simeq 69(T_e/n_e)^{1/2}$　m (7.251)	λ_{De}　電子デバイ長 n_e　電子数密度 (m^{-3})
デバイ遮蔽[a]	$\phi(r) = \dfrac{q\exp(-2^{1/2}r/\lambda_{De})}{4\pi\epsilon_0 r}$ (7.252)	ϕ　有効ポテンシャル q　点電荷 r　q からの距離
デバイ数	$N_{De} = \dfrac{4}{3}\pi n_e \lambda_{De}^3$ (7.253)	N_{De}　電子デバイ数
緩和時間 ($B=0$)[b]	$\tau_e = 3.44\times 10^5 \dfrac{T_e^{3/2}}{n_e \ln\Lambda}$　s (7.254) $\tau_i = 2.09\times 10^7 \dfrac{T_i^{3/2}}{n_e \ln\Lambda}\left(\dfrac{m_i}{m_p}\right)^{1/2}$　s (7.255)	τ_e　電子の緩和時間 τ_i　イオンの緩和時間 T_i　イオン温度 (K) $\ln\Lambda$　クーロン対数（10 から 20 が典型的） B　磁束密度
典型的な電子の熱速度[c]	$v_{te} = \left(\dfrac{2k_B T_e}{m_e}\right)^{1/2}$ (7.256) $\simeq 5.51\times 10^3 T_e^{1/2}$　ms^{-1} (7.257)	v_{te}　電子熱速度 m_e　電子の質量

[a]プラズマ中の点電荷 q からの有効（湯川）ポテンシャル.
[b]$T_i \lesssim T_e$ で，マックスウェル速度分布の単イオン化されたイオンと電子の衝突時間．スピッツァ電気伝導度は式 (7.233) から計算できる.
[c]マックスウェル速度分布 $\propto \exp(-v^2/v_{te}^2)$ となるように定義される．他の定義もある（110 頁のマックスウェル・ボルツマン分布を参照せよ）.

7.9 プラズマ物理

冷たいプラズマ中の電磁気伝播[a]

プラズマ振動数	$(2\pi\nu_\mathrm{p})^2 = \dfrac{n_\mathrm{e}e^2}{\epsilon_0 m_\mathrm{e}} = \omega_\mathrm{p}^2$	(7.258)
	$\nu_\mathrm{p} \simeq 8.98 n_\mathrm{e}^{1/2}$ Hz	(7.259)
プラズマ屈折率 ($B=0$)	$\eta = \left[1 - (\nu_\mathrm{p}/\nu)^2\right]^{1/2}$	(7.260)
プラズマ分散関係 ($B=0$)	$c^2 k^2 = \omega^2 - \omega_\mathrm{p}^2$	(7.261)
プラズマ位相速度 ($B=0$)	$v_\phi = c/\eta$	(7.262)
プラズマ群速度 ($B=0$)	$v_\mathrm{g} = c\eta$	(7.263)
	$v_\phi v_\mathrm{g} = c^2$	(7.264)
サイクロトロン（ラーマーまたはジャイロ）振動数	$2\pi\nu_\mathrm{C} = \dfrac{qB}{m} = \omega_\mathrm{C}$	(7.265)
	$\nu_\mathrm{Ce} \simeq 28 \times 10^9 B$ Hz	(7.266)
	$\nu_\mathrm{Cp} \simeq 15.2 \times 10^6 B$ Hz	(7.267)
ラーマー（サイクロトロンまたはジャイロ）半径	$r_\mathrm{L} = \dfrac{v_\perp}{\omega_\mathrm{C}} = v_\perp \dfrac{m}{qB}$	(7.268)
	$r_\mathrm{Le} = 5.69 \times 10^{-12} \left(\dfrac{v_\perp}{B}\right)$ m	(7.269)
	$r_\mathrm{Lp} = 10.4 \times 10^{-9} \left(\dfrac{v_\perp}{B}\right)$ m	(7.270)
混合伝播モード[b] $\eta^2 = 1 - \dfrac{X(1-X)}{(1-X) - \frac{1}{2}Y^2\sin^2\theta_B \pm S},$ ここで $X = (\omega_\mathrm{p}/\omega)^2,\quad Y = \omega_\mathrm{Ce}/\omega,$ $S^2 = \dfrac{1}{4}Y^4\sin^4\theta_B + Y^2(1-X)^2\cos^2\theta_B$		(7.271)
ファラデー回転[c]	$\Delta\psi = \underbrace{\dfrac{\mu_0 e^3}{8\pi^2 m_\mathrm{e}^2 c}}_{2.63\times 10^{-13}} \lambda^2 \int\limits_\mathrm{line} n_\mathrm{e} \boldsymbol{B}\cdot \mathrm{d}\boldsymbol{l}$	(7.272)
	$= R\lambda^2$	(7.273)

ν_p	プラズマ振動数
ω_p	プラズマ角振動数
n_e	電子数密度 (m^{-3})
m_e	電子質量
$-e$	電子の電荷
ϵ_0	真空の誘電率
η	屈折率
ν	振動数
k	波数 ($=2\pi/\lambda$)
ω	角振動数 ($=2\pi/\nu$)
c	光速度
v_ϕ	位相速度
v_g	群速度
ν_C	サイクロトロン振動数
ω_C	サイクロトロン角振動数
ν_Ce	電子の ν_C
ν_Cp	陽子の ν_C
q	粒子の電荷
B	磁束密度 (T)
m	粒子の質量（相対的ならば γm）
r_L	ラーマー半径
r_Le	電子の r_L
r_Lp	陽子の r_L
$v_\perp$	$\boldsymbol{B}$ に垂直なスピード (ms^{-1})
θ_B	波面法線 ($\hat{\boldsymbol{k}}$) と $\boldsymbol{B}$ の間の角
$\Delta\psi$	回転角
λ	波長 ($=2\pi/k$)
$\mathrm{d}\boldsymbol{l}$	波の伝播方向の線素
R	回転測度

[a] すなわち，熱圧力項よりも電磁気力項が支配的なプラズマ中．また $\mu_\mathrm{r} = 1$ とする．
[b] 衝突のない電子プラズマ．通常モードと異常モードは，$\theta_B = \pi/2$ のとき，S^2 の + と − 根である．$\theta_B = 0$ のとき，これらの根は，掌性に関する光学的慣用を用いて，それぞれ右回転，左回転偏光モードである．
[c] 希薄プラズマ中，SI 単位系を用いている．$\boldsymbol{B}$ が観測者の方向を向いているとき $\Delta\psi$ は正に取る．

電磁流体力学[a]

音速	$v_s = \left(\dfrac{\gamma p}{\rho}\right)^{1/2} = \left(\dfrac{2\gamma k_B T}{m_p}\right)^{1/2}$	(7.274)	v_s	音（波）のスピード
	$\simeq 166 T^{1/2}\,\mathrm{ms}^{-1}$	(7.275)	γ	熱容量の比
			p	流体静力学的圧力
			ρ	プラズマ質量密度
			k_B	ボルツマン定数
			T	温度 (K)
			m_p	陽子の質量
アルヴェーン速度	$v_A = \dfrac{B}{(\mu_0 \rho)^{1/2}}$	(7.276)	v_A	アルヴェーン速度
	$\simeq 2.18 \times 10^{16} B n_e^{-1/2}\ \mathrm{ms}^{-1}$	(7.277)	B	磁束密度 (T)
			μ_0	真空の透磁率
			n_e	電子の数密度 (m^{-3})
プラズマベータ値	$\beta = \dfrac{2\mu_0 p}{B^2} = \dfrac{4\mu_0 n_e k_B T}{B^2} = \dfrac{2 v_s^2}{\gamma v_A^2}$	(7.278)	β	プラズマベータ値（磁気圧力に対する流体静力学的圧力の比）
直接電気伝導度	$\sigma_d = \dfrac{n_e^2 e^2 \sigma}{n_e^2 e^2 + \sigma^2 B^2}$	(7.279)	$-e$	電子の電荷
			σ_d	直接伝導度
			σ	伝導度 ($B=0$)
ホール電気伝導度	$\sigma_H = \dfrac{\sigma B}{n_e e}\sigma_d$	(7.280)	σ_H	ホール電気伝導度
一般化されたオームの法則	$\boldsymbol{J} = \sigma_d(\boldsymbol{E}+\boldsymbol{v}\times\boldsymbol{B}) + \sigma_H \hat{\boldsymbol{B}}\times(\boldsymbol{E}+\boldsymbol{v}\times\boldsymbol{B})$ (7.281)		$\boldsymbol{J}$	電流密度
			$\boldsymbol{E}$	電場
			$\boldsymbol{v}$	プラズマの速度場
			$\hat{\boldsymbol{B}}$	$= \boldsymbol{B}/|\boldsymbol{B}|$
Resistive MHD 方程式（単一流体モデル）[b]	$\dfrac{\partial \boldsymbol{B}}{\partial t} = \boldsymbol{\nabla}\times(\boldsymbol{v}\times\boldsymbol{B}) + \eta\nabla^2 \boldsymbol{B}$	(7.282)		
	$\dfrac{\partial \boldsymbol{v}}{\partial t} + (\boldsymbol{v}\cdot\boldsymbol{\nabla})\boldsymbol{v} = -\dfrac{\boldsymbol{\nabla} p}{\rho} + \dfrac{1}{\mu_0 \rho}(\boldsymbol{\nabla}\times\boldsymbol{B})\times\boldsymbol{B} + \nu\nabla^2 \boldsymbol{v}$		μ_0	真空の透磁率
	$\qquad + \dfrac{1}{3}\nu\boldsymbol{\nabla}(\boldsymbol{\nabla}\cdot\boldsymbol{v}) + \boldsymbol{g}$	(7.283)	η	磁気拡散率 [$=1/(\mu_0\sigma)$]
			ν	動粘性率
			$\boldsymbol{g}$	重力場の強さ
せん断アルヴェーン的分散関係[c]	$\omega = k v_A \cos\theta_B$	(7.284)	ω	角振動数 ($=2\pi\nu$)
			k	波動ベクトル ($k=2\pi/\lambda$)
			θ_B	$\boldsymbol{k}$ と $\boldsymbol{B}$ の間の角
磁気音波分散関係[d]	$\omega^2 k^2 (v_s^2 + v_A^2) - \omega^4 = v_s^2 v_A^2 k^4 \cos^2\theta_B$ (7.285)			

[a] 暖かい，完全にイオン化された，電気的に中性な p^+/e^- プラズマ，$\mu_r=1$ に対して．相対論的効果と変位電流効果は無視できると仮定し，すべての振動はすべての共鳴振動数より低いと仮定してある．
[b] 体積（第二）粘性率を無視している．
[c] 非相対論的非粘性流れ．
[d] 非相対論的非粘性流れ．ω^2 に対する，より大きい解とより小さい解はそれぞれ，早い磁気音波と遅い磁気音波である．

7.9 プラズマ物理

シンクロトロン放射

1個の電子によって放射されるパワー[a]	$P_{\text{tot}} = 2\sigma_{\text{T}} c u_{\text{mag}} \gamma^2 \left(\dfrac{v}{c}\right)^2 \sin^2\theta$ $\simeq 1.59 \times 10^{-14} B^2 \gamma^2 \left(\dfrac{v}{c}\right)^2 \sin^2\theta$ W	(7.286) (7.287)
ピッチ角内で平均化したパワー	$P_{\text{tot}} = \dfrac{4}{3}\sigma_{\text{T}} c u_{\text{mag}} \gamma^2 \left(\dfrac{v}{c}\right)^2$ $\simeq 1.06 \times 10^{-14} B^2 \gamma^2 \left(\dfrac{v}{c}\right)^2$ W	(7.288) (7.289)
1個の電子の発光スペクトル[b]	$P(\nu) = \dfrac{3^{1/2} e^3 B \sin\theta}{4\pi\epsilon_0 c m_{\text{e}}} F(\nu/\nu_{\text{ch}})$ $\simeq 2.34 \times 10^{-25} B \sin\theta F(\nu/\nu_{\text{ch}})$ W Hz^{-1}	(7.290) (7.291)
特性振動数	$\nu_{\text{ch}} = \dfrac{3}{2} \gamma^2 \dfrac{eB}{2\pi m_{\text{e}}} \sin\theta$ $\simeq 4.2 \times 10^{10} \gamma^2 B \sin\theta$ Hz	(7.292) (7.293)
スペクトル関数	$F(x) = x \displaystyle\int_x^\infty K_{5/3}(y)\,\mathrm{d}y$ $\simeq \begin{cases} 2.15 x^{1/3} & (x \ll 1) \\ 1.25 x^{1/2} e^{-x} & (x \gg 1) \end{cases}$	(7.294) (7.295)

P_{tot}	全放射パワー
σ_{T}	トムソン断面積
u_{mag}	磁気エネルギー密度 $= B^2/(2\mu_0)$
v	電子の速度 $(\sim c)$
γ	ローレンツ因子 $= [1-(v/c)^2]^{-1/2}$
θ	ピッチ角(v と B の間の角)
B	磁束密度
c	光速度
$P(\nu)$	発光スペクトル
ν	振動数
ν_{ch}	特性振動数
$-e$	電子の電荷
ϵ_0	真空の誘電率
m_{e}	電子の(静止)質量
F	スペクトル関数
$K_{5/3}$	5/3 次の第2種変形ベッセル関数

[a] この表現はサイクロトロン放射 $(v \ll c)$ に対しても成り立つ.
[b] 単位振動数インターバル当たりの全放射パワー.

制動放射[a]

1つの電子とイオン[b]

$$\frac{dW}{d\omega} = \frac{Z^2 e^6}{24\pi^4 \epsilon_0^3 c^3 m_e^2} \frac{\omega^2}{\gamma^2 v^4} \left[\frac{1}{\gamma^2} K_0^2\left(\frac{\omega b}{\gamma v}\right) + K_1^2\left(\frac{\omega b}{\gamma v}\right) \right] \tag{7.296}$$

$$\simeq \frac{Z^2 e^6}{24\pi^4 \epsilon_0^3 c^3 m_e^2 b^2 v^2} \quad (\omega b \ll \gamma v) \tag{7.297}$$

熱制動放射（$v \ll c$; マックスウェル分布）

$$\frac{dP}{dV\,d\nu} = 6.8 \times 10^{-51} Z^2 T^{-1/2} n_i n_e g(\nu, T) \exp\left(\frac{-h\nu}{kT}\right) \quad \mathrm{W\,m^{-3}\,Hz^{-1}} \tag{7.298}$$

ここで $g(\nu, T) \simeq \begin{cases} 0.28[\ln(4.4 \times 10^{16} T^3 \nu^{-2} Z^{-2}) - 0.76] & (h\nu \ll kT \lesssim 10^5 k Z^2) \\ 0.55 \ln(2.1 \times 10^{10} T \nu^{-1}) & (h\nu \ll 10^5 k Z^2 \lesssim kT) \\ (2.1 \times 10^{10} T \nu^{-1})^{-1/2} & (h\nu \gg kT) \end{cases}$ (7.299)

$$\frac{dP}{dV} \simeq 1.7 \times 10^{-40} Z^2 T^{1/2} n_i n_e \quad \mathrm{W\,m^{-3}} \tag{7.300}$$

ω	角振動数 ($=2\pi\nu$)	v	電子の速さ	W	放射エネルギー
Ze	イオン電荷	K_i	i 次の変形ベッセル関数（47頁参照）	T	電子の温度 (K)
$-e$	電子の電荷			n_i	イオン数密度 ($\mathrm{m^{-3}}$)
ϵ_0	真空の誘電率	γ	ローレンツ因子 $= [1-(v/c)^2]^{-1/2}$	n_e	電子数密度 ($\mathrm{m^{-3}}$)
c	光速度	P	放射パワー	k	ボルツマン定数
m_e	電子の質量	V	体積	h	プランク定数
b	衝突パラメータ[c]	ν	振動数 (Hz)	g	ガウント因子

[a]古典的な取り扱い．イオンは静止していて，すべての振動数はプラズマ振動数よりも上にある．
[b]スペクトルは，低振動数では近似的にフラットで，振動数 $\gtrsim \gamma v/b$ のとき指数関数的に減衰する．
[c]最近接距離．

第 8 章　光学

8.1　序論

　光学の記号と用語を統一するどのような試みも結局は失敗するようである．それは，（力学と光学だけが共有する）長い華々しい歴史によるためでもあり，まったく異種の物理の分野に光学の基本原理が適用されているためでもある．光学的な考えは，量子力学からラジオ波伝播にいたるまで，波動に基づくほとんどすべての物理部門に入り込んでいる．

　偏光の研究分野ほど規約の欠落が明らかな部分はないので，注意を喚起する註釈が必要である．本書で用いられる規約は，文脈からおおよそ読み取れるが，読者は，別な符号や掌性の規約が存在し，それらが広く用いられていることを知っていなければならない．特にわれわれは，湧きだし（ソース）方向を見ている観察者に対して，視線に垂直な平面内の電場ベクトルが時計回りに回転するならば，円偏光した波動は右手系であるとする．この規約は，光学の教科書ではよく用いられていて，電場の向きは右手用のコルク栓抜きで，エネルギー流の向きが栓抜きの方向であるという概念的な利点をもつ．しかしながら，電波を送信あるいは受信するらせんアンテナの掌性をその掌性としている無線工学で広く用いられているシステムとは逆であり，また，波動自身の角運動量ベクトルとも逆である．

8.2 干渉

ニュートン環[a]

n 番目の暗環	$r_n^2 = nR\lambda_0$	(8.1)	r_n	n 番目の環の半径
			n	非負整数 (≥ 0)
			R	レンズ曲率半径
n 番目の明環	$r_n^2 = \left(n + \dfrac{1}{2}\right)R\lambda_0$	(8.2)	λ_0	外部媒質中の波長

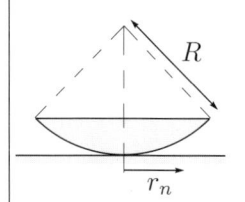

[a]反射光中に見られる.

誘電体層[a]

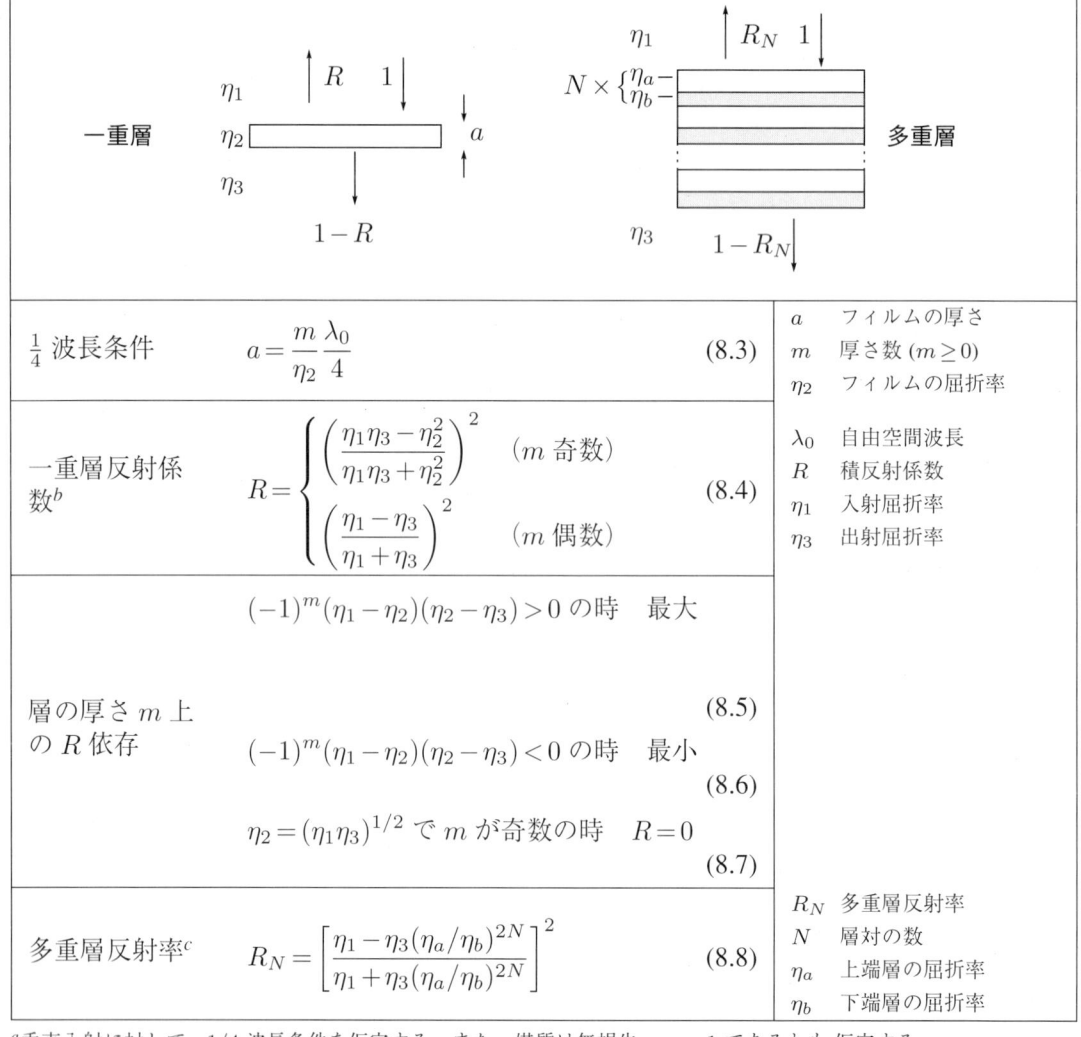

一重層 / 多重層 図

$\frac{1}{4}$ 波長条件	$a = \dfrac{m}{\eta_2}\dfrac{\lambda_0}{4}$	(8.3)	a	フィルムの厚さ
			m	厚さ数 ($m \geq 0$)
			η_2	フィルムの屈折率
一重層反射係数[b]	$R = \begin{cases} \left(\dfrac{\eta_1\eta_3 - \eta_2^2}{\eta_1\eta_3 + \eta_2^2}\right)^2 & (m\ \text{奇数}) \\ \left(\dfrac{\eta_1 - \eta_3}{\eta_1 + \eta_3}\right)^2 & (m\ \text{偶数}) \end{cases}$	(8.4)	λ_0	自由空間波長
			R	積反射係数
			η_1	入射屈折率
			η_3	出射屈折率
層の厚さ m 上の R 依存	$(-1)^m(\eta_1-\eta_2)(\eta_2-\eta_3) > 0$ の時 最大	(8.5)		
	$(-1)^m(\eta_1-\eta_2)(\eta_2-\eta_3) < 0$ の時 最小	(8.6)		
	$\eta_2 = (\eta_1\eta_3)^{1/2}$ で m が奇数の時 $R = 0$	(8.7)		
多重層反射率[c]	$R_N = \left[\dfrac{\eta_1 - \eta_3(\eta_a/\eta_b)^{2N}}{\eta_1 + \eta_3(\eta_a/\eta_b)^{2N}}\right]^2$	(8.8)	R_N	多重層反射率
			N	層対の数
			η_a	上端層の屈折率
			η_b	下端層の屈折率

[a]垂直入射に対して, 1/4 波長条件を仮定する. また, 媒質は無損失, $\mu_r = 1$ であるとも 仮定する.
[b]R の定義は 152 頁を参照.
[c]N 層対の多重媒質に対して, 全屈折率の列 $\eta_1\eta_a, \eta_b\eta_a \cdots \eta_a\eta_b\eta_3$ を与える (右側の図表を見よ). 多重媒質の各層は $m = 1$ で 1/4 波長条件を満たしている.

8.2 干渉

ファブリ・ペロー エタロン（干渉計）[a]

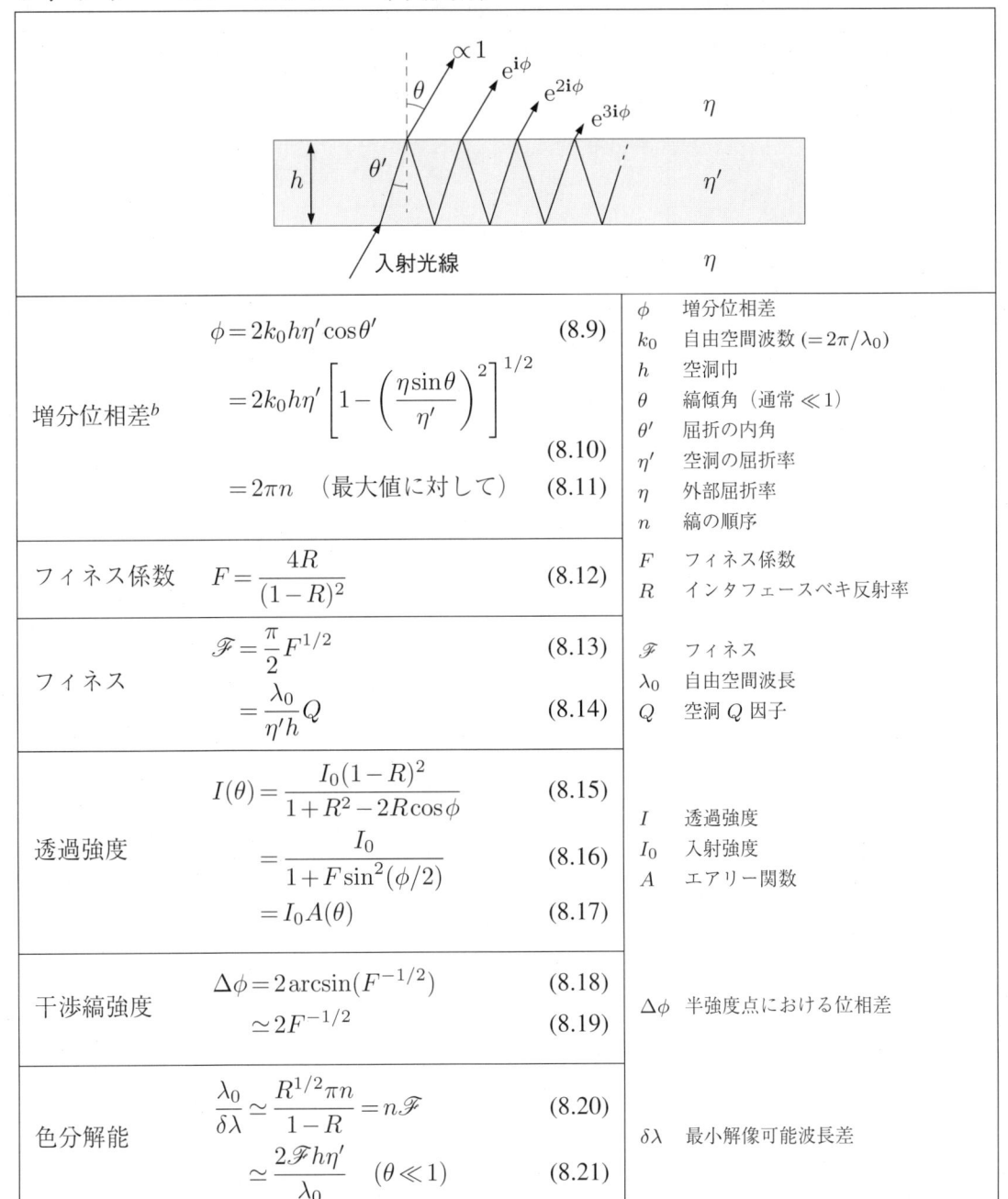

増分位相差[b]	$\phi = 2k_0 h \eta' \cos\theta'$ (8.9) $= 2k_0 h \eta' \left[1 - \left(\dfrac{\eta\sin\theta}{\eta'}\right)^2\right]^{1/2}$ (8.10) $= 2\pi n$ （最大値に対して） (8.11)	ϕ 増分位相差 k_0 自由空間波数 $(=2\pi/\lambda_0)$ h 空洞巾 θ 縞傾角（通常 $\ll 1$） θ' 屈折の内角 η' 空洞の屈折率 η 外部屈折率 n 縞の順序
フィネス係数	$F = \dfrac{4R}{(1-R)^2}$ (8.12)	F フィネス係数 R インタフェースベキ反射率
フィネス	$\mathscr{F} = \dfrac{\pi}{2} F^{1/2}$ (8.13) $= \dfrac{\lambda_0}{\eta' h} Q$ (8.14)	$\mathscr{F}$ フィネス λ_0 自由空間波長 Q 空洞 Q 因子
透過強度	$I(\theta) = \dfrac{I_0(1-R)^2}{1+R^2-2R\cos\phi}$ (8.15) $= \dfrac{I_0}{1+F\sin^2(\phi/2)}$ (8.16) $= I_0 A(\theta)$ (8.17)	I 透過強度 I_0 入射強度 A エアリー関数
干渉縞強度	$\Delta\phi = 2\arcsin(F^{-1/2})$ (8.18) $\simeq 2F^{-1/2}$ (8.19)	$\Delta\phi$ 半強度点における位相差
色分解能	$\dfrac{\lambda_0}{\delta\lambda} \simeq \dfrac{R^{1/2}\pi n}{1-R} = n\mathscr{F}$ (8.20) $\simeq \dfrac{2\mathscr{F} h \eta'}{\lambda_0}$ $(\theta \ll 1)$ (8.21)	$\delta\lambda$ 最小解像可能波長差
自由スペクトル範囲[c]	$\delta\lambda_\mathrm{f} = \mathscr{F}\delta\lambda$ (8.22) $\delta\nu_\mathrm{f} = \dfrac{c}{2\eta' h}$ (8.23)	$\delta\lambda_\mathrm{f}$ 自由スペクトル範囲の波長 $\delta\nu_\mathrm{f}$ 自由スペクトル範囲の周波数

[a] エタロン上の表面被膜による効果はすべて無視する．172頁のレーザーの項目も参照．
[b] 隣接光線の間．高次縞は，模様の中心に近い．
[c] 垂直入射の近く $(\theta \simeq 0)$ では，$<\delta\lambda_\mathrm{f}$ より小さい波長で分けられた2つのスペクトル成分の次数は重複しない．

8.3 フラウンホーファー回折

グレーティング（格子）[a]

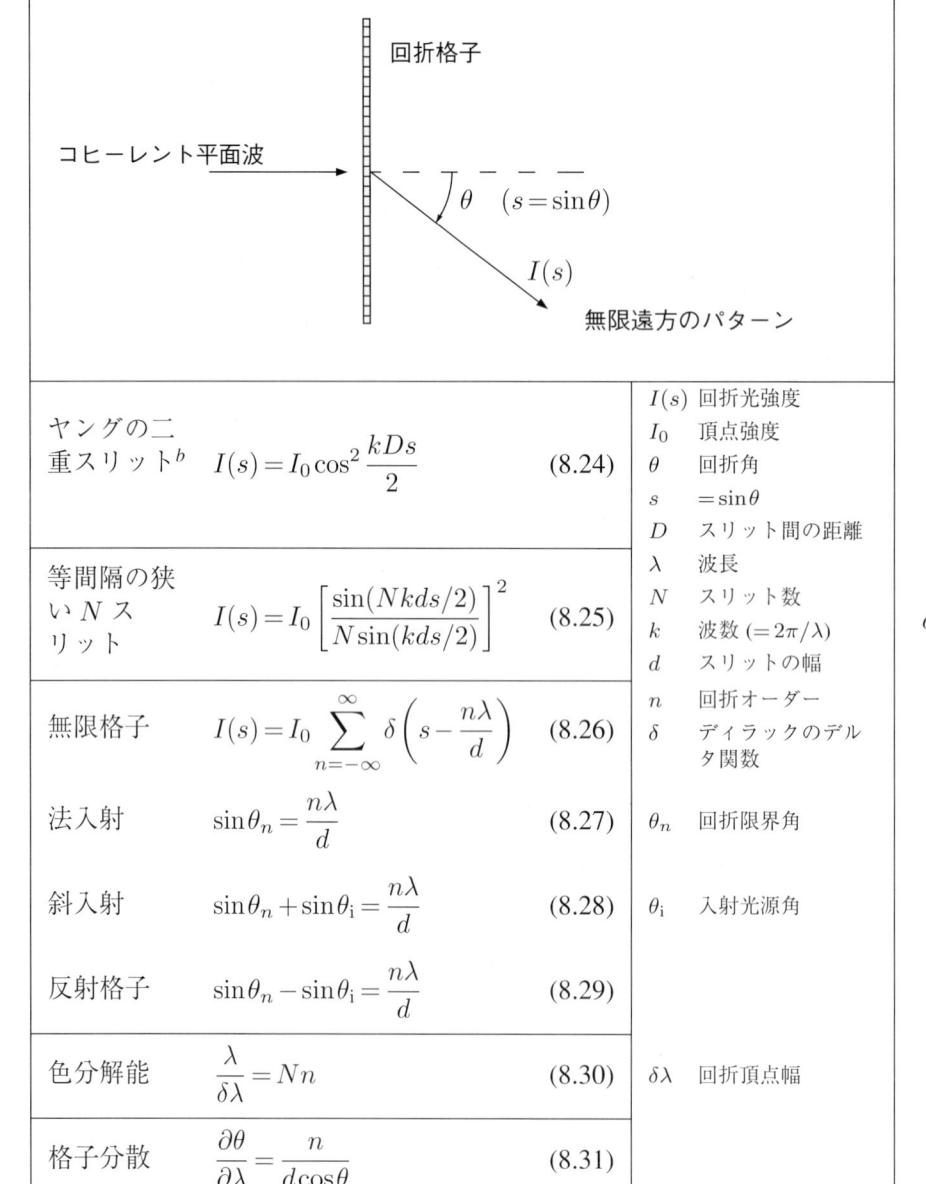

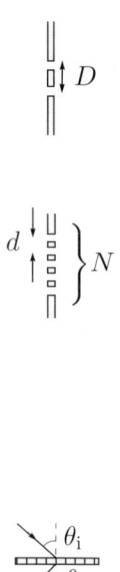

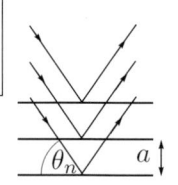

			$I(s)$	回折光強度
			I_0	頂点強度
			θ	回折角
ヤングの二重スリット[b]	$I(s) = I_0 \cos^2 \dfrac{kDs}{2}$	(8.24)	s	$= \sin\theta$
			D	スリット間の距離
			λ	波長
等間隔の狭い N スリット	$I(s) = I_0 \left[\dfrac{\sin(Nkds/2)}{N\sin(kds/2)}\right]^2$	(8.25)	N	スリット数
			k	波数 $(= 2\pi/\lambda)$
			d	スリットの幅
無限格子	$I(s) = I_0 \displaystyle\sum_{n=-\infty}^{\infty} \delta\left(s - \dfrac{n\lambda}{d}\right)$	(8.26)	n	回折オーダー
			δ	ディラックのデルタ関数
法入射	$\sin\theta_n = \dfrac{n\lambda}{d}$	(8.27)	θ_n	回折限界角
斜入射	$\sin\theta_n + \sin\theta_i = \dfrac{n\lambda}{d}$	(8.28)	θ_i	入射光源角
反射格子	$\sin\theta_n - \sin\theta_i = \dfrac{n\lambda}{d}$	(8.29)		
色分解能	$\dfrac{\lambda}{\delta\lambda} = Nn$	(8.30)	$\delta\lambda$	回折頂点幅
格子分散	$\dfrac{\partial\theta}{\partial\lambda} = \dfrac{n}{d\cos\theta}$	(8.31)		
ブラッグの法則[c]	$2a\sin\theta_n = n\lambda$	(8.32)	a	原子面間隔

[a] 特に断らなければ，光源は格子に垂直である．
[b] D 離れた2つの狭いスリット．
[c] 条件は $\theta_n = \theta_i$ の時のブラッグの反射に対するものである．

8.3 フラウンホーファー回折

開口回折

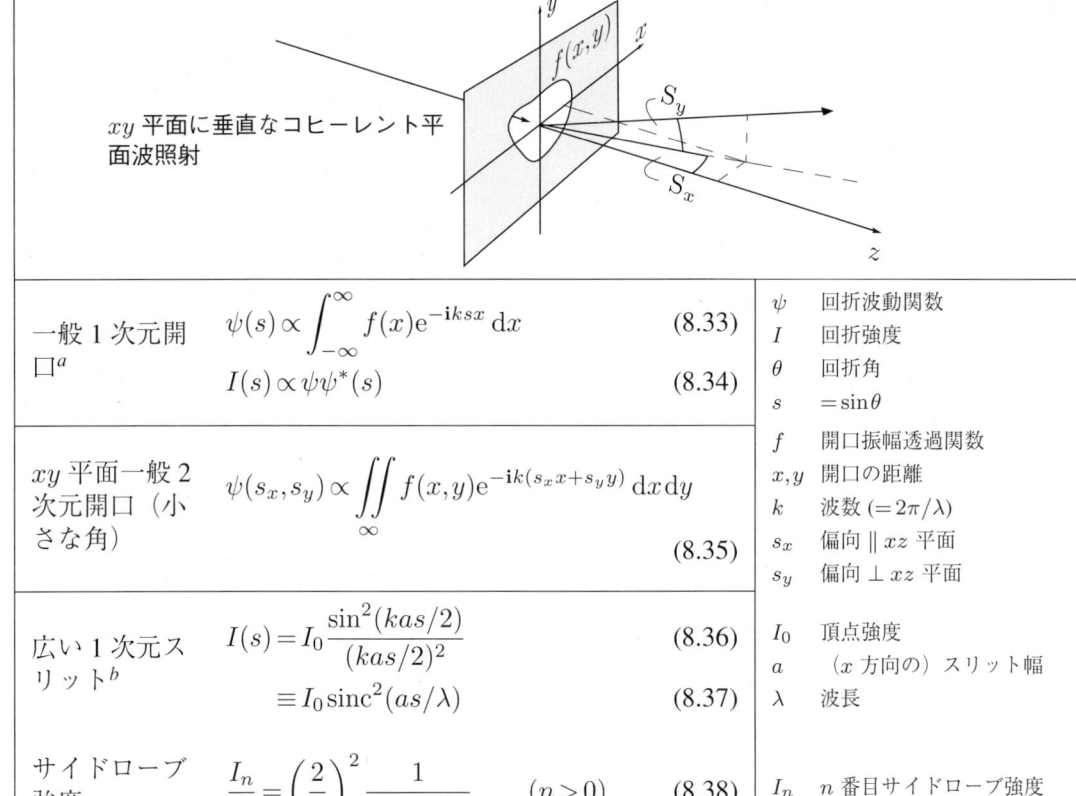

一般1次元開口[a]	$\psi(s) \propto \displaystyle\int_{-\infty}^{\infty} f(x) e^{-iksx} dx$	(8.33)	ψ	回折波動関数
	$I(s) \propto \psi \psi^*(s)$	(8.34)	I	回折強度
			θ	回折角
			s	$=\sin\theta$
xy 平面一般2次元開口(小さな角)	$\psi(s_x, s_y) \propto \displaystyle\iint_{\infty} f(x,y) e^{-ik(s_x x + s_y y)} dx dy$ (8.35)		f	開口振幅透過関数
			x,y	開口の距離
			k	波数 $(=2\pi/\lambda)$
			s_x	偏向 $\parallel xz$ 平面
			s_y	偏向 $\perp xz$ 平面
広い1次元スリット[b]	$I(s) = I_0 \dfrac{\sin^2(kas/2)}{(kas/2)^2}$	(8.36)	I_0	頂点強度
	$\equiv I_0 \operatorname{sinc}^2(as/\lambda)$	(8.37)	a	(x方向の)スリット幅
			λ	波長
サイドローブ強度	$\dfrac{I_n}{I_0} = \left(\dfrac{2}{\pi}\right)^2 \dfrac{1}{(2n+1)^2} \quad (n>0)$	(8.38)	I_n	n番目サイドローブ強度
矩形開口(小さな角)	$I(s_x, s_y) = I_0 \operatorname{sinc}^2 \dfrac{as_x}{\lambda} \operatorname{sinc}^2 \dfrac{bs_y}{\lambda}$	(8.39)	a	x方向開口幅
			b	y方向開口幅
円開口[c]	$I(s) = I_0 \left[\dfrac{2J_1(kDs/2)}{kDs/2}\right]^2$	(8.40)	J_1	1次ベッセル関数
			D	開口直径
第一最小値[d]	$s = 1.22 \dfrac{\lambda}{D}$	(8.41)	λ	波長
第一最大値	$s = 1.64 \dfrac{\lambda}{D}$	(8.42)		
弱1次元位相対象物	$f(x) = \exp[i\phi(x)] \simeq 1 + i\phi(x)$	(8.43)	$\phi(x)$	位相分布
			i	$i^2 = -1$
フラウンホーファー極限[e]	$L \gg \dfrac{(\Delta x)^2}{\lambda}$	(8.44)	L	観測点から開口までの距離
			Δx	口径

[a]フラウンホーファー積分.
[b]$\operatorname{sinc} x = (\sin \pi x)/(\pi x)$.
[c]中心最大はエアリー円盤として知られている.
[d]レーリーの分解能判定条件は,等しい強度の2つの点光源が角度が $1.22\lambda/D$ だけ離れているならば,回折限界光学で分解できることを述べている.
[e]平面波照射.

8.4 フレネル回折

キルヒホッフの回折公式[a]

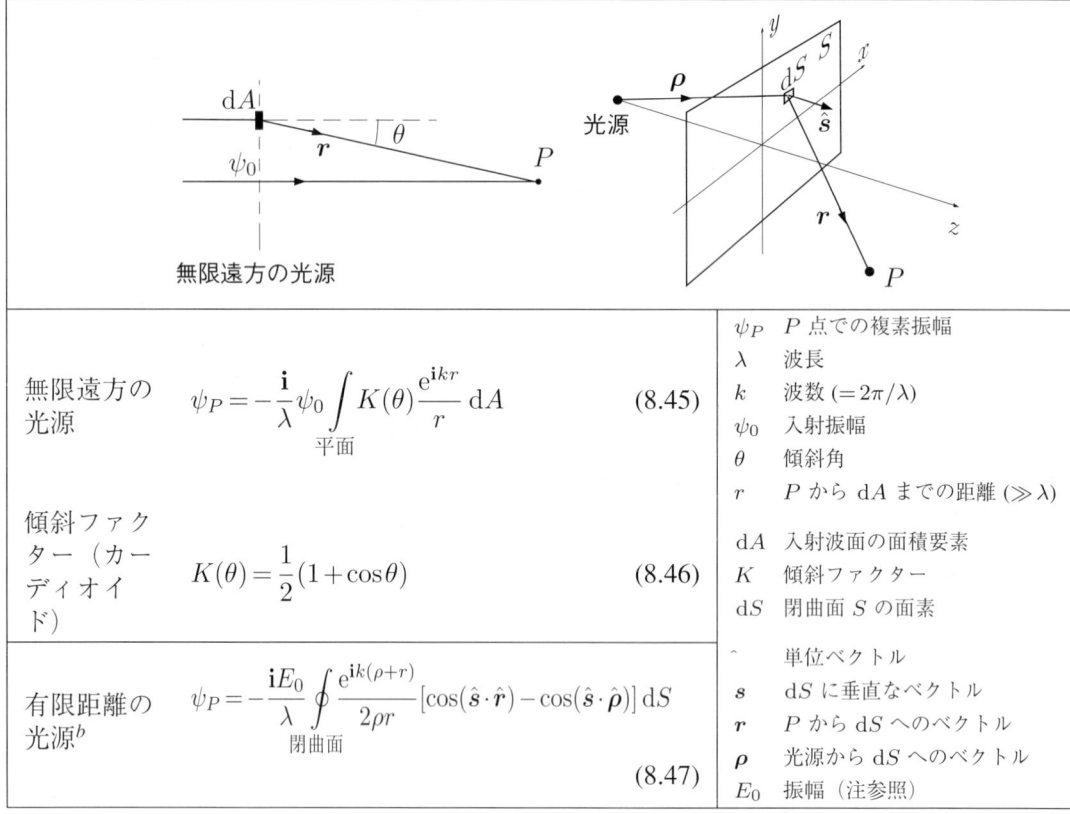

無限遠方の光源	$\psi_P = -\dfrac{i}{\lambda}\psi_0 \int\limits_{平面} K(\theta)\dfrac{e^{ikr}}{r}dA$	(8.45)
傾斜ファクター（カーディオイド）	$K(\theta) = \dfrac{1}{2}(1+\cos\theta)$	(8.46)
有限距離の光源[b]	$\psi_P = -\dfrac{iE_0}{\lambda}\oint\limits_{閉曲面}\dfrac{e^{ik(\rho+r)}}{2\rho r}[\cos(\hat{s}\cdot\hat{r})-\cos(\hat{s}\cdot\hat{\rho})]dS$	(8.47)

ψ_P	P 点での複素振幅
λ	波長
k	波数 ($=2\pi/\lambda$)
ψ_0	入射振幅
θ	傾斜角
r	P から dA までの距離 ($\gg \lambda$)
dA	入射波面の面積要素
K	傾斜ファクター
dS	閉曲面 S の面素
$\hat{}$	単位ベクトル
s	dS に垂直なベクトル
r	P から dS へのベクトル
ρ	光源から dS へのベクトル
E_0	振幅（注参照）

[a] フレネル・キルヒホッフ公式としても知られている．積分表面と一致する障害物による回折は積分から表面のその部分を除外することによって近似できる．
[b] ρ における光源の振幅は $\psi(\rho) = E_0 e^{ik\rho}/\rho$．積分は，点 P を囲む表面上に取る．

フレネルゾーン

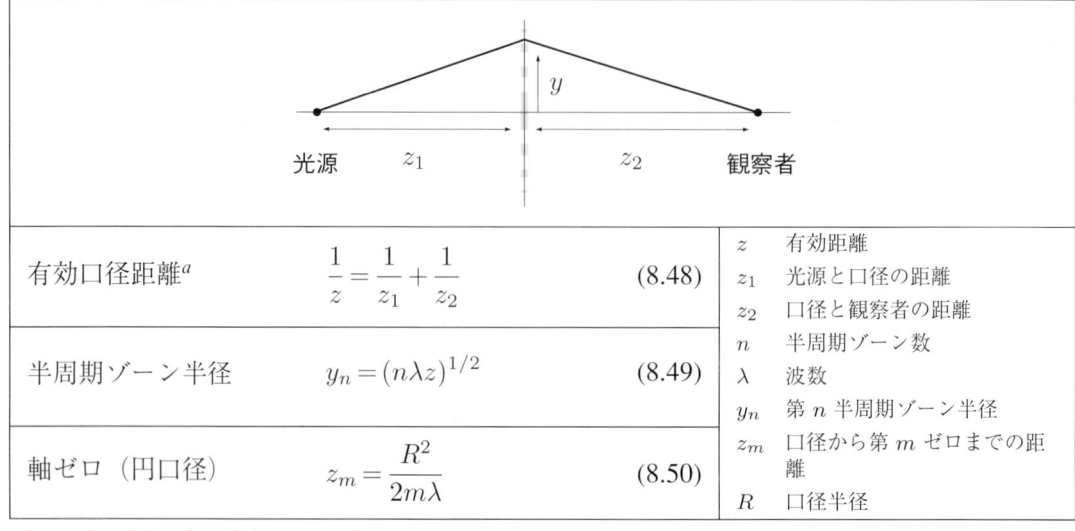

有効口径距離[a]	$\dfrac{1}{z} = \dfrac{1}{z_1} + \dfrac{1}{z_2}$	(8.48)
半周期ゾーン半径	$y_n = (n\lambda z)^{1/2}$	(8.49)
軸ゼロ（円口径）	$z_m = \dfrac{R^2}{2m\lambda}$	(8.50)

z	有効距離
z_1	光源と口径の距離
z_2	口径と観察者の距離
n	半周期ゾーン数
λ	波数
y_n	第 n 半周期ゾーン半径
z_m	口径から第 m ゼロまでの距離
R	口径半径

[a] すなわち，光源が無限遠方にないときは，口径と観察者の距離が用いられる．

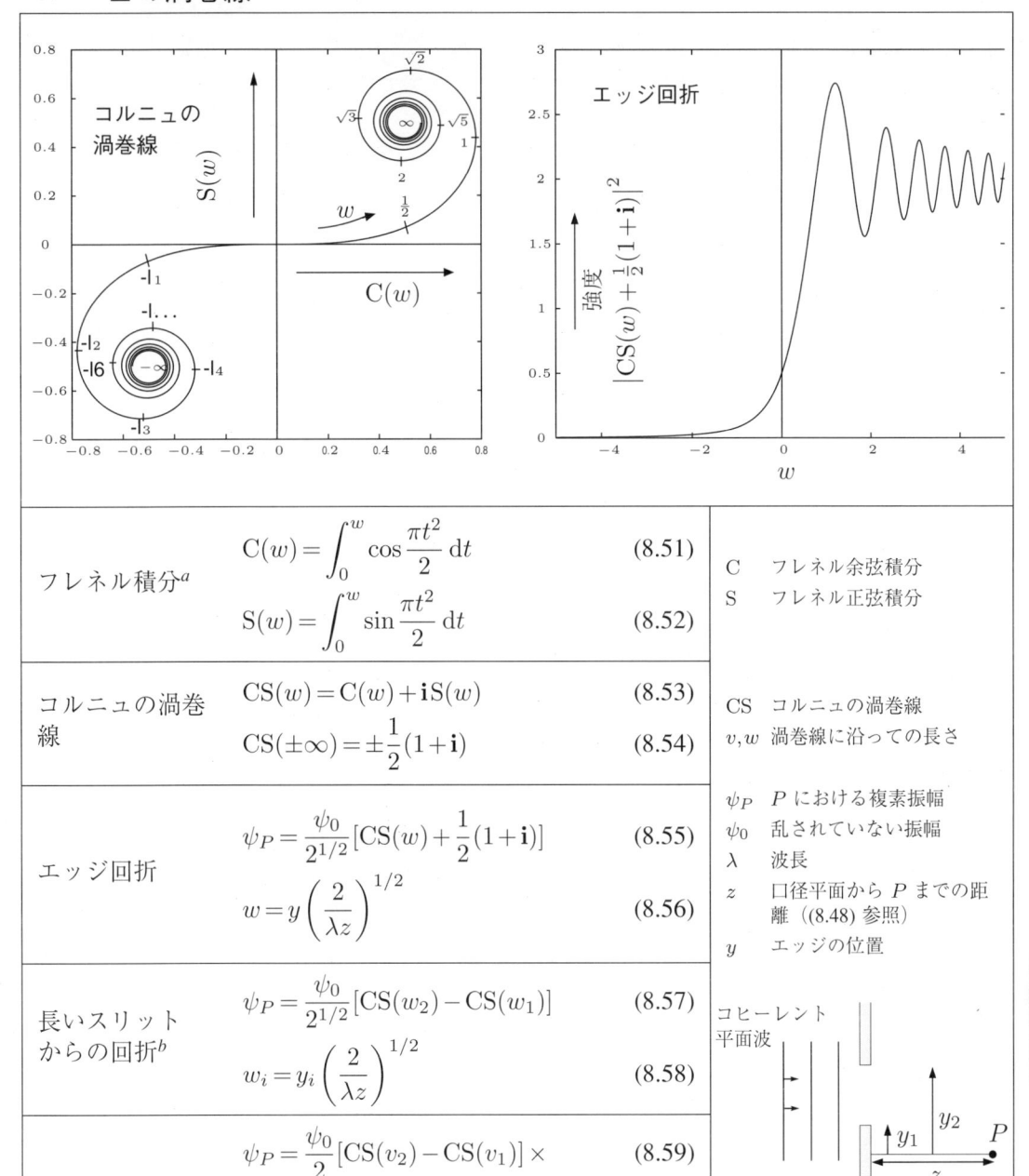

8.4 フレネル回折

コルニュの渦巻線

フレネル積分[a]	$C(w) = \int_0^w \cos\dfrac{\pi t^2}{2}\, dt$	(8.51)	C	フレネル余弦積分
	$S(w) = \int_0^w \sin\dfrac{\pi t^2}{2}\, dt$	(8.52)	S	フレネル正弦積分
コルニュの渦巻線	$CS(w) = C(w) + iS(w)$	(8.53)	CS	コルニュの渦巻線
	$CS(\pm\infty) = \pm\dfrac{1}{2}(1+i)$	(8.54)	v, w	渦巻線に沿っての長さ
エッジ回折	$\psi_P = \dfrac{\psi_0}{2^{1/2}}\left[CS(w) + \dfrac{1}{2}(1+i)\right]$	(8.55)	ψ_P	P における複素振幅
	$w = y\left(\dfrac{2}{\lambda z}\right)^{1/2}$	(8.56)	ψ_0	乱されていない振幅
			λ	波長
			z	口径平面から P までの距離((8.48) 参照)
			y	エッジの位置
長いスリットからの回折[b]	$\psi_P = \dfrac{\psi_0}{2^{1/2}}[CS(w_2) - CS(w_1)]$	(8.57)		
	$w_i = y_i\left(\dfrac{2}{\lambda z}\right)^{1/2}$	(8.58)		
矩形口径からの回折	$\psi_P = \dfrac{\psi_0}{2}[CS(v_2) - CS(v_1)] \times$	(8.59)		
	$[CS(w_2) - CS(w_1)]$	(8.60)	x_i	スリット側面の位置
	$v_i = x_i\left(\dfrac{2}{\lambda z}\right)^{1/2}$	(8.61)	y_i	スリットの上端下端の位置
	$w_i = y_i\left(\dfrac{2}{\lambda z}\right)^{1/2}$	(8.62)		

[a] 43 頁の方程式 (2.393) も参照.
[b] x 方向に長いスリット.

8.5 幾何光学

レンズと鏡[a]

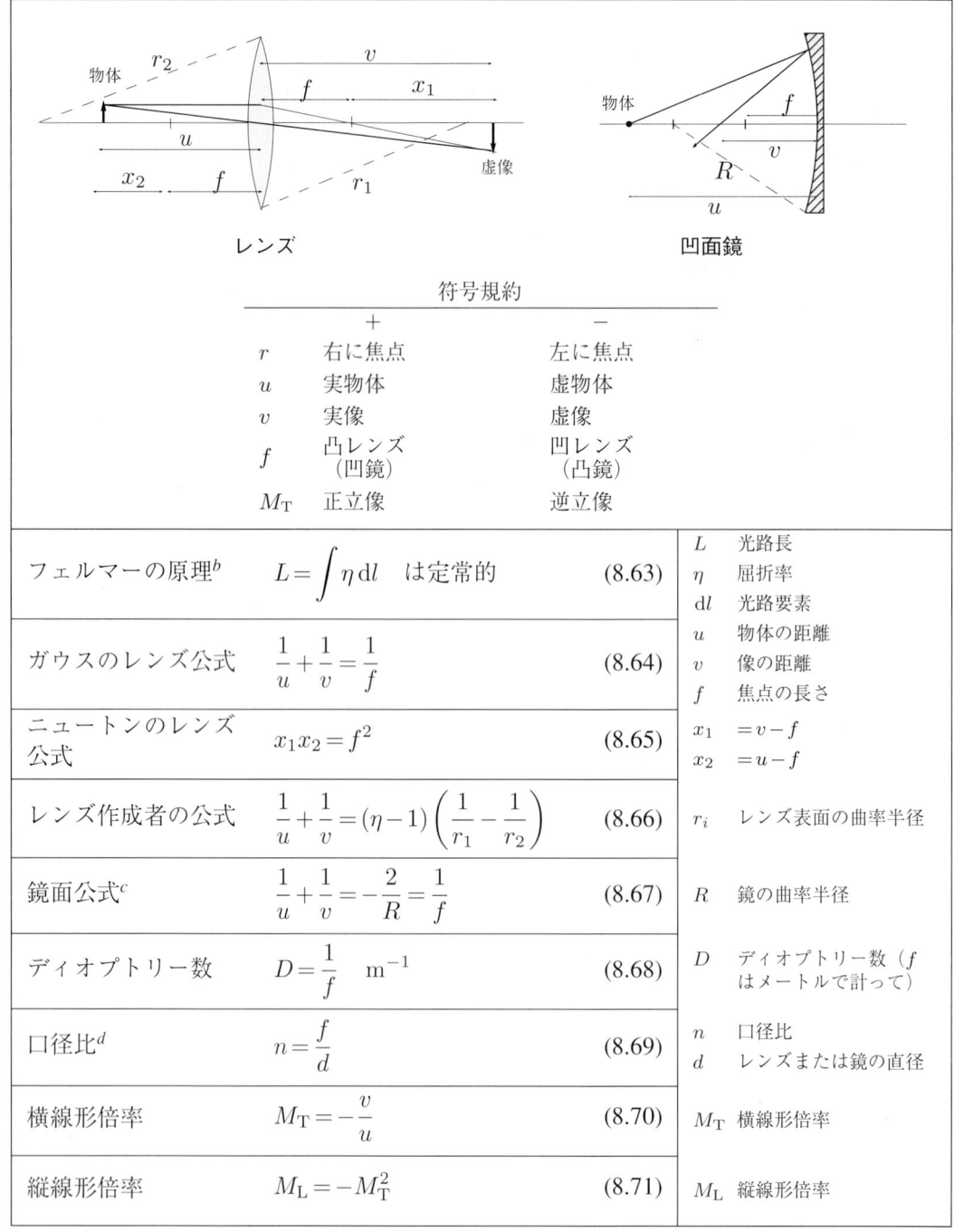

	レンズ		凹面鏡	

（図：レンズと凹面鏡の光路図。レンズ側では物体, r_2, v, f, x_1, r_1, 虚像, u, x_2 が示され、凹面鏡側では物体, f, v, R, u が示されている）

符号規約

	+	−
r	右に焦点	左に焦点
u	実物体	虚物体
v	実像	虚像
f	凸レンズ（凹鏡）	凹レンズ（凸鏡）
M_T	正立像	逆立像

フェルマーの原理[b]	$L = \int \eta \, dl$ は定常的	(8.63)	L	光路長
			η	屈折率
			dl	光路要素
ガウスのレンズ公式	$\dfrac{1}{u} + \dfrac{1}{v} = \dfrac{1}{f}$	(8.64)	u	物体の距離
			v	像の距離
			f	焦点の長さ
ニュートンのレンズ公式	$x_1 x_2 = f^2$	(8.65)	$x_1 = v - f$	
			$x_2 = u - f$	
レンズ作成者の公式	$\dfrac{1}{u} + \dfrac{1}{v} = (\eta - 1)\left(\dfrac{1}{r_1} - \dfrac{1}{r_2}\right)$	(8.66)	r_i	レンズ表面の曲率半径
鏡面公式[c]	$\dfrac{1}{u} + \dfrac{1}{v} = -\dfrac{2}{R} = \dfrac{1}{f}$	(8.67)	R	鏡の曲率半径
ディオプトリー数	$D = \dfrac{1}{f}$ m^{-1}	(8.68)	D	ディオプトリー数（f はメートルで計って）
口径比[d]	$n = \dfrac{f}{d}$	(8.69)	n	口径比
			d	レンズまたは鏡の直径
横線形倍率	$M_T = -\dfrac{v}{u}$	(8.70)	M_T	横線形倍率
縦線形倍率	$M_L = -M_T^2$	(8.71)	M_L	縦線形倍率

[a] 公式はガウス光学であること，すなわち，すべてのレンズは薄くすべての角度は小さいことを仮定している．光は左から入射する．
[b] 定常的光路長は，隣接する経路の長さと 1 次のオーダーでは等しい．
[c] $R < 0$ のとき鏡は凹，$R > 0$ のとき鏡は凸である．
[d] または f-数，たとえば，$n = 2$ のときは $f/2$ と書かれる．

プリズム（分散）

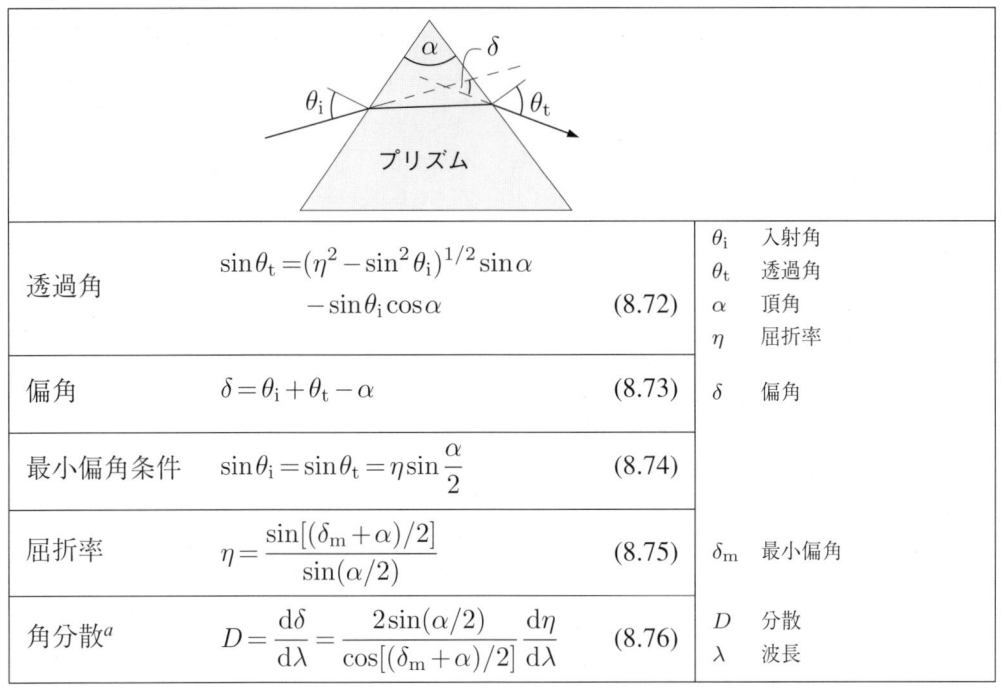

透過角	$\sin\theta_t = (\eta^2 - \sin^2\theta_i)^{1/2}\sin\alpha$ $-\sin\theta_i\cos\alpha$	(8.72)	θ_i θ_t α η	入射角 透過角 頂角 屈折率
偏角	$\delta = \theta_i + \theta_t - \alpha$	(8.73)	δ	偏角
最小偏角条件	$\sin\theta_i = \sin\theta_t = \eta\sin\dfrac{\alpha}{2}$	(8.74)		
屈折率	$\eta = \dfrac{\sin[(\delta_m + \alpha)/2]}{\sin(\alpha/2)}$	(8.75)	δ_m	最小偏角
角分散[a]	$D = \dfrac{d\delta}{d\lambda} = \dfrac{2\sin(\alpha/2)}{\cos[(\delta_m + \alpha)/2]}\dfrac{d\eta}{d\lambda}$	(8.76)	D λ	分散 波長

[a]最小偏角における角分散．

光ファイバー

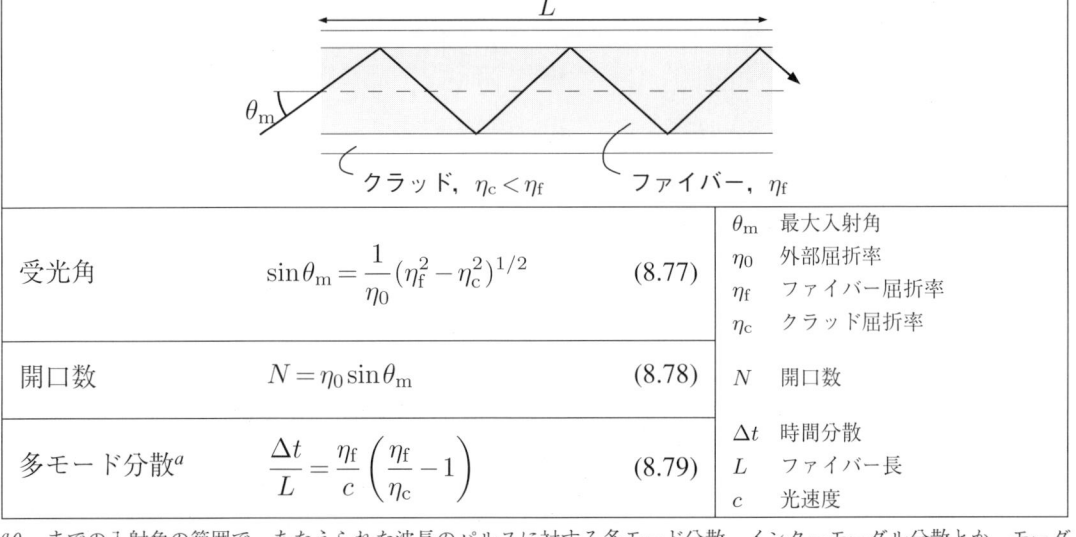

受光角	$\sin\theta_m = \dfrac{1}{\eta_0}(\eta_f^2 - \eta_c^2)^{1/2}$	(8.77)	θ_m η_0 η_f η_c	最大入射角 外部屈折率 ファイバー屈折率 クラッド屈折率
開口数	$N = \eta_0\sin\theta_m$	(8.78)	N	開口数
多モード分散[a]	$\dfrac{\Delta t}{L} = \dfrac{\eta_f}{c}\left(\dfrac{\eta_f}{\eta_c} - 1\right)$	(8.79)	Δt L c	時間分散 ファイバー長 光速度

[a]θ_m までの入射角の範囲で，あたえられた波長のパルスに対する多モード分散．インターモーダル分散とか，モーダル分散ともいう．

8.6 偏光

楕円偏光[a]

楕円偏光	$\boldsymbol{E} = (E_{0x}, E_{0y}e^{i\delta})e^{i(kz-\omega t)}$ (8.80)	
偏光角[b]	$\tan 2\alpha = \dfrac{2E_{0x}E_{0y}}{E_{0x}^2 - E_{0y}^2}\cos\delta$ (8.81)	
楕円度[c]	$e = \dfrac{a-b}{a}$ (8.82)	
マリュスの法則[d]	$I(\theta) = I_0\cos^2\theta$ (8.83)	

$\boldsymbol{E}$	電場
k	波ベクトル
z	伝播軸
ωt	角周波数 × 時間
E_{0x}	$\boldsymbol{E}$ の x 成分
E_{0y}	$\boldsymbol{E}$ の y 成分
δ	E_x に関する E_y の相対位相
α	偏光角
e	楕円度
a	長半径
b	短半径
$I(\theta)$	透過強度
I_0	入射強度
θ	偏光子と検光子のなす角

[a]符号と右手系・左手系の規約の議論については序論（159頁）を参照.
[b]長楕円半径と x 軸とのなす角. 偏光角は，$\pi/2-\alpha$ と定義されることがある.
[c]これは，楕円度のいくつかある定義の 1 つである.
[d]偏光しない入射光に対する傾いた偏光子を通る透過.

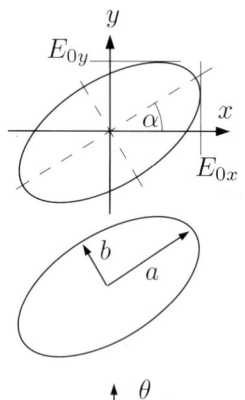

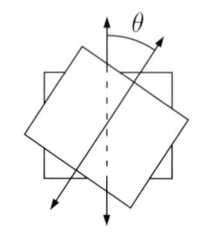

ジョーンズベクトルと行列

正規化された電場[a]	$\boldsymbol{E} = \begin{pmatrix} E_x \\ E_y \end{pmatrix}; \quad |\boldsymbol{E}| = 1$ (8.84)	
ベクトルの例：	$E_x = \begin{pmatrix} 1 \\ 0 \end{pmatrix} \quad E_{45} = \dfrac{1}{\sqrt{2}}\begin{pmatrix} 1 \\ 1 \end{pmatrix}$ $E_r = \dfrac{1}{\sqrt{2}}\begin{pmatrix} 1 \\ -i \end{pmatrix} \quad E_l = \dfrac{1}{\sqrt{2}}\begin{pmatrix} 1 \\ i \end{pmatrix}$	
ジョーンズ行列	$\boldsymbol{E}_t = \mathbf{A}\boldsymbol{E}_i$ (8.85)	

$\boldsymbol{E}$	電場
E_x	$\boldsymbol{E}$ の x 成分
E_y	$\boldsymbol{E}$ の y 成分
E_{45}	x 軸に 45°
E_r	右手回り
E_l	左手回り
$\boldsymbol{E}_t$	透過ベクトル
$\boldsymbol{E}_i$	入射ベクトル
$\mathbf{A}$	ジョーンズ行列

行列の例：

x に平行な線形偏光子	$\begin{pmatrix} 1 & 0 \\ 0 & 0 \end{pmatrix}$	y に平行な線形偏光子	$\begin{pmatrix} 0 & 0 \\ 0 & 1 \end{pmatrix}$
45° の線形偏光子	$\dfrac{1}{2}\begin{pmatrix} 1 & 1 \\ 1 & 1 \end{pmatrix}$	$-45°$ の線形偏光子	$\dfrac{1}{2}\begin{pmatrix} 1 & -1 \\ -1 & 1 \end{pmatrix}$
右回りの偏光子	$\dfrac{1}{2}\begin{pmatrix} 1 & i \\ -i & 1 \end{pmatrix}$	左回りの偏光子	$\dfrac{1}{2}\begin{pmatrix} 1 & -i \\ i & 1 \end{pmatrix}$
$\lambda/4$ 板(x 軸に平行に固定)	$e^{i\pi/4}\begin{pmatrix} 1 & 0 \\ 0 & i \end{pmatrix}$	$\lambda/4$ 板(x 軸に垂直に固定)	$e^{i\pi/4}\begin{pmatrix} 1 & 0 \\ 0 & -i \end{pmatrix}$

[a]正規化されたジョーンズベクトルとして知られている.

8.6 偏光

ストークスパラメータ[a]

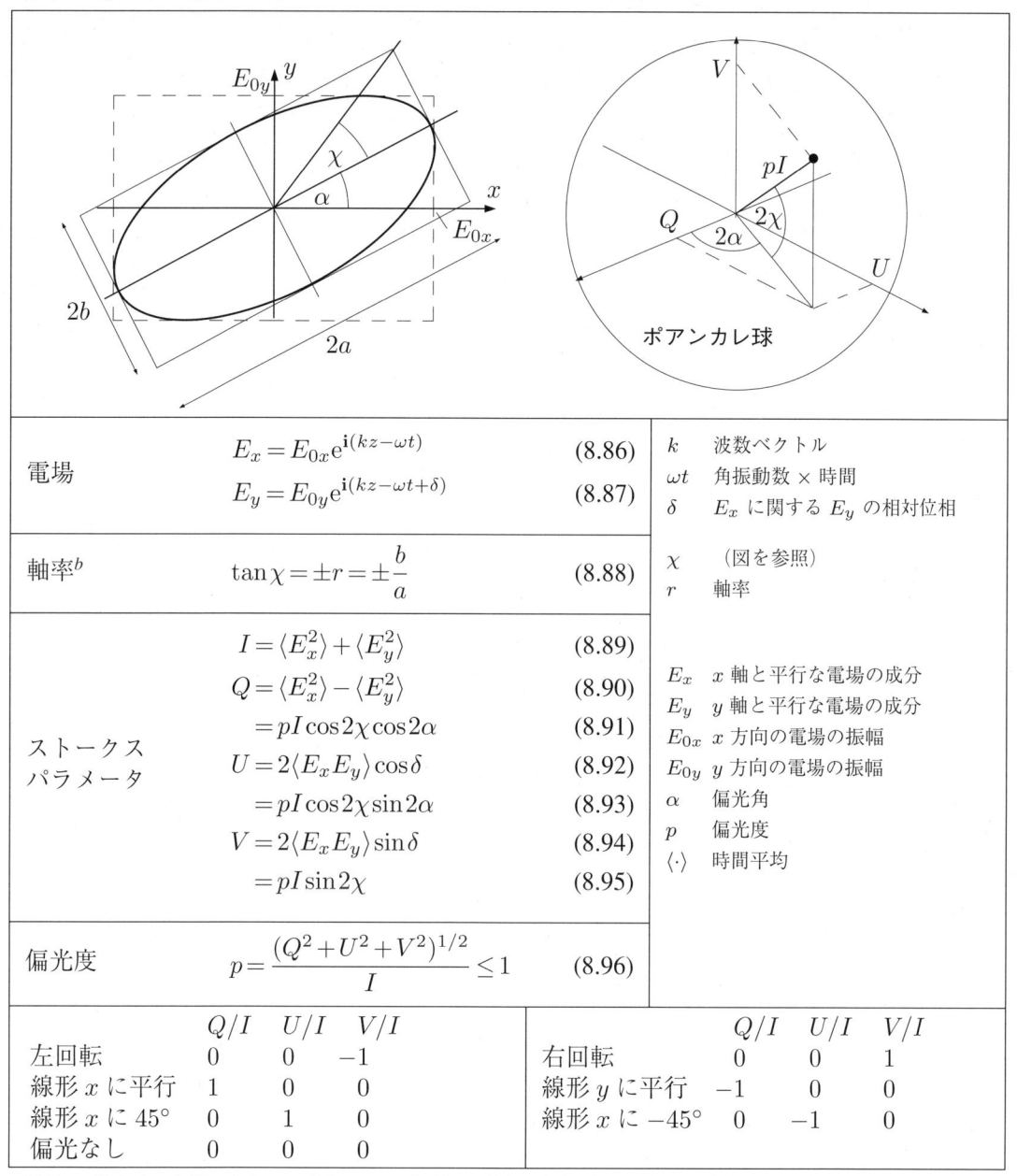

電場	$E_x = E_{0x} e^{i(kz-\omega t)}$	(8.86)	k 波数ベクトル
	$E_y = E_{0y} e^{i(kz-\omega t+\delta)}$	(8.87)	ωt 角振動数 × 時間
			δ E_x に関する E_y の相対位相
軸率[b]	$\tan\chi = \pm r = \pm \dfrac{b}{a}$	(8.88)	χ （図を参照）
			r 軸率
ストークスパラメータ	$I = \langle E_x^2 \rangle + \langle E_y^2 \rangle$	(8.89)	
	$Q = \langle E_x^2 \rangle - \langle E_y^2 \rangle$	(8.90)	E_x x 軸と平行な電場の成分
	$\quad = pI\cos 2\chi \cos 2\alpha$	(8.91)	E_y y 軸と平行な電場の成分
	$U = 2\langle E_x E_y \rangle \cos\delta$	(8.92)	E_{0x} x 方向の電場の振幅
	$\quad = pI\cos 2\chi \sin 2\alpha$	(8.93)	E_{0y} y 方向の電場の振幅
	$V = 2\langle E_x E_y \rangle \sin\delta$	(8.94)	α 偏光角
	$\quad = pI\sin 2\chi$	(8.95)	p 偏光度
			$\langle \cdot \rangle$ 時間平均
偏光度	$p = \dfrac{(Q^2+U^2+V^2)^{1/2}}{I} \leq 1$	(8.96)	

	Q/I	U/I	V/I		Q/I	U/I	V/I
左回転	0	0	-1	右回転	0	0	1
線形 x に平行	1	0	0	線形 y に平行	-1	0	0
線形 x に 45°	0	1	0	線形 x に $-45°$	0	-1	0
偏光なし	0	0	0				

[a] 右回転の偏光は，光源に向かって考えている平面内で電場の時計回りの回転に対応するという規約を用いている．図における伝播の方向は，平面の外である．パラメータ I, Q, U, V は s_0, s_1, s_2, s_3 とも書かれ，ほかの命名法もある．一般に受けいれられている標準的な定義はなく，パラメータはしばしば，$s_0 = 1$ で無次元にスケール変換されたり，ビームに垂直な平面を通る電力束，すなわち，$I = (\langle E_x^2 \rangle + \langle E_y^2 \rangle)/Z_0$ （Z_0 は自由空間のインピーダンス）を表したりする．

[b] われわれの定義では，軸率は右手回り偏光では 正，左手回り偏光では負である．

8.7 可干渉性（スカラー理論）

相互可干渉関数	$\Gamma_{12}(\tau) = \langle \psi_1(t)\psi_2^*(t+\tau) \rangle$	(8.97)	Γ_{ij}	相互可干渉関数
			τ	時間間隔の長さ
複素可干渉度	$\gamma_{12}(\tau) = \dfrac{\langle \psi_1(t)\psi_2^*(t+\tau) \rangle}{[\langle|\psi_1|^2\rangle\langle|\psi_2|^2\rangle]^{1/2}}$	(8.98)	ψ_i	空間の点 i における（複素）波動の擾乱
			t	時間
	$= \dfrac{\Gamma_{12}(\tau)}{[\Gamma_{11}(0)\Gamma_{22}(0)]^{1/2}}$	(8.99)	$\langle\cdot\rangle$	時間に関する平均
			γ_{ij}	複素可干渉係数
			$*$	複素共役
結合強度^a	$I_{\text{tot}} = I_1 + I_2 + 2(I_1 I_2)^{1/2}\Re[\gamma_{12}(\tau)]$ (8.100)		I_{tot}	結合強度
			I_i	i 点における擾乱の強度
			$\Re$	実部
干渉縞可視性	$V(\tau) = \dfrac{2(I_1 I_2)^{1/2}}{I_1 + I_2}|\gamma_{12}(\tau)|$	(8.101)		
$|\gamma_{12}(\tau)|$ が定数のとき:	$V = \dfrac{I_{\max} - I_{\min}}{I_{\max} + I_{\min}}$	(8.102)	$I_{\max}$	最大結合強度
			$I_{\min}$	最小結合強度
$I_1 = I_2$ ならば:	$V(\tau) = |\gamma_{12}(\tau)|$	(8.103)		
時間的複素可干渉度^b	$\gamma(\tau) = \dfrac{\langle \psi_1(t)\psi_1^*(t+\tau) \rangle}{\langle|\psi_1(t)^2|\rangle}$	(8.104)	$\gamma(\tau)$	時間的可干渉度
			$I(\omega)$	比強度
	$= \dfrac{\int I(\omega) e^{-i\omega\tau}\, d\omega}{\int I(\omega)\, d\omega}$	(8.105)	ω	放射角振動数
			c	光速度
可干渉時間と長さ	$\Delta\tau_c = \dfrac{\Delta l_c}{c} \sim \dfrac{1}{\Delta\nu}$	(8.106)	$\Delta\tau_c$	可干渉時間
			Δl_c	可干渉長さ
			$\Delta\nu$	スペクトル帯幅
空間的複素可干渉度^c	$\gamma(\boldsymbol{D}) = \dfrac{\langle \psi_1\psi_2^*\rangle}{[\langle|\psi_1|^2\rangle\langle|\psi_2|^2\rangle]^{1/2}}$	(8.107)	$\gamma(\boldsymbol{D})$	空間的可干渉度
			$\boldsymbol{D}$	点1と2の空間的分離
	$= \dfrac{\int I(\hat{\boldsymbol{s}}) e^{ik\boldsymbol{D}\cdot\hat{\boldsymbol{s}}}\, d\Omega}{\int I(\hat{\boldsymbol{s}})\, d\Omega}$	(8.108)	$I(\hat{\boldsymbol{s}})$	$\hat{\boldsymbol{s}}$ 方向にある遠くに広がっている光源の比強度
			$d\Omega$	立体角の微分
強度相関^d	$\dfrac{\langle I_1 I_2\rangle}{[\langle I_1\rangle^2\langle I_2\rangle^2]^{1/2}} = 1 + \gamma^2(\boldsymbol{D})$	(8.109)	$\hat{\boldsymbol{s}}$	$d\Omega$ の方向の単位ベクトル
			k	波数
スペックル強度分布^e	$\mathrm{pr}(I) = \dfrac{1}{\langle I\rangle} e^{-I/\langle I\rangle}$	(8.110)	pr	確率密度
スペックルサイズ（可干渉幅）	$\Delta w_c \simeq \dfrac{\lambda}{\alpha}$	(8.111)	Δw_c	特性スペックルサイズ
			λ	波長
			α	スクリーンから見えた光源の角の大きさ

^{a}相対遅延 τ の点1と2における擾乱の干渉から．
^{b}あるいは，自己相関関数．
$^c\boldsymbol{D}$ だけ離れた波面の2点の間．積分は，広がった光源上のすべてに渡る．
^{d}振幅についてガウス確率分布をもつ波の擾乱に対して．これは，熱源からのようなガウス光である．
^{e}やはりガウス光に対して．

8.8 線放射

スペクトル線広がり

自然な広がり[a]	$I(\omega) = \dfrac{(2\pi\tau)^{-1}}{(2\tau)^{-2} + (\omega - \omega_0)^2}$	(8.112)	$I(\omega)$ 正規化された強度[b]
			τ 励起状態の寿命
			ω 角振動数 $(= 2\pi\nu)$
自然な半値幅	$\Delta\omega = \dfrac{1}{2\tau}$	(8.113)	$\Delta\omega$ 半電力での半値幅
			ω_0 中心角振動数
衝突による広がり	$I(\omega) = \dfrac{(\pi\tau_c)^{-1}}{(\tau_c)^{-2} + (\omega - \omega_0)^2}$	(8.114)	τ_c 衝突間の平均時間
			p 圧力
			d 実効原子直径
衝突と圧力半値幅[c]	$\Delta\omega = \dfrac{1}{\tau_c} = p\pi d^2 \left(\dfrac{\pi mkT}{16}\right)^{-1/2}$	(8.115)	m 気体粒子質量
			k ボルツマン定数
			T 温度
			c 光速度
ドップラー広がり	$I(\omega) = \left(\dfrac{mc^2}{2kT\omega_0^2\pi}\right)^{1/2} \exp\left[-\dfrac{mc^2}{2kT}\dfrac{(\omega-\omega_0)^2}{\omega_0^2}\right]$	(8.116)	
ドップラー半値幅	$\Delta\omega = \omega_0 \left(\dfrac{2kT\ln 2}{mc^2}\right)^{1/2}$	(8.117)	

[a] 状態に対する単位時間当たりの遷移確率は $= 1/\tau$ である．摩擦のある振動子の古典的極限においては，電場の平均寿命は 2τ である．ここで記述した自然および衝突の様相はともにローレンツ型である．
[b] 強度スペクトルは，$\Delta\omega/\omega_0 \ll 1$ を仮定して $\int I(\omega)\,d\omega = 1$ と正規化されている．
[c] 圧力広がり関係は，有限サイズの原子のほかの点では完全なガスと仮定して方程式 (5.78), (5.86), (5.89) を組み合わせる．もっと精密な表現はより複雑である．

アインシュタイン係数[a]

			R_{ij} 準位 i から j への遷移率 $(\text{m}^{-3}\text{s}^{-1})$
吸収	$R_{12} = B_{12} I_\nu n_1$	(8.118)	B_{ij} アインシュタインの B 係数
			I_ν 比放射度
自発放出（放射）	$R_{21} = A_{21} n_2$	(8.119)	A_{21} アインシュタインの A 係数
			n_i 量子レベル i の原子の数密度 (m^{-3})
誘導放出（放射）	$R'_{21} = B_{21} I_\nu n_2$	(8.120)	
係数比	$\dfrac{A_{21}}{B_{12}} = \dfrac{2h\nu^3}{c^2}\dfrac{g_1}{g_2}$	(8.121)	h プランク定数
			ν 振動数
	$\dfrac{B_{21}}{B_{12}} = \dfrac{g_1}{g_2}$	(8.122)	c 光速度
			g_i i 準位の縮退度

[a] 係数は，I_ν でなく，スペクトルエネルギー密度 $u_\nu = 4\pi I_\nu/c$ を用いても定義できることに注意せよ．この場合，$\dfrac{A_{21}}{B_{12}} = \dfrac{8\pi h\nu^3}{c^3}\dfrac{g_1}{g_2}$ である．114 頁の占有密度の項目も参照せよ．

レーザー[a]

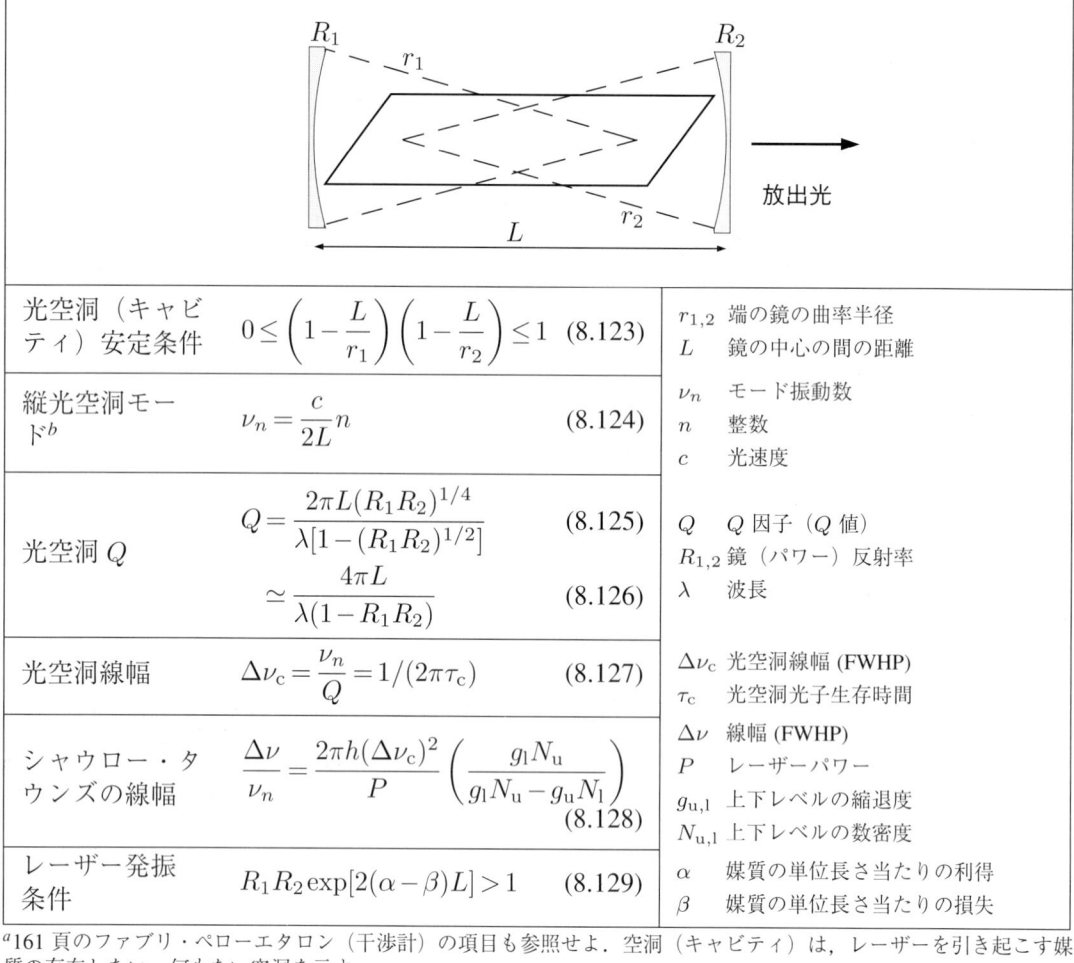

光空洞（キャビティ）安定条件	$0 \leq \left(1 - \dfrac{L}{r_1}\right)\left(1 - \dfrac{L}{r_2}\right) \leq 1$ (8.123)	$r_{1,2}$ 端の鏡の曲率半径 L 鏡の中心の間の距離
縦光空洞モード[b]	$\nu_n = \dfrac{c}{2L} n$ (8.124)	ν_n モード振動数 n 整数 c 光速度
光空洞 Q	$Q = \dfrac{2\pi L (R_1 R_2)^{1/4}}{\lambda [1 - (R_1 R_2)^{1/2}]}$ (8.125) $\simeq \dfrac{4\pi L}{\lambda (1 - R_1 R_2)}$ (8.126)	Q Q 因子（Q 値） $R_{1,2}$ 鏡（パワー）反射率 λ 波長
光空洞線幅	$\Delta\nu_c = \dfrac{\nu_n}{Q} = 1/(2\pi\tau_c)$ (8.127)	$\Delta\nu_c$ 光空洞線幅 (FWHP) τ_c 光空洞光子生存時間
シャウロー・タウンズの線幅	$\dfrac{\Delta\nu}{\nu_n} = \dfrac{2\pi h(\Delta\nu_c)^2}{P}\left(\dfrac{g_l N_u}{g_l N_u - g_u N_l}\right)$ (8.128)	$\Delta\nu$ 線幅 (FWHP) P レーザーパワー $g_{u,l}$ 上下レベルの縮退度 $N_{u,l}$ 上下レベルの数密度
レーザー発振条件	$R_1 R_2 \exp[2(\alpha - \beta)L] > 1$ (8.129)	α 媒質の単位長さ当たりの利得 β 媒質の単位長さ当たりの損失

[a]161 頁のファブリ・ペローエタロン（干渉計）の項目も参照せよ．空洞（キャビティ）は，レーザーを引き起こす媒質の存在しない，何もない空洞を示す．
[b]モードの間隔は，空洞の自由スペクトル範囲に等しい．

第 9 章　天体物理学

9.1　序論

　天文学や天体物理学に関連した公式の多くは，本書のような一般的な内容には特殊すぎるか，あるいは，他の分野と共通しているので本書のどこか他で見つけることができるかのいずれかである．以下の節では，さまざまな天文学的座標系の間の変換方程式や宇宙物理に関する基本的公式など，これらのカテゴリーには含まれない関係を多く扱っている．

　例外的に，この章では太陽，地球，月，惑星のデータも載せている．観測天体物理学はまだ，多くは不確実な科学であり，これらの（そして他の）天体のパラメータは測定における近似的基本単位としてしばしば用いられる．たとえば，星と銀河の質量は，太陽の質量 $(1M_{\odot} = 1.989 \times 10^{30} \mathrm{kg})$ の倍数を使って表され，また他の太陽系の惑星の質量は，木星の質量を用いて言及されている．天文学者たちは，この学問分野全体でたくさんの単位と用語が生まれることになって，その結果少数の人にしか理解できない単位と規約を捨てることには特別の困難さを感じているようである．しかしながら，このように適切な天体を用いる規約は有用であるし，広く受けいれられている．

9.2 太陽系のデータ

太陽のデータ

赤道半径	$R_\odot$	=	6.960×10^8 m	= $109.1 R_\oplus$
質量	$M_\odot$	=	1.9891×10^{30} kg	= $3.32946 \times 10^5 M_\oplus$
極慣性能率	$I_\odot$	=	5.7×10^{46} kg m^2	= $7.09 \times 10^8 I_\oplus$
全放射光度	$L_\odot$	=	3.826×10^{26} W	
有効表面温度	$T_\odot$	=	5770 K	
太陽定数[a]			1.368×10^3 W m^{-2}	
絶対等級	M_V	=	+4.83;	M_{bol} = +4.75
実視等級	m_V	=	−26.74;	m_{bol} = −26.82

[a] 1 天文単位 (AU) の距離におけるボロメトリックフラックス.

地球のデータ

赤道半径	$R_\oplus$	=	6.37814×10^6 m	= $9.166 \times 10^{-3} R_\odot$
偏平度[a]	f	=	0.00335364	= 1/298.183
質量	$M_\oplus$	=	5.9742×10^{24} kg	= $3.0035 \times 10^{-6} M_\odot$
極慣性能率	$I_\oplus$	=	8.037×10^{37} kg m^2	= $1.41 \times 10^{-9} I_\odot$
軌道長半径[b]	1 AU	=	1.495979×10^{11} m	= $214.9 R_\odot$
平均軌道速度			2.979×10^4 m s^{-1}	
赤道表面重力	g_e	=	9.780327 m s^{-2}	(回転を含む)
極表面重力	g_p	=	9.832186 m s^{-2}	
回転角速度	ω_e	=	7.292115×10^{-5} rad s^{-1}	

[a] f は $(R_\oplus - R_{polar})/R_\oplus$ に等しい. 地球の平均の半径は 6.3710×10^6 m である.
[b] 太陽に対して.

月のデータ

赤道半径	R_m	=	1.7374×10^6 m	= $0.27240 R_\oplus$
質量	M_m	=	7.3483×10^{22} kg	= $1.230 \times 10^{-2} M_\oplus$
平均軌道半径[a]	a_m	=	3.84400×10^8 m	= $60.27 R_\oplus$
平均軌道速度			1.03×10^3 m s^{-1}	
軌道周期(星の)			27.32166 d	
赤道表面重力			1.62 m s^{-2}	= $0.166 g_e$

[a] 地球について.

惑星のデータ[a]

	$M/M_\oplus$	$R/R_\oplus$	T(d)	P(yr)	a(AU)		
水星	0.055 274	0.382 51	58.646	0.240 85	0.387 10	M	質量
金星[b]	0.815 00	0.948 83	243.018	0.615 228	0.723 35	R	赤道半径
地球	1	1	0.997 27	1.000 04	1.000 00	T	回転速度
火星	0.107 45	0.532 60	1.025 96	1.880 93	1.523 71	P	軌道周期
木星	317.85	11.209	0.413 54	11.861 3	5.202 53	a	平均距離
土星	95.159	9.449 1	0.444 01	29.628 2	9.575 60	$M_\oplus$	5.9742×10^{24} kg
天王星[b]	14.500	4.007 3	0.718 33	84.746 6	19.293 4	$R_\oplus$	6.37814×10^6 m
海王星	17.204	3.882 6	0.671 25	166.344	30.245 9	1 d	86400 s
冥王星[b]	0.00251	0.187 36	6.387 2	248.348	39.509 0	1 yr	3.15569×10^7 s
						1 AU	1.495979×10^{11} m

[a] 1998 年の共有軌道要素を用いている. P は, 惑星の日々の運動から計算した瞬間の軌道周期であることに注意せよ. ガス巨大惑星の半径は, 1 気圧におけるものである.
[b] 逆向きの回転.

9.3 （天文学的）座標変換

天文学における時間

ユリウス日数[a]	$\begin{aligned}JD = & D - 32075 + 1461*(Y+4800+(M-14)/12)/4 \\ & + 367*(M-2-(M-14)/12*12)/12 \\ & - 3*((Y+4900+(M-14)/12)/100)/4\end{aligned}$	(9.1)
修正ユリウス日数	$MJD = JD - 2400000.5$	(9.2)
曜日	$W = (JD+1) \mod 7$	(9.3)
地方常用時	$LCT = UTC + TZC + DSC$	(9.4)
ユリウス世紀	$T = \dfrac{JD - 2451545.5}{36525}$	(9.5)
グリニッジ恒星時	$\begin{aligned}GMST = & 6^{\mathrm{h}}41^{\mathrm{m}}50^{\mathrm{s}}.54841 \\ & + 8640184^{\mathrm{s}}.812866\,T \\ & + 0^{\mathrm{s}}.093104\,T^2 \\ & - 0^{\mathrm{s}}.0000062\,T^3\end{aligned}$	(9.6)
地方恒星時	$LST = GMST + \dfrac{\lambda°}{15°}$	(9.7)

JD	ユリウス日数
D	日
Y	西暦
M	月
$*$	整数のかけ算
$/$	整数の割算
MJD	修正ユリウス日数
W	曜日（0＝日，1＝月，…）
LCT	地方常用時
UTC	協定世界時
TZC	時間帯修正
DSC	夏時間修正
T	12^{h} UTC 1 Jan 2000 と 0^{h} UTC $D/M/Y$ の間のユリウス世紀
$GMST$	0^{h} UTC $D/M/Y$ におけるグリニッジ平均恒星時（以後の時間に対しては $1s = 1.002738$ 恒星秒を用いよ）
LST	地方恒星時
$\lambda°$	経度（東経を正，西経を負）

[a]当該のカレンダー日の正午から始まるユリウス日に対して．その手順は，ゼロに近い整数に丸める（したがって，$-5/3=-1$）という計算で作られており，グレゴリー暦 1582 年 10 月 15 日以後の日に対して成り立つ．JD は BC 4713 年，1 月 1 日グリニッジ正午以後の日数を表す．参考までに，2000 年 1 月 1 日正午＝$JD2451545$ で，土曜日（$W=6$）である．

地平座標系[a]

時角	$H = LST - \alpha$	(9.8)
地平線に対する赤道	$\sin a = \sin\delta\sin\phi + \cos\delta\cos\phi\cos H$	(9.9)
	$\tan A \equiv \dfrac{-\cos\delta\sin H}{\sin\delta\cos\phi - \sin\phi\cos\delta\cos H}$	(9.10)
赤道に対する地平線	$\sin\delta = \sin a\sin\phi + \cos a\cos\phi\cos A$	(9.11)
	$\tan H \equiv \dfrac{-\cos a\sin A}{\sin a\cos\phi - \sin\phi\cos a\cos A}$	(9.12)

LST	地方恒星時
H	（地方）時角
α	赤経
δ	赤緯
a	高度角
A	方位角（N から E）
ϕ	観測者の緯度

[a]地平座標系，または高度角–方位角座標 (a, A) と天空赤道座標系 (δ, α) の間の座標変換．方位角を定義するのにさまざまな慣習がある．たとえば，北から東でなく，南から西に角をとることもある．A と H に対する象限は式 (9.10) と式 (9.12) の分子と分母の符号から得ることができる（図を参照）．

黄道座標系[a]

黄道傾斜	$\varepsilon = 23°26'21''.45 - 46''.815T$ $-0''.0006T^2$ $+0''.00181T^3$ (9.13)	ε	平均黄道傾斜
		T	J2000.0 からのユリウス世紀[b]
黄道に対する赤道	$\sin\beta = \sin\delta\cos\varepsilon - \cos\delta\sin\varepsilon\sin\alpha$ (9.14) $\tan\lambda \equiv \dfrac{\sin\alpha\cos\varepsilon + \tan\delta\sin\varepsilon}{\cos\alpha}$ (9.15)	α	赤経
		δ	赤緯
		λ	黄経
		β	黄緯
赤道に対する黄道	$\sin\delta = \sin\beta\cos\varepsilon + \cos\beta\sin\varepsilon\sin\lambda$ (9.16) $\tan\alpha \equiv \dfrac{\sin\lambda\cos\varepsilon - \tan\beta\sin\varepsilon}{\cos\lambda}$ (9.17)		

[a] 黄道座標系 (β,λ) と赤道座標系 (δ,α) の間の座標変換. β は黄道の上部で正, λ は東向きに増加する. λ と α に対する象限は式 (9.15) と式 (9.17) の分子と分母の符号から得ることができる (図を参照).
[b] 式 (9.5) を参照.

銀河座標系[a]

銀河フレーム	$\alpha_g = 192°15'$ (9.18) $\delta_g = 27°24'$ (9.19) $l_g = 33°$ (9.20)	α_g	銀河北極の赤経
		δ_g	銀河北極の赤緯
		l_g	赤道上の銀河面の (黄道との) 上昇交点
銀河に対する赤道	$\sin b = \cos\delta\cos\delta_g\cos(\alpha-\alpha_g) + \sin\delta\sin\delta_g$ (9.21) $\tan(l-l_g) \equiv \dfrac{\tan\delta\cos\delta_g - \cos(\alpha-\alpha_g)\sin\delta_g}{\sin(\alpha-\alpha_g)}$ (9.22)		
赤道に対する銀河	$\sin\delta = \cos b\cos\delta_g\sin(l-l_g) + \sin b\sin\delta_g$ (9.23) $\tan(\alpha-\alpha_g) \equiv \dfrac{\cos(l-l_g)}{\tan b\cos\delta_g - \sin\delta_g\sin(l-l_g)}$ (9.24)	δ	赤緯
		α	赤経
		b	銀緯
		l	銀経

[a] 銀河座標系 (b,l) と赤道座標系 (δ,α) の間の座標変換. 銀河フレームは元期 B1950.0 で定義される. l と α に対する象限は式 (9.22) と式 (9.24) の分子と分母の符号から得ることができる.

分点の歳差運動[a]

赤経に関して	$\alpha \simeq \alpha_0 + (3^s.075 + 1^s.336\sin\alpha_0\tan\delta_0)N$ (9.25)	α	その日の赤経
		α_0	J2000.0 の赤経
		N	J2000.0 以来の年数
赤緯に関して	$\delta \simeq \delta_0 + (20''.043\cos\alpha_0)N$ (9.26)	δ	その日の赤緯
		δ_0	J2000.0 の赤緯

[a] 時間, 分 (minutes), 秒 (second) での赤経. 度, 分角 (arcminute), 秒角 (arcsecond) での赤緯. これらの方程式は J.2000.0 年の前後数百年において正しい結果を与える.

9.4 観測天文学

天文学的等級

見かけの等級	$m_1 - m_2 = -2.5 \log_{10} \dfrac{F_1}{F_2}$	(9.27)
距離指数[a]	$m - M = 5 \log_{10} D - 5$	(9.28)
	$ = -5 \log_{10} p - 5$	(9.29)
光度と等級の関係	$M_{\text{bol}} = 4.75 - 2.5 \log_{10} \dfrac{L}{L_\odot}$	(9.30)
	$L \simeq 3.04 \times 10^{(28 - 0.4 M_{\text{bol}})}$	(9.31)
フラックスと等級との関係	$F_{\text{bol}} \simeq 2.559 \times 10^{-(8 + 0.4 m_{\text{bol}})}$	(9.32)
輻射補正	$BC = m_{\text{bol}} - m_{\text{V}}$	(9.33)
	$ = M_{\text{bol}} - M_{\text{V}}$	(9.34)
色指数[b]	$B - V = m_{\text{B}} - m_{\text{V}}$	(9.35)
	$U - B = m_{\text{U}} - m_{\text{B}}$	(9.36)
色超過[c]	$E = (B - V) - (B - V)_0$	(9.37)

m_i	対象天体 i の見かけの等級
F_i	対象天体 i からのエネルギーフラックス
M	絶対等級
$m - M$	距離指数
D	対象天体までの距離 (parsec)
p	年周視差 (arcsec)
M_{bol}	輻射絶対等級
L	光度 (W)
$L_\odot$	太陽光度 (3.826×10^{26} W)
F_{bol}	輻射フラックス (W m^{-2})
m_{bol}	輻射見かけの等級
BC	輻射補正
m_{V}	V バンド見かけの等級
M_{V}	V バンド絶対等級
$B - V$	観測した $B - V$ 色指数
$U - B$	観測した $U - B$ 色指数
E	$B - V$ 色超過
$(B - V)_0$	本来の $B - V$ 色指数

[a]消衰を無視して.
[b]UBV 等級システムを用いている. バンドは 365 nm (U), 440 nm (B), 550 nm (V) に中心をおく.
[c]$U - B$ 色超過も同様に定義される.

測光波長

平均波長	$\lambda_0 = \dfrac{\int \lambda R(\lambda) \, d\lambda}{\int R(\lambda) \, d\lambda}$	(9.38)
等光度波長	$F(\lambda_i) = \dfrac{\int F(\lambda) R(\lambda) \, d\lambda}{\int R(\lambda) \, d\lambda}$	(9.39)
有効波長	$\lambda_{\text{eff}} = \dfrac{\int \lambda F(\lambda) R(\lambda) \, d\lambda}{\int F(\lambda) R(\lambda) \, d\lambda}$	(9.40)

λ_0	平均波長
λ	波長
R	システムの分光感度特性
$F(\lambda)$	(波長による) 光源の束密度
λ_i	等光度波長
λ_{eff}	有効波長

惑星体

ボーデの法則[a]	$D_{AU} = \dfrac{4 + 3 \times 2^n}{10}$	(9.41)
ロシュ限界	$R \gtrsim \left(\dfrac{100M}{9\pi\rho}\right)^{1/3}$	(9.42)
	$\gtrsim 2.46 R_0$ （等密度の場合）	(9.43)
会合周期[b]	$\dfrac{1}{S} = \left\|\dfrac{1}{P} - \dfrac{1}{P_\oplus}\right\|$	(9.44)

D_{AU}	惑星の軌道半径 (AU)
n	指数：水星 $= -\infty$, 金星 $= 0$, 地球 $= 1$, 火星 $= 2$, 小惑星（セレス）$= 3$, 木星 $= 4, \ldots$
R	衛星の軌道半径
M	中心質量
ρ	衛星の密度
R_0	中心体の半径
S	会合周期
P	惑星の軌道周期
$P_\oplus$	地球の軌道周期

[a]ティティウス・ボーデの法則としても知られている．小惑星（セレス）はこのスキームでは惑星として考えられている．この関係は，海王星と冥王星では当てはまらない．
[b]惑星の会合周期．

距離の指標

ハッブルの法則	$v = H_0 d$	(9.45)
年周視差	$D_{pc} = p^{-1}$	(9.46)
セファイド変光星[a]	$\log_{10} \dfrac{\langle L \rangle}{L_\odot} \simeq 1.15 \log_{10} P_d + 2.47$	(9.47)
	$M_V \simeq -2.76 \log_{10} P_d - 1.40$	(9.48)
タリー・フィッシャー関係[b]	$M_I \simeq -7.68 \log_{10}\left(\dfrac{2v_{\rm rot}}{\sin i}\right) - 2.58$	(9.49)
アインシュタイン・リング	$\theta^2 = \dfrac{4GM}{c^2}\left(\dfrac{d_s - d_l}{d_s d_l}\right)$	(9.50)
スニャエフ・ゼルドヴィチ効果[c]	$\dfrac{\Delta T}{T} = -2 \int \dfrac{n_e k T_e \sigma_T}{m_e c^2}\,dl$	(9.51)
一様な球に対する…	$\dfrac{\Delta T}{T} = -\dfrac{4 R n_e k T_e \sigma_T}{m_e c^2}$	(9.52)

v	宇宙論的後退速度
H_0	ハッブルの定数（現代の）
d	（正しい）距離
D_{pc}	距離（パーセク）
p	年周視差（平均からの $\pm p$ 秒角）
$\langle L \rangle$	平均セファイド光度
$L_\odot$	太陽光度
P_d	脈動周期（日）
M_V	絶対実視等級
M_I	I バンド絶対等級
$v_{\rm rot}$	観測された最大回転速度 (kms^{-1})
i	銀河の傾角（端上では $90°$）
θ	リングの角半径
M	レンズの質量
d_s	観測者からソースまでの距離
d_l	観測者からレンズまでの距離
T	見かけの CMBR 温度
dl	（電子）雲を通る線分要素
R	雲の半径
n_e	電子数密度
k	ボルツマン定数
T_e	電子の温度
σ_T	トムソン断面積
m_e	電子の質量
c	光速度

[a]古典的セファイドに対する周期光度関係．M_V の不確定性は ± 0.27 である（マドーレ・フリードマン，1991, Publications of the Astronomical Society of the Pacific, **103**, 993）．
[b]$0.90\mu m$ を中心とする赤外線帯域 I での銀河の回転速度と等級の関係．係数は，波の帯域と銀河のタイプに依存する（ジョヴァネッリ他，1997, *The Astronomical Journal*, **113**, 1 を参照）．
[c]レーリー・ジーンズ極限（$\lambda \gg 1$mm）における温度減少 ΔT として表れる，電子雲による宇宙マイクロ波背景放射（CMBR）の散乱．

9.5 星の進化

進化の時間スケール

自由落下時間スケール[a]	$\tau_{\text{ff}} = \left(\dfrac{3\pi}{32G\rho_0}\right)^{1/2}$	(9.53)	τ_{ff}	自由落下時間スケール
			G	重力定数
			ρ_0	初期質量密度
ケルビン・ヘルムホルツ時間スケール	$\tau_{\text{KH}} = \dfrac{-U_{\text{g}}}{L}$	(9.54)	τ_{KH}	ケルビン・ヘルムホルツ時間スケール
	$\simeq \dfrac{GM^2}{R_0 L}$	(9.55)	U_{g}	重力ポテンシャルエネルギー
			M	物体の質量
			R_0	物体の初期半径
			L	物体の光度

[a] 一様な球の重力崩壊に対して.

星の生成

ジーンズ長[a]	$\lambda_{\text{J}} = \left(\dfrac{\pi}{G\rho}\dfrac{\text{d}p}{\text{d}\rho}\right)^{1/2}$	(9.56)	λ_{J}	ジーンズ長
			G	重力定数
			ρ	分子雲質量密度
			p	圧力
ジーンズ質量	$M_{\text{J}} = \dfrac{\pi}{6}\rho\lambda_{\text{J}}^3$	(9.57)	M_{J}	（球）ジーンズ質量
エディントン限界光度[b]	$L_{\text{E}} = \dfrac{4\pi GMm_{\text{p}}c}{\sigma_{\text{T}}}$	(9.58)	L_{E}	エディントン限界光度
			M	恒星の質量
	$\simeq 1.26 \times 10^{31}\dfrac{M}{M_\odot}$ W	(9.59)	$M_\odot$	太陽の質量
			m_{p}	陽子の質量
			c	光速度
			σ_{T}	トムソン断面積

[a] $(\text{d}p/\text{d}\rho)^{1/2}$ は分子雲における音速であることに注意.
[b] 不透明度は主としてトムソン散乱からであると仮定している.

星理論[a]

質量保存	$\dfrac{\text{d}M_r}{\text{d}r} = 4\pi r^2 \rho$	(9.60)	r	半径方向の距離
			M_r	r 内の質量
			ρ	質量密度
流体静力学的平衡	$\dfrac{\text{d}p}{\text{d}r} = \dfrac{-G\rho M_r}{r^2}$	(9.61)	p	圧力
			G	重力定数
エネルギー放出	$\dfrac{\text{d}L_r}{\text{d}r} = 4\pi\rho r^2 \epsilon$	(9.62)	L_r	r 内の光度
			ϵ	単位質量当たり生成される力
放射輸送	$\dfrac{\text{d}T}{\text{d}r} = \dfrac{-3}{16\sigma}\dfrac{\langle\kappa\rangle\rho}{T^3}\dfrac{L_r}{4\pi r^2}$	(9.63)	T	温度
			σ	ステファン・ボルツマン定数
			$\langle\kappa\rangle$	平均不透明度
対流輸送	$\dfrac{\text{d}T}{\text{d}r} = \dfrac{\gamma-1}{\gamma}\dfrac{T}{p}\dfrac{\text{d}p}{\text{d}r}$	(9.64)	γ	熱容量の比, c_p/c_V

[a] 断熱対流の静的平衡状態の星に対して. ρ は r の関数であることに注意. κ と ϵ は温度と構成物の関数である.

星の核融合過程[a]

PP I チェイン	PP II チェイン	PP III チェイン
$p^+ + p^+ \to {}^2_1H + e^+ + \nu_e$	$p^+ + p^+ \to {}^2_1H + e^+ + \nu_e$	$p^+ + p^+ \to {}^2_1H + e^+ + \nu_e$
${}^2_1H + p^+ \to {}^3_2He + \gamma$	${}^2_1H + p^+ \to {}^3_2He + \gamma$	${}^2_1H + p^+ \to {}^3_2He + \gamma$
${}^3_2He + {}^3_2He \to {}^4_2He + 2p^+$	${}^3_2He + {}^4_2He \to {}^7_4Be + \gamma$	${}^3_2He + {}^4_2He \to {}^7_4Be + \gamma$
	${}^7_4Be + e^- \to {}^7_3Li + \nu_e$	${}^7_4Be + p^+ \to {}^8_5B + \gamma$
	${}^7_3Li + p^+ \to 2\,{}^4_2He$	${}^8_5B \to {}^8_4Be + e^+ + \nu_e$
		${}^8_4Be \to 2\,{}^4_2He$

CNO サイクル	3 重アルファ過程	
${}^{12}_6C + p^+ \to {}^{13}_7N + \gamma$	${}^4_2He + {}^4_2He \rightleftharpoons {}^8_4Be + \gamma$	γ 光子
${}^{13}_7N \to {}^{13}_6C + e^+ + \nu_e$	${}^8_4Be + {}^4_2He \rightleftharpoons {}^{12}_6C^*$	p^+ 陽子
${}^{13}_6C + p^+ \to {}^{14}_7N + \gamma$	${}^{12}_6C^* \to {}^{12}_6C + \gamma$	e^+ 陽電子
${}^{14}_7N + p^+ \to {}^{15}_8O + \gamma$		e^- 電子
${}^{15}_8O \to {}^{15}_7N + e^+ + \nu_e$		ν_e 電子中性微子
${}^{15}_7N + p^+ \to {}^{12}_6C + {}^4_2He$		

[a]すべての核種は完全にイオン化されているとする.

パルサー

ブレーキ指数	$\dot{\omega} \propto -\omega^n$	(9.65)	ω	回転角速度
	$n = 2 - \dfrac{P\ddot{P}}{\dot{P}^2}$	(9.66)	P	回転周期 $(= 2\pi/\omega)$
			n	ブレーキ指数
特性年齢[a]	$T = \dfrac{1}{n-1}\dfrac{P}{\dot{P}}$	(9.67)	T	特性年齢
			L	光度
			μ_0	真空の透磁率
			c	光速度
磁気双極子放射	$L = \dfrac{\mu_0 \lvert \dddot{m} \rvert^2 \sin^2\theta}{6\pi c^3}$	(9.68)	m	パルサー磁気双極子モーメント
	$= \dfrac{2\pi R^6 B_p^2 \omega^4 \sin^2\theta}{3c^3\mu_0}$	(9.69)	R	パルサー半径
			B_p	磁気極子での磁束密度
			θ	磁気軸と回転軸の間の角
分散測度	$\mathrm{DM} = \displaystyle\int_0^D n_e\,dl$	(9.70)	DM	分散測度
			D	パルサーへの道筋の長さ
			dl	線素
			n_e	電子数密度
分散[b]	$\dfrac{d\tau}{d\nu} = \dfrac{-e^2}{4\pi^2\epsilon_0 m_e c \nu^3}\mathrm{DM}$	(9.71)	τ	パルスの到達時間
	$\Delta\tau = \dfrac{e^2}{8\pi^2\epsilon_0 m_e c}\left(\dfrac{1}{\nu_1^2} - \dfrac{1}{\nu_2^2}\right)\mathrm{DM}$	(9.72)	$\Delta\tau$	パルスの到達時間の差
			ν_i	観測振動数
			m_e	電子の質量

[a]$n \neq 1$ で, パルサーはすでに十分に遅くなっていると仮定している. 通常, n は 3 (磁気双極子放射) であると仮定する. $T = P/(2\dot{P})$ となる.
[b]パルスは観察される, より高い振動数から最初に到達する.

コンパクトオブジェクトとブラックホール

シュワルツシルト半径	$r_{\mathrm{s}} = \dfrac{2GM}{c^2} \simeq 3 \dfrac{M}{M_\odot}\,\mathrm{km}$	(9.73)	r_{s} シュワルツシルト半径 G 重力定数 M 天体の質量 c 光速度 $M_\odot$ 太陽の質量
重力赤方偏移	$\dfrac{\nu_\infty}{\nu_r} = \left(1 - \dfrac{2GM}{rc^2}\right)^{1/2}$	(9.74)	r 質量中心からの距離 ν_∞ 無限遠方での振動数 ν_r r での振動数
重力波放射[a]	$L_{\mathrm{g}} = \dfrac{32}{5}\dfrac{G^4}{c^5}\dfrac{m_1^2 m_2^2 (m_1+m_2)}{a^5}$	(9.75)	m_i 軌道質量 a 質量分離 L_{g} 重力光度
軌道周期の変化率	$\dot{P} = -\dfrac{96}{5}(4\pi^2)^{4/3}\dfrac{G^{5/3}}{c^5}\dfrac{m_1 m_2 P^{-5/3}}{(m_1+m_2)^{1/3}}$ (9.76)		P 軌道周期
中性子星縮退圧 (非相対論的)	$p = \dfrac{(3\pi^2)^{2/3}}{5}\dfrac{\hbar^2}{m_{\mathrm{n}}}\left(\dfrac{\rho}{m_{\mathrm{n}}}\right)^{5/3} = \dfrac{2}{3}u$	(9.77)	p 圧力 $\hbar$ (プランク定数)$/(2\pi)$ m_{n} 中性子の質量 ρ 密度
相対論的[b]	$p = \dfrac{\hbar c (3\pi^2)^{1/3}}{4}\left(\dfrac{\rho}{m_{\mathrm{n}}}\right)^{4/3} = \dfrac{1}{3}u$	(9.78)	u エネルギー密度
チャンドラセカール質量[c]	$M_{\mathrm{Ch}} \simeq 1.46 M_\odot$	(9.79)	M_{Ch} チャンドラセカール質量
最大ブラックホール角運動量	$J_{\mathrm{m}} = \dfrac{GM^2}{c}$	(9.80)	J_{m} 最大角運動量
ブラックホール蒸発時間	$\tau_{\mathrm{e}} \sim \dfrac{M^3}{M_\odot^3} \times 10^{66}\quad\mathrm{yr}$	(9.81)	τ_{e} 蒸発時間
ブラックホール温度	$T = \dfrac{\hbar c^3}{8\pi GMk} \simeq 10^{-7}\dfrac{M_\odot}{M}\quad\mathrm{K}$	(9.82)	T 温度 k ボルツマン定数

[a] 質量中心の回りで円軌道を描く 2 つの天体 m_1, m_2 から. 放射の振動数は軌道振動数の 2 倍であることに注意せよ.
[b] 粒子の速度 $\sim c$ である.
[c] 白色矮星の質量の上限.

9.6 宇宙論

宇宙モデルのパラメータ

ハッブルの法則	$v_r = Hd$	(9.83)	v_r	半径方向の速度
			H	ハッブルパラメータ
			d	われわれからの距離
ハッブルパラメータ[a]	$H(t) = \dfrac{\dot{R}(t)}{R(t)}$	(9.84)	0	現在
			R	宇宙スケール因子
	$H(z) = H_0[\Omega_{m0}(1+z)^3 + \Omega_{\Lambda 0}$		t	宇宙時間
	$\quad + (1 - \Omega_{m0} - \Omega_{\Lambda 0})(1+z)^2]^{1/2}$		z	赤方偏移
		(9.85)		
赤方偏移	$z = \dfrac{\lambda_{\text{obs}} - \lambda_{\text{em}}}{\lambda_{\text{em}}} = \dfrac{R_0}{R(t_{\text{em}})} - 1$	(9.86)	λ_{obs}	観測された波長
			λ_{em}	放出波長
			t_{em}	放出時刻
ロバートソン・ウォーカー計量[b]	$ds^2 = c^2 dt^2 - R^2(t) \left[\dfrac{dr^2}{1 - kr^2} \right.$		ds	区間
			c	光速度
	$\quad \left. + r^2(d\theta^2 + \sin^2\theta \, d\phi^2) \right]$	(9.87)	r, θ, ϕ	共動球極座標
フリードマン方程式[c]	$\ddot{R} = -\dfrac{4\pi}{3} GR\left(\rho + 3\dfrac{p}{c^2}\right) + \dfrac{\Lambda R}{3}$	(9.88)	k	曲率パラメータ
			G	重力定数
	$\dot{R}^2 = \dfrac{8\pi}{3} G\rho R^2 - kc^2 + \dfrac{\Lambda R^2}{3}$	(9.89)	p	圧力
			Λ	宇宙定数
臨界密度	$\rho_{\text{crit}} = \dfrac{3H^2}{8\pi G}$	(9.90)	ρ	（質量）密度
			ρ_{crit}	臨界密度
密度パラメータ	$\Omega_m = \dfrac{\rho}{\rho_{\text{crit}}} = \dfrac{8\pi G \rho}{3H^2}$	(9.91)		
	$\Omega_\Lambda = \dfrac{\Lambda}{3H^2}$	(9.92)	Ω_m	物質密度パラメータ
			Ω_Λ	ラムダ密度パラメータ
	$\Omega_k = -\dfrac{kc^2}{R^2 H^2}$	(9.93)	Ω_k	曲率密度パラメータ
	$\Omega_m + \Omega_\Lambda + \Omega_k = 1$	(9.94)		
減速パラメータ	$q_0 = -\dfrac{R_0 \ddot{R}_0}{\dot{R}_0^2} = \dfrac{\Omega_{m0}}{2} - \Omega_{\Lambda 0}$	(9.95)	q_0	減速パラメータ

[a] しばしば，ハッブル定数と呼ばれる．現在の元期では，$60 \lesssim H_0 \lesssim 80 \,\text{km s}^{-1} \,\text{Mpc}^{-1} \equiv 100h \,\text{km s}^{-1} \,\text{Mpc}^{-1}$ である．ここで，h は無次元のスケーリングパラメータ．ハッブル時間は $t_H = 1/H_0$ である．式 (9.85) では，物質優位の小宇宙と質量保存を仮定している．

[b] $(-1, 1, 1, 1)$ 計量符号を用いた一様な等方的小宇宙に対して．r は $k = 0, \pm 1$ となるようにスケールをとる．$ds^2 \equiv (ds)^2$ 等に注意．

[c] フリードマン小宇宙で $\Lambda = 0$．ときどき宇宙定数はここで用いたものを c^2 で割った値で定義される．

9.6 宇宙論

宇宙論的な距離測度

過去に遡れる時間	$t_{lb}(z) = t_0 - t(z)$	(9.96)
固有距離	$d_p = R_0 \int_0^r \dfrac{dr}{(1-kr^2)^{1/2}} = cR_0 \int_t^{t_0} \dfrac{dt}{R(t)}$	(9.97)
光度距離[a]	$d_L = d_p(1+z) = c(1+z) \int_0^z \dfrac{dz}{H(z)}$	(9.98)
スペクトル束密度と赤方偏移の関係	$F(\nu) = \dfrac{L(\nu')}{4\pi d_L^2(z)}$ ここで $\nu' = (1+z)\nu$	(9.99)
角径距離[d]	$d_a = d_L(1+z)^{-2}$	(9.100)

- $t_{lb}(z)$ 赤方偏移 z の天体から光が到達する時間
- t_0 現在の宇宙時間
- $t(z)$ z における宇宙時間
- d_p 固有距離
- R 宇宙スケール因子
- c 光速度
- 0 現在
- d_L 光度距離
- z 赤方偏移
- H ハッブルパラメータ[b]
- F スペクトル束密度
- ν 振動数
- $L(\nu)$ スペクトル光度[c]
- d_a 角径距離
- k 曲率パラメータ

[a] 平坦な小宇宙 ($k=0$) を仮定している．ソースの見かけの束密度は d_L^{-2} のように変化する．
[b] 式 (9.85) を参照せよ．
[c] 単位振動数幅当たりの天体の出力パワーとして定義される．
[d] すべての k について成り立つ．ソースの角径は d_a^{-1} のように変化する．

宇宙モデル[a]

アインシュタイン・ドジッターモデル ($\Omega_k=0$, $\Lambda=0$, $p=0$, $\Omega_{m0}=1$)	$d_p = \dfrac{2c}{H_0}[1-(1+z)^{-1/2}]$	(9.101)
	$H(z) = H_0(1+z)^{3/2}$	(9.102)
	$q_0 = 1/2$	(9.103)
	$t(z) = \dfrac{2}{3H(z)}$	(9.104)
	$\rho = (6\pi Gt^2)^{-1}$	(9.105)
	$R(t) = R_0(t/t_0)^{2/3}$	(9.106)
一致モデル ($\Omega_k=0$, $\Lambda = 3(1-\Omega_{m0})H_0^2$, $p=0$, $\Omega_{m0} < 1$)	$d_p = \dfrac{c}{H_0} \int_0^z \dfrac{\Omega_{m0}^{-1/2} dz'}{[(1+z')^3 - 1 + \Omega_{m0}^{-1}]^{1/2}}$	(9.107)
	$H(z) = H_0[\Omega_{m0}(1+z)^3 + (1-\Omega_{m0})]$	(9.108)
	$q_0 = 3\Omega_{m0}/2 - 1$	(9.109)
	$t(z) = \dfrac{2}{3H_0}(1-\Omega_{m0})^{-1/2} \operatorname{arsinh}\left[\dfrac{(1-\Omega_{m0})^{1/2}}{(1+z)^{3/2}}\right]$	(9.110)

- d_p 固有距離
- H ハッブルパラメータ
- 0 現在
- z 赤方偏移
- c 光速度
- q 減速パラメータ
- $t(z)$ 赤方偏移 z における時間
- R 宇宙スケール因子
- Ω_{m0} 現在の質量密度パラメータ
- G 重力定数
- ρ 質量密度

[a] 現在のところ普及している．

訳者補遺：非線形物理学

　原著では取り上げられていないが，最近 30 年間余に急速に研究が進んできて，世界的に学部レベルの物理学の講義の話題となりつつある非線形物理の基本的な式を原著の雰囲気を壊さない形でまとめておく．

A.1　ソリトンと可積分系

ソリトン方程式

方程式名	式	番号	変数説明
KdV 方程式	$u_t + 6uu_x + u_{xxx} = 0$	(A.1)	u　実数値関数
MKdv 方程式	$u_t - 6u^2 u_x + u_{xxx} = 0$	(A.2)	u　実数値関数
非線形シュレディンガー (NLS) 方程式	$iu_t + \dfrac{1}{2} u_{xx} + k|u|^2 u = 0$	(A.3)	u　複素数値関数 k　実数パラメータ
DNLS 方程式	$iu_t + \dfrac{1}{2} u_{xx} + ki(|u|^2 u)_x = 0$	(A.4)	u　複素数値関数 k　実数パラメータ
サイン・ゴルドン方程式	$u_{tt} - u_{xx} + \sin u = 0$	(A.5)	u　実数値関数
ベンジャミン・オノ方程式	$u_t + uu_x + \dfrac{1}{\pi}\mathrm{pv.}\displaystyle\int_{-\infty}^{\infty} \dfrac{u_{yy}}{x-y} dy = 0$	(A.6)	u　実数値関数
ランダウ・リフシッツ方程式	$\mathbf{S}_t = \mathbf{S} \times \mathbf{S}_{xx} + \mathbf{S} \times J\mathbf{S}$ $\mathbf{J} = \mathrm{diag}(J_1, J_2, J_3)$	(A.7)	$\mathbf{S} = (S_1, S_2, S_3)$, $|\mathbf{S}| = S_1^2 + S_2^2 + S_3^2 = 1$ $J_1 < J_2 < J_3$
ブジネ方程式	$u_{tt} - u_{xx} - 3(u^2)_{xx} - u_{xxxx} = 0$	(A.8)	u　実数値関数
KP 方程式	$(u_t + 6uu_x + u_{xxx})_x \pm u_{yy} = 0$	(A.9)	u　実数値関数
戸田格子方程式	$\dfrac{d^2}{dt^2} u(n,t) = e^{-(u(n,t)-u(n-1,t))}$ $\quad - e^{-(u(n+1,t)-u(n,t))}, \quad n = 1, 2, \cdots$	(A.10)	u　実数値関数

離散 NLS 方程式	$i\dfrac{d}{dt}u(n,t)$ $= u(n+1,t) - 2u(n,t) + u(n-1,t)$ $\pm |u(n,t)|^2(u(n+1,t) - u(n,t)),$ $n = 1, 2, \cdots$	(A.11)	u　実数値関数

KdV 方程式 [a]

1 ソリトン	$u(x,t) = \dfrac{c}{2}\mathrm{sech}^2(\dfrac{\sqrt{c}}{2}(x - ct - x_0))$	(A.12)	$c > 0$　伝播速度 x_0　　定数
2 ソリトン	$u(x,t)$ $= \dfrac{(c_1 - c_2)[c_1\mathrm{sech}(\sqrt{c_1}\eta_1) + c_2\mathrm{cosech}(\sqrt{c_2})\eta_2]}{2[\sqrt{c_1}\tanh(\frac{\sqrt{c_1}}{2}\eta_1) - \sqrt{c_2}\coth(\frac{\sqrt{c_2}}{2}\eta_2)]^2}$ $= 2\dfrac{\partial^2}{\partial x^2}(\log F)$ $F(x,t) = 1 + e^{\eta_1} + e^{\eta_2} + e^{\eta_1 + \eta_2 + A_{12}}$ $\eta_j = x - c_j t - x_{j0} \quad j = 1, 2$ $A_{12} = 2\{\log(\sqrt{c_1} - \sqrt{c_2}) - \log(\sqrt{c_1} + \sqrt{c_2})\}$	(A.13)	$c_j > 0$　伝播速度 x_{0j}　　定数
ラックス対	$L\psi = \psi_{xx} + u(,t)\psi = \lambda\psi$ $\psi_t = M\psi = (u_x + \gamma)\psi - (2u(x,t) + 4\lambda)$ $L_t + [L, M] = 0 \quad (\Rightarrow \lambda_t = 0)$	(A.14) (A.15) (A.16)	γ　任意定数 λ　スペクトル 　　パラメータ $[\cdot,\cdot]$　交換子
散乱データ の時間発展	$\kappa_n = $ 定数　$(n = 1, 2, \ldots, N)$ $c_n(t) = c_n(0)e^{4\kappa_n^3 t} \quad (n = 1, 2, \ldots, N)$ $r(k, t) = r(k, 0)e^{8ik^3 t}$	(A.17) (A.18) (A.19)	κ_n　L の固有値 $c_n(0)$　規格化定数 $r(t)$　反射係数
GLM 方程式 [c]	$K(x, y, t + F(x+y,t) + \displaystyle\int_x^\infty K(x,z,t)F(z+y,t)dz$ $= 0$ $F(x,t) = \displaystyle\sum_{n=1}^N c_n^2(t)e^{-\kappa_n x} + \dfrac{1}{2\pi}\int_{-\infty}^\infty r(k,t)e^{ikx}dk$ $u(x,t) = 2\dfrac{\partial}{\partial x}[K(x,x,t)]$	(A.20) (A.21) (A.22)	$u(x,t)$　KdV 方程 　　　式の解

[a] 式 (A.1) の解.

非線形シュレデインガー方程式[a]

明るい 1ソリトン ($k>0$ のとき)	$u(x,t) = A\text{sech}\sqrt{k}A(x-ct)e^{i[cx+kA^2t+\frac{c^2}{2}t]}$ (A.23)	$c \in \mathbb{R}$ 伝播速度 A 実定数
暗い 1ソリトン ($k<0$ のとき)	$u(x,t) = A(\tanh\Theta + iB)e^{i[k(1+B^2)A^2t+\frac{kA^2}{2}t+cx+\frac{c^2}{2}t]}$ (A.24) $\Theta = \sqrt{-k}A(x-ct) + kA^2t$	$c \in \mathbb{R}$ 伝播速度 A 実定数 B 実定数
ラックス対	$L\psi = \dfrac{i}{\sqrt{2}}\begin{pmatrix} 1+p & 0 \\ 0 & 1-p \end{pmatrix}\psi + \begin{pmatrix} 0 & u^* \\ u & 0 \end{pmatrix}\psi = \lambda\psi$ (A.25) $\psi_t = M\psi$ $= \dfrac{ip}{2}\begin{pmatrix} 1 & 0 \\ 0 & 1 \end{pmatrix}\psi + \begin{pmatrix} -i\dfrac{\|u\|^2}{1+p} & \dfrac{u_x^*}{\sqrt{2}} \\ \dfrac{u_x}{\sqrt{2}} & i\dfrac{\|u\|^2}{1-p} \end{pmatrix}\psi$ (A.26) $k = \dfrac{2}{1-p^2}$ (A.27) $L_t + [L,M] = 0$ ($\Rightarrow \lambda_t = 0$) (A.28)	λ スペクトル パラメータ u^* u の複素共役 $[\cdot,\cdot]$ 交換子

[a] 式 (A.3) の解.

サイン・ゴルドン方程式[a]

1ソリトン解 キンク解	$u(x,t) = 4\arctan\exp m(x - \dfrac{\sqrt{m^2-1}}{m}t)$ (A.29)	$m > 1$ 任意定数
反キンク解	$u(x,t) = 4\arctan\exp m(x + \dfrac{\sqrt{m^2-1}}{m}t)$ (A.30)	$m > 1$ 任意定数
2ソリトン解 キンク–キンク解	$u(x,t) = 4\arctan\left[\dfrac{\sqrt{m^2-1}\sinh mx}{m\cosh\sqrt{m^2-1}t}\right]$ (A.31)	$m > 1$ 任意定数
キンク–反キンク解	$u(x,t) = 4\arctan\left[\dfrac{m\sinh\sqrt{m^2-1}t}{\sqrt{m^2-1}\cosh mx}\right]$ (A.31)	$m > 1$ 任意定数
呼吸解	$u(x,t) = 4\arctan\left[\dfrac{m}{\sqrt{1-m^2}}\dfrac{\sin\sqrt{1-m^2}t}{\cosh mx}\right]$ (A.32)	$m^2 < 1$ 任意定数

[a] 式 (A.5) の解.

A.2 カオスとフラクタル

カオスを生じる力学系[a]

ロジスティック写像	$x_{n+1} = ax_n(1-x_n),$ $0 \leq x_0 \leq 1$	$(n=0,1,2,\ldots)$ (A.32)	a	実パラメータ $(a^* = 3.56995\cdots)^a$
ヘノン写像	$\begin{cases} x_{n+1} = y_n + 1 - ax_n^2 \\ y_{n_1} = bx_n \end{cases}$	$(n=0,1,2,\ldots)$ (A.33)	a b	正定数 正定数 $(a,b) = (1.4, 0.3)^b$
ローレンツ方程式	$\dfrac{dx}{dt} = -\sigma x + \sigma y$ $\dfrac{dy}{dt} = \rho x - y - xz$ $\dfrac{dz}{dt} = xy - \beta z$	(A.34)	σ ρ β	正定数（プランドル数） 正定数（レーリー数） 正定数 $(\sigma, \rho, \beta) = (10, 28, 8/3)^c$
レスラー方程式	$\dfrac{dx}{dt} = -y - z$ $\dfrac{dy}{dt} = x + ay$ $\dfrac{dz}{dt} = b + z(x - c)$	(A.35)	a b c	正定数 正定数 正定数 $(a,b,c) = (0.1, 0.1, 14)^d$
ジャパニーズアトラクター	$\dfrac{dx}{dt} = y$ $\dfrac{dy}{dt} = x^3 - ay + b\cos ct$	(A.36)	a b c	正定数 正定数 正定数 $(a,b,c) = (0.1, 11.5, 1)^e$

[a] ファイゲンバウム点とよばれる．$a > a^*$ でカオス的振舞いをする．
[b,c,d,e] カオス的振舞いをする代表点．

時空カオス

蔵本・シバシンスキー方程式	$\dfrac{\partial \phi}{\partial t} + \dfrac{\partial^4 \phi}{\partial x^4} + \dfrac{\partial^2 \phi}{\partial x^2} + \left(\dfrac{\partial \phi}{\partial x}\right)^2 = 0$	(A.37)	ϕ	位相変調
グレイ・スコットモデル	$\begin{cases} \dfrac{\partial u}{\partial t} = D_u \nabla^2 u + ku^v - au - \gamma v \\ \dfrac{\partial v}{\partial t} = D_v \nabla^2 v - ku^2 v + \gamma(v^* - v) \end{cases}$	(A.38)	D_u D_v a, γ, k v^*	u の拡散係数 v の拡散係数 正定数 既知正値関数

フラクタル次元[a]

相似次元	$D_s(E) = \dfrac{\log N}{\log(1/\varepsilon)}$	(A.39)	E 自己相似図形 N 基本生成図形の個数 ε 縮小率
ハウスドルフ次元	$D_H(E) = \inf\left\{s \geq 0 : \lim_{\delta \to 0} H_\delta^s(E) = 0\right\}$ $H_\delta^s(E) = \inf\left\{\sum_{i=0}^{\infty} \mathrm{diam}(A_i)^s : E \subset \bigcup_i A_i, \mathrm{diam} A_i \leq \delta\right\}$	(A.40)	E 距離空間の部分集合 A_i E の部分集合 $\mathrm{diam}(A_i)$ A_i の直径
ボックス次元	$D_B(E) = \lim_{\varepsilon \to 0} \dfrac{\log N(\varepsilon)}{\log(1/\varepsilon)}$	(A.41)	E $\mathbb{R}^n$ の部分集合 $N(\varepsilon)$ 辺の長さ $\varepsilon > 0$ の箱で E を覆うとき必要な箱の最小個数

基本的フラクタル図形の相似次元[a]

カントール集合	$D_s = \dfrac{\log 2}{\log 3} = 0.6309\cdots$ (A.42)	コッホ曲線	$D_s = \dfrac{\log 4}{\log 3} = 1.2618$	(A.43)
シェルピンスキーガスケット	$D_s = \dfrac{\log 3}{\log 2} = 1.2618\cdots$ (A.44)	メンガースポンジ	$D_s = \dfrac{\log 10}{\log 3} = 2.7268\cdots$	(A.45)

[a] 式 (A.39) で定義.

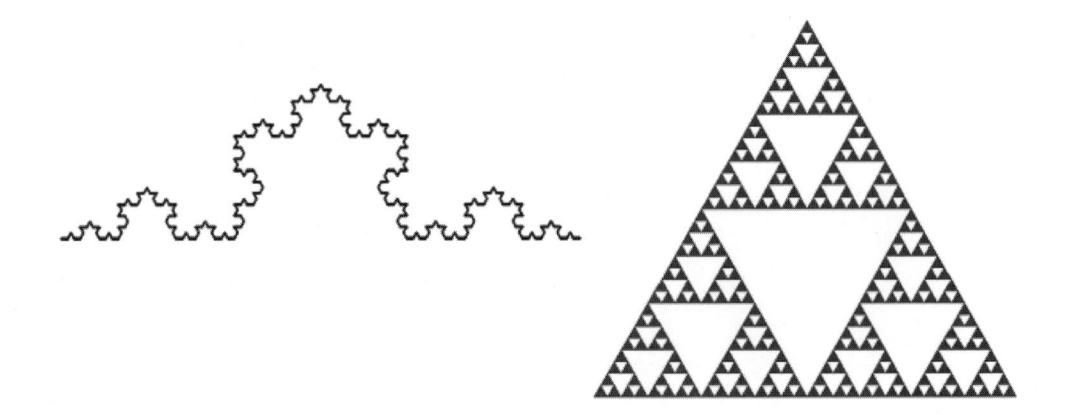

図 A.1: コッホ曲線

図 A.2: シェルピンスキー・ガスケット

A.3 パターン形成

反応拡散系[a]

オレゴネーター（BZ反応）[a]	$\begin{cases} \dfrac{\partial u}{\partial t} = D_u \nabla^2 u + \dfrac{1}{\varepsilon}\left(u(1-u) - a\dfrac{(u-b)}{u+b}v\right) \\ \dfrac{\partial v}{\partial t} = D_v \nabla^2 v + u - v \end{cases}$ (A.46)	D_u D_v a, b, ε	u の拡散係数 v の拡散係数 正定数
チューリングパターン[b]	$\begin{cases} \dfrac{\partial u}{\partial t} = D_u \nabla^2 u + u(1-u^2) - v \\ \dfrac{\partial v}{\partial t} = D_v \nabla^2 v + 3u - 2v \end{cases}$ (A.47)	D_u D_v	u の拡散係数 v の拡散係数
興奮性媒質[c]	$\begin{cases} \dfrac{\partial u}{\partial t} = D_u \nabla^2 u + u(1-u)(u-a) - v \\ \dfrac{\partial v}{\partial t} = D_v \nabla^2 v + \varepsilon(u - \gamma v) \\ \text{ただし } 0 < a < \dfrac{1}{2},\ \gamma > 0, 0 < \varepsilon \ll 1 \end{cases}$ (A.48)	D_u D_v	u の拡散係数 v の拡散係数
グレイ・スコットモデル[d]	$\begin{cases} \dfrac{\partial u}{\partial t} = D_u \nabla^2 u + ku^v - au - \gamma v \\ \dfrac{\partial v}{\partial t} = D_v \nabla^2 v - ku^2 v + \gamma(v^* - v) \end{cases}$ (A.49)	D_u D_v a, γ, k v^*	u の拡散係数 v の拡散係数 正定数 既知正値関数

[a] BZ反応はベローゾフ (Belousov) とジャポチンスキー (Zhabotinsky) によって発見された周期的酸化還元反応で，ターゲットパターンやらせん波を生じる．式 (A.46) は，そのオレゴネータと呼ばれるモデルに拡散項を加えたキーナー・タイソンの方程式．

[b] $D_u = D_v = 0$ のとき，安定な平衡解が拡散によって不安定化して生じる空間非一様静止パターン．

[c] $D_v = 0$ のときは，ヤリイカの神経の興奮伝播のモデルであるフィッツヒュ・南雲の方程式．一般に進行パルス波，拡大するリング波などを生じる．

[d] 自己複製パターン，カオスなどを生じる．

訳者あとがき

　共立出版の吉村修司氏よりケンブリッジ物理公式集の 2003 年版の翻訳を依頼されたのが，同年の秋である．途中中断をしたが，それから少しずつ翻訳を進めて，今回ようやく出版されることとなった．

　学生時代を含めて早稲田大学応用物理教室に所属して 40 年強，古典物理から生物物理さらには，計数工学まで物理・応用物理教室の諸氏から影響を受けつつ，応用数理の研究に従事してきた．その想い出として，本書の翻訳を手がけさせていただいた．いままで温かく接していただいた教室の先輩諸氏に厚くお礼申し上げます．特に飯野理一，並木美喜夫，斎藤信彦の各名誉教授の先生方には，学部生のころより研究課題の選び方，研究態度など研究すべての面において強い影響を直接的，間接的に受けた．あらためてここに感謝の意を表する次第である．

　この仕事で得た最大の収穫は，翻訳のいろいろな作業を通して，いままで単に数学的仮説の集まりで成り立っていると思っていた天体物理学が物理学のすべての知識を必要とする総合科学として確立されていることを，本書のそこかしこから間接的に理解できたことである．このことは，40 年前に受けた物理学教育では，想像できなかったことである．

　原著者が天体物理学，特に電波天文学の専門家であり，したがってこのような本の出版を企画した動機は，そこにあるのだと思い至った．そういえば，大学院の同僚でやはり電波天文学の専門家である大師堂経明教授も幅広い知識の持ち主である．原著は，その有用さから著者の専門分野を越えて広く物理の世界に受け入れられている．訳書においては，近年の学部物理教育のなかで非線形物理が採り入れられつつあることを鑑みて，原著のスタイル・雰囲気を壊さない範囲で訳者補遺として非線形物理学の項を付け加えた．この作業を通して，原著者が行った仕事の大変さを思い知った．

　訳語は，それぞれの専門分野で一般的と思われるものに従った．分野によって，多少の用語（訳語）のばらつきがあるのは仕方がないことである．校正には最大の努力をはらったが，勘違い，あるいは非専門性による誤訳，気づかないミスがあると思われる．読者諸氏より御指摘いただければ，そのつど修正を加えて，より良い完成された版にしたい．

　本書は，学部で通常扱われる物理学の主要な方程式，公式，定義，用語などが網羅されている．問題を作成したりや解いたりするときや，専門外の文献を読んだりする際に，記憶を確認するための道具として力を発揮するであろう．また今後，学際領域の学習や研究がますます必要になる時代の趨勢から，物理学の専門家以外の応用数学や工学を学ぶ方々も物理学の知識を必要とする機会が多々あると思われるが，その際にも本書は多いに役立つであろう．

　また，索引は英語版を引き継ぎ，日本語と英語が対照できるように編集されている．物理用語の英和・和英辞書的取扱いも可能である．

　本書の訳出には，共立出版編集部の方々，特に石井徹也氏と松本和花子氏には，翻訳の質の向上，誤りの指摘等，さまざまな編集業務で大変御世話になりました．ここに厚くお礼を申し上げます．

2007 年 3 月吉日

堤　正義

和文索引

節は太字で，パネルのラベルは★で示す．式番号は角括弧で囲まれている．

数字，記号

ϵ, ϵ_r 誘電率 (ϵ, ϵ_r electrical permittivity)) [7.90], 140
μ, μ_r（透磁率）(μ, μ_r (magnetic permeability)) [7.107], 141
$\frac{1}{4}$ 波長条件 (quarter-wave condition) [8.3], 160
1/4 波長板 (quarter-wave plate) [8.85], 168
2 準位系（微視的状態の）(two-level system (microstates of)) [5.107], 112
2 重階乗 (double factorial), 46
2 対ストリップ伝送線路（インピーダンス）(paired strip (impedance of)) [7.183], 148
3 重アルファ過程 (triple-α process), 180
4 元-内積 (four-scalar product) [3.27], 63
4 次の最小点 [2.338] (quartic minimum), 40
4 部分公式 (four-parts formula) [2.259], 34
★4 元ベクトル (Four-vector), 63
4 元ベクトル (four-vector)
　　運動量 (momentum) [3.21], 63
　　時空 (spacetime) [3.12], 62
　　電磁的 (electromagnetic) [7.79], 139

A

$\arccos x$
　　arctan から (from arctan) [2.233], 32
　　級数展開 (series expansion) [2.141], 27
$\text{arcosh}\, x$
　　定義 (definition) [2.239], 33

$\text{arccot}\, x$
　　arctan から (from arctan) [2.236], 32
$\text{arcoth}\, x$
　　定義 (definition) [2.241], 33
$\arccsc x$
　　arctan から (from arctan) [2.234], 32
$\text{arcsch}\, x$
　　定義 (definition) [2.243], 33
$\text{arcsec}\, x$ (from arctan)
　　arctan から [2.235], 32
$\text{arcsec}\, x$
　　arctan から (from arctan) [2.235], 32
$\text{arsech}\, x$
　　定義 (definition) [2.242], 33
$\arcsin x$
　　arctan から (from arctan) [2.232], 32
　　級数展開 (series expansion) [2.141], 27
$\text{arsinh}\, x$
　　定義 (definition) [2.238], 33
$\arctan x$
　　級数展開 (series expansion) [2.142], 27
$\text{artanh}\, x$
　　定義 (definition) [2.240], 33

B

bcc 構造 (bcc structure), 125

C

cap（ふた），→球形帽子 (spherical cap)
centigrade を避ける (centigrade (avoidance of)), 13
CNO サイクル (CNO cycle), 180

$\cos x$
   級数展開 (series expansion)　[2.135], 27
   とオイラーの公式 (and Euler's formula) [2.216], 32
$\operatorname{cosec} x, \to \mathbf{csc}$
$\operatorname{csch} x$　[2.231], 32
$\cosh x$
   級数展開 (series expansion)　[2.143], 27
   定義 (definition)　[2.217], 32
$\cos^{-1} x, \to \mathbf{arccos} x$
$\cot x$
   級数展開 (series expansion)　[2.140], 27
   定義 (definition)　[2.226], 32
$\coth x$　[2.227], 32
$\csc x$
   級数展開 (series expansion)　[2.139], 27
   定義 (definition)　[2.230], 32
χ_E 電気感受率 (electric susceptibility) [7.87], 140
χ_H, χ_B 磁気感受率 (magnetic susceptibility) [7.103], 141

D
disc, → **disk**
DNLS 方程式 (DNLS equations)　[A.4], 185
d 軌道 (d orbitals)　[4.100], 95

E
★E, D, B, H に対する境界条件 (Boundary conditions for E, D, B, and H), 142
e（e 自然対数の底）(exponential constant), 7
$E = mc^2$　[3.72], 66
$\exp(x)$　[2.132], 27

F
f-数 (f-number)　[8.69], 166
★$f(x) = 0$ の数値解法 (Numerical solutions to $f(x) = 0$), 59
fcc 構造 (fcc structure), 125

G
g-因子 (g-factor)
   電子 (electron), 6
   ミューオン (muon), 7
   ランデ (Landé)　[4.146], 98
GLM 方程式 (GLM equations)　[A.21], 186

I
I ストークスパラメータ (I Stokes parameter) [8.89], 169

K
KdV 方程式 (KdV equations), 186
KdV 方程式 (KdV equations)　[A.1], 185
Kerr 解（一般相対論における）(Kerr solution (in general relativity))　[3.62], 65
KP 方程式 (KP equations) [A.9], 185

L
LCR 回路 (LCR circuits), 145
★LCR 定義 (LCR definitions), 145
$\ln(1+x)$（級数展開）　[2.133], 27
LRC 回路の (of an LCR circuit)
   電力帯域幅 (bandwidth)　[7.151], 146

M
MHD 方程式 (MHD equations)　[7.283], 156
MKdv 方程式 (MKdv equations) [A.2], 185

O
ODEs 数値解 (numerical solutions), 60

P
P-波 (P-waves)　[3.263], 80
p-n 接合 (p-n junction)　[6.92], 132
pp 陽子-陽子チェイン (pp (proton-proton) chain), 180
p 軌道 (p orbitals)　[4.95], 95

Q
Q（ストークスパラメータ）(Q Stokes parameter)　[8.90], 169
$Q, \to Q$ 値 ($Q, \to Q$ quality factor), 169
Q 値（係数）(quality factor)
   強制調和振動子 (forced harmonic oscillator)　[3.211], 76
   自由調和振動子 (free harmonic oscillator)　[3.203], 76

和文索引

ファブリーペロー エタロン (Fabry-Perot etalon) [8.14], 161
レーザー共振器（空洞）(laser cavity) [8.126], 172

R

rms（標準偏差）(rms (standard deviation)) [2.543], 55

S

s 軌道 (s orbitals) [4.92], 95
S-波 (S-waves) [3.262], 80
$\sec x$
    級数展開 (series expansion) [2.138], 27
    定義 (definition) [2.228], 32
$\text{sech} x$ [2.229], 32
shah 関数（フーリエ変換）(shah function (Fourier transform of)) [2.510], 52
★SI 基本単位 (SI base units), 2
SI 基本単位定義 (SI base unit definitions), 1
★SI 組立単位 (SI derived units), 2
★SI 接頭語 (SI prefixes), 3
$\sin x$
    級数展開 (series expansion) [2.136], 27
    とオイラーの公式 (and Euler's formula) [2.218], 32
sinc 関数 (sinc function) [2.512], 52
$\sinh x$
    級数展開 (series expansion) [2.144], 27
    定義 (definition) [2.219], 32
$\sin^{-1} x$, → **arccos** x

T

$\tan x$
    級数展開 (series expansion) [2.137], 27
    定義 (definition) [2.220], 32
$\tanh x$
    定義 (definition) [2.221], 32
    級数展開 (series expansion) [2.145], 27
$\tan^{-1} x$, → **arctan** x
熱伝導 (thermal conductivity)
    diffusion equation（拡散方程式）[2.340], 41

U

U（ストークスパラメータ）(U Stokes parameter) [8.92], 169
UTC 協定世界時 (UTC) [9.4], 175

V

V（ストークスパラメータ）(V Stokes parameter) [8.94], 169
vswr（電圧定在波比）(vswr) [7.180], 148

あ

アインシュタイン (Einstein)
    A 係数 (A coefficient) [8.119], 171
    B 係数 (B coefficients) [8.118], 171
    拡散方程式 (diffusion equation) [5.98], 111
    テンソル (tensor) [3.58], 65
    場の方程式 (field equation) [3.59], 65
    レンズ（リング）(lens (rings)) [9.50], 178
★アインシュタイン係数 (Einstein coefficients), 171
アインシュタイン・ドシッターモデル (Einstein - de Sitter model), 183
★暖かいプラズマ (Warm plasmas), 154
圧縮比 (compression ratio) [5.13], 105
圧縮率, →体積弾性率 (compression modulus, → bulk modulus)
圧縮率 (compressibility)
    断熱 (adiabatic) [5.21], 105
    等温 (isothermal) [5.20], 105
アット (atto), 3
アップルトン・ハートレーの公式 (Appleton-Hartree formula) [7.271], 155
圧力 (pressure)
    縮退 (degeneracy) [9.77], 181
    単原子気体中の (in a monatomic gas) [5.77], 110
    熱力学的仕事 (thermodynamic work) [5.5], 104
    波 (waves) [3.263], 80
    広がる (broadening) [8.115], 171

物理次元 (dimensions), 14
分配関数から (from partition function) [5.118], 113
放射 (radiation) [7.204], 150
揺らぎ (fluctuations) [5.136], 114
流体静力学的 (hydrostatic) [3.238], 78
臨界 (critical) [5.75], 109
跡 (wakes) [3.330], 85
アドミッタンス（定義）(admittance (definition)), 146
アベイラビリティ (availability)
    定義 (definition) [5.40], 106
アボガドロ数（物理次元）(Avogadro constant), 14
アボガドロ定数 (Avogadro constant), 4, 7
アルヴェーン速度 (Alfvén speed) [7.277], 156
アルヴェーン波 (Alfvén waves) [7.284], 156
★アンテナ (antenna), 151
アンテナ (antenna)
    温度 (temperature) [7.215], 151
    電力利得 (power gain) [7.211], 151
    ビーム有効度 (beam efficiency) [7.214], 151
    有効面積 (effective area) [7.212], 151
鞍部点 (saddle point) [2.338], 40
アンペア（SI 定義）(ampere (SI definition)), 1
アンペア（単位）(ampere (unit)), 2
アンペールの法則 (Ampère's law) [7.10], 134
イオン結合 (ionic bonding) [6.55], 129
異常モード (extraordinary modes) [7.271], 155
位相速度（波の）(phase speed (wave)) [3.325], 85
（弱）位相物体（回折）(phase object (diffraction by weak)) [8.43], 163
一様 (uniform)
    分布 (distribution) [2.550], 56
一様分布から正規分布への変換 (uniform to normal distribution transformation) [2.561], 56
一致モデル (Concordance model), 183
一定加速度の元での運動 (motion under constant acceleration), 66

★一定の加速 (Constant acceleration), 66
一般化運動量 (generalised momentum) [3.218], 77
一般化座標 (generalised coordinates) [3.213], 77
一般化力学 (Generalised dynamics), 77
★一般相対性理論 (General relativity), 65
★一般の定数 (General constants), 5
移動度（物理次元）(mobility (dimensions)), 14
易動度（移動度）（導体中の）(mobility (in conductors)) [6.88], 132
★井戸型ポテンシャル (Potential well), 91
移流作用素 (advective operator) [3.289], 82
色指数 (colour index) [9.36], 177
色超過 (colour excess) [9.37], 177
★インダクタンス (Inductance), 135
インダクタンス (inductance of)
    インピーダンス (impedance) [7.160], 146
    エネルギー (energy) [7.154], 146
    自己 (self) [7.145], 145
    相互 (mutual)
        エネルギー (energy) [7.135], 144
        定義 (definition) [7.147], 145
    ソレノイドの (solenoid) [7.23], 135
    同軸円筒の (cylinders (coaxial)) [7.24], 135
    （平行な）針金 (wires (parallel)) [7.25], 135
    物理次元 (dimensions), 14
    部品のエネルギー (energy of an assembly) [7.135], 144
    ループ状針金 (wire loop) [7.26], 135
    をまたぐ電圧 (voltage across) [7.146], 145
インターモーダル分散（光ファイバー）(intermodal dispersion (optical fiber)) [8.79], 167
インピーダンス (impedance of)
    インダクターの (inductor) [7.160], 146
    開放伝送線路 (open-wire transmission line) [7.182], 148
    強制調和振動子 (forced harmonic oscillator) [3.212], 76
    コンデンサの (capacitor) [7.159],

和文索引

146
自由空間の (free space)
　値 (value), 5
　定義 (definition)　[7.197], 150
損失伝送線路 (lossy transmission line)
　[7.175], 148
電磁波の (electromagnetic wave)
　[7.198], 150
同心伝送線路 (coaxial transmission line)
　[7.181], 148
導波路 (waveguide)
　TE モード (TE modes)　[7.189], 149
　TE_{mm} モード (TE_{mm} modes)
　　[7.190], 149
　TM モード (TM modes)　[7.188], 149
　TM_{mm} モード (TM_{mm} modes)
　　[7.192], 149
2 対ストリップ伝送線路 (paired strip transmission line)　[7.183], 148
マイクロストリップ伝送線路の (microstrip line)　[7.184], 148
無損失伝送線路 (lossless transmission line)　[7.174], 148
有限伝送線路 (terminated transmission line)　[7.178], 148
インピーダンス (impedance)
　音響 (acoustic)　[3.276], 81
　直列 (in series)　[7.157], 146
　電気的 (electrical), 146
　物理次元 (dimensions), 14
　並列 (in parallel)　[7.158], 146
　変換 (transformation)　[7.166], 147
引力（重力）(gravity)
　と地球上の運動 (and motion on Earth)　[3.38], 64
ウィグナー係数（スピン-軌道）(Wigner coefficients (spin-orbit))　[4.136], 98
ウィグナー係数（の表）(Wigner coefficients (table of)), 97
ヴィス-ヴィヴァ(vis-viva) 方程式 (vis-viva equation)　[3.112], 69
ウィーデマン・フランツの法則 (Wiedemann-Franz law)　[6.66], 130
ウィナー・ヒンチンの定理 (Wiener-Khintchine theorem)
　時間的可干渉における (in temporal coherence)　[8.105], 170
　フーリエ変換 (in Fourier transforms)　[2.491], 51
　フーリエ変換 (in Fourier transforms)　[2.492], 51
ウィーンの変位則 (Wien's displacement law)　[5.189], 119
ウィーンの変位則定数 (Wien's displacement law constant), 7
ウィーンの法則 (Wien's radiation law)　[5.188], 119
ウェーバー（単位）(weber (unit)), 2
★ウェーバーの記号 (Weber symbols), 124
ウェルチ窓 (Welch window)　[2.582], 58
渦とケルビン循環 (vorticity and Kelvin circulation)　[3.287], 82
渦とポテンシャル流 (vorticity and potential flow)　[3.297], 82
宇宙スケール因子 (cosmic scale factor)　[9.87], 182
宇宙定数 (cosmological constant)　[9.89], 182
★宇宙モデル (Cosmological models), 183
★宇宙モデルのパラメータ (Cosmological model parameters), 182
宇宙論 (**Cosmology**), 182
★宇宙論的な距離測度 (Cosmological distance measures), 183
ウムクラップ過程 (umklapp processes)　[6.59], 129
運動エネルギー (kinetic energy)
　演算子（量子-）(operator (quantum))　[4.20], 89
　回転する物体 (for a rotating body)　[3.142], 72
　ガリレイ変換 (Galilean transformation)　[3.6], 62
　主軸に関する (w.r.t. principal axes)　[3.145], 72
　衝突後の損失 (loss after collision)　[3.128], 71
　相対論的 (relativistic)　[3.73], 66
　単原子気体の (of monatomic gas)　[5.79], 110
　定義 (definition)　[3.65], 66
　ビリアル定理中の (in the virial theorem)　[3.102], 69
　粒子の (of a particle)　[3.216], 77

運動学 (kinematics), 61
運動量 (momentum)
 一般化 (generalised) [3.218], 77
 次元 (dimensions), 14
 相対論的 (relativistic) [3.70], 66
 定義 (definition) [3.64], 66
★ 運動量とエネルギー変換 (Momentum and energy transformations), 63
エアリー (Airy)
 円盤 (disk) [8.40], 163
 関数 (function) [8.17], 161
 分解能判定条件 (resolution criterion) [8.41], 163
エアリーの微分方程式 (Airy's differential equation) [2.352], 41
エーレンフェストの式 (Ehrenfest's equations) [5.53], 107
エーレンフェストの定理 (Ehrenfest's theorem) [4.30], 89
液滴モデル (liquid drop model) [4.172], 101
エクサ (exa), 3
エックス線回折 (X-ray diffraction), 126
エディントン限界光度 (Eddington limit) [9.59], 179
エネルギー (energy)
 インダクターの (of inductor) [7.154], 146
 回転運動 (rotational kinetic)
  剛体 (rigid body) [3.142], 72
  主軸に関する (w.r.t. principal axes) [3.145], 72
 ガリレイ変換 (Galilean transformation) [3.6], 62
 軌道の (of orbit) [3.100], 69
 コンデンサの (of capacitor) [7.153], 146
 コンデンサ部品 (of capacitive assembly) [7.134], 144
 磁気双極子 (of magnetic dipole) [7.137], 144
 質量の関係 (mass relation) [3.20], 63
 衝突後の損失 (loss after collision) [3.128], 71
 相対論的静止 (relativistic rest) [3.72], 66
 弾性 (elastic) [3.235], 78
 抵抗で散逸した (dissipated in resistor) [7.155], 146
 電荷分布の (of charge distribution) [7.133], 144
 電気双極子 (of electric dipole) [7.136], 144
 電磁気 (electromagnetic), 144
 等分配 (equipartition) [5.100], 111
 熱力学の第一法則 (first law of thermodynamics) [5.3], 104
 熱力学的仕事 (thermodynamic work) [5.9], 104
 フェルミ (Fermi) [5.122], 113
 物理次元 (dimensions), 14
 分布（マックスウェルの）(distribution (Maxwellian)) [5.85], 110
 ポテンシャル, →ポテンシャルエネルギー (potential, → potential energy)
 密度放射 (density) (radiant) [5.148], 116
 誘電子部品 (of inductive assembly) [7.135], 144
 ローレンツ変換 (Lorentz transformation) [3.19], 63
エネルギー時間の不確定性関係 (energy-time uncertainty relation) [4.8], 88
エネルギー密度 (energy density)
 黒体 (blackbody) [5.192], 119
 スペクトル (spectral) [5.173], 118
 弾性波 (elastic wave) [3.281], 81
 電磁的 (electromagnetic) [7.128], 144
 物理次元 (dimensions), 14
エルミート (Hermitian)
 共役演算子 (conjugate operator) [4.17], 89
 行列 (matrix) [2.73], 22
 対称 (symmetry), 51
エルミート多項式 (Hermite polynomials) [4.70], 93
エルミート方程式 (Hermite equation) [2.346], 41
円 (circle)
 弧の質量中心 ((arc of) centre of mass) [3.173], 74
 の面積 (area) [2.262], 35
円盤 (disk)
 エアリー (Airy) [8.40], 163
 扇形の質量中心 (centre of mass of sector) [3.172], 74

和文索引

慣性モーメント (moment of inertia) [3.168], 73
（同軸）静電容量 (coaxial capacitance) [7.22], 135
電場 (electric field) [7.28], 136
の静電容量 (capacitance) [7.13], 135
流体中の抗力 (drag in a fluid), 83
円開口 (circular aperture)
　フラウンホーファー回折 (Fraunhofer diffraction) [8.40], 163
円環（体積）(torus (volume)) [2.274], 35
円環（表面積）(torus (surface area)) [2.273], 35
円口径 (circular aperture)
　フレネル回折 (Fresnel diffraction) [8.50], 164
★演算子（作用素）(Operators), 89
演算子 (operator)
　運動エネルギー (kinetic energy) [4.20], 89
　運動量 (momentum) [4.19], 89
　角運動量 (angular momentum)
　　定義 (definitions) [4.105], 96
　　と他の演算子 (and other operators) [4.23], 89
　時間依存 (time dependence) [4.27], 89
　正値 (position) [4.18], 89
　ハミルトニアン (Hamiltonian) [4.21], 89
　パリティ（偶奇性）(parity) [4.24], 89
円周の (circle)
　長さ (perimeter) [2.261], 35
円周率 (π), 7
遠心力 (centrifugal force) [3.35], 64
円錐 (cone)
　慣性モーメント (moment of inertia) [3.160], 73
　質量中心 (centre of mass) [3.175], 74
　体積 (volume) [2.272], 35
　表面積 (surface area) [2.271], 35
★円錐曲線 (Conic sections), 36
円錐振り子 (conical pendulum) [3.180], 74
エンタルピー (enthalpy)
　ジュール・ケルビン膨張 (Joule-Kelvin expansion) [5.27], 106

定義 (definition) [5.30], 106
遠点（軌道の）(apocentre of an orbit)) [3.111], 69
円筒 (cylinder)
　慣性モーメント (moment of inertia) [3.155], 73
　静電容量 (capacitance) [7.15], 135
　体積 (volume) [2.270], 35
　ねじり剛性 (torsional rigidity) [3.253], 79
　の表面積 (area) [2.269], 35
円筒（同軸）(cylinders (coaxial))
　インダクタンス (inductance) [7.24], 135
　静電容量 (capacitance) [7.19], 135
円筒（隣接）(cylinders (adjacent))
　インダクタンス (inductance) [7.25], 135
　静電容量 (capacitance) [7.21], 135
円筒座標系 (cylindrical polar coordinates), 19
エントロピー（物理次元）(entropy (dimensions)), 14
エントロピー (entropy)
　ギブスの公式 (Gibbs) [5.106], 112
　実験的 (experimental) [5.4], 104
　単原子気体 (of a monatomic gas) [5.83], 110
　分配関数から (from partition function) [5.117], 113
　変化（ジュール膨張）(change in Joule expansion) [5.64], 108
　ボルツマンの公式 (Boltzmann formula) [5.105], 112
　揺らぎ (fluctuations) [5.135], 114
円偏光 (circular polarisation), 168
オイラー (Euler)
　角 (angles) [2.101], 24
　公式 (formula) [2.216], 32
　支柱 (strut) [3.261], 80
　定数 (constant)
　　値 (value), 7
　の関係 (relation), 36
　の定数 (constant)
　　表現 (expression) [2.119], 25
　の微分方程式 (differential equation) [2.350], 41
オイラーの方程式（剛体）(Euler's equations (rigid bodies)) [3.186], 75

オイラーの方程式（流体）(Euler's equation (fluids))　[3.289], 82
オイラー法（常微分方程式に対する）(Euler's method (for ordinary differential equations))　[2.596], 60
オイラー・ラグランジュの方程式 (Euler-Lagrange equation)
　　とラグランジアン (and Lagrangians)　[3.214], 77
　　変分法 (calculus of variations)　[2.334], 40
黄金則（フェルミの）(golden rule (Fermi's))　[4.162], 100
黄金律（値）(golden mean (value)), 7
応力 (stress)
　　簡単な場合 (simple)　[3.228], 78
　　テンソル (tensor)　[3.232], 78
　　物理次元 (dimensions), 14
　　流体中の (in fluids)　[3.299], 83
応力エネルギーテンソル (stress-energy tensor)
　　完全流体 (perfect fluid)　[3.60], 65
　　と場の方程式 (and field equations)　[3.59], 65
オーダー（回折の）(order (in diffraction))　[8.26], 162
オットーサイクル効率 (Otto cycle efficiency)　[5.13], 105
音の速さ (sound, speed of)　[3.317], 84
オプティカルコート (optical coating)　[8.8], 160
重い梁 (heavy beam)　[3.260], 80
オレゴネーター (Oregonator)　[A.46], 190
オーム（単位）(ohm (unit)), 2
オームの法則 (Ohm's law)　[7.140], 145
オームの法則（MHDにおける）(Ohm's law (in MHD))　[7.281], 156
音響インピーダンス (acoustic impedance)　[3.276], 81
音響的分枝（フォノン）(acoustic branch (phonon))　[6.37], 127
オングストローム（単位）(ångström (unit)), 3
音速 (speed of sound)　[3.317], 84
音速（プラズマ中の）(sound speed (in a plasma))　[7.275], 156
温度 (temperature)
　　アンテナ (antenna)　[7.215], 151
　　ケルビンスケール (Kelvin scale)　[5.2], 104
　　摂氏 (Celsius), 2
　　熱力学的 (thermodynamic)　[5.1], 104
　　物理次元 (dimensions), 14
★温度換算 (Temperature conversions), 13
　　温度減率（断熱的）(lapse rate (adiabatic))　[3.294], 82

か

海王星データ (Neptune data), 174
ガイガー-ヌッタルの法則 (Geiger-Nuttall rule)　[4.170], 101
ガイガーの法則 (Geiger's law)　[4.169], 101
回帰（線形）(regression (linear)), 58
★開口回折 (Aperture diffraction), 163
開口関数 (aperture function)　[8.34], 163
会合周期 (synodic period)　[9.44], 178
開口数（光ファイバー）(numerical aperture (optical fibre))　[8.78], 167
階乗 (factorial)　[2.410], 44
階乗（2重）(factorial (double)), 46
回折 (diffraction from)
　　N スリットからの (N slits)　[8.25], 162
　　1スリットからの (1 slit)　[8.37], 163
　　円開口からの (circular aperture)　[8.40], 163
　　矩形開口からの (rectangular aperture)　[8.39], 163
　　結晶からの (crystals), 126
　　二重スリットからの (2 slits)　[8.24], 162
　　無限格子からの (infinite grating)　[8.26], 162
回折格子 (diffraction grating)
　　一般 (general)　[8.32], 162
　　無限 (infinite)　[8.26], 162
　　有限 (finite)　[8.25], 162
階段関数（フーリエ変換）(step function (Fourier transform of))　[2.511], 52
★回転 (Curl), 20
回転 (curl)
　　一般座標系 (general coordinates)　[2.36], 20
　　円筒座標系 (cylindrical coordinates)　[2.34], 20

和文索引

球座標系 (spherical coordinates) [2.35], 20
直交座標系 (rectangular coordinates) [2.33], 20
回転運動の半径 (radius of gyration), 73
★回転行列 (Rotation matrices), 24
★回転座標系 (Rotating frames), 64
回転する物体 (spinning bodies), 75
回転測度 (rotation measure) [7.273], 155
回転体の（体積と表面積）(revolution (volume and surface of)), 37
回転体の表面積 (surface of revolution) [2.280], 37
カイ2乗 (χ^2) 分布 (chi-squared (χ^2) distribution) [2.553], 56
開放伝送線路 (open-wire transmission line) [7.182], 148
ガウス (Gauss's)
 定理 (theorem) [2.59], 21
 法則 (law) [7.51], 138
 レンズ公式 (lens formula) [8.64], 164, 168
ガウス (Gaussian)
 確率分布 (probability distribution)
  k-次元 (k-dimensional) [2.556], 56
  1次元 (one-dimensional) [2.552], 56
 光学 (optics), 166
 電磁気学 (electromagnetism), 133
 のフーリエ変換 (Fourier transform of) [2.507], 52
 光 (light) [8.110], 170
ガウント因子 (Gaunt factor) [7.299], 158
カオス (chaos), 188
カオスとフラクタル (Chaos and fractal), 188
化学ポテンシャル (chemical potential)
 定義 (definition) [5.28], 106
 分配関数から (from partition function) [5.119], 113
可干渉（コヒーレンス）(coherence)
 時間 (time) [8.106], 170
 時間的 (temporal) [8.105], 170
 相互 (mutual) [8.97], 170
 長さ (length) [8.106], 170
 幅 (width) [8.111], 170
可干渉性（スカラー理論）(Coherence (scalar theory)), 170

角 (angle)
 オイラー (Euler) [2.101], 24
 回転 (rotation), 24
 屈折 (refraction), 152
 ケルビンの楔 (Kelvin wedge) [3.330], 85
 コンプトン散乱 (Compton scattering) [7.240], 153
 受光 (acceptance) [8.77], 167
 接触の（表面張力）(contact (surface tension)) [3.340], 86
 ビーム立体 (beam solid) [7.210], 151
 ファラデー回転 (Faraday rotation) [7.273], 155
 ブルースターの (Brewster's) [7.218], 152
 偏角 (deviation) [8.73], 167
 偏光 (polarisation) [8.81], 168
 マッハの楔 (Mach wedge) [3.328], 85
 ラザフォード散乱 (Rutherford scattering) [3.116], 70
角運動量 (Angular momentum), 96
角運動量 (angular momentum)
 演算子 (operators)
  定義 (definitions) [4.105], 96
  と他の演算子 (and other operators) [4.23], 89
 剛体 (rigid body) [3.141], 72
 固有値 (eigenvalues) [4.109], 96
 昇降演算子 (ladder operators) [4.108], 96
 定義 (definition) [3.66], 66
 物理次元 (dimensions), 14
 保存 (conservation) [4.113], 96
★角運動量，交換関係 (Angular momentum commutation relations), 96
★角運動量，追加 (Angular momentum addition), 98
角径距離 (angular diameter distance) [9.100], 183
拡散係数（磁気）(diffusivity (magnetic)) [7.282], 156
拡散係数（半導体）(diffusion coefficient (semiconductor)) [6.88], 132
拡散長（半導体）(diffusion length (semiconductor)) [6.94], 132
拡散方程式 (diffusion equation)

微分方程式 (differential equation) [2.340], 41
核磁子 (nuclear magneton), 5
角速度（物理次元）(angular speed (dimensions)), 14
角度 (angle)
    球面過剰 (spherical excess) [2.260], 34
    光行差 (aberration) [3.24], 63
    時（座標）(hour (coordinate)) [9.8], 175
    主値の範囲（逆三角関数）(principal range (inverse trig.)), 32
    単位 (units), 2, 3
    分離 (separation) [3.133], 71
確率 (probability)
    結合 (joint) [2.568], 57
    条件付き (conditional) [2.567], 57
    分布 (distributions)
        離散 (discrete), 55
        連続 (continuous), 56
    密度流 (density current) [4.13], 88
★確率集団 (Ensemble probabilities), 112
確率と統計 (**Probability and statistics**), 55
過減衰 (overdamping) [3.201], 76
過去に遡れる時間 (look-back time) [9.96], 183
華氏換算 (Fahrenheit conversion) [1.2], 13
ガス (gas)
    巨大惑星 (giant)（天文学的データ (astronomical data)), 174
★ガスの等分配 (Gas equipartition), 111
火星データ (Mars data), 174
可積分系 (integrable system), 185
★仮想電荷 (Image charges), 136
仮想電荷法 (method of images), 136
加速された点電荷 (accelerated point charge)
    シンクロトロン (synchrotron), 157
    振動する (oscillating) [7.132], 144
    制動放射 (bremsstrahlung), 158
    レナード・ビーヘルトポテンシャル (Liénard–Wiechert potentials), 137
加速度 (acceleration)
    一定 (constant), 66
    回転座標系における (in a rotating frame) [3.32], 64
    物理次元 (dimensions), 14
ガソリンエンジン効率 (petrol engine efficiency) [5.13], 105
カタランの定数（値）(Catalan's constant (value)), 7
カタール（単位）(katal (unit)), 2
カーディオイド (cardioid) [8.46], 164
荷電薄膜（電場）(charge-sheet (electric field)) [7.32], 136
カノニカル (canonical)
    集団 (ensemble) [5.111], 112
★ガリレイ変換 (Galilean transformation), 62
ガリレイ変換 (Galilean transformation)
    運動エネルギー (of kinetic energy) [3.6], 62
    運動量 (of momentum) [3.4], 62
    角運動量 (of angular momentum) [3.5], 62
    時間と位置の (of time and position) [3.2], 62
    速度 (of velocity) [3.3], 62
カルノーサイクル (Carnot cycles), 105
間隔（一般相対論における）(interval (in general relativity)) [3.45], 65
★換算因子 (Conversion factors), 8
換算単位（熱力学）(reduced units (thermodynamics)) [5.71], 109
感受率 (susceptibility)
    磁気 (magnetic) [7.103], 141
    電気 (electric) [7.87], 140
    パウリ磁気 (Pauli paramagnetic) [6.79], 131
    ランダウ反磁性 (Landau diamagnetic) [6.80], 131
干渉 (**Interference**), 160
干渉縞可視性 (fringe visibility) [8.101], 170
干渉と可干渉 (interference and coherence) [8.100], 170
環状の束 (linked flux) [7.149], 145
慣性積 (product of inertia) [3.136], 72
★慣性テンソル (Moment of inertia tensor), 72
慣性テンソル (inertia tensor) [3.136], 72
★慣性モーメント (Moments of inertia), 73
慣性モーメント (moment of inertia)
    円錐 (cone) [3.160], 73
    円筒 (cylinder) [3.155], 73
    円板 (disk) [3.168], 73
    球 (sphere) [3.152], 73
    球殻 (spherical shell) [3.153], 73
    三角板 (triangular plate) [3.169], 73

次元 (dimensions), 14
楕円形薄板 (elliptical lamina) [3.166], 73
楕円面 (ellipsoid) [3.163], 73
直方体 (rectangular cuboid) [3.158], 73
2体系 (two-body system) [3.83], 67
細い棒 (thin rod) [3.150], 73
完全気体 (perfect gas), 108
観測天文学 (Observational astrophysics), 177
観測量（量子物理）(observable (quantum physics)) [4.5], 88
カンデラ (candela), 117
カンデラ (SI 定義) (candela (SI definition)), 1
カンデラ（単位）(candela (unit)), 2
カントール集合 (Cantor set) [A.42], 189
感応方程式 (MHD) (induction equation (MHD)) [7.282], 156
★ガンマ関数 (Gamma function), 44
ガンマ関数 (gamma function)
    定義 (definition) [2.407], 44
    とその他の積分 (and other integrals) [2.395], 43
緩和時間 (relaxation time)
    導体中の (in a conductor) [7.156], 146
    と電子流動 (and electron drift) [6.61], 130
    プラズマ中の (in plasmas), 154
ギガ (giga), 3
幾何 (geometric)
    分布 (distribution) [2.548], 55
幾何光学 (Geometrical optics), 166
奇関数 (odd functions), 51
記号 **(Notation)**, 17
気体 (gas)
    圧力，広がった (pressure broadened) [8.115], 171
    音速 (speed of sound) [3.318], 84
    常磁性 (paramagnetism) [7.112], 142
    線形吸収係数 (linear absorption coefficient) [5.175], 118
    単原子 (monatomic) [5.83], 110
    断熱的温度減率 (adiabatic lapse rate) [3.294], 82
    断熱膨張 (adiabatic expansion) [5.58], 108
    定数 (constant), 4, 7, 84, 108
    ディートリヒ (Dieterici), 109
    等温膨張 (isothermal expansion) [5.63], 108
    ドップラーに広がった (Doppler broadened) [8.116], 171
    内部エネルギー（理想）(internal energy (ideal)) [5.62], 108
    流れ (flow) [3.292], 82
    ファンデルワールス (Van der Waals), 109
    分子流 (molecular flow) [5.99], 111
    理想（状態方程式）(ideal equation of state) [5.57]), 108
    理想 熱容量 (ideal heat capacities), 111
    理想または完全 (ideal, or perfect), 108
★期待値 (Expectation value), 89
期待値 (expectation value)
    ディラックの記号 (Dirac notation) [4.37], 90
    波動関数から (from a wavefunction) [4.25], 89
気体定数（物理次元）(molar gas constant (dimensions)), 14
気体の熱容量 (heat capacity of a gas)
    $C_p - C_V$ [5.17], 105
    f 自由度に対して (for f degrees of freedom), 111
    定圧 (constant pressure) [5.15], 105
    定積 (constant volume) [5.14], 105
    比 (ratio)
        (γ) [5.13], 105
気体の法則 (Gas laws), 108
基底ベクトル (basis vectors) [2.17], 18
基底ベクトル（結晶学の）(base vectors (crystallographic)), 124
輝度 (luminance) [5.168], 117
輝度（黒体）(brightness (blackbody)) [5.184], 119
軌道（発射体の）(trajectory (of projectile)) [3.88], 67
軌道運動 (orbital motion), 69
★軌道角運動量 (Orbital angular momentum), 96
★軌道関数の角依存 (Orbital angular dependence), 95
軌道半径（ボーア原子）(orbital radius (Bohr atom)) [4.73], 93

ギブス (Gibbs)
 エントロピー (entropy) [5.106], 112
 定数（値）(constant (value)), 7
 の自由エネルギー (free energy) [5.35], 106
 分布 (distribution) [5.113], 112
ギブス・デューエムの関係式 (Gibbs-Duhem relation) [5.38], 106
ギブスの相律 (Gibbs's phase rule) [5.54], 107
★ギブス・ヘルムホルツ方程式 (Gibbs–Helmholtz equations), 107
気泡 (bubbles) [3.337], 86
基本セル (primitive cell) [6.1], 124
基本的フラクタル図形, 189
基本ベクトル（と格子ベクトル）(primitive vectors (and lattice vectors)) [6.7], 124
逆 (reciprocal)
 行列 (matrix) [2.83], 23
 格子ベクトル (lattice vector) [6.8], 124
逆コンプトン散乱 (inverse Compton scattering) [7.239], 153
★逆三角関数 (Inverse trigonometric functions), 32
★逆双曲線関数 (Inverse hyperbolic functions), 33
逆2乗法則 (inverse square law) [3.99], 69
逆ラプラス変換 (inverse Laplace transform) [2.518], 53
球 (sphere)
 からの重力場 (gravitation field from a) [3.44], 64
 慣性モーメント (moment of inertia) [3.152], 73
 充填された (close-packed), 125
 電場 (electric field) [7.27], 136
 粘性流体中 (in a viscous fluid) [3.308], 83
 の衝突 (collisions of), 71
 の静電容量 (capacitance) [7.12], 135
 の体積 (volume) [2.264], 35
 の表面積 (area) [2.263], 35
 ブラウン運動 (Brownian motion) [5.98], 111
 分極率 (polarisability) [7.91], 140

ポアンカレ (Poincaré), 168
 ポテンシャル流中の (in potential flow) [3.298], 82
 隣接状態の静電容量 (capacitance of adjacent) [7.14], 135
球殻（慣性モーメント）(spherical shell (moment of inertia)) [3.153], 73
球形のふた（帽子）(spherical cap)
 質量中心 (center of mass) [3.177], 74
 体積 (volume) [2.276], 35
 表面積 (area) [2.275], 35
球座標系 (spherical polar coordinates), 19
吸収（アインシュタイン係数）(absorption (Einstein coefficient)) [8.118], 171
吸収係数（線形）(absorption coefficient (linear)) [5.175], 118
求心的加速度 (centripetal acceleration) [3.32], 64
級数，和，数列 (Series, summations, and progressions), 25
★級数展開 (Series expansions), 27
求積法 (Mensuration), 33
求積法（積分）(quadrature (integration)), 42
求積法 (quadrature) [2.586], 59
球ベッセル関数 (spherical Bessel function) [2.420], 45
球面 (sphere)
 上の幾何学 (geometry on a), 34
 同心 (concentric)
  球面の静電容量 (capacitance of concentric) [7.18], 135
 球面（ほとんど球面の静電容量）(spherical surface (capacitance of near)) [7.16], 135
球面過剰 (spherical excess) [2.260], 34
★球面三角形 (Spherical triangles), 34
★球面調和関数 (Spherical harmonics), 47
球面調和関数 (spherical harmonics)
 直交性 (orthogonality) [2.437], 47
 定義 (definition) [2.436], 47
 ラプラス方程式 (Laplace equation) [2.440], 47
キューリー温度 (Curie temperature) [7.114], 142
キューリーの法則 (Curie's law) [7.113], 142
キューリー・バイスの法則 (Curie–Weiss law)

和文索引

  [7.114], 142
★共振 LCR 回路 (Resonant LCR circuits), 146
 共振周波数(LCR) (resonant frequency (LCR))
  [7.150], 146
 共振の鋭さ (Q 値) (quality factor)
  LCR 回路 (LCR circuits) [7.152], 146
★強制振動 (Forced oscillations), 76
 共存曲線 (coexistence curve) [5.51], 107
 強度 (intensity)
  相関 (correlation) [8.109], 170
  比 (specific) [5.171], 118
  ビームの干渉 (of interfering beams)
   [8.100], 170
  放射 (radiant) [5.154], 116
 共分散 (covariance) [2.558], 56
 共鳴 (resonance)
  強制振動 (forced oscillator) [3.209], 76
 共変成分 (covariant components) [3.26], 63
 共鳴状態の寿命 (resonance lifetime)
  [4.177], 102
 鏡面公式 (mirror formula) [8.67], 166
 行列（平方）(matrices (square)) [2.88], 23
 行列式 (determinant) [2.79], 23
★行列代数 (Matrix algebra), 22
 行列要素（量子）(matrix element (quantum))
  [4.32], 90
★極限 (Limits), 26
 局所熱平衡 (LTE) (local thermodynamic equilibrium (LTE)), 114, 118
★曲線に関連した測度 (Curve measure), 37
 曲線の長さ（平面曲線）(curve length (plane curve)) [2.279], 37
 極値 (extrema) [2.335], 40
 曲率 (curvature)
  パラメータ（宇宙の）(parameter (cosmic)) [9.87], 182
  微分幾何学における (in differential geomtry) [2.286], 37
  平面曲線 (plane curve) [2.282], 37
 曲率半径 (radius of curvature)
  曲率に関する (relation to curvature) [2.287], 37
  定義 (definition) [2.282], 37
  曲げにおける (in bending) [3.258], 80

★巨視的熱力学変数 (Macroscopic thermodynamic variables), 113
★距離の指標 (Distance indicators), 178
 距離要素と座標系 (metric elements and coordinate systems), 19
★ギリシャ文字 (Greek alphabet), 16
★キルヒホッフの回折公式 (Kirchhoff's diffraction formula), 164
★キルヒホッフの法則 (Kirchhoff's laws), 147
 キルヒホッフの（放射）法則 (Kirchhoff's (radiation) law) [5.180], 118
 キロ (kilo), 3
 キログラム (SI 定義) (kilogram (SI definition)), 1
 キログラム（単位）(kilogram (unit)), 2
 銀河 (galactic)
  緯 (latitude) [9.21], 176
  経 (longitude) [9.22], 176
★銀河座標系 (Galactic coordinates), 176
 近点（軌道の）(pericentre (of an orbit)) [3.110], 69
 近点離角（真）(anomaly (true)) [3.104], 69
 空間 振動数 (space frequency) [3.188], 75
 空間錐 (space cone), 75
 偶関数 (even functions), 51
 空間的可干渉 (spatial coherence) [8.108], 170
 空間のインピーダンス (space impedance) [7.197], 150
 偶力 (couple)
  クエット流れに対する (for Couette flow) [3.306], 83
  剛体上 (on a rigid body), 75
  磁気双極子への (on a magnetic dipole) [7.126], 143
  次元 (dimensions), 14
  定義 (definition) [3.67], 66
  電気双極子への (on an electric dipole) [7.125], 143
  電磁的 (electromagnetic), 143
  電流ループへの (on a current-loop) [7.127], 143
  ねじり (twisting) [3.252], 79
 クエット流れ (Couette flow) [3.306], 83
 矩形開口回折 (rectangular aperture diffraction) [8.39], 163
 屈折の法則（スネルの）(refraction law

(Snell's)) [7.217], 152
屈折率 (refractive index of)
　　オーミック導体の (ohmic conductor) [7.234], 153
　　プラズマの (plasma) [7.260], 155
　　誘電体の (dielectric medium) [7.195], 150
クヌーセン流 (Knudsen flow) [5.99], 111
クライン・ゴルドン方程式 (Klein-Gordon equation) [4.181], 102
クライン・仁科断面積 (Klein–Nishina cross section) [7.243], 153
クラウジウス・モソッティ方程式 (Clausius–Mossotti equation) [7.93], 140
クラウジウス・クラペイロンの式 (Clausius-Clapeyron equation) [5.49], 107
クラペイロンの式 (Clapeyron equation) [5.50], 107
グラム (SIで用いる) (gram (use in SI)), 3
蔵本・シバシンスキー方程式 [A.37], 188
グランドカノニカル集団 (grand canonical ensemble) [5.113], 112
グランドポテンシャル (grand potential)
　　定義 (definition) [5.37], 106
クリストッフェル記号 (Christoffel symbols) [3.49], 65
グリニッジ恒星時 (Greenwich sidereal time) [9.6], 175
グリューナイゼンパラメータ (Grüneisen parameter) [6.56], 129
グリーンの第1定理 (Green's first theorem) [2.62], 21
グリーンの第2定理 (Green's second theorem) [2.63], 21
グレイ（単位）(gray (unit)), 2
グレイ・スコットモデル (Gray-Scott model) [A.38], 188
グレイ・スコットモデル (Gray-Scott model) [A.49], 190
グレゴリー級数 (Gregory's series) [2.141], 27
★グレーティング（格子）(Gratings), 162
クレプシュ・ゴルダン係数 (Clebsch–Gordan coefficients), 98
クレプシュ・ゴルダン係数（スピン-軌道）(Clebsch–Gordan coefficients (spin-orbit)) [4.136], 98
クロス積 (cross-product) [2.2], 18

クロネッカーのデルタ (Kronecker delta) [2.442], 48
クーロン（単位）(Coulomb (unit)), 2
クーロンゲージ条件 (Coulomb gauge condition) [7.42], 137
クーロン対数 (Coulomb logarithm) [7.254], 154
クーロンの法則 (Coulomb's law) [7.119], 143
群速度（波の）(group speed (wave)) [3.327], 85
傾斜ファクター（回折）(obliquity factor (diffraction)) [8.46], 164
形状因子 (form factor) [6.30], 126
係数 (coefficient of)
　　(finesse) [8.12], 161
　　結合 (coupling) [7.148], 145
　　透過 (transmittance) [7.229], 152
　　透過 (transmission) [7.232], 152
　　反射 (reflectance) [7.227], 152
　　反射 (reflection) [7.230], 152
　　反発 (restitution) [3.127], 71
ゲージ条件 (gauge condition)
　　クーロン (Coulomb) [7.42], 137
　　ローレンツ (Lorenz) [7.43], 137
結合確率 (joint probability) [2.568], 57
結合係数 (coupling coefficient) [7.148], 145
結合法則 (chain rule)
　　合成関数の (function of a function) [2.295], 38
　　偏微分 (partial derivatives) [2.331], 40
★結晶回折 (Crystal diffraction), 126
★結晶系 (Crystal systems), 125
結晶構造 (Crystalline structure), 124
ケットベクトル (ket vector) [4.34], 90
ケプラーの法則 (Kepler's laws), 69
ケプラー問題 (Kepler's problem), 69
ケルビン (SI定義) (kelvin (SI definition)), 1
ケルビン（単位）(kelvin (unit)), 2
ケルビン (Kelvin)
　　温度換算 (Temperature conversions), 13
　　温度スケール (temperature scale) [5.2], 104
　　関係式 (relation) [6.83], 131
循環定理 (circulation theorem) [3.287], 82
の楔 (wedge) [3.330], 85

ケルビン度 (degree kelvin) [5.2], 104
ケルビン・ヘルムホルツ時間スケール (Kelvin-Helmholtz timescale) [9.55], 179
弦（張った弦に沿った波）(string (waves along a stretched)) [3.273], 81
減極因子 (depolarising factors) [7.92], 140
原子 (atomic)
 形状因子 (form factor) [6.30], 126
 元素の原子番号 (numbers of elements), 122
 元素の重量 (weights of elements), 122
 質量単位 (mass unit), 4, 7
 分極率 (polarisability) [7.91], 140
★原子核結合エネルギー (Nuclear binding energy), 101
★原子核衝突 (Nuclear collisions), 102
★原子核崩壊 (Nuclear decay), 101
原子核崩壊法則 (nuclear decay law) [4.163], 101
原子質量単位 (unified atomic mass unit), 3
★原子定数 (Atomic constants), 5
減衰振動 (underdamping) [3.198], 76
減衰調和振動子 (damped harmonic oscillator) [3.196], 76
減衰の輪郭 (damping profile) [8.112], 171
減衰率（振動系）(decrement (oscillating systems)) [3.202], 76
元素（周期律表）(elements (periodic table of)), 122
減速パラメータ (deceleration parameter) [9.95], 182
元素の格子定数 (lattice constants of elements), 122
元素の沸点 (boiling points of elements), 122
元素の密度 (densities of elements), 122
元素の融点 (melting points of elements), 122
★弦とバネの中の波 (Waves in strings and springs), 81
黄緯 (ecliptic latitude), 176
高エネルギーと核物理 (High energy and nuclear physics), 101
光学 (Optics), 159–172
光学的深さ (optical depth) [5.177], 118
光学的分枝（フォノン）(optic branch (phonon)) [6.37], 127
★交換子 (Commutators), 24

交換子（不確定性関係における）(commutator (in uncertainty relation)) [4.6], 88
黄経 (ecliptic longitude) [9.15], 176
光行差（相対論的）(aberration (relativistic)) [3.24], 63
格子 (grating), 35, 164
 公式 (formula) [8.27], 162
 分解能 (resolving power) [8.30], 162
 分散 (dispersion) [8.31], 162
光子エネルギー (photon energy) [4.3], 88
公式（デルタ関数の）(formula (the)) [2.455], 48
★格子熱膨張と熱伝導 (Lattice thermal expansion and conduction), 129
格子ベクトル (lattice vector) [6.7], 124
格子面間隔（一般）(lattice plane spacing) [6.11], 124
格子力学 (Lattice dynamics), 127
★格子力（単純な場合）(Lattice forces (simple)), 129
恒星光行差 (stellar aberration) [3.24], 63
恒星時 (sidereal time) [9.7], 175
恒星中の対流輸送, 179
恒星中の放射輸送, 179
構造因子 (structure factor) [6.31], 126
光速度（方程式）(speed of light (equation)) [7.196], 150
剛体 (rigid body)
 運動エネルギー (kinetic energy) [3.142], 72
 角運動量 (angular momentum) [3.141], 72
剛体円錐 (body cone), 75
交代テンソル (alternating tensor)(ϵ_{ijk}) [2.447], 48
剛体の振動数 (body frequency) [3.187], 75
剛体力学 (Rigid body dynamics), 72
光度 (luminous) [5.166], 117
光度 (luminuous intensity)
 物理次元 (dimensions), 14
黄道傾斜 (obliquity of the ecliptic) [9.13], 176
★黄道座標系 (Ecliptic coordinates), 176
高度角座標 (altitude coordinate), 175
高度角-方位座標系 (alt-azimuth coordinates), 175

光度距離 (luminosity distance) [9.98], 183
光度と等級との関係 (luminosity–magnitude relation) [9.31], 177
★公認非 SI 単位 (Recognised non-SI units), 3
★勾配 (Gradient), 19
勾配 (gradient)
　　一般座標系 (general coordinates) [2.28], 19
　　円筒座標系 (cylindrical coordinates) [2.26], 19
　　球座標系 (spherical coordinates) [2.27], 19
　　直交座標系 (rectangular coordinates) [2.25], 19
興奮性媒質 (exciting medium) [A.48], 190
効率 (efficiency)
　　オットーサイクル (Otto cycle) [5.13], 105
　　熱機関 (heat engine) [5.10], 105
　　ヒートポンプ (heat pump) [5.12], 105
　　冷蔵庫 (refrigerator) [5.11], 105
★抗力 (Drag), 83
抗力 (Drag)
　　球上 (on a sphere) [3.308], 83
　　流れに垂直な円板上に (on a disk ⊥ to flow) [3.309], 83
　　流れに平行な円板上に (on a disk ∥ to flow) [3.310], 83
光路長 (optical path length) [8.63], 166
国際単位系 (SI), 2
黒体 (blackbody)
　　エネルギー密度 (energy density) [5.192], 119
　　スペクトル (spectrum) [5.184], 119
　　スペクトルエネルギー密度 (spectral energy density) [5.186], 119
★黒体輻射 (Blackbody radiation), 119
誤差 (errors), 58
誤差関数 (error function) [2.390], 43
コーシー (Cauchy)
　　積分公式 (integral formula) [2.167], 29
　　の微分方程式 (differential equation) [2.350], 41
　　の不等式 (inequality) [2.151], 28
　　分布 (distribution) [2.555], 56

コーシー・グルサーの定理 (Cauchy-Goursat theorem) [2.165], 29
コーシー・リーマン条件 (Cauchy-Riemann conditions) [2.164], 29
固体中の熱容量 (heat capacity in solids)
　　自由電子 (free electron) [6.76], 131
　　デバイ (Debye) [6.45], 128
固体中の電子 (Electrons in solids), 130
固体物理 (Solid state physics), 121–132
弧長 (arc length) [2.279], 37
コッホ曲線 (Koch curve) [A.43], 189
古典的熱力学 (Classical thermodynamics), 104
古典電子半径 (classical electron radius), 6
コマ (top)
　　対称性 (symmetries) [3.149], 72
　　対称な (symmetric) [3.188], 75
　　非対称 (asymmetric) [3.189], 75
★コマとジャイロスコープ (Tops and gyroscopes), 75
固有-関数（量子）(eigenfunctions (quantum)) [4.28], 89
固有距離 (proper distance) [9.97], 183
コリオリの力 (Coriolis force) [3.33], 64
★コルニュの渦巻線 (Cornu spiral), 165
コルニュの渦巻き線とフレネル積分 (Cornu spiral and Fresnel integrals) [8.54], 165
コンダクタ屈折率 (conductor refractive index) [7.234], 153
コンダクタンス（定義）(conductance (definition)), 146
コンダクタンス（物理次元）(conductance (dimensions)), 14
★コンデンサ, インダクタ, 抵抗のエネルギー (Energy in capacitors, inductors, and resistors), 146
コンデンサ, →静電容量 (capacitor, → capacitance)
コンデンサ (capacitance)
　　部品のエネルギー (energy of an assembly) [7.134], 144
コンデンサの (capacitance)
　　エネルギー (energy) [7.153], 146
★コンパクトオブジェクトとブラックホール (Compact objects and black holes), 181
コンプトン (Compton)
　　散乱 (scattering) [7.240], 153

和文索引

波長 (wavelength) ［7.240］, 153
波長（値）(wavelength (value)), 6

さ

最近接格子点の距離 (nearest neighbour distances), 125
サイクロトロン振動数 (cyclotron frequency) ［7.265］, 155
歳差運動（ジャイロスコープの）(precession (gyroscopic)) ［3.191］, 75
最小 (minima) ［2.337］, 40
最小作用の原理 (principle of least action) ［3.213］, 77
★最小2乗法 (Straight-line fitting), 58
最小偏角（プリズムの）(minimum deviation (of a prism)) ［8.74］, 167
最大 (maxima) ［2.336］, 40
サイドローブ（1スリットによる回折）(side-lobes (diffraction by 1-D slit)) ［8.38］, 163
サイン・ゴルドン方程式 (Sine Gordon equation), 187
サイン・ゴルドン方程式 (Sine Gordon equation) ［A.5］, 185
さざ波 (ripples) ［3.321］, 84
サスセプタンス（定義）(susceptance (definition)), 146
★雑音 (Noise), 115
雑音 (noise)
　　指数 (figure) ［5.143］, 115
　　ショット (shot) ［5.142］, 115
　　ナイキストの定理 (Nyquist's theorem) ［5.140］, 115
　　熱 (temperature) ［5.140］, 115
サッカー・テトロード方程式 (Sackur-Tetrode equation) ［5.83］, 110
サハの式（イオン化）(Saha equation (ionisation)) ［5.129］, 114
サハの式（一般）(Saha equation (general)) ［5.128］, 114
座標（一般化）(coordinates (generalised)) ［3.213］, 77
座標系 (Frames of reference), 62
座標系 (coordinate systems), 19
座標変換 (coordinate transformations)
　　回転座標系 (rotating frames) ［3.31］, 64
　　ガリレイ (Galilean) ［3.6］, 62
　　相対論的 (relativistic), 62
　　天文学的 (astronomical), 175
（天文学的）座標変換 **(Coordinate transformations (astronomical))**, 175
作用（定義）(action (definition)) ［3.213］, 77
作用（物理次元）(action (dimensions)), 14
三角 (triangle)
　　不等式 (inequality) ［2.147］, 28
三角関数と双曲線関数 (Trigonometric and hyperbolic formulas), 30
★三角関数と双曲線関数の積分 (Trigonometric and hyperbolic integrals), 43
★三角関数と双曲線関数の定義 (Trigonometric and hyperbolic definitions), 32
★三角関数の相互関係 (Trigonometric relationships), 30
★三角関数の導関数 (Trigonometric derivatives), 39
三角形 (triangle)
　　球面 (spherical), 34
　　質量中心 (center of mass) ［3.173］, 74
　　平面 (plane) ［2.254］, 34
　　面積 (area) ［2.254］, 34
三角形関数（フーリエ変換）(triangle function (Fourier transform of)) ［2.513］, 52
残差 (residuals) ［2.572］, 58
★三次方程式 (Cubic equations), 49
三斜晶系（結晶学）(triclinic system (crystallographic)), 125
三方晶系（結晶学）(trigonal system (crystallographic)), 125
散乱 (scattering)
　　角（ラザフォード）(angle (Rutherford)) ［3.116］, 70
　　過程（電子）(processes (electron)), 153
　　逆コンプトン (inverse Compton) ［7.239］, 153
　　クライン・仁科 (Klein-Nishina) ［7.243］, 153
　　結晶 (crystal) ［6.32］, 126
　　コンプトン (Compton) ［7.240］, 153
　　トムソン (Thomson) ［7.238］, 153
　　ポテンシャル（ラザフォード）(potential (Rutherford)) ［3.114］, 70
　　ボルン近似 (Born approximation) ［4.178］, 102
　　モット（同一の粒子）(Mott (identical

particles)) [4.180], 102
ラザフォード (Rutherford) [3.124], 70
レーリー (Rayleigh) [7.236], 153
散乱断面積, →断面積 (scattering cross-section, → cross-section)
シェルピンスキーガスケット (Sierpinski gasket) [A.44], 189
★磁化 (Magnetisation), 141
磁化 (magnetisation)
 孤立したスピン (isolated spins) [4.151], 99
 定義 (definition) [7.97], 141
 物理次元 (dimensions), 14
 量子-常磁性 (quantum paramagnetic) [4.150], 99
時角 (hour angle) [9.8], 175
四角錐 (質量中心) (pyramid (center of mass)) [3.175], 74
時間 (単位) (time (unit)), 3
時間 (物理次元) (time (dimensions)), 14
★時間依存の摂動理論 (Time-dependent perturbation theory), 100
時間スケール (timescale)
 ケルビンヘルムホルツ (Kelvin-Helmholtz) [9.55], 179
 自由落下 (free-fall) [9.53], 179
時間的可干渉 (temporal coherence) [8.105], 170
時間的可干渉度 (degree of temporal coherence) [8.105], 170
★時間に依存しない摂動理論 (Time-independent perturbation theory), 100
時間の遅れ (time dilation) [3.11], 62
磁気 (magnetic)
 拡散係数 (diffusivity) [7.282], 156
 感受率, χ_H, χ_B (susceptibility, χ_H, χ_B) [7.103], 141
 スカラーポテンシャル (scalar potential) [7.7], 134
 透磁率, μ, μ_r (permeability, μ, μ_r) [7.107], 141
 ベクトル (vector potential)
  ポテンシャル定義 (definition) [7.40], 137
 ベクトルポテンシャル (vector potential)
  J からの (from J) [7.47], 137
  動く電荷の (of a moving charge) [7.49], 137
 モノポール (ない) (monopoles (none)) [7.52], 138
 量子数 (quantum number) [4.131], 98
磁気音波 (magnetosonic waves) [7.285], 156
磁気回転比 (magnetogyric ratio) [4.138], 98
磁気回転比 (gyromagnetic ratio)
 定義 (definition) [4.138], 98
 電子 (electron) [4.140], 98
 陽子 (値) (proton (value)), 6
磁気感受率 (パウリ) (paramagnetic susceptibility (Pauli)) [6.79], 131
磁気双極子, →双極子 [7.94] (magnetic dipole, → dipole)
磁気ベクトルポテンシャル (物理次元) (magnetic vector potential (dimensions)), 14
★磁気モーメント (Magnetic moments), 98
時空カオス, 188
★時系列解析 (Time series analysis), 58
(物理) 次元 (Dimensions), 14
自己インダクタンス (self-inductance) [7.145], 145
自己拡散 (self-diffusion) [5.93], 111
自己拡散 (diffusion equation)
 フィックの第1法則 (Fick's first law) [5.93], 111
自己相関関数 (autocorrelation function) [8.104], 170
自己相関フーリエ (autocorrelation Fourier) [2.491], 51
仕事 (物理次元) (work (dimensions)), 14
仕事率 (物理次元) (power (dimensions)), 14
視差 (天文学的) (parallax (astronomical)) [9.46], 178
指数 (exponential)
 分布 (distribution) [2.551], 56
指数関数 (exponential)
 級数展開 (series expansion) [2.132], 27
指数積分 (exponential integral)
 定義 (definition) [2.394], 43
自然線の幅 (natural line width) [8.113], 171
自然対数の底 (e) (exponential constant (e)), 7
自然な広がりの輪郭 (natural broadening pro-

和文索引

file) [8.112], 171
磁束（物理次元）(magnetic flux (dimensions)), 14
磁束密度（物理次元）(magnetic flux density (demensions)), 14
磁束密度 (magnetic flux density from)
　一様な円筒形電流からの (uniform cylindrical current) [7.34], 136
　線電流からの（ビオ・サバールの法則）(line current (Biot–Savart law)) [7.9], 134
　双極子 (dipole) [7.36], 136
　ソレノイド（有限の長さ）(solenoid (finite)) [7.38], 136
　電磁石 (electromagnet) [7.38], 136
　電流からの (current) [7.11], 134
　電流密度からの (current density) [7.10], 134
　導波路 (waveguide) [7.190], 149
　針金 (wire) [7.34], 136
　無限に長いソレノイドからの (solenoid (infinite)) [7.33], 136
　ループ状針金 (wire loop) [7.37], 136
磁束量子 (magnetic flux quantum), 4, 5
質量（物理次元）(mass (dimensions)), 14
質量吸収係数 (mass absorption coefficient) [5.176], 118
★質量中心 (Center of mass), 74
質量中心 (center of mass)
　円弧 (circular arc) [3.173], 74
　円錐 (cone) [3.175], 74
　三角薄板 (triangular lamina) [3.173], 74
　四角錐 (pyramid) [3.175], 74
　四角錐 (spherical cap) [3.177], 74
　扇板 (disk sector) [3.172], 74
　定義 (definition) [3.68], 66
　半球 (hemisphere) [3.170], 74
　半球殻 (hemispherical shell) [3.171], 74
　半楕円 (semi-ellipse) [3.178], 74
質量比（ロケットの）(mass ratio (of a rocket)) [3.94], 68
★磁場 (Magnetic field), 136
磁場 (magnetic field)
　エネルギー密度 (energy density) [7.128], 144
　静的 (static), 134
　熱力学的仕事 (thermodynamic work) [5.8], 104
　の強さ (H) (strength (H)) [7.100], 141
　波動方程式 (wave equation) [7.194], 150
　物体の回りの (around objects) [7.32], 136
　物理次元 (dimensions), 14
　ローレンツ変換 (Lorentz transformation), 139
自発放出（放射）(spontaneous emission) [8.119], 171
シフト定理（フーリエ変換）(shift theorem (Fourier transform)) [2.501], 52
自分の重みでたわんだ梁 (beam bowing under its own weight) [3.260], 80
シーベルト（単位）(sievert (unit)), 2
縞（モアレ）(fringes (Moiré)), 33
ジーメンス（単位）(siemens (unit)), 2
ジャイロ振動数 (gyro-frequency) [7.265], 155
ジャイロスコープ (gyroscopes), 75
　の安定性 (stability) [3.192], 75
　の極限 (limit) [3.193], 75
　の歳差運動 (precession) [3.191], 75
　の章動 (nutation) [3.194], 75
ジャイロ半径 (gyro-radius) [7.268], 155
シャウロー・タウンズの線幅 (Schawlow-Townes line width) [8.128], 172
★斜弾性衝突 (Oblique elastic collisions), 71
　射程距離（発射体の）(range (of projectile)) [3.90], 67
ジャパニーズアトラクター (Japanese attractor) [A.36], 188
斜方晶系（結晶学）(orthorhombic system (crystallographic)), 125
自由エネルギー (free energy) [5.32], 106
自由空間のインピーダンス (free space impedance) [7.197], 150
★自由振動 (Free oscillations), 76
自由スペクトル範囲 (free spectral range)
　ファブリ・ペローエタロン (Fabry Perot etalon) [8.23], 161
自由電荷密度 (free charge density) [7.57], 138
★自由電子輸送の性質 (Free electron transport properties), 130
自由電流密度 (free current density) [7.63], 138

自由度（と等分配）(degree of freedom (and equipartition)), 111
自由分子流 (free molecular flow) [5.99], 111
自由落下時間スケール (free-fall timescale) [9.53], 179
周期（軌道の）(period (of an orbit)) [3.113], 69
主慣性モーメント (principal moments of inertia) [3.143], 72
周期律表 **(Periodic table)**, 122
修正ベッセル関数 (modified Bessel functions) [2.419], 45
修正ユリウス日数 (modified Julian day number) [9.2], 175
収束と極限 (convergence and limits), 26
終端荷重の梁 (beam with end-weight) [3.259], 80
充填された球 (close-packed spheres), 125
充填率（球の）(packing fraction (of spheres)), 125
周の長さ (perimeter)
 円 (of circle) [2.261], 35
 楕円 (of ellipse) [2.266], 35
★周の長さ，面積，体積 (Perimeter, area, and volume), 35
 レーザー（空洞）共振器 (laser cavity) [8.124], 172
重量（物理次元）(weight (dimensions)), 14
重力 **(Gravitation)**, 64
重力 (due to gravity)
 加速度（地球上の値）(acceleration (on Earth)), 174
重力 (gravitation)
 一般相対性理論 (general relativity), 65
 球からの場 (field from a sphere) [3.44], 64
 ニュートンの場の方程式 (Newtonian field equations) [3.42], 64
 ニュートンの法則 (Newton's law) [3.40], 64
 ニュートン力学の (Newtonian), 69
重力 (gravitational)
 赤方偏移 (redshift) [9.74], 181
 定数 (constant), 4, 5, 14
 波動放射 (wave radiation) [9.75], 181
 崩壊 (collapse) [9.53], 179
 ポテンシャル (potential) [3.42], 64

レンズ (lens) [9.50], 178
重力 (gravity)
 波（流体表面上）(waves (on a fluid surface)) [3.320], 84
★重力の下での軌道運動 (Gravitationally bound orbital motion), 69
縮退圧 (degeneracy pressure) [9.77], 181
受光角（光ファイバー）(acceptance angle (optical fibre)) [8.77], 167
★主軸 (Principal axes), 72
主量子数 (principal quantum number) [4.71], 93
ジュール（単位）(joule (unit)), 2
ジュール係数 (Joule coefficient) [5.25], 106
ジュール・ケルビン係数 (Joule-Kelvin coefficient) [5.27], 106
ジュールの法則（電力散逸の）(Joule's law (of power dissipation)) [7.155], 146
ジュール膨張（エントロピーの変化）(Joule expansion (entropy change)) [5.64], 108
ジュール膨張（とジュール係数）(Joule expansion (and Joule coefficient)) [5.25], 106
シュレディンガー方程式 (Schrödinger equation) [4.15], 88
シュワルツシルト幾何学（GRにおける）(Schwarzschild geometry (in GR)) [3.61], 65
シュワルツシルトの方程式 (Schwarzschild's equation) [5.179], 118
シュワルツシルト半径 (Schwarzschild radius) [9.73], 181
シュワルツの不等式 (Schwarz inequality) [2.152], 28
巡回置換 (cyclic permutation) [2.97], 24
循環 (circulation) [3.287], 82
準線（円錐曲線の）(directrix of conic section), 36
★衝撃波 (Shocks), 85
 球状の (spherical) [3.331], 85
 ランキン・ユゴニオ条件 (Rankine-Hugoniot conditions) [3.334], 85
条件付き確率 (conditional probability) [2.567], 57
昇降演算子（角運動量）(ladder operators (an-

和文索引

常磁性（量子）(paramagnetism (quantum)), 99
★常磁性と反磁性 (Paramagnetism and diamagnetism), 142
★小数点 1000 桁までの円周率 π (Pi (π) to 1 000 decimal places), 16
★小数点 1000 桁までの自然対数の底 e (to 1 000 decimal places), 16
小正準集団（ミクロカノニカル集団）(microcanonical ensemble) [5.109], 112
状態（に関する）和 (sum over states) [5.110], 112
晶帯則 (zone law) [6.20], 124
状態方程式 (equation of state)
 単原子気体 (monatomic gas) [5.78], 110
 ディートリヒ気体 (Dieterici gas) [5.72], 109
 ファンデルワールス気体 (van der Waals gas) [5.67], 109
 理想気体 (ideal gas) [5.57], 108
状態密度 (density of states)
 電子の (electron) [6.70], 131
 フォノン (phonon) [6.44], 128
 粒子 (particle) [4.66], 92
焦点（円錐曲線の）(focus (of conic section)), 36
焦点の長さ (focal length) [8.64], 166
照度（定義）(illuminance (definition)) [5.164], 117
照度（物理次元）(illuminance (dimensions)), 14
章動 (nutation) [3.194], 75
衝突 (collision)
 時間（電子流動）(time (electron drift)) [6.61], 130
 数 (number) [5.91], 111
 弾性 (elastic), 71
 非弾性 (inelastic), 71
衝突による (collision)
 広がり (broadening) [8.114], 171
ジーンズ質量 (Jeans mass) [9.57], 179
ジーンズ長 (Jeans length) [9.56], 179
★常微分方程式に対する数値解法 (Numerical solutions to ordinary differential equations), 60
★障壁トンネル効果 (Barrier tunnelling), 92
★常用 3 次元座標系 (Common three-dimensional coordinate systems), 19
常用時 (civil time) [9.4], 175
ジョセフソン 振動数-電圧 比 (Josephson frequency-voltage ratio), 5
ショット雑音 (shot noise) [5.142], 115
ジョーンズ行列 (Jones matrix) [8.85], 168
ジョーンズベクトル (Jones vectors)
 定義 (definition) [8.84], 168
 例 (examples) [8.84], 168
★ジョーンズベクトルと行列 (Jones vectors and matrices), 168
ジョンソン雑音 (Johnson noise) [5.141], 115
★進化の時間スケール (Evolutionary timescales), 179
真近点離角 (true anomaly) [3.104], 69
★シンクロトロン放射 (Synchrotron radiation), 157
振動系 (Oscillating systems), 76
振動数 (frequency), 16
振動数（物理次元）(frequency (dimensions)), 14
シンプソンの公式 (Simpson's rule) [2.586], 59
水星データ (Mercury data), 174
水星データ (Venus data), 174
★水素型原子−シュレディンガーの解 (Hydrogenlike atoms − Schrödinger solution), 94
水素原子 (Hydrogenic atoms), 93
水素原子 (hydrogen atom)
 エネルギー (energy) [4.81], 94
 固有関数 (eigenfunctions) [4.80], 94
 シュレディンガー方程式 (Schrödinger equation) [4.79], 94
垂直軸定理 (perpendicular axis theorem) [3.148], 72
推定 (estimator)
 尖度 (kurtosis) [2.545], 55
 標準偏差 (standard deviation) [2.543], 55
 分散 (variance) [2.542], 55
 平均 (mean) [2.541], 55
 歪度 (skewness) [2.544], 55
随伴行列 (adjoint matrix)
 定義 1 (definition 1) [2.71], 22
 定義 2 (definition 2) [2.80], 23
推力（比）(impulse (specific)) [3.92], 68

数学 (Mathematics), 17–60
★数学定数 (Mathematical constants), 7
数値解法 (Numerical methods), 58
★数値積分 (Numerical integration), 59
★数値微分 (Numerical differentiation), 59
数密度（物理次元）(number density (dimensions)) [2.107], 14, 25
★数列，級数の和 (Progressions and summations), 25
数列（等差）(progression (arithmetic)) [2.104], 25
数列（等比）(progression (geometric)) [2.107], 25
スカラー3重積 (scalar triple product) [2.10], 18
スカラー積 (scalar product) [2.1], 18
スカラー有効質量 (scalar effective mass) [6.87], 132
スケール因子（宇宙の）(scale factor (cosmic)) [9.87], 182
★スター回路とデルタ回路の相互変換 (Star–delta transformation), 147
スターリングの公式 (Stirling's formula) [2.413], 44
★ステップポテンシャル (Potential step), 90
ステファン・ボルツマン定数 (Stefan–Boltzmann constant), 7
ステファン・ボルツマン定数（物理次元）(Stefan–Boltzmann constant (dimensions)), 14
ステファン・ボルツマン定数 (Stefan-Boltzmann constant) [5.191], 119
ステファン・ボルツマンの法則 (Stefan-Boltzmann law) [5.191], 119
ステラジアン（単位）(steradian (unit)), 2
ストークスの定理 (Stokes's theorem) [2.60], 21
ストークスの法則 (Stokes's law) [3.308], 83
★ストークスパラメータ (Stokes parameters), 169
ストークスパラメータ (Stokes parameters) [8.95], 169
ストローハル数 (Strouhal number) [3.313], 84
スニャエフ・ゼルドヴィッチ効果 (Sunyaev-Zel'dovich effect) [9.51], 178
スネルの法則（音響学）(Snell's law (acoustics)) [3.284], 81

スネルの法則（電磁気）(Snell's law (electromagnetism)) [7.217], 152
スピッツァ電気伝導度 (Spitzer conductivity) [7.254], 154
スピノール (spinors) [4.182], 102
スピン (spin)
　縮退度 (degeneracy), 113
　電子磁気モーメント (electron magnetic moment) [4.141], 98
　と全角運動量 (and total angular momentum) [4.128], 98
　パウリ行列 (Pauli matrices) [2.94], 24
スペクトルエネルギー密度 (spectral energy density)
　黒体 (blackbody) [5.186], 119
　定義 (definition) [5.173], 118
スペクトル関数（シンクロトロン）(spectral function (synchrotron)) [7.295], 157
★スペクトル線広がり (Spectral line broadening), 171
スペクトル束密度–赤方遷移関係 (flux density–redshift relation) [9.99], 183
スペックル強度分布 (speckle intensity distribution) [8.110], 170
スペックルサイズ (speckle size) [8.111], 170
スリット回折（広いスリット）(slit diffraction (broad slit)) [8.37], 163
スリット回折（ヤングの）(slit diffraction (Young's)) [8.24], 162
ずれ (shear)
　粘性 (viscosity) [3.299], 83
スロットル過程 (hrottling process) [5.27], 106
正規 (normal)
　分布 (distribution) [2.552], 56
正弦公式 (sine formula)
　球面三角形 (spherical triangles) [2.255], 34
　平面三角形 (planar triangles) [2.246], 34
正孔電流密度 (hole current density) [6.89], 132
正四面体 (tetrahedron), 36
★静磁場 (Magnetostatics), 134
正十二面体 (dodecahedron), 36
正準 (canonical)

和文索引

運動量 (momenta) [3.218], 77
エントロピー (entropy) [5.106], 112
集団 (ensemble) [5.111], 112
方程式 (equations) [3.220], 77
正接公式 (tangent formula) [2.250], 34
生存方程式（平均自由行程に対する）(survival equation (for mean free path)) [5.90], 111
★正多面体（プラトンの立体）(Platonic solids), 36
静的場 (Static fields), 134
★静電場 (Electrostatics), 134
静電ポテンシャル (electrostatic potential) [7.1], 134
静電（電気）容量 (capacitance of), 135
 球の (sphere) [7.12], 135
静電容量 (capacitance)
 インピーダンス (impedance) [7.159], 146
 相互 (mutual) [7.134], 144
 定義 (definition) [7.143], 145
 を通る電流 (current through) [7.144], 145
静電容量 (capacitance of)
 円板の (disk) [7.13], 135
 円筒の (cylinder) [7.15], 135
 同軸円筒 (cylinders (coaxial)) [7.19], 135
 同軸円板 (disks (coaxial)) [7.22], 135
 同心球 (spheres (concentric)) [7.18], 135
 立方体 (cube) [7.17], 135
 （隣接）2円筒 (cylinders (adjacent)) [7.21], 135
 （隣接）2球の (spheres (adjacent)) [7.14], 135
制動 (bremsstrahlung)
 1つの電子とイオン (single electron and ion) [7.297], 158
★制動放射 (Bremsstrahlung), 158
制動放射 (bremsstrahlung)
 熱 (thermal) [7.300], 158
正二十面体 (icosahedron), 36
正八面体 (octahedron), 36
正方晶系（結晶学）(tetragonal system (crystallographic)), 125
静力学 (statics), 61

世界時 (universal time) [9.4], 175
セカント法（根を求める）(secant method (of root-finding)) [2.592], 59
積（の積分）(product (integral of)) [2.354], 42
積（の微分）(product (derivative of)) [2.293], 38
赤緯座標 (declination coordinate), 175
赤経 (right ascension) [9.8], 175
積分 (Integration), 42
積分（数値）(integration (numerical)) [2.586], 59
赤方遷移 (redshift)
 宇宙論的 (cosmological) [9.86], 182
 重力の (gravitational) [9.74], 181
 –スペクトル束密度関係 (–flux density relation) [9.99], 183
石鹸泡 (soap bubbles) [3.337], 86
摂氏（単位）(Celsius (unit)), 2
摂氏換算 (Celsius conversion) [1.1], 13
接触角（表面張力）(contact angle (surface tension)) [3.340], 86
接触平面 (osculating plane), 37
ゼッタ (zetta), 3
絶対値（複素数の）(modulus (of a complex number)) [2.155], 28
絶対等級 (absolute magnitude) [9.29], 177
摂動理論 (Perturbation theory), 100
接ベクトル (tangent) [2.283], 37
セドフ・テーラー衝撃波関係式 (Sedov-Taylor shock relation) [3.331], 85
セファイド変光星 (cepheid variables) [9.48], 178
ゼプト (zepto), 3
ゼーマン分裂定数 (Zeeman splitting constant), 5
ゼロ点（基底）エネルギー (zero-point energy) [4.68], 93
漸化式 (recurrence relation)
 陪ルジャンドル関数 (associated Legendre functions) [2.433], 46
 ルジャンドル多項式 (Legendre polynomials) [2.423], 45
線荷電（からの電場）(line charge (electric field from)) [7.29], 136
線形 (line shape)
 自然な (natural) [8.112], 171
 衝突による (collisional) [8.114],

171
　　ドップラー (Doppler)　[8.116], 171
線形回帰 (linear regression), 58
線形吸収係数 (linear absorption coefficient)
　　[5.175], 118
線形膨脹率（結晶の）(linear expansivity (of a crystal))　[6.57], 129
線形膨張率（定義）linear expansivity (definition)　[5.19], 105
選択則（双極子遷移）(selection rules (dipole transition))　[4.91], 94
せん断 (shear)
　　弾性率 (modulus)　[3.249], 79
　　波 (waves)　[3.262], 80
　　ひずみ (strain)　[3.237], 78
せん断弾性係数（物理次元）(shear modulus (dimensions)), 14
センチ (centi), 3
尖度推定 (kurtosis estimator)　[2.545], 55
潜熱 (latent heat)　[5.48], 107
線の幅 (line width)
　　自然 (natural)　[8.113], 171
　　シャウロー・タウンズの (Schawlow-Townes)　[8.128], 172
　　衝突による／圧力 (collisional/pressure)　[8.115], 171
　　ドップラーに広がった (Doppler broadened)　[8.117], 171
　　レーザー共振の (laser cavity)　[8.127], 172
全微分 (total differential)　[2.329], 40
全幅（と部分の幅）(total width (and partial widths))　[4.176], 102
線放射 (Line radiation), 171
★占有密度 (Population densities), 114
相似次元 (similarity dimension)　[A.39], 189
相加平均 (arithmetic mean)　[2.108], 25
相関強度 (correlation intensity)　[8.109], 170
相関係数 (correlation coefficient)
　　多変量正規 (multinormal)　[2.559], 56
　　ピアソンの r (Pearson's r)　[2.546], 55
相関定理 (correlation theorem)　[2.494], 51
双曲運動 (hyperbolic motion), 70
双極子 (dipole)

アンテナ電力 (antenna power)
　　全 (total)　[7.132], 144
　　束 (flux)　[7.131], 144
　　利得 (gain)　[7.213], 151
エネルギー (energy of)
　　磁気 (magnetic)　[7.137], 144
　　電気 (electric)　[7.136], 144
磁気モーメント (moment of magnetic)　[7.94], 141
磁場（磁気）(field from (magnetic))　[7.36], 136
電場 (electric field)　[7.31], 136
放射 (radiation)
　　磁気 (magnetic)　[9.69], 180
　　場 (field)　[7.207], 151
放射抵抗 (radiation resistance)　[7.209], 151
ポテンシャル (potential)
　　磁気 (magnetic)　[7.95], 141
　　電気 (electric)　[7.82], 140
モーメント (moment of)
　　電気 (electric)　[7.80], 140
モーメント（物理次元）(moment (dimensions)), 14
双曲線 (hyperbola), 36
★双曲線関数の相互関係 (Hyperbolic relationships), 31
★双曲線関数の微分 (Hyperbolic derivatives), 39
相互 (mutual)
　　インダクタンス（エネルギー）(inductance (energy))　[7.135], 144
　　インダクタンス（定義）(inductance (definition))　[7.147], 145
　　静電容量 (capacitance)　[7.134], 144
相互可干渉関数 (mutual coherence function)　[8.97], 170
相互可干渉度 (degree of mutual coherence)　[8.99], 170
相互相関 (cross-correlation)　[2.493], 51
相互法則 (reciprocity)　[2.330], 40
相乗平均（幾何平均）(geometric (mean))　[2.109], 25
相対性理論（一般）(relativity (general)), 65
相対性理論（特殊）(relativity (special)), 62
★相対論的電気力学 (Relativistic electrodynamics), 139
★相対論的波動方程式 (Relativistic wave equations), 102

相対論的ドップラー効果 (relativistic doppler effect)　[3.22], 63
相対論的ビーミング (relativistic beaming)　[3.25], 63
★相対論的力学系 (Relativistic dynamics), 66
★相転移 (Phase transitions), 107
総内面反射 (total internal reflection)　[7.217], 152
★層粘性流 (Laminar viscous flow), 83
相律（ギブスの）phase rule (Gibbs's)　[5.54], 107
束，環状の (flux linked)　[7.149], 145
測地線のずれ (geodesic deviation)　[3.56], 65
測地線の方程式 (geodesic equation)　[3.54], 65
速度（物理次元）(velocity (dimensions)), 14
速度の和 (addition of velocities)
　　ガリレイ的 (Galilean)　[3.3], 62
　　相対論的 (relativistic)　[3.15], 62
速度分布（マックスウェル・ボルツマン）(speed distribution (Maxwell-Boltzmann))　[5.84], 110
★速度変換 (Velocity transformations), 62
速度ポテンシャル (velocity potential)　[3.296], 82
束密度 (flux density)　[5.171], 118
★測光 (Photometry), 117
★測光波長 (Photometric wavelengths), 177
素電荷 (elementary charge), 4, 5
その他 (Miscellaneous), 16
ソリトン (soliton), 185
ソリトンと可積分系 (solitons and integral system), 186
ソリトン方程式 (soliton equation), 185
ソレノイド (solenoid)
　　インダクタンス (self inductance)　[7.23], 135
　　無限に長い (infinite)　[7.33], 136
　　有限の長さ (finite)　[7.38], 136

た

帯域幅 (bandwidth)
　　回折格子 (of a diffraction grating)　[8.30], 162
　　とジョンソン雑音 (and Johnson noise)　[5.141], 115
ダイオード（半導体）(diode (semiconductor))　[6.92], 132

台形公式 (trapezoidal rule)　[2.585], 59
対称行列 (symmetric matrix)　[2.86], 23
対称性定理（フーリエ変換）(similarity theorem (Fourier transform))　[2.500], 52
対称なコマ (symmetric top)　[3.188], 75
体心立方構造 (body-centred cubic structure), 125
対数減衰率 (logarithmic decrement)　[3.202], 76
大正準集団 (grand canonical ensemble)　[5.113], 112
体積 (volume)
　　円環の (of torus)　[2.274], 35
　　円錐 (of cone)　[2.272], 35
　　円筒 (of cylinder)　[2.270], 35
　　回転体の (of revolution)　[2.281], 37
　　球の (of sphere)　[2.264], 35
　　球形のふた（帽子）(of spherical cap)　[2.276], 35
　　正四面体の (of tetrahedron), 36
　　正十二面体 (of dodecahedron), 36
　　正二十面体 (of icosahedron), 36
　　正八面体 (of octahedron), 36
　　楕円体の (of ellipsoid)　[2.268], 35
　　ピラミッドの (of pyramid)　[2.272], 35
　　物理次元 (dimensions), 15
　　平行四面体の (of parallelepiped)　[2.10], 18
　　立方体 (of cube), 36
体積弾性率（物理次元）(bulk modulus (dimensions)), 15
体積弾性率 (bulk modulus)
　　一般 (general)　[3.245], 79
　　等温 (isothermal)　[5.22], 105
体積ひずみ (volume strain)　[3.236], 78
体積膨張率 (volume expansivity)　[5.19], 105
大分配関数 (grand partition function)　[5.112], 112
帯幅（バンド幅）(bandwidth)
　　と可干渉時間 (and coherence time)　[8.106], 170
大ポテンシャル (grand potential)
　　大分配関数から (from grand partition function)　[5.115], 113
太陽定数 (solar constant), 174
太陽データ (Sun data), 174

太陽系のデータ (Solar system data), 174
★太陽のデータ (Solar data), 174
タウ中間子の物理定数 (tau physical constants), 7
楕円 (ellipse), 36
　慣性モーメント (moment of inertia) [3.166], 73
　（半楕円薄膜）質量中心 ((semi) centre of mass) [3.178], 74
　周の長さ (perimeter) [2.266], 35
　短半径 (semi-minor axis) [3.107], 69
　長半径 (semi-major axis) [3.106], 69
　の面積 (area) [2.267], 35
　半通径 (semi-latus-rectum) [3.109], 69
楕円軌道 (elliptical orbit) [3.104], 69
楕円積分 (elliptic integrals) [2.397], 43
楕円体 (ellipsoid)
　の体積 (volume) [2.268], 35
楕円度 (ellipticity) [8.82], 168
★楕円偏光 (Elliptical polarisation), 168
楕円偏光 (elliptical polarisation) [8.80], 168
楕円面 (ellipsoid)
　慣性モーメント (the moment of inertia) [3.147], 72
　固体の慣性モーメント (moment of inertia of solid) [3.163], 73
多重層フィルム（光学における）(multilayer films (in optics)) [8.8], 160
多重度（量子）(multiplicity (quantum))
　j [4.133], 98
　l [4.112], 96
畳み込み (convolution)
　ラプラス変換 (Laplace transform) [2.516], 53
　離散 (discrete) [2.580], 58
畳み込み（合成積）(convolution)
　規則 (rules) [2.489], 51
　定義 (definition) [2.487], 51
　定理 (theorem) [2.490], 51
　導関数 (derivative) [2.498], 51
畳み込み定理 (faltung theorem) [2.516], 53
多段式ロケット (multistage rocket) [3.95], 68
脱出速度 (escape velocity) [3.91], 68
縦弾性率 (longitudinal elastic modulus) [3.241], 79

★多変量正規分布 (Multivariate normal distribution), 56
多モード分散（光ファイバー）(multimode dispersion (optical fiber)) [8.79], 167
ダランベルシアン (D'Alembertian) [7.78], 139
タリー・フィッシャー関係 (Tully-Fisher relation) [9.49], 178
単位（SIから ガウス単位系への変換）(units (conversion of SI to Gaussian)), 133
単位，定数，換算 (Units, constants and conversions), 1, 16
単位体積当りの双極子モーメント (dipole moment per unit volume)
　磁気 (magnetic) [7.97], 141
　電気的 (electric) [7.83], 140
単位の換算 (Converting between units), 8
短径 (minor axis) [3.107], 69
★単原子気体 (Monatomic gas), 110
単原子気体 (monatomic gas)
　圧力 (pressure) [5.77], 110
　エントロピー (entropy) [5.83], 110
　状態方程式 (equation of state) [5.78], 110
　内部エネルギー (internal energy) [5.79], 110
　熱容量 (heat capacity) [5.82], 110
単斜晶系（結晶学）(monoclinic system (crystallographic)), 125
単純基底ベクトル（立方格子の）(primitive vectors (of cubic lattices)), 125
単純調和振動子, →調和振動子 (simple harmonic oscillator, → harmonic oscillator)
単純立方構造 (simple cubic structure), 125
弾性 (Elasticity), 78
弾性 (elastic)
　衝突 (collisions), 71
　率 (modulus) [3.234], 78
　率（縦）(modulus (longitudinal)) [3.241], 79
弾性散乱 (elastic scattering), 70
弾性的 (elastic)
　媒質（等方的）(media (isotropic)), 79
★弾性の定義（一般の場合）(Elasticity definitions (general)), 78
★弾性の定義（簡単な場合）(Elasticity definitions (simple)), 78

★弾性波の速度 (Elastic wave velocities), 80
★弾性波の伝播 (Propagation of elastic waves), 81
★弾道学 (Ballistics), 67
　断熱 (adiabatic)
　　圧縮率 (compressibility) [5.21], 105
　　体積弾性率 (bulk modulus) [5.23], 105
　　膨張 (理想気体) (expansion (ideal gas)) [5.58], 108
　断熱的 (adiabatic)
　　温度減率 (lapse rate) [3.294], 82
　短半径 (semi-minor axis) [3.107], 69
　単振り子 (simple pendulum) [3.179], 74
　断面積 (cross section)
　　吸収 (absorption) [5.175], 118
　　トムソン散乱 (Thomson scattering) [7.238], 153
　　ブライト・ウィグナー (Breit-Wigner) [4.174], 102
　　モット散乱 (Mott scattering) [4.180], 102
　　ラザフォード散乱 (Rutherford scattering) [3.124], 70
　　レーリー散乱 (Rayleigh scattering) [7.236], 153
　断面2次モーメント (second moment of area) [3.258], 80
　断面モーメント (moment of area) [3.258], 80
　チェビシェフの不等式 (Chebyshev inequality) [2.150], 28
　チェビシェフ方程式 (Chebyshev equation) [2.349], 41
　チェレンコフ錐角 (Cherenkov cone angle) [7.246], 154
★チェレンコフ放射 (Cherenkov radiation), 154
　遅延時間 (retarded time), 137
　力 (force)
　　遠心的な (centrifugal) [3.35], 64
　　球上（粘性抗力）(on sphere (viscous drag)) [3.308], 83
　　球上（ポテンシャル流）(on sphere (potential flow)) [3.298], 82
　　コリオリ (Coriolis) [3.33], 64
　　磁気双極子への (on magnetic dipole) [7.124], 143
　　相対論的 (relativistic) [3.71], 66
　　単位 (unit), 2

　　中心 (central) [4.113], 96
　　定義 (definition) [3.63], 66
　　電気双極子への (on electric dipole) [7.123], 143
　　電磁場中の電荷への (on charge in a field) [7.122], 143
　　電磁場中の電流への (on current in a field) [7.121], 143
　　電磁的 (electromagnetic), 143
　　と応力 (and stress) [3.228], 78
　　と音響インピーダンス (and acoustic impedance) [3.276], 81
　　2質量間の (between two masses) [3.40], 64
　　2電荷間 (between two charges) [7.119], 143
　　2電流間 (between two currents) [7.120], 143
　　ニュートン力学の (Newtonian) [3.63], 66
　　物理次元 (dimensions), 15
　　臨界圧縮 (critical compression) [3.261], 80
力, トルクとエネルギー (Force, torque, and energy), 143
　置換テンソル ϵ_{ijk} (permutation tensor) [2.447], 48
★地球のデータ (Earth data), 174
　地球に関する運動 (Earth (motion relative to)) [3.38], 64
★地平座標系 (Horizon coordinates), 175
　地方恒星時 (local sidereal time) [9.7], 175
　地方常用時 (local civil time) [9.4], 175
　チャンドラセカール質量 (Chandrasekhar mass) [9.79], 181
　中性子 (neutron)
　　コンプトン波長 (Compton wavelength), 6
　　磁気回転比 (gyromagnetic ratio), 6
　　磁気モーメント (magnetic moment), 6
　　質量 (mass), 6
　　モル質量 (molar mass), 6
　中性子星縮退圧 (neutron star degeneracy pressure) [9.77], 181
★中性子定数 (Neutron constants), 6
　チューブ, →パイプ (tube, → pipe)
　チューリングパターン (Turing pattern) [A.47], 190
　長径 (major axis) [3.106], 69

長半径 (semi-major axis) [3.106], 69
★調和振動子 (Harmonic oscillator), 93
調和振動子 (harmonic oscillator)
 エネルギー準位 (energy levels) [4.68], 93
 エントロピー (entropy) [5.108], 112
 強制 (forced) [3.204], 76
 減衰 (damped) [3.196], 76
 平均エネルギー (mean energy) [6.40], 128
直線適合 (line fitting), 58
直接電気伝導度 (direct conductivity) [7.279], 156
直方体, 慣性モーメント (rectangular cuboid moment of inertia) [3.158], 73
★直方体の中の粒子 (Particle in a rectangular box), 92
直列インピーダンス (series impedances) [7.157], 146
直交行列 (orthogonal matrix) [2.85], 23
直交座標系 (rectangular coordinates), 19
直交性 (orthogonality)
 陪ルジャンドル関数 (associated Legendre functions) [2.434], 46
 ルジャンドル多項式 (Legendre polynomials) [2.424], 45
通常モード (ordinary modes) [7.271], 155
通径 (latus-rectum) [3.109], 69
★月のデータ (Moon data), 174
冷たいプラズマ (cold plasmas), 155
★冷たいプラズマ中の電磁気伝播 (Electromagnetic propagation in cold plasmas), 155
冷たいプラズマ中の伝播 (propagation in cold plasmas), 155
ディオプトリー数 (dioptre number) [8.68], 166
抵抗 (resistance)
 で散逸したエネルギー (energy dissipated in) [7.155], 146
 とインピーダンス (and impedance), 146
 物理次元 (dimensions), 15
 放射 (radiation) [7.209], 151
抵抗器, →抵抗 (resistor, → resistance)
抵抗率 (resistivity) [7.142], 145
★定積分 (Definite integrals), 44
ティティウス・ボーデの法則 (Titius-Bode rule) [9.41], 178
★ディートリヒ気体 (Dieterici gas), 109
ディートリヒ気体則 (Dieterici gas law) [5.72], 109
テイラー級数 (Taylor series)
 1次元 (one-dimensional) [2.123], 26
 3次元 (three-dimensional) [2.124], 26
ディラック行列 (Dirac matrices) [4.185], 102
★ディラックの記号 (Dirac notation), 90
ディラックのデルタ関数 (Dirac delta function) [2.448], 48
ディラックのブラケット (Dirac bracket), 90
ディラック方程式 (Dirac equation) [4.183], 102
★停留点 (Stationary points), 40
デカ (deka), 3
デカルト座標系 (Cartesian coordinates), 19
適合（直線）(fitting straight-lines), 58
デシ (deci), 3
デシベル (decibel) [5.144], 115
デシベル利得 (gain in decibels) [5.144], 115
テスラ（単位）(tesla (unit)), 2
デバイ (Debye)
 T^3 法則 (T^3 law) [6.47], 128
 温度 (temperature) [6.43], 128
 関数 (function) [6.49], 128
 遮蔽 (screening) [7.252], 154
 振動数 (frequency) [6.41], 128
 数 (number) [7.253], 154
 長 (length) [7.251], 154
 熱容量 (heat capacity) [6.45], 128
★デバイ理論 (Debye theory), 128
デバイ・ワラー因子 (Debye-Waller factor) [6.33], 126
デボアのパラメータ (de Boer parameter) [6.54], 129
デュロン・プティの法則 (Dulong and Petit's law) [6.46], 128
テラ (tera), 3
デル 演算子 (del operator), 19
デル 2 乗 演算子 (del-squared operator) [2.55], 21
★デルタ関数 (Delta functions), 48
電圧 (voltage)
 インダクターをまたぐ (across an induc-

和文索引

tor) [7.146], 145
定在波比 (standing wave ratio) [7.180], 148
熱雑音 (thermal noise) [5.141], 115
バイアス (bias) [6.92], 132
変換 (transformation) [7.164], 147
ホール (Hall) [6.68], 130
電圧則（キルヒホッフの）(voltage law (Kirchhoff's)) [7.162], 147
電位差（物理次元）(electric potencial difference (dimensions)), 15
電位差（と仕事）(potencial difference (and work)) [5.9], 104
電位差（2点間の）(potencial difference (between points)) [7.2], 134
★転位と割れ目 (Dislocations and cracks), 126
電荷 (charge)
  素の (elementary), 4, 5
  電子の質量比に対する (to mass ratio of electron), 6
  2電荷間の力 (force between two) [7.119], 143
  ハミルトニアン (Hamiltonian) [7.138], 144
  物理次元 (dimensions), 15
  保存則 (conservation) [7.39], 137
電荷分布 (charge distribution)
  からの電場 (electric field from) [7.6], 134
  のエネルギー (energy of) [7.133], 144
電荷密度 (charge density)
  自由 (free) [7.57], 138
  物理次元 (dimensions), 15
  誘導 (induced) [7.84], 140
  ローレンツ変換 (Lorentz transformation), 139
★電気インピーダンス (Electrical impedance), 146
電気感受率, χ_E (electric susceptibility, χ_E) [7.87], 140
電気双極子, →双極子 (electric dipole, → dipole)
電気伝導度, →伝導度 (electrical conductivity, → conductivity)
電気伝導度 (conductivity)
  直接 (direct) [7.279], 156
  ホール (Hall) [7.280], 156
電気分極（物理次元）(electric polarisation (dimensions)), 15

電気分極率（物理次元）(electric polarisability (dimensions)), 15
電気変位（物理次元）(electric displacement (dimensions)), 15
電気変位, D (electric displacement, D) [7.86], 140
電気ポテンシャル (electric potential)
  動く電荷の (of a moving charge) [7.48], 137
  短双極子 (short dipole) [7.82], 140
  電荷密度からの (from a charge density) [7.46], 137
  ローレンツ変換 (Lorentz transformation) [7.75], 139
電気容量 (capacitance)
  物理次元 (dimensions), 15
電磁 (electromagnetic)
  場 (fields), 137
  波, 媒質中の (waves in media), 150
  波の速度 (wave speed) [7.196], 150
電子 (electron)
  g-因子 (g-factor) [4.143], 98
  固有磁気モーメント (intrinsic magnetic moment) [7.109], 142
  散乱断面積 (scattering cross-section) [7.238], 153
  磁気回転比 (gyromagnetic ratio) [4.140], 98
  磁気回転比（値）(gyromagnetic ratio (value)), 6
  質量 (mass), 4
  スピン磁気モーメント (spin magnetic moment) [4.143], 98
  速度（導体中の）(velocity in conductors) [6.85], 132
  電荷 (charge), 4, 5
  熱容量 (heat capacity) [6.76], 131
  の状態密度 (density of states) [6.70], 131
  の熱速度 (thermal velocity) [7.257], 154
  半径（値）(radius (value)), 6
  半径（方程式）(radius (equation)) [7.238], 153
  反磁性モーメント (diamagnetic moment) [7.108], 142
  流動速度 (drift velocity) [6.61], 130
★電磁エネルギー (Electromagnetic energy), 144
電磁気 (electromagnetic)

定数 (constants), 5
電磁気学 (Electromagnetism), 133, 158
電磁気相互作用の結合定数, →微細構造定数 (electromagnetic coupling constant, → fine structure constant)
境界条件 (boundary conditions), 142
電磁石（磁束密度）electromagnet (magnetic flux density)) [7.38], 136
★電子定数 (Electron constants), 6
★電磁的力とトルク (Electromagnetic force and torque), 143
★電子の散乱過程 (Electron scattering processes), 153
電磁場（一般の場合）(Electromagnetic fields (general)), 137
電子ボルト（値）(electron volt (value)), 4
電子ボルト（単位）(electron volt (unit)), 3
★電磁流体力学 (Magnetohydrodynamics), 156
電信方程式 (telegraphist's equations) [7.171], 148
伝送線路 (transmission line) [7.169], 148
伝送線路 (transmission line)
   vswr (vswr) [7.180], 148
   インピーダンス (impedance)
     損失 (lossy) [7.175], 148
     無損失 (lossless) [7.174], 148
   インピーダンス波の (wave speed) [7.176], 148
   開放 (open-wire) [7.182], 148
   同心線 (coaxial) [7.181], 148
   2対ストリップ (paired strip) [7.183], 148
   入力インピーダンス (input impedance) [7.178], 148
   波動 (waves) [7.173], 148
   反射係数 (reflection coefficient) [7.179], 148
   方程式 (equations) [7.171], 148
★伝送線路インピーダンス (Transmission line impedances), 148
★伝送線路関係の式 (Transmission line relations), 148
伝送線路と導波路 (Transmission lines and waveguides), 148
テンソル (tensor)
   ϵ_{ijk} [2.447], 48
   アインシュタイン (Einstein) [3.58], 65
   応力 (stress) [3.232], 78

慣性のモーメント (moment of inertia) [3.136], 72
磁気感受率 (magnetic susceptibility) [7.103], 141
電気感受率 (electric susceptibility) [7.87], 140
ひずみ (strain) [3.233], 78
リッチ (Ricci) [3.57], 65
リーマン (Riemann) [3.50], 65
流体応力 (fluid stress) [3.299], 83
天体物理学 (Astrophysics), 173–183
転置行列 (transpose matrix) [2.70], 22
展直平面 (rectifying plane), 37
点電荷（からの電場）(point charge (electric field from)) [7.5], 134
伝導度 (conductivity)
   電気，プラズマの (electrical, of a plasma) [7.233], 153
★伝導媒質中の伝播 (Propagation in conducting media), 153
伝導方程式（と輸送）(conduction equation (and transport)) [5.96], 111
伝導率 (conductivity)
   自由電子，交流 (free electron a.c.) [6.63], 130
   自由電子，直流 (free electron d.c.) [6.62], 130
   と抵抗率 (and resistivity) [7.142], 145
物理次元 (dimensions), 15
天王星データ (Uranus data), 174
★電場 (Electric fields), 136
電場 (electric field)
   エネルギー密度 (energy density) [7.128], 144
   静的 (static), 134
   熱力学的仕事 (thermodynamic work) [5.7], 104
   波動方程式 (wave equation) [7.193], 150
   物体の回りの (around objects) [7.26], 136
電場 (electric field from)
   A and ϕ からの (A and ϕ) [7.41], 137
   円板 (disk) [7.28], 136
   荷電薄膜 (charge-sheet) [7.32], 136
   球 (sphere) [7.27], 136
   線荷電 (line charge) [7.29], 136

和文索引

双極子からの (dipole) [7.31], 136
電荷分布からの (charge distribution) [7.6], 134
点電荷からの (point charge) [7.5], 134
導波路 (waveguide) [7.190], 149
針金 (wire) [7.29], 136
電場強度（物理次元）(electric field strangth (dimensions)), 15
天文学的定数 (astronomical constants), 174
★天文学的等級 (Astronomical magnitudes), 177
★天文学における時間 (Time in astronomy), 175
電流 (electric current) [7.139], 145
電流 (electric current)
 からの磁束密度 (magnetic flux density from) [7.11], 134
 熱力学的仕事 (thermodynamic work) [5.9], 104
 物理次元 (dimensions), 15
電流則（キルヒホッフの）(current law (Kirchhoff's)) [7.161], 147
電流密度 (current density)
 磁束密度 (magnetic flux density) [7.10], 134
 自由 (free) [7.63], 138
 自由電子 (free electron) [6.60], 130
 正孔 (hole) [6.89], 132
 4元ベクトル (four-vector) [7.76], 139
 物理次元 (dimensions), 15
 ローレンツ変換 (Lorentz transformation), 139
電力利得 (power gain)
 アンテナ (antenna) [7.211], 151
 短双極子 (short dipole) [7.213], 151
度（単位）(degree (unit)), 3
統一的原子質量単位 (unified atomic mass unit), 4
★同一粒子問題 (Identical particles), 113
等圧膨張率 (isobaric expansivity) [5.19], 105
等温圧縮率 (isothermal compressibility) [5.20], 105
等温体積弾性率 (isothermal bulk modulus) [5.22], 105
透過係数 (transmittance coefficient) [7.229], 152
透過率係数 (transmission coefficient)
 井戸型ポテンシャル (potential well) [4.49], 91
 障壁ポテンシャル (potential barrier) [4.59], 92
透過格子 (transmission grating) [8.27], 162
★導関数（一般の場合）(Derivatives (general)), 38
等級（天文学的）(magnitude (astronomical))
 光度との関係 (–luminosity relation) [9.31], 177
 絶対 (absolute) [9.29], 177
 フラックスとの関係 (–flux relation) [9.32], 177
 みかけの (apparent) [9.27], 177
等級システム (UBV magnitude system) [9.36], 177
★動径形式 (Radial forms), 20
★統計的エントロピー (Statistical entropy), 112
統計熱力学 (Statistical thermodynamics), 112
等光度波長 (isophotal wavelength) [9.39], 177
 ステップポテンシャル (potential step) [4.42], 90
 フレネル (Fresnel) [7.232], 152
等差数列 (arithmetic progression) [2.104], 25
同軸ケーブル (coaxial cable)
 インダクタンス (inductance) [7.24], 135
 静電容量 (capacitance) [7.19], 135
透磁率 (permeability)
 磁気 (magnetic) [7.107], 141
 真空中の (of vacuum), 4, 5
 物理次元 (dimensions), 15
同心伝送線路 (coaxial transmission line) [7.181], 148
動粘性率 (kinematic viscosity) [3.302], 83
★導波路 (Waveguides), 149
導波路 (waveguide)
 TE$_{mn}$ モード (TE$_{mn}$ modes) [7.191], 149
 TM$_{mn}$ モード (TM$_{mn}$ modes) [7.192], 149
 インピーダンス (impedance)
  TE モード (TE modes) [7.189],

149
TM モード (TM modes) [7.188], 149
遮断周波数 (cut-off frequency) [7.186], 149
速度 (velocity)
位相 (phase) [7.187], 149
群 (group) [7.188], 149
方程式 (equation) [7.185], 149
等比 (geometric)
数列 (progression) [2.107], 25
等分配定理 (equipartition theorem) [5.100], 111
★等方的弾性体 (Isotropic elastic solids), 79
動力学と静力学 (Dynamics and Mechanics), 61, 86
特殊関数と多項式 (Special functions and polynomials), 44
特殊相対性理論 (special relativity), 62
★特性を表す数値 (Characteristic numbers), 84
土星データ (Saturn data), 174
戸田格子方程式 (Toda lattice equation) [A.10], 185
ドット積 (dot product) [2.1], 18
トップハット関数（フーリエ変換）(top hat function (Fourier transform of)) [2.512], 52
ドップラー (Doppler)
効果（相対論的）(effect (relativistic)) [3.22], 63
効果（非相対論的）(effect (non-relativistic)), 85
線形に広がる (line broadening) [8.116], 171
幅 (width) [8.117], 171
ビーミング (beaming) [3.25], 63
★ドップラー効果 (Doppler effect), 85
ドブロイの関係式 (de Broglie relation) [4.2], 88
ドブロイ波長（熱）(de Broglie wavelength (thermal)) [5.83], 110
トムソン散乱 (Thomson scattering) [7.238], 153
トムソン散乱断面積 (Thomson cross section), 6
ドモアブルの定理 (de Moivre's theorem) [2.215], 32
トルク, →偶力 (torque, → couple)
トレース (trace) [2.75], 23

トン（単位）(tonne (unit)), 3
トンネル効果（量子力学）(tunnelling (quantum mechanical)), 92
トンネル効果確率 (tunnelling probability) [4.61], 92

な

ナイキストの定理 (Nyquist's theorem) [5.140], 115
内積 (inner product) [2.1], 18
内部エネルギー (internal energy)
ジュールの法則 (Joule's law) [5.55], 108
単原子気体の (monatomic gas) [5.79], 110
定義 (definition) [5.28], 106
分配関数から (from partition function) [5.116], 113
理想気体 (ideal gas) [5.62], 108
長さ（物理次元）(length (dimensions)), 15
流れ (current)
電気の (electric) [7.139], 145
夏時間修正 (daylight saving time) [9.4], 175
ナノ (nano), 3
ナビエ・ストーク方程式 (Navier-Stokes equation) [3.301], 83
ナブラ (nabla), 19
★名前の付いた積分 (Named integrals), 43
波 (waves)
薄い板上の (on a thin plate) [3.268], 80
横断（せん断）アルヴェーン的 (transverse (shear) Alfvén) [7.284], 156
音の (sound) [3.317], 84
磁気音 (magnetosonic) [7.285], 156
大量の流体中の (in bulk fluids) [3.265], 80
張った弦上の (on a stretched string) [3.273], 81
張ったシートの上 (on a stretched sheet) [3.274], 81
バネ中の (in a spring) [3.272], 81
表面（重力の）(surface (gravity)) [3.320], 84
表面張力 (capillary) [3.321], 84
細い棒中の (in a thin rod) [3.271], 80

和文索引

無限に長い等方的固体中の (in infinite isotropic solids) [3.264], 80
   流体中の (in fluids), 84
波インピーダンス (wave impedance)
   音響 (acoustic) [3.276], 81
★波の速度 (Wave speeds), 85
二項 (binomial)
   級数 (series) [2.120], 26
   係数 (coefficient) [2.121], 26
   定理 (theorem) [2.122], 26
   分布 (distribution) [2.547], 55
★（相互作用する）2質点の換算質量 (Reduced mass (of two interacting bodies)), 67
★二次方程式 (Quadratic equations), 48
二次方程式と三次方程式の根, (Roots of quadratic and cubic equations), 48
   二重振り子 (double pendulum) [3.183], 74
日（単位）(day (unit)), 3
乳白度 (opacity) [5.176], 118
ニュートン（単位）(newton (unit)), 2
★ニュートン環 (Newton's rings), 160
ニュートン環 (Newton's rings) [8.1], 160
★ニュートン重力 (Newtonian gravitation), 64
ニュートンの万有引力の法則 (Newton's law of Gravitation) [3.40], 64
ニュートンのレンズ公式 (Newton's lens formula) [8.65], 166
ニュートン・ラプソン法 (Newton-Raphson method) [2.593], 59
ねじり剛性 (torsional rigidity) [3.252], 79
★ねじれ (Torsion), 79
ねじれ (torsion)
   任意のリボン (in an arbitrary ribbon) [3.256], 79
   任意のチューブ (in an arbitrary tube) [3.255], 79
   太い円筒 (in a thick cylinder) [3.254], 79
   細い円筒 (in a thin cylinder) [3.253], 79
ねじれ振り子 (torsional pendulum) [3.181], 74
ねじれ率 (torsion)
   微分幾何学における (in differential geometry) [2.288], 37
熱拡散 (thermal diffusion) [5.93], 111

熱機関効率 (heat engine efficiency) [5.10], 105
熱雑音 (thermal noise) [5.141], 115
熱速度（電子の）(thermal velocity (electron)) [7.257], 154
★熱電効果 (Thermoelectricity), 131
熱伝導 (thermal conductivity)
   拡散方程式 (diffusion equation) [2.340], 41
   輸送的性質 (transport property) [5.96], 111
熱伝導／拡散方程式 (heat conduction/diffusion equation)
   フィックの第2法則 (Fick's second law) [5.96], 111
   微分方程式 (differential equation) [2.340], 41
熱伝導係数 (thermal diffusivity) [2.340], 41
熱伝導方程式 (conduction equation) [2.340], 41
熱伝導率 (thermal conductivity)
   自由電子 (free electron) [6.65], 130
   フォノン気体 (phonon gas) [6.58], 129
   物理次元 (dimensions), 15
熱ドブロイ波長 (thermal de Broglie wavelength) [5.83], 110
★熱容量 (Heat capacities), 105
熱容量（物理次元）(heat capacity (dimensions)), 15
熱力学 (Thermodynamics), 103–120
熱力学的温度 (thermodynamic temperature) [5.1], 104
★熱力学的係数 (Thermodynamic coefficients), 105
★熱力学的サイクルの効率性 (Cycle efficiencies (thermodynamic)), 105
★熱力学的仕事 (Thermodynamic work), 104
★熱力学的ポテンシャル (Thermodynamic potentials), 106
★熱力学的揺らぎ (Thermodynamic fluctuations), 114
熱力学の第一法則 (first law of thermodynamics) [5.3], 104
★熱力学の法則 (Thermodynamic laws), 104
熱電能 (thermopower) [6.81], 131
粘性 (viscosity)
   運動論から (from kinetic theory)

[5.97], 111
ずれ (shear) [3.299], 83
物理次元 (dimensions), 15
粘性流 (viscous flow)
 板の間の (between plates) [3.303], 83
 円状のパイプを通る (through a circular pipe) [3.305], 83
 環状のパイプ (through an annular pipe) [3.307], 83
 シリンダーの間 (between cylinders) [3.306], 83
★粘性流（非圧縮性）(Viscous flow (incompressible)), 83

は

場 (fields)
 減極 (depolarising) [7.92], 140
 重力の (gravitational), 64
 静的 (static E and B), 134
 速度 (velocity) [3.285], 82
 電気化学 (electrochemical) [6.81], 131
 電磁的 (electromagnetic), 137
配位エントロピー (configurational entropy) [5.105], 112
配位数（立方格子）(coordination number (cubic lattices)), 125
灰色体 (greybody) [5.193], 119
排気速度（ロケットの）(exhaust velocity (of a rocket)) [3.93], 68
媒質中の場 (Fields associated with media), 140
媒質の中と外の波動 (Waves in and out of media), 150
バイス定数 (Weiss constant) [7.114], 142
ハイゼンベルグの不確定性関係 (Heisenberg uncertainty relation) [4.7], 88
パイプ（に沿う流体の流れ）(pipe (flow of fluid along)) [3.305], 83
パイプ（のねじれ）(pipe (twisting of)) [3.255], 79
陪法線 (binormal) [2.285], 37
陪ラゲール多項式 (associated Laguerre polynomials), 94
陪ラゲール方程式 (associated Laguerre equation) [2.348], 41
★陪ルジャンドル関数 (Associated Legendre functions), 46
陪ルジャンドル方程式 (associated Legendre equation)
 と多項式解 eref (and polynomial solutions) [2.428], 46
 微分方程式 (differential equation) [2.344], 41
倍率（縦）(magnification (longitudinal)) [8.71], 166
倍率（横断）(magnification (transverse)) [8.70], 166
ハウスドルフ次元 (Hausdorff dimension) [A.40], 189
★パウリ行列 (Pauli matrices), 24
パウリ行列 (Pauli matrices) [2.94], 24
パウリ磁気感受率 (Pauli paramagnetic susceptibility) [6.79], 131
パウリのスピン行列（とワイル方程式）(Pauli spin matrices (and Weyl eqn.)) [4.182], 102
バーガース ベクトル (Burgers vector) [6.21], 126
爆発 (explosions) [3.331], 85
薄膜（荷電された電場）(sheet of charge (electric field)) [7.32], 136
箱（の中の粒子）(box (particle in a)) [4.64], 92
刃状転位 (edge dislocation) [6.21], 126
パスカル（単位）(pascal (unit)), 2
パーセバルの関係式 (Parseval's relation) [2.495], 51
パーセバルの定理 (Parseval's theorem)
 級数形 (series form) [2.480], 50
 積分形 (integral form) [2.496], 51
パターン形成, 190
波長 (wavelength)
 コンプトン (Compton) [7.240], 153
 赤方偏移 (redshift) [9.86], 182
 測光の (photometric) [9.40], 177
 ドブロイ (de Broglie) [4.2], 88
 熱ドブロイ (thermal de Broglie) [5.83], 110
発光 (luminous)
 エネルギー (energy) [5.157], 117
 視感度関数 (efficiency) [5.170], 117
 視感度効率 (efficacy) [5.169], 117
 束 [5.159], 117
 発散度 (exitance) [5.162], 117
 密度 (density) [5.160], 117
 明暗度 (intensity) [5.166], 117

発光スペクトル (emission spectrum)
　　　[7.291], 157
★発散 (Divergence), 20
　発散 (divergence)
　　一般座標系 (general coordinates)
　　　[2.32], 20
　　円筒座標系 (cylindrical coordinates)
　　　[2.30], 20
　　球座標系 (spherical coordinates)
　　　[2.31], 20
　　直交座標系 (rectangular coordinates)
　　　[2.29], 20
　　定理 (theorem)　[2.59], 21
　発散度 (exitance)
　　黒体 (blackbody)　[5.191], 119
　　発光 (luminous)　[5.162], 117
　　放射 (radiant)　[5.150], 116
　発射体（弾丸，砲弾など）(projectiles), 67
ハッブル定数 (Hubble constant)　[9.85], 182
ハッブル定数（物理次元）(Hubble constant (dimensions)), 15
ハッブルの法則 (Hubble law)
　宇宙論における (in cosmology)
　　　[9.83], 182
　距離の指標として (as a distance indicator)　[9.45], 178
波動 (waves)
　電磁的 (electromagnetic), 150
波動インピーダンス (wave impedance)
　電磁 (electromagnetic)　[7.198], 150
　導波路 (in a waveguide)　[7.189], 149
★波動関数 (Wavefunctions), 88
　波動関数 (wavefunction)
　　1次元回折 (diffracted in 1-D)　[8.34], 163
　　水素原子 (hydrogenic atom)
　　　[4.91], 94
　　摂動された (perturbed)
　　　[4.160], 100
　　と確率密度 (and probability density)
　　　[4.10], 88
　　と期待値 (and expectation value)
　　　[4.25], 89
　波動ベクトル（物理次元）(wave vector (dimensions)), 15
　波動方程式 (wave equation)　[2.342], 41
波動力学 (**Wave mechanics**), 90
ハートリーエネルギー (Hartree energy)
　　　[4.76], 93
バートレット窓 (Bartlett window)　[2.581], 58
ハニング窓 (Hanning window)　[2.583], 58
バネ定数と波の速度 (spring constant and wave velocity)　[3.272], 81
ハーポールホード (herpolhode), 61, 75
★場の関係式 (Field relationships), 137
　場の方程式（重力の）(field equations (gravitational))　[3.42], 64
　ハミルトニアン (Hamiltonian)
　　荷電粒子の (charged particle)
　　　[3.223], 77
　　荷電粒子（ニュートン力学）(charged particle (Newtonian))　[7.138], 144
　　定義 (definition)　[3.219], 77
　　粒子の (of a particle)　[3.222], 77
　　量子力学の (quantum mechanical)
　　　[4.21], 89
★ハミルトニアン力学 (Hamiltonian dynamics), 77
　ハミルトン関数（物理次元）(Hamiltonian (dimensions)), 15
　ハミルトンの主関数 (Hamilton's principal function)　[3.213], 77
　ハミルトンの方程式 (Hamilton's equations)
　　　[3.220], 77
　ハミルトン・ヤコビの方程式 (Hamilton-Jacobi equation)　[3.227], 77
ハミング窓 (Hamming window)　[2.584], 58
速さ（物理次元）(speed (dimensions)), 15
針金 (wire)
　磁束密度 (magnetic flux density)
　　　[7.34], 136
　電場 (electric field)　[7.29], 136
針金（平行な）インダクタンス (wires (inductance of parallel))　[7.25], 135
パリティ演算子 (parity operator)　[4.24], 89
バール（単位）(bar (unit)), 3
★バルク物理定数 (Bulk physical constants), 7
★パルサー (Pulsars), 180
　パルサー (pulsar)
　　磁気双極子放射 (magnetic dipole radiation)　[9.69], 180
　　特性年齢 (characteristic age)　[9.67],

　　　　180
　　ブレーキ指数 (braking index)
　　　　[9.66], 180
　　分散 (dispersion)　[9.72], 180
バーン（単位）(barn (unit)), 3
反エルミート対称 (antihermitian symmetry),
　　51
半球（質量中心）(hemisphere (center of mass))
　　[3.170], 74
半球殻（質量中心）(hemispherical shell (center of mass))　[3.171], 74
半経験的質量公式 (semi-empirical mass formula)　[4.173], 101
半減期（崩壊）(half-life (nuclear decay))
　　[4.164], 101
反交換 (anticommutation)　[2.95], 24
★反磁性 (Diamagnetism), 142
　　反磁性感受率（ランダウ）(diamagnetic susceptibility (Landau))　[6.80],
　　　　131
　　反磁性モーメント（電子）(diamagnetic moment (electron))　[7.108], 142
★反射，屈折，透過 (Reflection, refraction, and transmission), 152
　　反射格子 (reflection grating)　[8.29], 162
　　反射能 (albedo)　[5.193], 119
　　反射の法則 (reflection law)　[7.216], 152
　　反射率 (reflectance coefficient)
　　　　誘電体フィルム (dielectric film)
　　　　　　[8.4], 160
　　反射率係数 (reflectance coefficient)
　　　　井戸型ポテンシャル (potential well)
　　　　　　[4.48], 91
　　　　音響 (acoustic)　[3.283], 81
　　　　障壁ポテンシャル (potential barrier)
　　　　　　[4.58], 92
　　　　ステップポテンシャル (potential step)
　　　　　　[4.41], 90
　　　　絶縁境界 (dielectric boundary)
　　　　　　[7.230], 152
　　　　伝送線路 (transmission line)
　　　　　　[7.179], 148
　　　　フレネル方程式 (and Fresnel equations)
　　　　　　[7.227], 152
　　　　誘電体多重層 (dielectric multilayer)
　　　　　　[8.8], 160
　　半周期ゾーン（フレネル）(half-period zones (Fresnel))　[8.49], 164
　　反対称行列 (antisymmetric matrix)

　　　　[2.87], 23
半楕円（質量中心）(semi-ellipse (centre of mass))　[3.178], 74
半通径 (semi-latus-rectum)　[3.109], 69
半導体ダイオード (semiconductor diode)
　　[6.92], 132
半導体方程式 (semiconductor equation)
　　[6.90], 132
バンド指数 (band index)　[6.85], 132
バンド幅 (bandwidth)
　　自然 (natural)　[8.113], 171
　　シャウロー・タウンズの (Schawlow-Townes)　[8.128], 172
　　ドップラー (Doppler)　[8.117], 171
　　レーザー共振器（空洞）(of laser cavity)
　　　　[8.127], 172
★バンド理論と半導体 (Band theory and semiconductors), 132
反応拡散系, 190
反発（係数）(restitution (coefficient of))
　　[3.127], 71
ハンブリー・ブラウン・トウィスの干渉計
　　(Hanbury Brown and Twiss interferometry), 170
反変成分 (contravariant components)
　　一般相対論における (in general relativity), 65
　　特殊相対論における (in special relativity)　[3.26], 63
万有引力定数 (constant of gravitation), 5
比 (specific)
　　強度 (intensity)　[5.171], 118
　　強度（黒体）(intensity (blackbody))
　　　　[5.184], 119
　　電荷電子上の (charge on electron), 6
　　熱容量 (heat capacity), 103
　　　　定義 (definition), 103
　　　　物理次元 (dimensions), 15
　　放出係数 (emission coefficient)
　　　　[5.174], 118
ピアソンの r (Pearson's r)　[2.546], 55
非圧縮性流 (incompressible flow), 82, 83
ビオ・サバールの法則 (Biot–Savart law)
　　[7.9], 134
ビオ・フーリエの方程式 (Biot-Fourier equation)　[5.95], 111
光 (light)
　　束 (flux)　[5.159], 117
光（速度）(light (speed of)), 4, 5

光空洞モード（レーザー）(cavity modes (laser)) [8.124], 172
光の速度（値）(speed of light (value)), 4
★光の伝播 (Propagation of light), 63
★光ファイバー (Optical fibers), 167
光ファイバー (fiber optic)
 開口数 (numerical aperture) [8.78], 167
 受光角 (acceptance angle) [8.77], 167
 分散 (dispersion) [8.79], 167
ピコ (pico), 3
微細構造定数 (fine-structure constant)
 値 (value), 4, 5
 表現 (expression) [4.75], 93
比推力 (specific impulse) [3.92], 68
ひずみ (strain)
 簡単な場合 (simple) [3.229], 78
 体積 (volume) [3.236], 78
 テンソル (tensor) [3.233], 78
★非線形シュレディンガー方程式 (Nonlinear Schrödinger equations), 187
非線形シュレディンガー方程式 (Nonlinear Schrödinger equations) [A.3], 185
非対称コマ (asymmetric top) [3.189], 75
★非弾性衝突 (Inelastic collisions), 71
ピッチ角 (pitch angle), 157
ヒートポンプ効率 (heat pump efficiency) [5.12], 105
微分 (Differentiation), 38
微分 (differentiation)
 逆関数の (of inverse functions) [2.304], 38
 合成関数の (of a function of a function) [2.295], 38
 三角関数の (trigonometric functions) [2.316], 39
 指数関数の (of exponential) [2.301], 38
 商の (of a quotient) [2.294], 38
 数値 [2.591] (numerical), 59
 積の (of a product) [2.293], 38
 積分記号下の (under integral sign) [2.298], 38
 積分の (of integral) [2.299], 38
 双曲線関数の (hyperbolic functions) [2.328], 39
 対数関数の (of a log) [2.300], 38
 べきの (of a power) [2.292], 38

★微分演算子の等式 (Differential operator identities), 21
★微分幾何 (Differential geometry), 37
微分散乱断面積 (differential scattering cross-section) [3.124], 70
★微分方程式 (Differential equations), 41
微分方程式（数値解）(differential equations (numerical solutions)), 60
ビーミング（相対論的）(beaming (relativistic)) [3.25], 63
ビーム有効度 (beam efficiency) [7.214], 151
ビーム立体角 (beam solid angle) [7.210], 151
秒 (SI 定義) (second (SI definition)), 1
秒（時間間隔）(second (time interval)), 2
秒角（単位）(arcsecond (unit)), 3
表皮深さ (skin depth) [7.235], 153
★標準の公式 (Standard forms), 42
標準偏差推定 (standard deviation estimator) [2.543], 55
表面輝度（黒体）(surface brightness (blackbody)) [5.184], 119
表面積 (area)
 円環の (of torus) [2.273], 35
 円錐 (of cone) [2.271], 35
 円筒 (of cylinder) [2.269], 35
 球の (of sphere) [2.263], 35
 球形のふた（帽子）(of spherical cap) [2.275], 35
★表面張力 (Surface tension), 86
表面張力（物理次元）(surface tension (dimensions)), 15
表面張力 (capillary)
 なされた仕事 (work done) [5.6], 104
 波 (waves) [3.321], 84
 ラプラスの公式 (Laplace's formula) [3.337], 86
表面張力-重力波 (capillary-gravity waves) [3.322], 84
表面波 (surface waves) [3.320], 84
ピラミッド（体積）(pyramid (volume)) [2.272], 35
ビリアル係数 (virial coefficients) [5.65], 108
ビリアル定理 (virial theorem) [3.102], 69
★ビリアル展開 (Virial expansion), 108
ファイゲンバウムの定数 (Feigenbaum's con-

stant), 7
★ファブリ・ペローエタロン（干渉計）(Fabry-Perot etalon), 161
ファブリ・ペロー エタロン (Fabry-Perot etalon)
　　色分解能 (chromatic resolving power) [8.21], 161
　　干渉縞幅 (fringe width) [8.19], 161
　　自由スペクトル範囲 (free spectral range) [8.23], 161
　　透過強度 (transmitted intensity) [8.17], 161
ファラッド（単位）(farad (unit)), 2
ファラデー回転 (Faraday rotation) [7.273], 155
ファラデー定数 (Faraday constant), 4, 7
ファラデー定数（物理次元）(Faraday constant (dimensions)), 15
ファラデーの法則 (Faraday's law) [7.55], 138
ファンシッタ・ゼルニケの定理 (Van-Cittert Zernicke theorem) [8.108], 170
★ファンデルワールス気体 (Van der Waals gas), 109
ファンデルワールス 相互作用 (van der Waals interaction) [6.50], 129
ファンデルワールス方程式 (van der Waals equation) [5.67], 109
フィックの第1法則 (Fick's first law) [5.92], 111
フィックの第2法則 (Fick's second law) [5.95], 111
フィネス（係数）(finesse (coefficient of)) [8.12], 161
フィネス（ファブリ・ペロー エタロン）(finesse (Fabry-Perot etalon)) [8.14], 161
フィルム反射係数 (film reflectance) [8.4], 160
フェムト (femto), 3
フェルマーの原理 (Fermat's principle) [8.63], 166
フェルミ（単位）(fermi (unit)), 3
フェルミ (Fermi)
　　エネルギー (energy) [6.73], 131
　　温度 (temperature) [6.74], 131
　　速度 (velocity) [6.72], 131
　　波数 (wavenumber) [6.71], 131
フェルミエネルギー (Fermi energy) [5.122], 113
フェルミオン統計 (fermion statistics) [5.121], 113
★フェルミガス (Fermi gas), 131
フェルミの黄金則 (Fermi's golden rule) [4.162], 100
フェルミ・ディラック分布 (Fermi–Dirac distribution) [5.121], 113
★フォノン分散関係 (Phonon dispersion relations), 127
フォノンモード（平均エネルギー）(phonon modes (mean energy)) [6.40], 128
不確定性関係 (uncertainty relation)
　　一般 (general) [4.6], 88
　　運動量-位置 (momentum-position) [4.7], 88
　　エネルギー-時間 (energy-time) [4.8], 88
　　光子数-位相 (number-phase) [4.9], 88
複合振り子 (compound pendulum) [3.182], 74
輻射補正 (bolometric correction) [9.34], 177
★複素解析 (Complex analysis), 29
複素共役 (complex conjugate) [2.159], 28
★複素数 (Complex numbers), 28
複素数 (complex numbers)
　　共役 (conjugate) [2.159], 28
　　極形式 (polar form) [2.154], 28
　　絶対値 (modulus) [2.155], 28
　　対数 (logarithm) [2.162], 28
　　直交形式 (cartesian form) [2.153], 28
　　偏角 (argument) [2.157], 28
複素数の対数 (logarithm of complex numbers) [2.162], 28
複素変数 (Complex variables), 28
フーコーの振り子 (Foucault's pendulum) [3.39], 64
ブジネ方程式 [A.8], 185
ふた, →球形帽子 (cap, → spherical cap)
フックの法則 (Hooke's law) [3.230], 78
物理定数 (Physical constants), 4
★物理定数表 (Summary of physical constants), 4
不定積分 (indefinite integrals), 42

★不等式 (Inequalities), 28
部分積分 (integration by parts) [2.354], 42
部分的幅（と全幅）(partial widths (and total width)) [4.176], 102
不変平面 (invariable plane), 61, 75
ブライト・ウィグナーの公式 (Breit-Wigner formula) [4.174], 102
ブラウン運動 (Brownian motion) [5.98], 111
フラウンホーファー回折 (Fraunhofer diffraction), 162
フラウンホーファー極限 (Fraunhofer limit) [8.44], 163
フラウンホーファー積分 (Fraunhofer integral) [8.34], 163
フラクタル (fractal), 188
フラクタル次元 (fractal dimension), 189
フラクタル図形 (fractal figure), 189
プラズマ (plasma)
　位相速度 (phase velocity) [7.262], 155
　屈折率 (refractive index) [7.260], 155
　群速度 (group velocity) [7.264], 155
　振動数 (frequency) [7.259], 155
　分散関係 (dispersion relation) [7.261], 155
　ベータ値 (beta) [7.278], 156
プラズマ物理 (Plasma physics), 154
フラックスと等級との関係 (flux–magnitude relation) [9.32], 177
ブラッグの反射法則 (Bragg's reflection law)
　結晶中 (in crystals) [6.29], 126
ブラッグの法則 (Bragg's reflection law)
　光学における (in optics) [8.32], 162
ブラックホール (black hole)
　温度 (temperature) [9.82], 181
　カー解 (Kerr solution) [3.62], 65
　最大角運動量 (maximum angular momentum) [9.80], 181
　シュワルトシルト解 (Schwarzschild solution) [3.61], 65
　シュワルツシルト半径 (Schwarzschild radius) [9.73], 181
　蒸発時間 (evaporation time) [9.81], 181
ブラとケットの記号 (bra-ket notation), 89, 90
ブラベクトル (bra vector) [4.33], 90

★ブラベ格子 (Bravais lattices), 124
プランク (Planck)
　関数 (function) [5.184], 119
　時間 (time), 5
　質量 (mass), 5
　長 (length), 5
　定数 (constant), 4, 5
　定数（物理次元）(constant (dimensions)), 15
プランク・アインシュタインの関係式 (Planck-Einstein relation) [4.3], 88
プラントル数 (Prandtl number) [3.314], 84
★振り子 (Pendulums), 74
振り子 (pendulum)
　円錐形 (conical) [3.180], 74
　単 (simple) [3.179], 74
　二重 (double) [3.183], 74
　ねじれ (torsional) [3.181], 74
　複合 (compound) [3.182], 74
プリズム (prism)
　屈折率を定める (determining refractive index) [8.75], 167
　最小偏角 (minimum deviation) [8.74], 167
　透過角 (transmission angle) [8.72], 167
　分散 (dispersion) [8.76], 167
　偏角 (deviation) [8.73], 167
★プリズム（分散）(Prisms (dispersing)), 167
★フーリエ級数 (Fourier series), 50
フーリエ級数 (Fourier series)
　shah 関数 (shah function) [2.510], 52
　実形式 (real form) [2.476], 50
　複素形式 (complex form) [2.478], 50
フーリエ級数とフーリエ変換 (Fourier series and transforms), 50
フーリエの法則 (Fourier's law) [5.94], 111
★フーリエ変換 (Fourier transform), 50
フーリエ変換 (Fourier transform)
　階段関数 (step) [2.511], 52
　ガウス分布 (Gaussian) [2.507], 52
　三角形関数 (triangle function) [2.513], 52
　シフト定理 (shift theorem) [2.501], 52

正弦関数（サイン関数）(sine) [2.508], 52
対称性定理 (similarity theorem) [2.500], 52
定義 (definition) [2.482], 50
導関数 (derivatives)
    一般 (general) [2.498], 51
    と逆関数 (and inverse) [2.502], 52
    トップハット関数 (top hat) [2.512], 52
    余弦関数（コサイン関数）(cosine) [2.509], 52
    ローレンツ分布 (Lorentzian) [2.505], 52
★フーリエ変換の対称性の関係 (Fourier symmetry relationships), 51
★フーリエ変換の定理 (Fourier transform theorems), 51
★フーリエ変換のペア (Fourier transform pairs), 52
フリードマン方程式 (Friedmann equations) [9.89], 182
ブリルアン関数 (Brillouin function) [4.147], 99
ブルースターの法則 (Brewster's law) [7.218], 152
フルード数 (Froude number) [3.312], 84
ブレーキ指数（パルサー）(braking index (pulsar)) [9.66], 180
フレネーの公式 (Frenet's formulas) [2.291], 37
フレネル回折 **(Fresnel diffraction)**, 164
フレネル回折 (Fresnel diffraction)
    エッジ (edge) [8.56], 165
    矩形口径から (rectangular aperture) [8.62], 165
    コルニュの渦巻き線 (Cornu spiral) [8.54], 165
    長いスリット (long slit) [8.58], 165
フレネル・キルヒホッフ公式 (Fresnel-Kirchhoff formula)
    球面波 (spherical waves) [8.44], 163
    平面波 (plane waves) [8.45], 164
フレネル積分 (Fresnel integrals)
    回折における (in diffraction) [8.54], 165
    定義 (definition) [2.392], 43
    とコルニュの渦巻き線 (and the Cornu spiral) [8.52], 165
★フレネルゾーン (Fresnel zones), 164
フレネル半周期ゾーン (Fresnel half-period zones) [8.49], 164
フレネル方程式 (Fresnel Equations), 152
ブロッホの定理 (Bloch's theorem) [6.84], 132
ブロムウィッチ積分 (Bromwich integral) [2.518], 53
分（単位）(minute (unit)), 3
分解能 (resolving power)
    色（エタロンの）(chromatic (of an etalon)) [8.21], 161
    回折格子 (of a diffraction grating) [8.30], 162
    レーリーの分解能判定条件 (Rayleigh resolution criterion) [8.41], 163
分角（単位）(arcminute (unit)), 3
★分極 (Polarisation), 140
分極（電気の, 単位体積当たり）(polarisation (electrical, per unit volume)) [7.83], 140
分極率 (polarisability) [7.91], 140
分散 (dispersion)
    インターモーダル（光ファイバー）(intermodal (optical fiber)) [8.79], 167
    回折格子 (diffraction grating) [8.31], 162
    測度 (measure) [9.70], 180
    導波路 (in waveguides) [7.188], 149
    パルサー (pulsar) [9.72], 180
    フォノン（交互に異なるばね）(phonon (alternating springs)) [6.39], 127
    フォノン（単一原子鎖）(phonon (monatomic chain)) [6.34], 127
    フォノン（2原子鎖）(phonon (diatomic chain)) [6.37], 127
    プラズマ中の (in a plasma) [7.261], 155
    プリズムの (of a prism) [8.76], 167
    流体波の (in fluid waves), 84
    量子物理における (in quantum physics) [4.5], 88
分散推定 (variance estimator) [2.542], 55
分子運動論 **(Kinetic theory)**, 110
分子流 (molecular flow) [5.99], 111
★分点での歳差運動 (Precession of equinoxes), 176

分配関数 (partition function)
　　から巨視的変数 (macroscopic variables from) [5.119], 113
　　原子の (atomic) [5.126], 114
　　定義 (definition) [5.110], 112
　平均 (mean)
　　相加 (arithmetic) [2.108], 25
　　相乗（幾何的）(geometric) [2.109], 25
　　調和 (harmonic) [2.110], 25
　平均強度 (mean intensity) [5.172], 118
　平均自由行程 (mean free path)
　　と吸収係数 (and absorption coefficient) [5.175], 118
　　マックスウェル・ボルツマン分布 (Maxwell-Boltzmann) [5.89], 111
　平均寿命（崩壊）(mean-life (nuclear decay)) [4.165], 101
　平行軸定理 (parallel axis theorem) [3.140], 72
　平均推定 (mean estimator) [2.541], 55
　平行な給電線インダクタンス (parallel wire feeder (inductance)) [7.25], 135
★ベイズ推定 (Bayesian inference), 57
　ベイズの定理 (Bayes' theorem) [2.569], 57
★平方行列 (Square matrices), 23
　閉包密度（小宇宙の）(closure density (of the universe)) [9.90], 182
★平面三角形 (Plane triangles), 34
　平面波展開 (plane wave expansion) [2.427], 45
　平面偏光 (plane polarisation), 168
　平面を通る分子束 (flux of molecules through a plane) [5.91], 111
　並列インピーダンス (parallel impedances) [7.158], 146
★べき級数 (Power series), 26
　べき定理 (Power theorem) [2.495], 51
　ヘクト (hecto), 3
★ベクトル解析，積分公式 (Vector integral transformations), 21
　ベクトル3重積 (vector triple product) [2.12], 18
　ベクトル積 (vector product) [2.2], 18
★ベクトル代数 (Vector algebra), 18
　ベクトルと行列 **(Vectors and matrices)**, 18
　ベクレル（単位）(becquerel (unit)), 2
　ペタ (peta), 3

ベータ値（プラズマの）(beta (in plasmas)) [7.278], 156
★ベッセル関数 (Bessel functions), 45
　ベッセル方程式 (Bessel equation) [2.345], 41
　ヘノン写像 (Henon map) [A.33], 188
　ヘルツ（単位）(hertz (unit)), 2
　ヘルツ双極子 (Hertzian dipole) [7.207], 151
　ペルティエ効果 (Peltier effect) [6.82], 131
　ベルヌーイの微分方程式 (Bernoulli's differential equation) [2.351], 41
　ベルヌーイの方程式 (Bernoulli's equation)
　　圧縮性流 (compressible flow) [3.292], 82
　　非圧縮性流 (incompressible flow) [3.290], 82
　ヘルムホルツの自由エネルギー (Helmholtz free energy)
　　定義 (definition) [5.32], 106
　　分配関数から (from partition function) [5.114], 113
　ヘルムツ方程式 (Helmholtz equation) [2.341], 41
　ヘロンの公式 (Heron's formula) [2.253], 34
★変圧器 (Transformers), 147
　変位，D (displacement, D) [7.86], 140
　偏角（複素数の）(argument (of a complex number)) [2.157], 28
　偏角（プリズム）(deviation (of a prism)) [8.73], 167
　偏光 **(Polarisation)**, 168
　偏光（放射の）(polarisation (of radiation))
　　角 (angle) [8.81], 168
　　軸率 (axial ratio) [8.88], 169
　　楕円 (elliptical) [8.80], 168
　　楕円度 (ellipticity) [8.82], 168
　　反射の法則 (reflection law) [7.218], 152
　　偏光度 (degree of) [8.96], 169
　偏光子 (polarisers) [8.85], 168
　偏光度 (degree of polarisation) [8.96], 169
　ベンジャミン・オノ方程式 (Benjamin-Ono equation) [A.6], 185
　変数変換 (change of variable) [2.333], 40
★偏微分 (Partial derivatives), 40
　変分 (variations, calculus of) [2.334], 40

変分法 (calculus of variations) [2.334], 40
ヘンリー（単位）(henry (unit)), 2
ボーア (Bohr)
 エネルギー (energy) [4.74], 93
 磁子（値）(magneton (value)), 4, 5
 磁子（方程式）(magneton (equation)) [4.137], 98
 半径（値）(radius (value)), 5
 半径（方程式）(radius (equation)) [4.72], 93
 量子化 (quantisation) [4.71], 93
ボーア磁子（物理次元）(Bohr magneton (dimensions)), 15
★ボーア模型 (Bohr model), 93
ポアズイユ流れ (Poiseuille flow) [3.305], 83
ポアソン (Poisson)
 分布 (distribution) [2.549], 55
ポアソン括弧式 (Poisson brackets) [3.224], 77
ポアソンの方程式 (Poisson's equation) [7.3], 134
ポアソン比 (Poisson ratio)
 簡単な定義 (simple definition) [3.231], 78
 と弾性係数 (and elastic constants) [3.251], 79
ポアンカレ球 (Poincaré sphere), 168
ボイル温度 (Boyle temperature) [5.66], 108
ボイルの法則 (Boyle's law) [5.56], 108
ポインティングベクトル (Poynting vector) [7.130], 144
ポインティングベクトル（物理次元）(Poynting vector (dimensions)), 15
棒 (rod)
 慣性モーメント (moment of inertia) [3.150], 73
 中の波 (waves in) [3.271], 80
 強く張った (stretching) [3.230], 78
 曲げた (bending), 80
方位角座標 (azimuth coordinate) [9.10], 175
崩壊定数 (decay constant) [4.163], 101
崩壊法則 (decay law) [4.163], 101
放射 (radiant)
 エネルギー (energy) [5.145], 116
 エネルギー密度 (energy density) [5.148], 116
 強度 (intensity) [5.154], 116
 強度（物理次元）(intensity (dimensions)), 15
 束 (flux) [5.147], 116
 発散度 (exitance) [5.150], 116
放射 (radiation)
 黒体 (blackbody) [5.184], 119
 シンクロトロン (synchrotron) [7.287], 157
 制動 (bremsstrahlung) [7.297], 158
 双極子からの束 (flux from dipole) [7.131], 144
 双極子場 (field of a dipole) [7.207], 151
 チェレンコフ (Cherenkov) [7.247], 154
 抵抗 (resistance) [7.209], 151
★放射圧 (Radiation pressure), 150
放射圧 (radiation pressure)
 運動量密度 (momentum density) [7.199], 150
 鏡面反射 (specular reflection) [7.202], 150
 点ソース (point source) [7.204], 150
 等方的 (isotropic) [7.200], 150
 広がったソース (extended source) [7.203], 150
放射過程 (adiation processes), 116
放射輝度 (radiance) [5.156], 116
放射照度（定義）(irradiance (definition)) [5.152], 116
放射照度（物理次元）(radiant intensity (dimensions)), 15
★放射測定 (Radiometry), 116
放射能 (radioactivity), 101
★放射（輻射）輸送 (Radiative transfer), 118
放射（輻射）輸送方程式 (radiative transfer equation) [5.179], 118
放射率 (emissivity) [5.193], 119
放出係数 (emission coefficient) [5.174], 118
ボーズ・アインシュタイン分布 (Bose–Einstein distribution) [5.120], 113
ボーズ凝縮 (Bose condensation) [5.123], 113
法線（単位主）(normal (unit principal)) [2.284], 37
★膨張過程 (Expansion processes), 106

膨張係数 (expansion coefficient) [5.19], 105
膨張度（体積ひずみ）(dilatation (volume strain)) [3.236], 78
膨張率 (expansivity) [5.19], 105
★方程式の変換：SIからガウス単位系へ (Equation conversion: SI to Gaussian units), 133
放物運動 (parabolic motion) [3.88], 67
放物線 (parabola), 36
法平面 (normal plane), 37
補誤差関数 (complementary error function) [2.391], 43
★星の核融合過程 (Stellar fusion processes), 180
星の進化 (**Stellar evolution**), 179
★星の生成 (Star formation), 179
★星理論 (Stellar theory), 179
星理論 (stellar theory), 179
保存 (conservation of)
　角運動量 (angular momentum) [4.113], 96
保存則 (conservation of)
　質量の (mass) [3.285], 82
　電荷の (charge) [7.39], 137
ボゾン統計 (boson statistics) [5.120], 113
ボックス次元 (box dimension) [A.41], 189
ボックス・ミュラー変換 (Box Muller transformation) [2.561], 56
ボーデの法則 (Bode's law) [9.41], 178
ポテンシャル (potential)
　エネルギー（弾性）(energy (elastic)) [3.235], 78
　エネルギー（ハミルトニアン中の）(energy in Hamiltonian) [3.222], 77
　エネルギー（ラグランジアン中の）(energy in Lagrangian) [3.216], 77
　化学 (chemical) [5.28], 106
　グランド (grand) [5.37], 106
　差（2点間の）(difference (between points)) [7.2], 134
　磁気スカラー (magnetic scalar) [7.7], 134
　磁気ベクトル (magnetic vector) [7.40], 137
　静電 (electrostatic) [7.1], 134

速度 (velocity) [3.296], 82
　電気 (electrical) [7.46], 137
　熱力学的 (thermodynamic) [5.35], 106
　場の方程式 (field equations) [7.45], 137
4元ベクトル (four-vector) [7.77], 139
ラザフォード散乱 (Rutherford scattering) [3.114], 70
レナード・ビーヘルト (Liénard–Wiechert), 137
ローレンツ変換 (Lorentz transformation) [7.75], 139
★ポテンシャル流れ (Potential flow), 82
ほとんど球面 (nearly spherical surface)
　静電容量の (capacitance of) [7.16], 135
ホーマン余接遷移 (Hohmann cotangential transfer) [3.98], 68
ホール (Hall)
　係数（物理次元）(coefficient (dimensions)), 15
　効果と係数 (effect and coefficient) [6.67], 130
　電圧 (voltage) [6.68], 130
　電気伝導度 (conductivity) [7.280], 156
ボルツマン (Boltzmann)
　エントロピー (entropy) [5.105], 112
　定数 (constant), 4, 7
　　物理次元 (dimensions), 15
　分布 (distribution) [5.111], 112
　励起方程式 (excitation equation) [5.125], 114
ボルト（単位）(volt (unit)), 2
ポールホード (polhode), 61, 75
ボルンの衝突公式 (Born collision formula) [4.178], 102

ま

マイクロストリップ伝送線路（インピーダンス）(microstrip line (impedance)) [7.184], 148
巻き数の比（変圧器の）(turns ratio (of transformer)) [7.163], 147
マクローリン級数 (Maclaurin series) [2.125], 26
★曲げた梁 (Bending beams), 80

曲げ波 (bending waves) ［3.268］, 80
曲げモーメント (bending moment) ［3.258］, 80
曲げモーメント（物理次元）(bending moment (dimensions)), 15
★マックスウェルの関係式 (Maxwell's relations), 107
★マックルウェルの方程式 (Maxwell's equations), 138
★マックスウェルの方程式（**D**と**H**を用いた表現）(Maxwell's equations (using *D* and *H*)), 138
★マックスウェル・ボルツマン分布 (Maxwell–Boltzmann distribution), 110
マックスウェル・ボルツマン分布 (Maxwell-Boltzmann distribution)
    最確速度 (most probable speed) ［5.88］, 110
    速度分布 (speed distribution) ［5.84］, 110
    2乗平均速度 (rms speed) ［5.87］, 110
    平均速度 (mean speed) ［5.86］, 110
マッハ数 (Mach number) ［3.315］, 84
マッハの楔 (Mach wedge) ［3.328］, 85
マーデルング定数（値）(Madelung constant (value)), 7
マーデルング定数 (Madelung constant) ［6.55］, 129
窓関数 (windowing)
    ウェルチ (Welch) ［2.582］, 58
    バートレット (Bartlett) ［2.581］, 58
    ハニング (Hanning) ［2.583］, 58
    ハミング (Hamming) ［2.584］, 58
マリュスの法則 (Malus's law) ［8.83］, 168
みかけの等級 (apparent magnitude) ［9.27］, 177
ミクロ (micro), 3
ミクロカノニカル集団（小正準集団）(microcanonical ensemble) ［5.109］, 112
ミクロン（単位）(micron (unit)), 3
密度（物理次元）(density (dimensions)), 15
密度パラメータ (density parameters) ［9.94］, 182
★ミューオンとタウ中間子定数 (Muon and tau constants), 7
ミューオンの物理定数 (muon physical constants), 7

ミラー・ブラベ指数 (Miller-Bravais indices) ［6.20］, 124
ミリ (milli), 3
★無損失媒質中の波動 (Waves in lossless media), 150
明暗度 (intensity)
    発光 (luminous) ［5.166］, 117
冥王星データ (Pluto data), 174
メガ (mega), 3
メートル（SI定義）(meter (SI definition)), 1
メートル（単位）(meter (unit)), 2
メニスカス (meniscus) ［3.339］, 86
メンガースポンジ ［A.45］, 189
面心立方構造 (face-centred cubic structure), 125
面積（物理次元）(area (unit)), 15
面積 (area)
    円の (of circle) ［2.262］, 35
    楕円の (of ellipse) ［2.267］, 35
    平面三角形の (of plane triangle) ［2.254］, 34
★モアレ縞 (Moiré fringes), 33
毛管 (capillary)
    上昇 (rise) ［3.339］, 86
    接触角 (contact angle) ［3.340］, 86
    定数 (constant) ［3.338］, 86
木星データ (Jupiter data), 174
モーダル分散（光ファイバー）(modal dispersion (optical fiber)) ［8.79］, 167
モチーフ (motif) ［6.31］, 126
モットの散乱公式 (Mott scattering formula) ［4.180］, 102
モデュラス（複素数の）(modulus (of a complex number)) ［2.155］, 28
モーメント (moment)
    磁気双極子 (magnetic dipole) ［7.94］, 141
    磁気双極子 (magnetic dipole) ［7.95］, 141
    電気双極子 (electric dipole) ［7.81］, 140
モル（SI定義）(mole (SI definition)), 1
モル（単位）(mole (unit)), 2
モル体積 (molar volume), 7

や

ヤコビアン (Jacobian)
    定義 (definition) ［2.332］, 40

変数変換における (in change of variable) [2.333], 40
ヤコビ恒等式 (Jacobi identity) [2.93], 24
ヤングのスリット (Young's slits) [8.24], 162
ヤング率（物理次元）(Young modulus (dimensions)), 15
ヤング率 (Young modulus)
　と他の弾性係数 (and other elastic constants) [3.250], 79
　とラメ係数 (and Lamé coefficients) [3.240], 79
　フックの法則 (Hooke's law) [3.230], 78
揺らぎ (fluctuation)
　圧力の (of pressure) [5.136], 114
　エントロピーの (of entropy) [5.135], 114
　温度の (of temperature) [5.133], 114
　体積の (of volume) [5.134], 114
　分散（一般）(variance (general)) [5.132], 114
　密度の (of density) [5.137], 114
有効 (effective)
　距離（フレネル回折）(distance (Fresnel diffraction)) [8.48], 164
　質量（固体中の）(mass (in solids)) [6.86], 132
　波長 (wavelength) [9.40], 177
　面積 (area) [7.212], 151
誘電子（インダクター），→インダクタンス (inductor, → inductance)
★誘電体層 (Dielectric layers), 160
誘電率 (permittivity)
　真空中の (of vacuum), 4, 5
　電気 (electrical) [7.90], 140
　物理次元 (dimensions), 15
誘導電荷密度 (induced charge density) [7.84], 140
誘導放出（放射）(stimulated emission) [8.120], 171
有用性 (availability)
　と揺らぎの確率 (and fluctuation probability) [5.131], 114
湯川ポテンシャル (Yukawa potential) [7.252], 154
輸送（移送）方程式 (transfer equation) [5.179], 118
★輸送的性質 (Transport properties), 111

ユニタリー行列 (unitary matrix) [2.88], 23
揺らいでいる双極子相互作用 (fluctuating dipole interaction) [6.50], 129
揺らぎと雑音 (Fluctuations and noise), 114
揺らぎの (fluctuation)
　確率（熱力学的）(probability (thermodynamic)) [5.131], 114
ユリウス世紀 (Julian centuries) [9.5], 175
ユリウス日数 (Julian day number) [9.1], 175
余因子行列 (adjugate matrix) [2.80], 23
陽子質量 (proton mass), 4
★陽子定数 (Proton constants), 6
陽子-陽子チェイン (proton-proton chain), 180
曜日 (day of week) [9.3], 175
★容量 (Capacitance), 135
ヨクト (yocto), 3
余弦公式 (cosine formula)
　球面三角形 (spherical triangles) [2.257], 34
　平面三角形 (planar triangles) [2.249], 34
横弾性率 (rigidity modulus) [3.249], 79
ヨッタ (yotta), 3

ら

ライプニッツの定理 (Leibniz theorem) [2.296], 38
ラウエ方程式 (Laue equations) [6.28], 126
ラグランジアン（物理次元）(Lagrangian (dimensions)), 15
ラグランジアン (Lagrangian of)
　荷電粒子の (charged particle) [3.217], 77
　互いに引きよせられる 2 物体の (two mutually attracting bodies) [3.85], 67
　粒子の (particle) [3.216], 77
★ラグランジアン力学 (Lagrangian dynamics), 77
ラグランジュの恒等式 (Lagrange's identity) [2.7], 18
ラゲール多項式（陪）(Laguerre polynomials (associated)), 94
ラゲール方程式 (Laguerre equation) [2.347], 41
★ラザフォード散乱 (Rutherford scattering), 70

ラザフォード散乱公式 (Rutherford scattering formula) [3.124], 70
ラジアン（単位）(radian (unit)), 2
らせん転位 (screw dislocation) [6.22], 126
ラプラシアン (Laplacian)
    一般座標系 (general coordinates) [2.48], 21
    円筒座標系 (cylindrical coordinates) [2.46], 21
    球座標系 (spherical coordinates) [2.47], 21
    直交座標系 (rectangular coordinates) [2.45], 21
★ラプラシアン（スカラー）(Laplacian (scalar)), 21
    ラプラス級数 (Laplace series) [2.439], 47
    ラプラスの公式（表面張力）(Laplace's formula (surface tension)) [3.337], 86
ラプラス変換 (Laplace transforms), 53
ラプラス変換 (Laplace transform)
    逆 (inverse) [2.518], 53
    代入 (substitution) [2.521], 53
    畳み込み (convolution) [2.516], 53
    定義 (definition) [2.514], 53
    導関数の (of derivative) [2.519], 53
    平行移動 (translation) [2.523], 53
    変換の導関数 (derivative of transform) [2.520], 53
★ラプラス変換に関する定理 (Laplace transform theorems), 53
★ラプラス変換のペア (Laplace transform pairs), 54
ラプラス方程式 (Laplace equation)
    定義 (definition) [2.339], 41
    の球面調和関数解 (solution in spherical harmonics) [2.440], 47
ラーマー振動数 (Larmor frequency) [7.265], 155
ラーマーの公式 (Larmor's formula) [7.132], 144
ラーマー半径 (Larmor radius) [7.268], 155
ラムザウアー効果 (Ramsauer effect) [4.52], 91
ラメ係数 (Lamé coefficients) [3.240], 79
ランキン換算 (Rankine conversion) [1.3], 13

ランキン・ユゴニオ衝撃波関係式 (Rankine-Hugoniot shock relations) [3.334], 85
ランジュバン関数 (Langevin function) [7.111], 142
ランジュバン関数（ブリルアン関数から）(Langevin function (from Brillouin fn)) [4.147], 99
ランダウ長 (Landau length) [7.249], 154
ランダウ反磁性感受率 (Landau diamagnetic susceptibility) [6.80], 131
ランダウ・リフシッツ方程式 [A.7], 185
ランデの g-因子 (Landé g-factor) [4.146], 98
★乱歩（ランダムウォーク）(Random walk), 57
    1次元 (one-dimensional) [2.562], 57
    3次元 (three-dimensional) [2.564], 57
    ブラウン運動 (Brownian motion) [5.98], 111
リアクタンス（定義）(reactance (definition)), 146
★力学的定義 (Dynamics definitions), 66
力積（物理次元）(impulse (dimensions)), 15
離散 NLS 方程式 [A.11], 186
★離散確率分布 (Discrete probability distributions), 55
離散畳み込み (discrete convolution) [2.580], 58
★離散統計 (Discrete statistics), 55
離心率 (eccentricity)
    円錐曲線の (of conic section), 36
    軌道の (of orbit) [3.108], 69
    散乱双曲線の (of scattering hyperbola) [3.120], 70
★理想気体 (Ideal gas), 108
理想気体 (ideal gas)
    音速 (speed of sound) [3.318], 84
    可逆等温膨張 (isothermal reversible expansion) [5.63], 108
    断熱方程式 (adiabatic equations) [5.58], 108
    内部エネルギー (internal energy) [5.62], 108
    の法則 (law) [5.57], 108
★理想流体 (Ideal fluids), 82
立体角（円の）(solid angle (subtended by a

和文索引

circle)) [2.278], 35
リッチテンソル (Ricci tensor) [3.57], 65
リットル（単位）(liter (unit)), 3
★立方格子 (Cubic lattices), 125
立方晶系（結晶学）(cubic system (crystallographic)), 125
立方体 (cube)
　　求積法 (mensuration), 36
　　静電容量 (electrical capacitance) [7.17], 135
立方膨張率 (cubic expansivity) [5.19], 105
リボン（のねじれ）(ribbon (twisting of)) [3.256], 79
リーマンテンソル (Riemann tensor) [3.50], 65
留数（複素解析における）(residues (in complex analysis)), 29
留数定理 (Residue theorem) [2.170], 29
粒子の運動 (Particle motion), 66
流体応力 (fluid stress) [3.299], 83
流体静力学的 (hydrostatic)
　　圧縮 (compression) [3.238], 78
　　（星の）平衡 (equilibrium (of a star)) [9.61], 179
流体静力学的条件 (hydrostatic condition) [3.293], 82
★流体の波 (Fluid waves), 84
流体の連続の式 (continuity in fluids) [3.285], 82
流体力学 (Fluid dynamics), 82
流動速度（電子）(drift velocity (electron)) [6.61], 130
リュードベリ定数 (Rydberg constant), 4, 5
　　とボーア原子 (and Bohr atom) [4.77], 93
リュードベリの公式 (Rydberg's formula) [4.78], 93
　　物理次元 (dimensions), 15
★量子常磁性 (Quantum paramagnetism), 99
量子的定義 (Quantum definitions), 88
量子濃度 (quantum concentration) [5.83], 110
量子物理 (Quantum physics), 87–103
量子力学的不確定性関係 (Quantum uncertainty relations), 88
臨界減衰 (critical damping) [3.199], 76
臨界振動数（シンクロトロン）(critical frequency (synchrotron)) [7.293], 157
臨界点 (critical point)
　　ディートリヒ気体 (Dieterici gas) [5.75], 109
　　ファンデルワールス気体 (van der Waals gas) [5.70], 109
臨界密度（小宇宙の）(critical density (of the universe)) [9.90], 182
類似の公式 (analogue formula) [2.258], 34
ルクス（単位）(lux (unit)), 2
★ルジャンドル多項式 (Legendre polynomials), 45
ルジャンドル方程式 (Legendre equation)
　　定義 (definition) [2.343], 41
　　と多項式 eref (and polynomials) [2.421], 45
ループ状針金（インダクタンス）(wire loop (inductance)) [7.26], 135
ループ状針金（磁束密度）(wire loop (magnetic flux density)) [7.37], 136
ルーメン（単位）(lumen (unit)), 2
ルンゲ・クッタ法 (Runge Kutta method) [2.603], 60
冷蔵庫効率 (refrigerator efficiency) [5.11], 105
レイノルズ数 (Reynolds number) [3.311], 84
★レーザー (Lasers), 172
レーザー (laser)
　　共振器（空洞）線の幅 (cavity line width) [8.127], 172
　　共振器の Q 係数 (cavity Q) [8.126], 172
　　共振器の安定性 (cavity stability) [8.123], 172
　　閾値条件 (threshold condition) [8.129], 172
　　光空洞モード (cavity modes) [8.124], 172
レスラー方程式 (Rossler equation) [A.35], 188
レナード・ジョーンズ 6-12 ポテンシャル (Lennard-Jones 6-12 potential) [6.52], 129
★レナード・ビーヘルトポテンシャル (Liénard–Wiechert potentials), 137
レビ・チビタの記号 (3 次元) (Levi-Civita symbol (3-D)) [2.447], 48

レーリー (Rayleigh)
　　散乱 (scattering)　[7.236], 153
　　の定理 (theorem)　[2.496], 51
　　分解能判定条件 (resolution criterion)
　　　　[8.41], 163
　　分布 (distribution)　[2.554], 56
レーリー・ジーンズの法則 (Rayleigh-Jeans law)　[5.187], 119
レンズ作成者の公式 (lensmaker's formula)　[8.66], 166
★レンズと鏡 (Lenses and mirrors), 166
　　レンズブルーミング (lens blooming)　[8.7], 160
★連続確率分布 (Continuous probability distributions), 56
　　連続の方程式（量子物理）(continuity equation (quantum physics))　[4.14], 88
★ロケット工学 (Rocketry), 68
　　ロケット方程式 (rocket equation)　[3.94], 68
　　ロジスティック写像 [A.32], 188
　　ロシュ限界 (Roche limit)　[9.43], 178
　　ロスビー数 (Rossby number)　[3.316], 84
　　六方晶系（結晶学）(hexagonal system (crystallographic)), 125
　　ロドリグの公式 (Rodrigues' formula)　[2.422], 45
　　ロバートソン・ウォーカー計量 (Robertson-Walker metric)　[9.87], 182
　　ロピタルの定理 (l'Hôpital's rule)　[2.131], 26
　　ローラン展開 (Laurent series)　[2.168], 29
　　ローレンツ (Lorentz)
　　　　因子 (γ) (factor (γ))　[3.7], 62
　　　　ゲージ条件 (gauge condition)　[7.43], 137
　　　　収縮 (contraction)　[3.8], 62
　　　　力 (force)　[7.122], 143
　　　　定数 (constant)　[6.66], 130
　　ローレンツ因子（力学的な）(Lorentz factor (dynamical))　[3.69], 66
　　ローレンツ型の (Lorentz)
　　　　広がり (broadening)　[8.112], 171
　　ローレンツ分布（Lorentzian distribution）[2.555], 56
　　ローレンツ分布（のフーリエ変換）Lorentzian (Fourier transform of)
texttt [2.505], 52
ローレンツ変換 (Lorentz transformation)
　　運動量とエネルギー (of momentum and energy), 63
　　時間と位置の (of time and position), 62
　　速度 (of velocity), 62
　　電気力学 (in electrodynamics), 139
　　4元ベクトルの (of four-vectors), 63
★ローレンツ（時空）変換 (Lorentz (space-time) transformations), 62
ローレンツ方程式 [A.34], 188
ローレンツ・ローレンツの公式 (Lorentz-Lorenz formula)　[7.93], 140
ロンドンの公式（相互作用している双極子）(London's formula (interacting dipoles))　[6.50], 129

わ

ワイスゾーン方程式 (Weiss zone equation)　[6.10], 124
歪対称行列 (skew-symmetric matrix)　[2.87], 23
歪度推定 (skewness estimator)　[2.544], 55
ワイル方程式 (Weyl equation)　[4.182], 102
★惑星体 (Planetary bodies), 178
★惑星のデータ (Planetary data), 174
和公式 (summation formulas)　[2.118], 25
ワット（単位）(watt (unit)), 2
割れ目（臨界の長さ）(cracks (critical length))　[6.25], 126

欧文索引

節は太字で，パネルのラベルは★で示す．式番号は角括弧で囲まれている．

A

aberration (relativistic)（光行差（相対論的））[3.24], 63
absolute magnitude（絶対等級）[9.29], 177
absorption (Einstein coefficient)（吸収（アインシュタイン係数））[8.118], 171
absorption coefficient (linear)（吸収係数（線形））[5.175], 118
accelerated point charge（加速された点電荷）
　　bremsstrahlung（制動放射），158
　　Liénard–Wiechert potentials（レナード・ビーヘルトポテンシャル），137
　　oscillating（振動する）[7.132], 144
　　synchrotron（シンクロトロン），157
acceleration（加速度）
　　constant（一定），66
　　dimensions（物理次元），14
　　due to gravity (value on Earth)（重力（地球上の値）），174
　　in a rotating frame（回転座標系における）[3.32], 64
acceptance angle (optical fiber)（受光角（光ファイバー））[8.77], 167
acoustic branch (phonon)（音響的分枝（フォノン））[6.37], 127
acoustic impedance（音響インピーダンス）[3.276], 81
action (definition)（作用（定義））[3.213], 77
addition of velocities（速度の和）
　　Galilean（ガリレイ的）[3.3], 62
　　relativistic（相対論的）[3.15], 62
adiabatic（断熱）

bulk modulus（体積弾性率）[5.23], 105
compressibility（圧縮率）[5.21], 105
expansion (ideal gas)（膨張（理想気体））[5.58], 108
adiabatic（断熱的）
　　lapse rate（温度減率）[3.294], 82
adjoint matrix（随伴行列）
　　definition 1（定義1）[2.71], 22
　　definition 2（定義2）[2.80], 23
adjugate matrix（余因子行列）[2.80], 23
admittance (definition)（アドミッタンス（定義）），146
advective operator（移流作用素）[3.289], 82
Airy（エアリー）
　　disk（円盤）[8.40], 163
　　function（関数）[8.17], 161
　　resolution criterion（分解能判定条件）[8.41], 163
Airy's differential equation（エアリーの微分方程式）[2.352], 41
albedo（反射能）[5.193], 119
Alfvén speed（アルヴェーン速度）[7.277], 156
Alfvén waves（アルヴェーン波）[7.284], 156
alt-azimuth coordinates（高度角-方位角座標系），175
alternating tensor（交代テンソル）(ϵ_{ijk}) [2.447], 48
altitude coordinate（高度角座標）[9.9], 175
Ampère's law（アンペールの法則）[7.10], 134
ampere (SI definition)（アンペア（SI定義）），1

ampere (unit)（アンペア（単位）), 2
analogue formula（類似の公式）[2.258], 34
angle（角，角度）
 aberration（光行差）[3.24], 63
 acceptance（受光）[8.77], 167
 beam solid（ビーム立体）[7.210], 151
 Brewster's（ブルースターの）[7.218], 152
 Compton scattering（コンプトン散乱）[7.240], 153
 contact (surface tension)（接触の（表面張力））[3.340], 86
 deviation（偏角）[8.73], 167
 Faraday rotation（ファラデー回転）[7.273], 155
 hour (coordinate)（時（座標））[9.8], 175
 Kelvin wedge（ケルビンの楔）[3.330], 85
 Mach wedge（マッハの楔）[3.328], 85
 polarisation（偏光）[8.81], 168
 principal range (inverse trig.)（主値の範囲（逆三角関数）), 32
 refraction（屈折）, 152
 rotation（回転）, 24
 Rutherford scattering（ラザフォード散乱）[3.116], 70
 separation（分離）[3.133], 71
 spherical excess（球面過剰）[2.260], 34
 units（単位）, 2, 3
ångström (unit)（オングストローム（単位）), 3
angular diameter distance（角径距離）[9.100], 183
Angular momentum（角運動量）, 96
angular momentum（角運動量）
 conservation（保存）[4.113], 96
 definition（定義）[3.66], 66
 dimensions（物理次元）, 14
 eigenvalues（角運動量固有値）, 96
 ladder operators（昇降演算子）[4.108], 96
 operators（演算子）
  and other operators（と他の演算子）[4.23], 89
  definitions（定義）[4.105], 96
 rigid body（剛体）[3.141], 72
★Angular momentum addition（角運動量，追加）, 98
★Angular momentum commutation relations（角運動量，交換関係）, 96
angular speed（角速度）, 14
anomaly (true)（近点離角（真））[3.104], 69
★Antennas（アンテナ）, 151
antenna（アンテナ）
 beam efficiency（ビーム有効度）[7.214], 151
 effective area（有効面積）[7.212], 151
 power gain（電力利得）[7.211], 151
 temperature（温度）[7.215], 151
anticommutation（反交換）[2.95], 24
antihermitian symmetry（反エルミート対称）, 51
antisymmetric matrix（反対称行列）[2.87], 23
★Aperture diffraction（開口回折）, 163
aperture function（開口関数）[8.34], 163
apocenter (of an orbit)（遠点（軌道の））[3.111], 69
apparent magnitude（みかけの等級）[9.27], 177
Appleton-Hartree formula（アップルトン・ハートレーの公式）[7.271], 155
arc length（弧長）[2.279], 37
$\mathrm{arccos}\,x$ (from arctan)（arctan から）[2.233], 32
$\mathrm{arcosh}\,x$ (definition)（定義）[2.239], 33
$\mathrm{arccot}\,x$ (from arctan)（arctan から）[2.236], 32
$\mathrm{arcoth}\,x$ (definition)（定義）[2.241], 33
$\mathrm{arccsc}\,x$ (from arctan)（arctan から）[2.234], 32
$\mathrm{arcsch}\,x$ (definition)（定義）[2.243], 33
arcminute (unit)（分（単位））, 3
arcsecond (unit)（秒（単位））, 3
$\mathrm{arcsin}\,x$
 from arctan（arctan から）[2.232], 32
 series expansion（級数展開）[2.141], 27
$\mathrm{arsinh}\,x$ (definition)（定義）[2.238], 33

欧文索引　　　　　　　　　　　　　　　　　　　　　　　　　　　　　　　　　　　　　　243

arctan x (series expansion)（級数展開）[2.142], 27
arsech x (definition)（定義）[2.242], 33
artanh x (definition)（定義）[2.240], 33
area（表面積）
 of cone（円錐）[2.271], 35
 of cylinder（円筒）[2.269], 35
 of sphere（球の）[2.263], 35
 of spherical cap（球形のふた（帽子））[2.275], 35
 of torus（円環の）[2.273], 35
area（面積）
 of circle（円の）[2.262], 35
 of ellipse（楕円の）[2.267], 35
 of plane triangle（平面三角形の）[2.254], 34
argument (of a complex number)（偏角（複素数の））[2.157], 28
arithmetic mean（相加平均）[2.108], 25
arithmetic progression（等差数列）[2.104], 25
associated Laguerre equation（陪ラゲール方程式）[2.348], 41
associated Laguerre polynomials（陪ラゲール多項式), 94
associated Legendre equation（陪ルジャンドル方程式）
 and polynomial solutions（と多項式解）[2.428], 46
 differential equation（微分方程式）[2.344], 41
★Associated Legendre functions（陪ルジャンドル関数）, 46
astronomical constants（天文学的定数）, 174
★Astronomical magnitudes（天文学的等級）, 177
Astrophysics（天体物理学）, 173–183
asymmetric top（非対称コマ）[3.189], 75
atomic（原子）
 form factor（形状因子）[6.30], 126
 mass unit（質量単位）, 4, 7
 numbers of elements（元素の原子番号）, 122
 polarisability（分極率）[7.91], 140
 weights of elements（元素の重量）, 122
★Atomic constants（原子定数）, 5
atto（アット）, 3
autocorrelation (Fourier)（自己相関（フーリエ））[2.491], 51
autocorrelation function（自己相関関数）[8.104], 170
availability（アベイラビリティ，有用性）
 and fluctuation probability（と揺らぎの確率）[5.131], 114
 definition（定義）[5.40], 106
Avogadro constant（アボガドロ定数）, 4, 7
azimuth coordinate（方位角座標）[9.10], 175

B

★Ballistics（弾道学）, 67
band index（バンド指数）[6.85], 132
★Band theory and semiconductors（バンド理論と半導体）, 132
bandwidth（帯域幅，バンド幅）
 and coherence time（と可干渉時間）[8.106], 170
 and Johnson noise（とジョンソン雑音）[5.141], 115
 Doppler（ドップラー）[8.117], 171
 natural（自然）[8.113], 171
 of a diffraction grating（回折格子）[8.30], 162
 of an LCR circuit（LRC回路の）[7.151], 146
 of laser cavity（レーザー共振器）[8.127], 172
 Schawlow-Townes（シャウロー・タウンズの）[8.128], 172
bar (unit)（バー（単位）), 3
barn (unit)（バーン（単位）), 3
★Barrier tunnelling（障壁トンネル効果）, 92
Bartlett window（バートレット窓）[2.581], 58
base vectors (crystallographic)（基底ベクトル（結晶学の）), 124
basis vectors（基底ベクトル）[2.17], 18
Bayes' theorem（ベイズの定理）[2.569], 57
★Bayesian inference（ベイズ推定）, 57
bcc structure（bcc 構造）, 125
beam bowing under its own weight（自分の重みでたわんだ梁）[3.260], 80
beam efficiency（ビーム有効度）[7.214], 151
beam solid angle（ビーム立体角）[7.210], 151

beam with end-weight（終端荷重の梁）
    [3.259], 80
beaming (relativistic)（ビーミング（相対論
    的））　[3.25], 63
becquerel (unit)（ベクレル（単位）), 2
★Bending beams（曲げた梁), 80
bending moment(dimentions)（曲げモーメン
    ト（物理次元））, 15
bending moment（曲げモーメント）
    [3.258], 80
bending waves（曲げ波）　[3.268], 80
Bernoulli's differential equation（ベルヌーイ
    の微分方程式）　[2.351], 41
Bernoulli's equation（ベルヌーイの方程式）
    compressible flow（圧縮性流）
        [3.292], 82
    incompressible flow（非圧縮性流）
        [3.290], 82
Bessel equation（ベッセル方程式）
    [2.345], 41
★Bessel functions（ベッセル関数), 45
beta (in plasmas)（ベータ値（プラズマの））
    [7.278], 156
binomial（二項）
    coefficient（係数）　[2.121], 26
    distribution（分布）　[2.547], 55
    series（級数）　[2.120], 26
    theorem（定理）　[2.122], 26
binormal（陪法線）　[2.285], 37
Biot–Savart law（ビオ・サバールの法則）
    [7.9], 134
Biot-Fourier equation（ビオ・フーリエの方
    程式）　[5.95], 111
black hole（ブラックホール）
    evaporation time（蒸発時間）　[9.81],
        181
    Kerr solution（カー解）　[3.62], 65
    maximum angular momentum（最大角
        運動量）　[9.80], 181
    Schwarzschild radius（シュワルツシル
        ト半径）　[9.73], 181
    Schwarzschild solution（シュワルツシ
        ルト解）　[3.61], 65
    temperature（温度）　[9.82], 181
blackbody（黒体）
    energy density（エネルギー密度）
        [5.192], 119
    spectral energy density（スペクトルエ
        ネルギー密度）　[5.186], 119
    spectrum（スペクトル）　[5.184], 119
★Blackbody radiation（黒体輻射), 119
    Bloch's theorem（ブロッホの定理）　[6.84],
        132
    Bode's law（ボーデの法則）　[9.41], 178
    body cone（剛体円錐), 75
    body frequency（剛体の振動数）　[3.187],
        75
    body-centerd cubic structure（体心立方構造),
        125
    Bohr（ボーア）
        energy（エネルギー）　[4.74], 93
        magneton (equation)（磁子（方程式））
            [4.137], 98
        magneton (value)（磁子（値）), 4, 5
        quantisation（量子化）　[4.71], 93
        radius (equation)（ボーア半径（方程式））
            [4.72], 93
        radius (value)（半径（値）), 5
    Bohr magneton (dimentions)（ボーア磁子（物
        理次元））
★Bohr model（ボーア模型), 93
    boiling points of elements（元素の沸点), 122
    bolometric correction（輻射補正）　[9.34],
        177
    Boltzmann（ボルツマン）
        constant（定数), 4, 7
        constant（定数）(dimensions（物理次
            元）), 15
        distribution（分布）　[5.111], 112
        entropy（エントロピー）　[5.105],
            112
        excitation equation（励起方程式）
            [5.125], 114
    Born collision formula（ボルンの衝突公式）
        [4.178], 102
    Bose condensation（ボーズ凝縮）　[5.123],
        113
    Bose–Einstein distribution（ボーズ・アイン
        シュタイン分布）　[5.120], 113
    boson statistics（ボゾン統計）　[5.120],
        113
★Boundary conditions for E, D, B, and H
    (E, D, B, H に対する境界条件),
    142
    Boundary conditions for E, D, B, and H
    (E, D, B, H に対する境界条件),
    142
    box (particle in a)（箱（の中の粒子））

欧文索引

[4.64], 92
Box Muller transformation（ボックス・ミュラー変換）[2.561], 56
Boyle temperature（ボイル温度）[5.66], 108
Boyle's law（ボイルの法則）[5.56], 108
bra vector（ブラベクトル）[4.33], 90
bra-ket notation（ブラとケットの記号）, 89, 90
Bragg's reflection law（ブラッグの反射法則）
    in crystals（結晶中）[6.29], 126
    in optics（光学における）[8.32], 162
braking index (pulsar)（ブレーキ指数（パルサー））[9.66], 180
★Bravais lattices（ベラベ格子）, 126
Breit-Wigner formula（ブライト・ウィグナーの公式）[4.174], 102
★Bremsstrahlung（制動放射）, 158
bremsstrahlung（制動放射）
    single electron and ion（1つの電子とイオン）[7.297], 158
    thermal（熱）[7.300], 158
Brewster's law（ブルースターの法則）[7.218], 152
brightness (blackbody)（輝度（黒体））[5.184], 119
Brillouin function（ブリルアン関数）[4.147], 99
Bromwich integral（ブロムウィッチ積分）[2.518], 53
Brownian motion（ブラウン運動）[5.98], 111
bubbles（気泡）[3.337], 86
bulk modulus（体積弾性率）
    dimentions（物理次元）, 14
    general（一般）[3.245], 79
    isothermal（等温）[5.22], 105
★Bulk physical constants（バルク物理定数）, 7
Burgers vector（バーガース ベクトル）[6.21], 126

C

calculus of variations（変分法）[2.334], 40
candela（カンデラ）, 117
candela (SI definition)（カンデラ（SI定義））, 1
candela (unit)（カンデラ（単位））, 2
canonical（正準）

ensemble（集団）[5.111], 112
entropy（エントロピー）[5.106], 112
equations（方程式）[3.220], 77
momenta（運動量）[3.218], 77
★Capacitance（容量）, 135
capacitance（静電容量）
    current through（を通る電流）[7.144], 145
    definition（定義）[7.143], 145
    dimensions（物理次元）, 15
    energy（エネルギー）[7.153], 146
    energy of an assembly（部品のエネルギー）[7.134], 144
    impedance（インピーダンス）[7.159], 146
    mutual（相互）[7.134], 144
capacitance of（静電（電気）容量）
    cube（立方体）[7.17], 135
    cylinder（円筒の）[7.15], 135
    cylinders (adjacent)（（隣接）2円筒）[7.21], 135
    cylinders (coaxial)（同軸円筒）[7.19], 135
    disk（円板の）[7.13], 135
    disks (coaxial)（同軸円板）[7.22], 135
    nearly spherical surface（ほとんど球面）[7.16], 135
    sphere（球の）[7.12], 135
    spheres (adjacent)（（隣接）2球の）[7.14], 135
    spheres (concentric)（同心球）[7.18], 135
capacitor, → capacitance（コンデンサ, → 静電容量）
capillary（表面張力）
    constant（定数）[3.338], 86
    contact angle（接触角）[3.340], 86
    rise（上昇）[3.339], 86
    waves（波）[3.321], 84
capillary-gravity waves（表面張力-重力波）[3.322], 84
cardioid（カーディオイド）[8.46], 164
Carnot cycles（カルノーサイクル）, 105
Cartesian coordinates（デカルト座標系）, 19
Catalan's constant (value)（カタランの定数（値））, 7
Cauchy（コーシー）
    differential equation（の微分方程式）

[2.350], 41
    distribution（分布）[2.555], 56
    integral formula（積分公式）[2.167], 29
Cauchy（コーシーの）
    differential equation（微分方程式）[2.350], 41
    distribution（分布）[2.555], 56
    inequality（不等式）[2.151], 28
Cauchy-Goursat theorem（コーシー・グルサーの定理）[2.165], 29
Cauchy-Riemann conditions（コーシー・リーマン条件）[2.164], 29
cavity modes (laser)（光空洞モード（レーザー））[8.124], 172
Celsius (unit)（摂氏（単位）), 2
Celsius conversion（摂氏換算）[1.1], 13
center of mass（質量中心）
    circular arc（円弧）[3.173], 74
    cone（円錐）[3.175], 74
    definition（定義）[3.68], 66
    disk sector（扇板）[3.172], 74
    hemisphere（半球）[3.170], 74
    hemispherical shell（半球殻）[3.171], 74
    pyramid（四角錐）[3.175], 74
    semi-ellipse（半楕円）[3.178], 74
    spherical cap（四角錐）[3.177], 74
    triangular lamina（三角薄板）[3.173], 74
★Centers of mass（質量中心）, 74
centi（センチ）, 3
centigrade (avoidance of)（centigradeを避ける）, 13
centrifugal force（遠心力）[3.35], 64
centripetal acceleration（求心的加速度）[3.32], 64
cepheid variables（セファイド変光星）[9.48], 178
chain rule（結合法則）
    function of a function（合成関数の）[2.295], 38
    partial derivatives（偏微分）[2.331], 40
Chandrasekhar mass（チャンドラセカール質量）[9.79], 181
change of variable（変数変換）[2.333], 40
★Characteristic numbers（特性を表す数値）, 84

charge（電荷）
    conservation（保存則）[7.39], 137
    dimensions（物理次元）, 15
    elementary（素の）, 4, 5
    force between two（2電荷間の力）[7.119], 143
    Hamiltonian（ハミルトニアン）[7.138], 144
    to mass ratio of electron（電子の質量比に対する）, 6
charge density（電荷密度）
    dimensions（物理次元）, 15
    free（自由）[7.57], 138
    induced（誘導）[7.84], 140
    Lorentz transformation（ローレンツ変換）, 139
charge distribution（電荷分布）
    electric field from（からの電場）[7.6], 134
    energy of（エネルギー）[7.133], 144
charge-sheet (electric field)（荷電薄膜（電場））[7.32], 136
Chebyshev equation（チェビシェフ方程式）[2.349], 41
Chebyshev inequality（チェビシェフの不等式）[2.150], 28
chemical potential（化学ポテンシャル）
    definition（定義）[5.28], 106
    from partition function（分配関数から）[5.119], 113
Cherenkov cone angle（チェレンコフ錐角）[7.246], 154
★Cherenkov radiation（チェレンコフ放射）, 154
χ_E (electric susceptibility)（χ_E（電気感受率））[7.87], 140
χ_H, χ_B (magnetic susceptibility)（磁気感受率）[7.103], 141
chi-squared (χ^2) distribution（カイ2乗（χ^2）分布）[2.553], 56
Christoffel symbols（クリストッフェル記号）[3.49], 65
circle（円，円周の）
    (arc of) centre of mass（弧の質量中心）[3.173], 74
    area（の面積）[2.262], 35
    perimeter（長さ）[2.261], 35
circular aperture（円開口，円口径）
    Fraunhofer diffraction（フラウンホーフ

ァー回折）［8.40］, 163
　　Fresnel diffraction（フレネル回折）
　　　　［8.50］, 164
circular polarisation（円偏光）, 168
circulation（循環）［3.287］, 82
civil time（常用時）［9.4］, 175
Clapeyron equation（クラペイロンの式）
　　［5.50］, 107
classical electron radius（古典電子半径）, 6
Classical thermodynamics（古典的熱力学）,
　　104
Clausius–Mossotti equation（クラウジウス・
　　モソッティ方程式）［7.93］, 140
Clausius-Clapeyron equation（クラウジウス・
　　クラペイロンの式）［5.49］, 107
★Clebsch–Gordan coefficients（クレブシュ・ゴ
　　ルダン係数）, 98
　Clebsch–Gordan coefficients (spin-orbit)（ク
　　レブシュ・ゴルダン係数（スピン
　　-軌道））［4.136］, 98
close-packed spheres（充填された球）, 125
closure density (of the universe)（閉包密度
　　（小宇宙の））［9.90］, 182
CNO cycle（CNOサイクル）, 180
coaxial cable（同軸ケーブル）
　　capacitance（静電容量）［7.19］, 135
　　inductance（インダクタンス）［7.24］,
　　135
coaxial transmission line（同心伝送線路）
　　［7.181］, 148
coefficient of（係数）
　　coupling（結合）［7.148］, 145
　　finesse［8.12］, 161
　　reflectance（反射率）［7.227］, 152
　　reflection（反射）［7.230］, 152
　　restitution（反発）［3.127］, 71
　　transmission（透過）［7.232］, 152
　　transmittance（透過率）［7.229］, 152
coexistence curve（共存曲線）［5.51］, 107
coherence（可干渉（コヒーレンス））
　　length（長さ）［8.106］, 170
　　mutual（相互）［8.97］, 170
　　temporal（時間的）［8.105］, 170
　　time（時間）［8.106］, 170
　　width（幅）［8.111］, 170
Coherence (scalar theory)（可干渉性（スカ
　　ラー理論））, 170
cold plasmas（冷たいプラズマ）, 155
collision（衝突）

elastic（弾性）, 71
inelastic（非弾性）, 71
number（数）［5.91］, 111
time (electron drift)（時間（電子流動））
　　［6.61］, 130
collision（衝突による）
　　broadening（広がり）［8.114］, 171
colour excess（色超過）［9.37］, 177
colour index（色指数）［9.36］, 177
★Commutators（交換子）, 24
★Common three-dimensional coordinate
　　systems（常用3次元座標系）, 19
commutator (in uncertainty relation)（交換子
　　（不確定性関係における））［4.6］,
　　88
★Compact objects and black holes（コンパク
　　トオブジェクトとブラックホール）,
　　181
complementary error function（補誤差関数）
　　［2.391］, 43
★Complex analysis（複素解析）, 29
complex conjugate（複素共役）［2.159］,
　　28
★Complex numbers（複素数）, 28
　complex numbers（複素数）
　　argument（偏角）［2.157］, 28
　　cartesian form（直交形式）［2.153］,
　　28
　　conjugate（共役）［2.159］, 28
　　logarithm（対数）［2.162］, 28
　　modulus（絶対値）［2.155］, 28
　　polar form（極形式）［2.154］, 28
Complex variables（複素変数）, 28
compound pendulum（複合振り子）
　　［3.182］, 74
compressibility（圧縮率）
　　adiabatic（断熱）［5.21］, 105
　　isothermal（等温）［5.20］), 105
compression modulus, → bulk modulus（圧
　　縮率, → 体積弾性率）
compression ratio（圧縮比）［5.13］, 105
Compton（コンプトン）
　　scattering（散乱）［7.240］, 153
　　wavelength (value)（波長（値））, 6
　　wavelength（波長）［7.240］, 153
Concordance model（一致モデル）, 183
conditional probability（条件付き確率）
　　［2.567］, 57
conductance (definition)（コンダクタンス（定

義)),146
conduction equation (and transport)（伝導方程式（と輸送））[5.96], 111
conduction equation（熱伝導方程式）[2.340], 41
conductivity（電気伝導度，伝導率）
 and resistivity（と抵抗率）[7.142], 145
 dimensions（物理次元），15
 direct（直接）[7.279], 156
 electrical, of a plasma（電気，プラズマの）[7.233], 153
 free electron a.c.（自由電子 交流）[6.63], 130
 free electron d.c.（自由電子 直流）[6.62], 130
 Hall（ホール）[7.280], 156
conductor refractive index（コンダクタ屈折率）[7.234], 153
cone（円錐）
 center of mass（質量中心）[3.175], 74
 moment of inertia（慣性モーメント）[3.160], 73
 surface area（表面積）[2.271], 35
 volume（体積）[2.272], 35
configurational entropy（配位エントロピー）[5.105], 112
★Conic sections（円錐曲線），36
conical pendulum（円錐振り子）[3.180], 74
conservation of（保存則）
 angular momentum（角運動量）[4.113], 96
 charge（電荷の）[7.39], 137
 mass（質量の）[3.285], 82
★Constant acceleration（一定の加速），66
constant of gravitation（万有引力定数），5
contact angle (surface tension)（接触角（表面張力））[3.340], 86
continuity equation (quantum physics)（連続の方程式（量子物理））[4.14], 88
continuity in fluids（流体の連続の式）[3.285], 82
★Continuous probability distributions（連続確率分布），56
contravariant components（反変成分）
 in general relativity（一般相対論における），65
 in special relativity（特殊相対論における）[3.26], 63
convergence and limits（収束と極限），26
★Conversion factors（換算因子），10
Converting between units（単位の換算），8
convolution（畳み込み（合成積））
 definition（定義）[2.487], 51
 derivative（導関数）[2.498], 51
 discrete（離散）[2.580], 58
 Laplace transform（ラプラス変換）[2.516], 53
 rules（規則）[2.489], 51
 theorem（定理）[2.490], 51
coordinate systems（座標系），19
coordinate transformations（座標変換）
 astronomical（天文学的），175
 Galilean（ガリレイ）[3.6], 62
 relativistic（相対論的），62
 rotating frames（回転座標系）[3.31], 64
Coordinate transformations (astronomical)（天文学的）座標変換），175
coordinates (generalised)（座標（一般化））[3.213], 77
coordination number (cubic lattices)（配位数（立方格子）），125
Coriolis force（コリオリの力）[3.33], 64
★Cornu spiral（コルニュの渦巻線），165
Cornu spiral and Fresnel integrals（コルニュの渦巻き線とフレネル積分）[8.54], 165
correlation coefficient（相関係数）
 multinormal（多変量正規）[2.559], 56
 Pearson's r（ピアソンの r）[2.546], 55
correlation intensity（相関，強度）[8.109], 170
correlation theorem（相関定理）[2.494], 51
$\cos x$
 and Euler's formula（とオイラーの公式）[2.216], 32
 series expansion（級数展開）[2.135], 27
$\cosh x$
 definition（定義）[2.217], 32
 series expansion（級数展開）[2.143],

欧文索引

27
cosine formula（余弦公式）
    planar triangles（平面三角形）[2.249], 34
    spherical triangles（球面三角形）[2.257], 34
cosmic scale factor（宇宙スケール因子）[9.87], 182
cosmological constant（宇宙定数）[9.89], 182
★Cosmological distance measures（宇宙論的な距離測度）, 183
★Cosmological model parameters（宇宙モデルのパラメータ）, 182
★Cosmological models（宇宙モデル）, 183
Cosmology（宇宙論）, 182
$\cot x$
    definition（定義）[2.226], 32
    series expansion（級数展開）[2.140], 27
Couette flow（クエット流れ）[3.306], 83
coulomb (unit)（クーロン（単位））, 2
Coulomb gauge condition（クーロンゲージ条件）[7.42], 137
Coulomb logarithm（クーロン対数）[7.254], 154
Coulomb's law（クーロンの法則）[7.119], 143
couple（偶力）
    definition（定義）[3.67], 66
    dimensions（物理次元）, 14
    electromagnetic（電磁的）, 143
    for Couette flow（クエット流れに対する）[3.306], 83
    on a current-loop（電流ループへの）[7.127], 143
    on a magnetic dipole（磁気双極子への）[7.126], 143
    on a rigid body（剛体上）, 75
    on an electric dipole（電気双極子への）[7.125], 143
    twisting（ねじり）[3.252], 79
coupling coefficient（結合係数）[7.148], 145
covariance（共分散）[2.558], 56
covariant components（共変成分）[3.26], 63
cracks (critical length)（割れ目（臨界の長さ））[6.25], 126

critical damping（臨界減衰）[3.199], 76
critical density (of the universe)（臨界密度（小宇宙の））[9.90], 182
critical frequency (synchrotron)（臨界振動数（シンクロトロン））[7.293], 157
critical point（臨界点）
    Dieterici gas（ディートリヒ気体）[5.75], 109
    van der Waals gas（ファンデルワールス気体）[5.70], 109
cross-correlation（相互相関）[2.493], 51
cross-product（クロス積）[2.2], 18
cross-section（断面積）
    absorption（吸収）[5.175], 118
    Breit-Wigner（ブライト・ウィグナー）[4.174], 102
    Mott scattering（モット散乱）[4.180], 102
    Rayleigh scattering（レーリー散乱）[7.236], 153
    Rutherford scattering（ラザフォード散乱）[3.124], 70
    Thomson scattering（トムソン散乱）[7.238], 153
★Crystal diffraction（結晶回折）, 128
★Crystal systems（結晶系）, 125
Crystalline structure（結晶構造）, 124
$\csc x$
    definition（定義）[2.230], 32
    series expansion（級数展開）[2.139], 27
cube（立方体）
    electrical capacitance（静電容量）[7.17], 135
    mensuration（求積法）, 36
★Cubic equations（三次方程式）, 49
cubic expansivity（立方膨張率）[5.19], 105
★Cubic lattices（立方格子）, 125
cubic system (crystallographic)（立方晶系（結晶学））, 125
Curie temperature（キュリー温度）[7.114], 142
Curie's law（キュリーの法則）[7.113], 142
Curie–Weiss law（キュリー・バイスの法則）[7.114], 142
★Curl（回転）, 20

curl（回転）
    cylindrical coordinates [2.34]（円筒座標系）, 20
    general coordinates [2.36]（一般座標系）, 20
    rectangular coordinates [2.33]（直交座標系）, 20
    spherical coordinates [2.35]（球座標系）, 20

current（電流）
    dimensions（物理次元）, 15
    electric（電気の）[7.139], 145
    law (Kirchhoff's)（キルヒホッフの法則）[7.161], 147
    magnetic flux density from（からの磁束密度）[7.11], 134
    thermodynamic work（熱力学的仕事）[5.9], 104
    transformation [7.165]（電流変換）, 147

current density（電流密度）
    dimensions（物理次元）, 15
    free（自由）[7.63], 138
    free electron（自由電子）[6.60], 130
    hole（正孔）[6.89], 132
    Lorentz transformation（ローレンツ変換）, 139
    magnetic flux density（磁束密度）[7.10], 134

curvature（曲率）
    in differential geomtry（微分幾何学における）[2.286], 37
    parameter (cosmic)（パラメータ（宇宙の））[9.87], 182
    radius of（半径）
        plane curve（平面曲線）[2.282], 37

curve length (plane curve)（曲線の長さ（平面曲線））[2.279], 37
★Curve measure（曲線に関連した測度）, 37
★Cycle efficiencies (thermodynamic)（熱力学的サイクルの効率性）, 105
cyclic permutation（巡回置換）[2.97], 24
cyclotron frequency（サイクロトロン振動数）[7.265], 155
cylinder（円筒）
    area（の表面積）[2.269], 35
    capacitance（静電容量）[7.15], 135
    moment of inertia（慣性モーメント）[3.155], 73
    torsional rigidity（ねじり剛性）[3.253], 79
    volume（体積）[2.270], 35

cylinders (adjacent)（円筒（隣接））
    capacitance（静電容量）[7.21], 135
    inductance（インダクタンス）[7.25], 135

cylinders (coaxial)（円筒（同軸））
    capacitance（静電容量）[7.19], 135
    inductance（インダクタンス）[7.24], 135

cylindrical polar coordinates（円筒座標系）, 19

D

d orbitals（d 軌道）[4.100], 95
D'Alembertian（ダランベルシアン）[7.78], 139
damped harmonic oscillator（減衰調和振動子）[3.196], 76
damping profile（減衰の輪郭）[8.112], 171
day (unit)（日（単位））, 3
day of week（曜日）[9.3], 175
daylight saving time（夏時間修正）[9.4], 175
de Boer parameter（デボアのパラメータ）[6.54], 129
de Broglie relation（ドブロイの関係式）[4.2], 88
de Broglie wavelength (thermal)（ドブロイ波長（熱））[5.83], 110
de Moivre's theorem（ドモアブルの定理）[2.215], 32
Debye（デバイ）
    T^3 law（T^3 法則）[6.47], 128
    frequency（振動数）[6.41], 128
    function（関数）[6.49], 128
    heat capacity（熱容量）[6.45], 128
    length（長）[7.251], 154
    number（数）[7.253], 154
    screening（遮蔽）[7.252], 154
    temperature（温度）[6.43], 128
★Debye theory（デバイ理論）, 128
Debye-Waller factor（デバイ・ワラー因子）[6.33], 126
deca（デカ）, 3
decay constant（崩壊定数）[4.163], 101

decay law（崩壊法則）[4.163], 101
deceleration parameter（減速パラメータ）[9.95], 182
deci（デシ）, 3
decibel（デシベル）[5.144], 115
declination coordinate（赤緯座標）[9.11], 175
decrement (oscillating systems)（減衰率（振動系））[3.202], 76
★Definite integrals（定積分）, 44
degeneracy pressure（縮退圧）[9.77], 181
degree (unit)（度（単位））, 3
degree Celsius (unit)（セルシウス度（単位））, 2
degree kelvin（ケルビン度）[5.2], 104
degree of freedom (and equipartition)（自由度（と等分配））, 111
degree of mutual coherence（相互可干渉度）[8.99], 170
degree of polarisation（偏光度）[8.96], 169
degree of temporal coherence（時間的可干渉度）[8.105], 170
deka（デカ）, 3
del operator（デル演算子）, 19
del-squared operator（デル2乗演算子）[2.55], 21
★Delta functions（デルタ関数）, 48
delta–star transformation（スター回路とデルタ回路の相互変換）, 147
densities of elements（元素の密度）, 122
density of states（状態密度）
　　electron（電子の）[6.70], 131
　　particle（粒子）[4.66], 92
　　phonon（フォノン）[6.44], 128
density parameters（密度パラメータ）[9.94], 182
depolarising factors（減極因子）[7.92], 140
★Derivatives (general)（導関数（一般の場合））, 38
determinant（行列式）[2.79], 23
deviation (of a prism)（偏角（プリズム））[8.73], 167
diamagnetic moment (electron)（反磁性モーメント（電子））[7.108], 142
diamagnetic susceptibility (Landau)（反磁性感受率（ランダウ））[6.80], 131

★Diamagnetism（反磁性）, 144
★Dielectric layers（誘電体層）, 160
★Dieterici gas（ディートリヒ気体）, 109
　Dieterici gas law（ディートリヒ気体則）[5.72], 109
★Differential equations（微分方程式）, 41
　differential equations (numerical solutions)（微分方程式（数値解））, 60
★Differential geometry（微分幾何）, 37
★Differential operator identities（微分演算子の等式）, 21
　differential scattering cross-section（微分散乱断面積）[3.124], 70
Differentiation（微分）, 38
differentiation（微分）
　　hyperbolic functions（双曲線関数の）[2.328], 39
　　numerical（数値）[2.591], 59
　　of a function of a function（合成関数の）[2.295], 38
　　of a log（対数関数の）[2.300], 38
　　of a power（べきの）[2.292], 38
　　of a product（積の）[2.293], 38
　　of a quotient（商の）[2.294], 38
　　of exponential（指数関数の）[2.301], 38
　　of integral（積分の）[2.299], 38
　　of inverse functions（逆関数の）[2.304], 38
　　trigonometric functions（三角関数の）[2.316], 39
　　under integral sign（積分記号下の）[2.298], 38
diffraction from（回折）
　　N slits（Nスリットからの）[8.25], 162
　　1 slit（1スリットからの）[8.37], 163
　　2 slits（二重スリットからの）[8.24], 162
　　circular aperture（円開口からの）[8.40], 163
　　crystals（結晶からの）, 126
　　infinite grating（無限格子からの）[8.26], 162
　　rectangular aperture（矩形開口からの）[8.39], 163
diffraction grating（回折格子）
　　finite（有限）[8.25], 162

general（一般）[8.32], 162
infinite（無限）[8.26], 162
diffusion coefficient (semiconductor)（拡散係数（半導体））[6.88], 132
diffusion equation（拡散方程式）
  differential equation（微分方程式）[2.340], 41
  Fick's first law（フィックの第1法則）[5.93], 111
diffusion length (semiconductor)（拡散長（半導体））[6.94], 132
diffusivity (magnetic)（拡散係数（磁気））[7.282], 156
dilatation (volume strain)（膨張度（体積ひずみ））[3.236], 78
Dimensions（（物理）次元）, 14
diode (semiconductor)（ダイオード（半導体））[6.92], 132
dioptre number（ディオプトリー数）[8.68], 166
dipole moment per unit volume（単位体積当りの双極子モーメント）
  electric（電気的）[7.83], 140
  magnetic（磁気）[7.97], 141
dipole（双極子）
  antenna power（アンテナ電力）
    flux（束）[7.131], 144
    gain（利得）[7.213], 151
    total（全）[7.132], 144
  electric field（電場）[7.31], 136
  energy of（エネルギー）
    electric（電気）[7.136], 144
    magnetic（磁気）[7.137], 144
  field from（場）
    magnetic（磁気）[7.36], 136
  moment (dimensions)（モーメント（物理次元）), 14
  moment of（モーメント）
    electric（電気）[7.80], 140
    magnetic（磁気）[7.94], 141
  potential（ポテンシャル）
    electric（電気）[7.82], 140
    magnetic（磁気）[7.95], 141
  radiation（放射）
    field（場）[7.207], 151
    magnetic（磁気）[9.69], 180
  radiation resistance（放射抵抗）[7.209], 151
Dirac bracket（ディラックのブラケット）, 90

Dirac delta function（ディラックのデルタ関数）[2.448], 48
Dirac equation（ディラック方程式）[4.183], 102
Dirac matrices（ディラック行列）[4.185], 102
★Dirac notation（ディラックの記号）, 90
direct conductivity（直接電気伝導度）[7.279], 156
directrix (of conic section)（準線（円錐曲線の））, 36
discrete convolution（離散畳み込み）[2.580], 58
★Discrete probability distributions（離散確率分布）, 55
★Discrete statistics（離散統計）, 55
disk（円盤）
  Airy（エアリー）[8.40], 163
  capacitance（の静電容量）[7.13], 135
  center of mass of sector（扇形の質量中心）[3.172], 74
  coaxial capacitance（（同軸）静電容量）[7.22], 135
  drag in a fluid（流体中の抗力）, 83
  electric field（電場）[7.28], 136
  moment of inertia（慣性モーメント）[3.168], 73
★Dislocations and cracks（転位と割れ目）, 126
dispersion（分散）
  diffraction grating（回折格子）[8.31], 162
  in a plasma（プラズマ中の）[7.261], 155
  in fluid waves（流体波の）, 84
  in quantum physics（量子物理における）[4.5], 88
  in waveguides（導波路）[7.188], 149
  intermodal (optical fibre)（インターモーダル（光ファイバー））[8.79], 167
  measure（測度）[9.70], 180
  of a prism（プリズムの）[8.76], 167
  phonon (alternating springs)（フォノン（交互に異なるばね））[6.39], 127
  phonon (diatomic chain)（フォノン（2原子鎖））[6.37], 127
  phonon (monatomic chain)（フォノン（単

一原子鎖）） ［6.34］, 127
pulsar（パルサー） ［9.72］, 180
displacement, D（変位, D） ［7.86］, 140
★Distance indicators（距離の指標）, 178
★Divergence（発散）, 20
divergence（発散）
 cylindrical coordinates ［2.30］（円筒座標系）, 20
 general coordinates ［2.32］（一般座標系）, 20
 rectangular coordinates ［2.29］（直交座標系）, 20
 spherical coordinates ［2.31］（球座標系）, 20
 theorem（定理） ［2.59］, 21
dodecahedron（正十二面体）, 36
Doppler（ドップラー）
 beaming（ビーミング） ［3.25］, 63
 effect (relativistic)（効果（相対論的）） ［3.22］, 63
 effect(non-relativistic)（効果（非相対論的））, 85
 line broadening（線形に広がる） ［8.116］, 171
 width（幅） ［8.117］, 171
★Doppler effect（ドップラー効果）, 85
dot product（ドット積） ［2.1］, 18
double factorial（2重階乗）, 46
double pendulum（2重振り子） ［3.183］, 74
★Drag（抗力）, 83
drag（抗力）
 on a disk ∥ to flow（流れに平行な円板上に） ［3.310］, 83
 on a disk ⊥ to flow（流れに垂直な円板上に） ［3.309］, 83
 on a sphere（球上） ［3.308］, 83
drift velocity (electron)（流動速度（電子）） ［6.61］, 130
Dulong and Petit's law（デュロン・プティの法則） ［6.46］, 128
Dynamics and Mechanics（動力学と静力学）, 61–86
★Dynamics definitions（力学的定義）, 66

E

e (exponential constant)（e（自然対数の底））, 7

★e to 1 000 decimal places（小数点1000桁までの自然対数の底e）, 16
Earth (motion relative to)（地球に関する運動） ［3.38］, 64
★Earth data（地球のデータ）, 174
eccentricity（離心率）
 of conic section（円錐曲線の）, 36
 of orbit（軌道の） ［3.108］, 69
 of scattering hyperbola（散乱双曲線） ［3.120］, 70
★Ecliptic coordinates（黄道座標系）, 176
ecliptic latitude（黄緯） ［9.14］, 176
ecliptic longitude（黄経） ［9.15］, 176
Eddington limit（エディントン限界光度） ［9.59］, 179
edge dislocation（刃状転位） ［6.21］, 126
effective（有効）
 area (antenna)（面積（アンテナ）） ［7.212］, 151
 distance (Fresnel diffraction)（距離（フレネル回折）） ［8.48］, 164
 mass (in solids)（質量（固体中の）） ［6.86］, 132
 wavelength（波長） ［9.40］, 177
efficiency（効率）
 heat engine（熱機関） ［5.10］, 105
 heat pump（ヒートポンプ） ［5.12］, 105
 Otto cycle（オットーサイクル） ［5.13］, 105
 refrigerator（冷蔵庫） ［5.11］, 105
Ehrenfest's equations（エーレンフェストの式） ［5.53］, 107
Ehrenfest's theorem（エーレンフェストの定理） ［4.30］, 89
eigenfunctions (quantum)（固有関数（量子）） ［4.28］, 89
Einstein（アインシュタイン）
 A coefficient（A係数） ［8.119］, 171
 B coefficients（B係数） ［8.118］, 171
 diffusion equation（拡散方程式） ［5.98］, 111
 field equation（場の方程式） ［3.59］, 65
 lens (rings)（レンズ（リング）） ［9.50］, 178
 tensor（テンソル） ［3.58］, 65
★Einstein coefficients（アインシュタイン係数）, 171

Einstein - de Sitter model（アインシュタイン・ドシッターモデル）, 183
elastic（弾性）
    collisions（衝突）, 71
    media (isotropic)（媒質（等方的））, 79
    modulus (longitudinal)（率（縦））
        [3.241], 79
    modulus（率）　[3.234], 78
elastic scattering（弾性散乱）, 70
★Elastic wave velocities（弾性波の速度）, 80
Elasticity（弾性）, 78
★Elasticity definitions (general)（弾性の定義（一般の場合））, 80
★Elasticity definitions (simple)（弾性の定義（簡単な場合））, 80
electric current（電流）　[7.139], 145
electric dipole, → dipole（電気双極子, → 双極子）
electric displacement, D（電気変位, D）
    [7.86], 140
electric field（電場）
    around objects（物体のまわりの）
        [7.26], 136
    energy density（エネルギー密度）
        [7.128], 144
    static（静的）, 134
    thermodynamic work（熱力学的仕事）
        [5.7], 104
    wave equation（波動方程式）[7.193], 150
electric field from（電場
    A and ϕ（A and ϕ からの）[7.41], 137
    charge distribution（電荷分布からの）
        [7.6], 134
    charge-sheet（荷電薄膜）[7.32], 136
    dipole（双極子からの）[7.31], 136
    disk（円板）[7.28], 136
    line charge（線荷電）[7.29], 136
    point charge（点電荷からの）[7.5], 134
    sphere（球）[7.27], 136
    waveguide（導波路）[7.190], 149
    wire（針金）[7.29], 136
★Electric fields（電場）, 136
electric potential（電気ポテンシャル）
    from a charge density（電荷密度からの）
        [7.46], 137
    Lorentz transformation　[7.75]（ローレンツ変換）, 139
    of a moving charge（動く電荷の）
        [7.48], 137
    short dipole（短双極子）[7.82], 140
electric susceptibility, χ_E（電気感受率, χ_E）
    [7.87], 140
electrical conductivity, → conductivity（電気伝導度→ 伝導度）
★Electrical impedance（電気インピーダンス）, 146
electrical permittivity, ϵ, ϵ_r（誘電率, ϵ, ϵ_r）
    [7.90], 140
electromagnet (magnetic flux density)（電磁石（磁束密度））　[7.38], 136
electromagnetic（電磁気）
    boundary conditions（境界条件）, 142
    constants（定数）, 5
    fields（場）, 137
    wave speed（波の速度）[7.196], 150
    waves in media（波 媒質中の）, 150
electromagnetic coupling constant, → fine structure constant（電磁気相互作用の結合定数, 微細構造定数）
★Electromagnetic energy（電磁エネルギー）, 144
Electromagnetic fields (general)（電磁場（一般の場合））, 137
★Electromagnetic force and torque（電磁的力とトルク）, 143
★Electromagnetic propagation in cold plasmas（冷たいプラズマ中の電磁気伝播）, 155
Electromagnetism（電磁気学）, 133, 158
electron（電子）
    charge（電荷）, 4, 5
    density of states（の状態密度）[6.70], 131
    diamagnetic moment（反磁性モーメント）[7.108], 142
    drift velocity（流動速度）[6.61], 130
    g-factor　[4.143]（g-因子）, 98
    gyromagnetic ratio (value)（磁気回転比（値））, 6
    gyromagnetic ratio（磁気回転比）
        [4.140], 98
    heat capacity（熱容量）[6.76], 131
    intrinsic magnetic moment（固有磁気モーメント）[7.109], 142
    mass（質量）, 4

radius (equation)（半径（方程式））
　　[7.238], 153
radius (value)（半径（値）), 6
scattering cross-section（散乱断面積）
　　[7.238], 153
thermal velocity（の熱速度）[7.257],
　　154
velocity in conductors（速度（導体中
　　の））[6.85], 132
spin magnetic moment（スピン磁気モー
　　メント）[4.143], 98
★Electron constants（電子定数), 6
★Electron scattering processes（電子の散乱過
　　程), 153
electron volt (unit)（電子ボルト（単位）), 3
electron volt (value)（電子ボルト（値）), 4
Electrons in solids（固体中の電子), 130
electrostatic potential（静電ポテンシャル）
　　[7.1], 134
★Electrostatics（静電場), 134
elementary charge（素電荷), 4, 5
elements (periodic table of)（元素（周期律
　　表）), 122
ellipse（楕円), 36
　　(semi) centre of mass（(半楕円薄膜）質
　　　　量中心）[3.178], 74
　　area（の面積）[2.267], 35
　　moment of inertia（慣性モーメント）
　　　　[3.166], 73
　　perimeter（周の長さ）[2.266], 35
　　semi-latus-rectum（半通径）[3.109],
　　　　69
　　semi-major axis（長半径）[3.106],
　　　　69
　　semi-minor axis（短半径）[3.107],
　　　　69
ellipsoid（楕円体）
　　moment of inertia of solid（固体の慣性
　　　　モーメント）[3.163], 73
　　the moment of inertia（慣性モーメント）
　　　　[3.147], 72
　　volume（の体積）[2.268], 35
elliptic integrals（楕円積分）[2.397], 43
elliptical orbit（楕円軌道）[3.104], 69
★Elliptical polarisation（楕円偏光), 168
elliptical polarisation（楕円偏光）[8.80],
　　168
ellipticity（楕円度）[8.82], 168
$E = mc^2$ [3.72], 66

emission coefficient（放出係数）[5.174],
　　118
emission spectrum（発光スペクトル）
　　[7.291], 157
emissivity（放射率）[5.193], 119
energy（エネルギー）
　　density（密度）
　　　　blackbody（黒体）[5.192], 119
　　　　dimensions（物理次元), 14
　　　　elastic wave（弾性波）[3.281], 81
　　　　electromagnetic（電磁的）[7.128],
　　　　　　144
　　　　spectral（スペクトル）[5.173],
　　　　　　118
　　density（密度）
　　　　radiant（放射）[5.148], 116
　　dimensions（物理次元), 14
　　dissipated in resistor（抵抗で散逸した）
　　　　[7.155], 146
　　distribution (Maxwellian)（分布（マッ
　　　　クスウェルの））[5.85], 110
　　elastic（弾性）[3.235], 78
　　electromagnetic（電磁気), 144
　　equipartition（等分配）[5.100], 111
　　Fermi（フェルミ）[5.122], 113
　　first law of thermodynamics（熱力学の
　　　　第一法則）[5.3], 104
　　Galilean transformation（ガリレイ変換）
　　　　[3.6], 62
　　Lorentz transformation（ローレンツ変
　　　　換）[3.19], 63
　　loss after collision（衝突後の損失）
　　　　[3.128], 71
　　mass relation（質量の関係）[3.20],
　　　　63
　　of capacitive assembly（コンデンサ部
　　　　品）[7.134], 144
　　of capacitor（コンデンサの）
　　　　[7.153], 146
　　of charge distribution（電荷分布の）
　　　　[7.133], 144
　　of electric dipole（電気双極子）
　　　　[7.136], 144
　　of inductive assembly（誘電子部品）
　　　　[7.135], 144
　　of inductor（インダクターの）
　　　　[7.154], 146
　　of magnetic dipole（磁気双極子）
　　　　[7.137], 144

    of orbit（軌道の）[3.100], 69
    potential, → potential energy（ポテンシャル, → ポテンシャルエネルギー）
    relativistic rest（相対論的静止）[3.72], 66
    rotational kinetic（回転運動）
        rigid body（剛体）[3.142], 72
    thermodynamic work（熱力学的仕事）[5.9], 104
★Energy in capacitors, inductors, and resistors（コンデンサ, インダクタ, 抵抗のエネルギー）, 146
    energy-time uncertainty relation（エネルギー時間の不確定性関係）[4.8], 88
★Ensemble probabilities（確率集団）, 112
    enthalpy（エンタルピー）
        definition（定義）[5.30], 106
        Joule-Kelvin expansion（ジュール・ケルビン膨張）[5.27], 106
    entropy（エントロピー）
        Boltzmann formula（ボルツマンの公式）[5.105], 112
        change in Joule expansion（変化（ジュール膨張））[5.64], 108
        experimental（実験的）[5.4], 104
        fluctuations（揺らぎ）[5.135], 114
        from partition function（分配関数から）[5.117], 113
        Gibbs（ギブスの公式）[5.106], 112
        of a monatomic gas（単原子気体）[5.83], 110
    ϵ, ϵ_r (electrical permittivity)（ϵ, ϵ_r（電気誘電率））[7.90], 140
★Equation conversion: SI to Gaussian units（方程式の変換：SI からガウス単位系へ）, 133
    equation of state（状態方程式）
        Dieterici gas（ディートリヒ気体）[5.72], 109
        ideal gas（理想気体）[5.57], 108
        monatomic gas（単原子気体）[5.78], 110
        van der Waals gas（ファンデルワールス気体）[5.67], 109
    equipartition theorem（等分配定理）[5.100], 111
    error function（誤差関数）[2.390], 43
    errors（誤差）, 58
    escape velocity（脱出速度）[3.91], 68

    estimator（推定）
        kurtosis（尖度）[2.545], 55
        mean（平均）[2.541], 55
        skewness（歪度）[2.544], 55
        standard deviation（標準偏差）[2.543], 55
        variance（分散）[2.542], 55
    Euler（オイラー）
        constant（定数）
            value（値）, 7
        constant（の定数）
            expression（表現）[2.119], 25
        differential equation（の微分方程式）[2.350], 41
        formula（公式）[2.216], 32
        relation（の関係）, 36
        strut（支柱）[3.261], 80
    Euler's equation (fluids)（オイラーの方程式（流体））[3.289], 82
    Euler's equations (rigid bodies)（オイラーの方程式（剛体））[3.186], 75
    Euler's method (for ordinary differential equations)（オイラー法（常微分方程式に対する））[2.596], 60
    Euler-Lagrange equation（オイラー・ラグランジュの方程式）
        and Lagrangians（とラグランジアン）[3.214], 77
        calculus of variations（変分法）[2.334], 40
    even functions（偶関数）, 51
★Evolutionary timescales（進化の時間スケール）, 179
    exa（エクサ）, 3
    exhaust velocity (of a rocket)（排気速度（ロケットの））[3.93], 68
    exitance（発散度）
        blackbody（黒体）[5.191], 119
        luminous（発光）[5.162], 117
        radiant（放射）[5.150], 116
    expansion coefficient（膨張係数）[5.19], 105
★Expansion processes（膨張過程）, 106
    expansivity（膨張率）[5.19], 105
★Expectation value（期待値）, 89
    expectation value（期待値）
        Dirac notation（ディラックの記号）[4.37], 90
        from a wavefunction（波動関数から）

[4.25], 89
explosions（爆発） [3.331], 85
exponential（指数）
 distribution（分布） [2.551], 56
 integral （指数積分定義） [2.394], 43
 series expansion（級数展開） [2.132], 27
exponential constant (e)（自然対数の底 (e)）, 7
extraordinary modes（異常モード） [7.271], 155
extrema（極値） [2.335], 40

F

f-number（f-数） [8.69], 166
★Fabry-Perot etalon（ファブリ・ペローエタロン（干渉計））, 161
Fabry-Perot etalon（ファブリ・ペローエタロン）
 chromatic resolving power（色分解能） [8.21], 161
 free spectral range（自由スペクトル範囲） [8.23], 161
 fringe width（干渉縞幅） [8.19], 161
 transmitted intensity（透過強度） [8.17], 161
face-centerd cubic structure（面心立方構造）, 125
factorial（階乗） [2.410], 44
factorial (double)（階乗（2重））, 46
Fahrenheit conversion（華氏換算） [1.2], 13
faltung theorem（畳み込み定理） [2.516], 53
farad (unit)（ファラッド（単位）), 2
Faraday constant（ファラデー定数）, 4, 7
Faraday rotation（ファラデー回転） [7.273], 155
Faraday's law（ファラデーの法則） [7.55], 138
fcc structure (fcc 構造), 125
femto（フェムト）, 3
Fermat's principle（フェルマーの原理） [8.63], 166
Fermi（フェルミ）
 energy（エネルギー） [6.73], 131
 temperature（温度） [6.74], 131
 velocity（速度） [6.72], 131
 wavenumber（波数） [6.71], 131
fermi (unit)（フェルミ（単位）), 3
Fermi energy（フェルミエネルギー） [5.122], 113
★Fermi gas（フェルミガス）, 131
Fermi's golden rule（フェルミの黄金則） [4.162], 100
Fermi–Dirac distribution（フェルミ・ディラック分布） [5.121], 113
fermion statistics（フェルミオン統計） [5.121], 113
fiber optic（光ファイバー）
 acceptance angle（受光角） [8.77], 167
 dispersion（分散） [8.79], 167
 numerical aperture（開口数） [8.78], 167
Fick's first law（フィックの第1法則） [5.92], 111
Fick's second law（フィックの第2法則） [5.95], 111
field equations (gravitational)（場の方程式（重力の）） [3.42], 64
★Field relationships（場の関係式）, 137
fields（場）
 depolarising（減極） [7.92], 140
 electrochemical（電気化学） [6.81], 131
 electromagnetic（電磁的）, 137
 gravitational（重力の）, 64
 static E and B（静的）, 134
 velocity（速度） [3.285], 82
Fields associated with media（媒質中の場）, 140
film reflectance（フィルム反射係数） [8.4], 160
fine-structure constant（微細構造定数）
 expression（表現） [4.75], 93
 value（値）, 4, 5
finesse (coefficient of)（フィネス（係数）） [8.12], 161
finesse (Fabry-Perot etalon)（フィネス（ファブリ・ペロー エタロン）） [8.14], 161
first law of thermodynamics（熱力学の第一法則） [5.3], 104
fitting straight-lines（適合（直線）), 58
fluctuating dipole interaction（揺らいでいる

双極子相互作用）［6.50］, 129
fluctuation（揺らぎ）
　　　of density（密度の）［5.137］, 114
　　　of entropy（エントロピーの）［5.135］, 114
　　　of pressure（圧力の）［5.136］, 114
　　　of temperature（温度の）［5.133］, 114
　　　of volume（体積の）［5.134］, 114
　　　probability (thermodynamic)（確率（熱力学的））［5.131］, 114
　　　variance (general)（分散（一般））［5.132］, 114
Fluctuations and noise（揺らぎと雑音）, 114
Fluid dynamics（流体力学）, 82
fluid stress（流体応力）［3.299］, 83
★Fluid waves（流体の波）, 84
flux density（束密度）［5.171］, 118
flux density–redshift relation（スペクトル束密度–赤方遷移 関係）［9.99］, 183
flux linked（束 環状の）［7.149］, 145
flux of molecules through a plane（平面を通る分子束）［5.91］, 111
flux–magnitude relation（フラックスと等級との関係）［9.32］, 177
focal length（焦点の長さ）［8.64］, 166
focus (of conic section)（焦点（円錐曲線の）），36
force（力）
　　　and acoustic impedance（と音響インピーダンス）［3.276］, 81
　　　and stress（と応力）［3.228］, 78
　　　between two charges（2 電荷間）［7.119］, 143
　　　between two currents（2 電流間）［7.120］, 143
　　　between two masses（2 質量間の）［3.40］, 64
　　　central（中心）［4.113］, 96
　　　centrifugal（遠心的な）［3.35］, 64
　　　Coriolis（コリオリ）［3.33］, 64
　　　critical compression（臨界圧縮）［3.261］, 80
　　　definition（定義）［3.63］, 66
　　　dimensions（次元）, 15
　　　electromagnetic（電磁的）, 143
　　　Newtonian（ニュートン力学の）［3.63］, 66
　　　on
　　　　　charge in a field（電磁場中の電荷への）［7.122］, 143
　　　　　electric dipole（電気双極子への）［7.123］, 143
　　　　　magnetic dipole（磁気双極子への）［7.124］, 143
　　　　　sphere (potential flow)（球上（ポテンシャル流））［3.298］, 82
　　　　　sphere (viscous drag)（球上（粘性抗力））［3.308］, 83
　　　relativistic（相対論的）［3.71］, 66
　　　unit（単位）, 2
Force, torque, and energy（力，トルクとエネルギー）, 143
★Forced oscillations（強制振動）, 76
form factor（形状因子）［6.30］, 126
formula (the)（公式（デルタ関数の））［2.455］, 48
Foucault's pendulum（フーコーの振り子）［3.39］, 64
four-parts formula（4 部分公式）［2.259］, 34
four-scalar product（4 元-内積）［3.27］, 63
four-vector（4 元ベクトル）
　　　electromagnetic（電磁的）［7.79］, 139
　　　momentum（運動量）［3.21］, 63
　　　spacetime（時空）［3.12］, 62
★Four-vectors（4 元ベクトル）, 63
Fourier series（フーリエ級数）
　　　complex form（複素形式）［2.478］, 50
　　　real form（実形式）［2.476］, 50
★Fourier series（フーリエ級数）, 50
Fourier series and transforms（フーリエ級数とフーリエ変換）, 50
★Fourier symmetry relationships（フーリエ変換の対称性の関係）, 51
Fourier transform（フーリエ変換）
　　　cosine（余弦関数（コサイン関数））［2.509］, 52
　　　definition（定義）［2.482］, 50
　　　derivatives（導関数）
　　　　　and inverse（と逆関数）［2.502］, 52
　　　　　general（一般）［2.498］, 51
　　　Gaussian（ガウス分布）［2.507］, 52
　　　Lorentzian（ローレンツ分布）［2.505］, 52

shah function（shah 関数）[2.510]，
　　52
shift theorem（シフト定理）[2.501]，
　　52
similarity theorem（対称性定理）
　　[2.500]，52
sine（正弦関数（サイン関数））[2.508]，
　　52
step（階段関数）[2.511]，52
top hat（トップハット関数）[2.512]，
　　52
triangle function（三角形関数）
　　[2.513]，52
★Fourier transform（フーリエ変換），50
★Fourier transform pairs（フーリエ変換のペア），52
★Fourier transform theorems（フーリエ変換の定理），51
Fourier's law（フーリエの法則）[5.94]，
　　111
Frames of reference（座標系），62
Fraunhofer diffraction（フラウンホーファー回折），162
Fraunhofer integral（フラウンホーファー積分）[8.34]，163
Fraunhofer limit（フラウンホーファー極限）[8.44]，163
free charge density（自由電荷密度）[7.57]，
　　138
free current density（自由電流密度）[7.63]，
　　138
★Free electron transport properties（自由電子輸送の性質），130
free energy（自由エネルギー）[5.32]，106
free molecular flow（自由分子流）[5.99]，
　　111
★Free oscillations（自由振動），76
free space impedance（自由空間のインピーダンス）[7.197]，150
free spectral range（自由スペクトル範囲）
　　Fabry Perot etalon（ファブリ・ペローエタロン）[8.23]，161
　　laser cavity（レーザー（空洞）共振器）[8.124]，172
free-fall timescale（自由落下時間スケール）[9.53]，179
Frenet's formulas（フレネーの公式）
　　[2.291]，37
Fresnel diffraction（フレネル回折）

Cornu spiral（コルニュの渦巻き線）
　　[8.54]，165
　edge（エッジ）[8.56]，165
　long slit（長いスリット）[8.58]，165
　rectangular aperture（矩形口径から）
　　[8.62]，165
Fresnel diffraction（フレネル回折），164
Fresnel Equations（フレネル方程式），152
Fresnel half-period zones（フレネル半周期ゾーン）[8.49]，164
Fresnel integrals（フレネル積分）
　and the Cornu spiral（とコルニュの渦巻き線）[8.52]，165
　definition（定義）[2.392]，43
　in diffraction（回折における）[8.54]，
　　165
★Fresnel zones（フレネルゾーン），164
Fresnel-Kirchhoff formula（フレネル・キルヒホッフ公式）
　plane waves（平面波）[8.45]，164
　spherical waves（球面波）[8.44]，163
Friedmann equations（フリードマン方程式）
　　[9.89]，182
fringe visibility（干渉縞可視性）[8.101]，
　　170
fringes (Moiré)（縞（モアレ）），33
Froude number（フルード数）[3.312]，
　　84

G

g-factor（g-因子）
　electron（電子），6
　Landé（ランデ）[4.146]，98
　muon（ミューオン），7
gain in decibels（デシベル利得）[5.144]，
　　115
galactic（銀河）
　latitude（緯）[9.21]，176
　longitude（経）[9.22]，176
★Galactic coordinates（銀河座標系），176
Galilean transformation（ガリレイ変換）
　of angular momentum（角運動量）
　　[3.5]，62
　of kinetic energy（運動エネルギー）
　　[3.6]，62
　of momentum（運動量）[3.4]，62
　of time and position（時間と位置の）
　　[3.2]，62
　of velocity（速度）[3.3]，62

★Galilean transformations（ガリレイ変換），62
★Gamma function（ガンマ関数），44
　gamma function（ガンマ関数）
　　　and other integrals（とその他の積分）
　　　　　[2.395]，43
　　　definition（定義）　[2.407]，44
　gas（気体）
　　　adiabatic expansion（断熱膨張）　[5.58]，
　　　　　108
　　　adiabatic lapse rate（断熱的温度減率）
　　　　　[3.294]，82
　　　constant（定数），4, 7, 84, 108
　　　Dieterici（ディートリヒ），109
　　　Doppler broadened（ドップラーに広がった）　[8.116]，171
　　　flow（流れ）　[3.292]，82
　　　giant（巨大惑星）（astronomical data（天文学的データ）），174
　　　ideal equation of state（理想（状態方程式））　[5.57]，108
　　　ideal heat capacities（理想 熱容量），111
　　　ideal, or perfect（理想または完全），108
　　　internal energy (ideal)（内部エネルギー（理想））　[5.62]，108
　　　isothermal expansion（等温膨張）
　　　　　[5.63]，108
　　　linear absorption coefficient（線形吸収係数）　[5.175]，118
　　　molecular flow（分子流）　[5.99]，111
　　　monatomic（単原子）　[5.83]，110
　　　paramagnetism（常磁性）　[7.112]，
　　　　　142
　　　pressure broadened（圧力広がった）
　　　　　[8.115]，171
　　　speed of sound（音速）　[3.318]，84
　　　Van der Waals（ファンデルワールス），
　　　　　109
★Gas equipartition（ガスの等分配），111
　Gas laws（気体の法則），108
　　gauge condition（ゲージ条件）
　　　　Coulomb（クーロン）　[7.42]，137
　　　　Lorenz（ローレンツ）　[7.43]，137
　　Gaunt factor（ガウント因子）　[7.299]，158
　　Gauss's（ガウスの）
　　　　law（法則）　[7.51]，138
　　　　lens formula（レンズ公式）　[8.64]，
　　　　　166
　　　　theorem（定理）　[2.59]，21
　　Gaussian（ガウス）

　　electromagnetism（電磁気学），133
　　Fourier transform of（のフーリエ変換）
　　　　　[2.507]，52
　　light（光）　[8.110]，170
　　optics（光学），166
　　probability distribution（確率分布）
　　　　k-dimensional（k-次元）　[2.556]，56
　　　　1-dimensional（1 次元）　[2.552]，
　　　　　56
　Geiger's law（ガイガーの法則）　[4.169]，
　　　101
　Geiger-Nuttall rule（ガイガー・ヌッタルの
　　　法則）　[4.170]，101
★General constants（一般の定数），5
★General relativity（一般相対性理論），65
　generalised coordinates（一般化座標）
　　　[3.213]，77
　Generalised dynamics（一般化力学），77
　generalised momentum（一般化運動量）
　　　[3.218]，77
　geodesic deviation（測地線のずれ）　[3.56]，
　　　65
　geodesic equation（測地線の方程式）
　　　[3.54]，65
　geometric（幾何, 相乗, 等比）
　　　distribution（分布）　[2.548]，55
　　　mean（平均）　[2.109]，25
　　　progression（数列）　[2.107]，25
　Geometrical optics（幾何光学），166
　Gibbs（ギブス）
　　　constant (value)（定数（値）），7
　　　distribution（分布）　[5.113]，112
　　　entropy（エントロピー）　[5.106]，112
　　　free energy（の自由エネルギー）
　　　　　[5.35]，106
　Gibbs's phase rule（ギブスの相律）　[5.54]，
　　　107
★Gibbs–Helmholtz equations（ギブス・ヘルムホルツ方程式），107
　Gibbs-Duhem relation（ギブス・デューエムの関係式）　[5.38]，106
　giga（ギガ），3
　golden mean (value)（黄金律（値）），7
　golden rule (Fermi's)（黄金則（フェルミの））
　　　[4.162]，100
★Gradient（勾配），19
　gradient（勾配）
　　　cylindrical coordinates　[2.26]（円筒座標系），19

general coordinates [2.28]（一般座標系）, 19
rectangular coordinates [2.25]（直交座標系）, 19
spherical coordinates [2.27]（球座標系）, 19
gram (use in SI)（グラム（SIで用いる））, 3
grand canonical ensemble（大正準集団）[5.113], 112
grand partition function（大分配関数）[5.112], 112
grand potential（グランドポテンシャル）
    definition（定義）[5.37], 106
    from grand partition function（大分配関数から）[5.115], 113
grating（格子）
    dispersion（分散）[8.31], 162
    formula（公式）[8.27], 162
    resolving power（分解能）[8.30], 162
★Gratings（グレーティング（格子）），162
Gravitation（重力）, 64
gravitation（重力）
    field from a sphere（球からの場）[3.44], 64
    general relativity（一般相対性理論）, 65
    Newton's law（ニュートンの法則）[3.40], 64
    Newtonian（ニュートン力学の）, 69
    Newtonian field equations（ニュートンの場の方程式）[3.42], 64
gravitational（重力）
    collapse（崩壊）[9.53], 179
    constant（定数）, 4, 5, 14
    lens（レンズ）[9.50], 178
    potential（ポテンシャル）[3.42], 64
    redshift（赤方偏移）[9.74], 181
    wave radiation（波動放射）[9.75], 181
★Gravitationally bound orbital motion（重力の下での軌道運動），69
gravity（引力（重力））
    and motion on Earth（と地球上の運動）[3.38], 64
    waves (on a fluid surface)（波（流体表面上））[3.320], 84
gray (unit)（グレイ（単位）），2
★Greek alphabet（ギリシャ文字），16
Green's first theorem（グリーンの第1定理）[2.62], 21

Green's second theorem（グリーンの第2定理）[2.63], 21
Greenwich sidereal time（グリニッジ恒星時）[9.6], 175
Gregory's series（グレゴリー級数）[2.141], 27
greybody（灰色体）[5.193], 119
group speed (wave)（群速度（波の））[3.327], 85
Grüneisen parameter（グリューナイゼンパラメータ）[6.56], 129
gyro-frequency（ジャイロ振動数）[7.265], 155
gyro-radius（ジャイロ半径）[7.268], 155
gyromagnetic ratio（磁気回転比）
    definition（定義）[4.138], 98
    electron（電子）[4.140], 98
    proton (value)（陽子（値）），6
gyroscopes（ジャイロスコープ），75
gyroscopic（ジャイロスコープの）
    limit（極限）[3.193], 75
    nutation（章動）[3.194], 75
    precession（歳差運動）[3.191], 75
    stability（安定性）[3.192], 75

H

half-life (nuclear decay)（半減期（崩壊））[4.164], 101
half-period zones (Fresnel)（半周期ゾーン（フレネル））[8.49], 164
Hall（ホール）
    coefficient (dimensions)（係数（次元）），15
    conductivity（電気伝導度）[7.280], 156
    effect and coefficient（効果と係数）[6.67], 130
    voltage（電圧）[6.68], 130
Hamilton's equations（ハミルトンの方程式）[3.220], 77
Hamilton's principal function（ハミルトンの主関数）[3.213], 77
Hamilton-Jacobi equation（ハミルトン・ヤコビの方程式）[3.227], 77
Hamiltonian（ハミルトニアン）
    charged particle (Newtonian)（荷電粒子（ニュートン力学））[7.138], 144
    charged particle（荷電粒子の）

[3.223], 77
  definition（定義）[3.219], 77
  of a particle（粒子の）[3.222], 77
  quantum mechanical（量子力学の）
    [4.21], 89
★Hamiltonian dynamics（ハミルトニアン力学）, 77
Hamming window（ハミング窓）[2.584], 58
Hanbury Brown and Twiss interferometry（ハンブリー・ブラウン・トウィスの干渉計）, 170
Hanning window（ハニング窓）[2.583], 58
★Harmonic oscillator（調和振動子）, 93
harmonic oscillator（調和振動子）
  damped（減衰）[3.196], 76
  energy levels（エネルギー準位）
    [4.68], 93
  entropy（エントロピー）[5.108], 112
  forced（強制）[3.204], 76
  mean energy（平均エネルギー）
    [6.40], 128
Hartree energy（ハートリーエネルギー）
  [4.76], 93
★Heat capacities（熱容量）, 105
heat capacity in solids（固体中の熱容量）
  Debye（デバイ）[6.45], 128
  free electron（自由電子）[6.76], 131
heat capacity of a gas（気体の熱容量）
  $C_p - C_V$ [5.17], 105
  constant pressure（定圧）[5.15], 105
  constant volume（定積）[5.14], 105
  for f degrees of freedom（f自由度に対して）, 111
  ratio(γ)（比）[5.13], 105
heat conduction/diffusion equation（熱伝導／拡散方程式）
  differential equation（微分方程式）
    [2.340], 41
  Fick's second law（フィックの第2法則）[5.96], 111
heat engine efficiency（熱機関効率）
  [5.10], 105
heat pump efficiency（ヒートポンプ効率）
  [5.12], 105
heavy beam（重い梁）[3.260], 80
hecto（ヘクト）, 3
Heisenberg uncertainty relation（ハイゼンベルグの不確定性関係）[4.7], 88
Helmholtz equation（ヘルムルツ方程式）
  [2.341], 41
Helmholtz free energy（ヘルムホルツの自由エネルギー）
  definition（定義）[5.32], 106
  from partition function（分配関数から）
    [5.114], 113
hemisphere (centre of mass)（半球（質量中心））[3.170], 74
hemispherical shell (centre of mass)（半球殻（質量中心））[3.171], 74
henry (unit)（ヘンリー（単位））, 2
Hermite equation（エルミート方程式）
  [2.346], 41
Hermite polynomials（エルミート多項式）
  [4.70], 93
Hermitian（エルミート）
  conjugate operator（共役演算子）
    [4.17], 89
  matrix（行列）[2.73], 22
  symmetry（対称）, 51
Heron's formula（ヘロンの公式）[2.253], 34
herpolhode（ハーポールホード）, 61, 75
hertz (unit)（ヘルツ（単位））, 2
Hertzian dipole（ヘルツ双極子）[7.207], 151
hexagonal system (crystallographic)（六方晶系（結晶学））, 125
High energy and nuclear physics（高エネルギーと核物理）, 101
Hohmann cotangential transfer（ホーマン余接遷移）[3.98], 68
hole current density（正孔電流密度）
  [6.89], 132
Hooke's law（フックの法則）[3.230], 78
l'Hôpital's rule（ロピタルの定理）[2.131], 26
★Horizon coordinates（地平座標系）, 175
hour (unit)（時間（単位））, 3
hour angle（時角）[9.8], 175
Hubble constant (dimensions)（ハッブル定数（物理次元））, 15
Hubble constant（ハッブル定数）[9.85], 182
Hubble law（ハッブルの法則）
  as a distance indicator（距離の指標として）[9.45], 178

欧文索引　　**263**

    in cosmology（宇宙論における）
        [9.83], 182
hydrogen atom（水素原子）
    eigenfunctions（固有関数）[4.80], 94
    energy（エネルギー）[4.81], 94
    Schrödinger equation（シュレディンガー方程式）[4.79], 94
Hydrogenic atoms（水素原子）, 93
★Hydrogenlike atoms – Schrödinger solution（水素型原子−シュレーディンガーの解）, 94
hydrostatic（流体静力学的）
    compression（圧縮）[3.238], 78
    condition（条件）[3.293], 82
    equilibrium（(星の) 平衡）[9.61], 179
hyperbola（双曲線）, 36
★Hyperbolic derivatives（双曲線関数の微分）, 39
hyperbolic motion（双曲運動）, 70
★Hyperbolic relationships（双曲線関数の相互関係）, 31

I

I Stokes parameter（I ストークスパラメータ）[8.89], 169
icosahedron（正二十面体）, 36
★Ideal fluids（理想流体）, 82
★Ideal gas（理想気体）, 108
ideal gas（理想気体）
    adiabatic equations（断熱方程式）[5.58], 108
    internal energy（内部エネルギー）[5.62], 108
    isothermal reversible expansion（可逆等温膨張）[5.63], 108
    law（の法則）[5.57], 108
    speed of sound（音速）[3.318], 84
★Identical particles（同一粒子問題）, 113
    illuminance (definition)（照度 (定義)）[5.164], 14 117
★Image charges（仮想電荷）, 136
impedance（インピーダンス）
    acoustic（音響）[3.276], 81
    dimensions（物理次元）, 14
    electrical（電気的）, 146
    transformation（変換）[7.166], 147

impedance of（インピーダンス）
    capacitor（コンデンサの）[7.159], 146
    coaxial transmission line（同心伝送線路）[7.181], 148
    electromagnetic wave（電磁波の）[7.198], 150
    forced harmonic oscillator（強制調和振動子）[3.212], 76
    free space（自由空間）
        definition（定義）[7.197], 150
        value（値）, 5
    inductor（インダクターの）[7.160], 146
    lossless transmission line（無損失伝送線路）[7.174], 148
    lossy transmission line（損失伝送線路）[7.175], 148
    microstrip line（マイクロストリップ伝送線路の）[7.184], 148
    open-wire transmission line（開放伝送線路）[7.182], 148
    paired strip transmission line（2対ストリップ伝送線路）[7.183], 148
    terminated transmission line（有限伝送線路）[7.178], 148
    waveguide（導波路）
        TE modes（TE モード）[7.190], 149
        TM modes（TM モード）[7.189], 149
impedances（インピーダンス）
    in parallel（並列）[7.158], 146
    in series（直列）[7.157], 146
impulse (specific)（推力 (比)）[3.92], 68
incompressible flow（非圧縮性流）, 82, 83
indefinite integrals（不定積分）, 42
induced charge density（誘導電荷密度）[7.84], 140
★Inductance（インダクタンス）, 135
inductance（インダクタンス）
    dimensions（物理次元）, 14
    energy（エネルギー）[7.154], 146
    energy of an assembly（部品のエネルギー）[7.135], 144
    impedance（インピーダンス）[7.160], 146
    mutual（相互）

definition（定義）［7.147］, 145
    energy（エネルギー）［7.135］, 144
    self（自己）［7.145］, 145
    voltage across（をまたぐ電圧）
        ［7.146］, 145
inductance of（インダクタンス）
    cylinders (coaxial)（同軸円筒の）
        ［7.24］, 135
    solenoid（ソレノイドの）［7.23］, 135
    wire loop（ループ状針金）［7.26］, 135
    wires (parallel)（(平行な) 針金）
        ［7.25］, 135
induction equation (MHD)（感応方程式（MHD））［7.282］, 156
inductor, → inductance（誘電子（インダクター），→ インダクタンス）
★Inelastic collisions（非弾性衝突）, 71
★Inequalities（不等式）, 28
inertia tensor（慣性テンソル）［3.136］, 72
inner product（内積）［2.1］, 18
Integration（積分）, 42
integration (numerical)（積分（数値））［2.586］, 59
integration by parts［2.354］（部分積分）, 42
intensity（強度）
    correlation（相関）［8.109］, 170
    of interfering beams（ビームの干渉）［8.100］, 170
    radiant（放射）［5.154］, 116
    specific（比）［5.171］, 118
intensity（明暗度）
    luminous（発光）［5.166］, 117
Interference（干渉）, 160
interference and coherence（干渉と可干渉）［8.100］, 170
intermodal dispersion (optical fiber)（インターモーダル分散（光ファイバー））［8.79］, 167
internal energy（内部エネルギー）
    definition（定義）［5.28］, 106
    from partition function（分配関数から）［5.116］, 113
    ideal gas（理想気体）［5.62］, 108
    Joule's law（ジュールの法則）［5.55］, 108
    monatomic gas（単原子気体の）［5.79］, 110
interval (in general relativity)（間隔（一般相対論における））［3.45］, 65
invariable plane（不変平面）, 61, 75
inverse Compton scattering（逆コンプトン散乱）［7.239］, 153
★Inverse hyperbolic functions（逆双曲線関数）, 33
inverse Laplace transform（逆ラプラス変換）［2.518］, 53
inverse square law（逆2乗法則）［3.99］, 69
★Inverse trigonometric functions（逆三角関数）, 32
ionic bonding（イオン結合）［6.55］, 129
irradiance (definition)（放射照度（定義））［5.152］, 116
isobaric expansivity（等圧膨張率）［5.19］, 105
isophotal wavelength（等光度波長）［9.39］, 177
isothermal bulk modulus（等温体積弾性率）［5.22］, 105
isothermal compressibility（等温圧縮率）［5.20］, 105
★Isotropic elastic solids（等方的弾性体）, 79

J

Jacobi identity（ヤコビ恒等式）［2.93］, 24
Jacobian（ヤコビアン）
    definition（定義）［2.332］, 40
    in change of variable（変数変換における）［2.333］, 40
Jeans length（ジーンズ長）［9.56］, 179
Jeans mass（ジーンズ質量）［9.57］, 179
joint probability（結合確率）［2.568］, 57
Jones matrix（ジョーンズ行列）［8.85］, 168
Jones vectors（ジョーンズベクトル）
    definition（定義）［8.84］, 168
    examples（例）［8.84］, 168
★Jones vectors and matrices（ジョーンズベクトルと行列）, 168
Josephson frequency-voltage ratio（ジョセフソン振動数-電圧比）, 5
joule (unit)（ジュール（単位））, 2
Joule expansion (and Joule coefficient)（ジュール膨張（とジュール係数））

[5.25], 106
Joule expansion (entropy change)（ジュール膨張（エントロピーの変化））[5.64], 108
Joule's law (of internal energy)（ジュールの法則（内部エネルギーの））[5.55], 108
Joule's law (of power dissipation)（ジュールの法則（電力散逸の））[7.155], 146
Joule-Kelvin coefficient（ジュール・ケルビン係数）[5.27], 106
Julian centuries（ユリウス世紀）[9.5], 175
Julian day number（ユリウス日数）[9.1], 175
Jupiter data（木星データ）, 174

K

katal (unit)（カタール（単位））, 2
Kelvin（ケルビン）
 circulation theorem（循環定理）[3.287], 82
 relation（関係式）[6.83], 131
 temperature conversion（温度換算）, 13
 temperature scale（温度スケール）[5.2], 104
 wedge（の楔）[3.330], 85
kelvin (SI definition)（ケルビン（SI定義））, 1
kelvin (unit)（ケルビン（単位））, 2
Kelvin-Helmholtz timescale（ケルビン・ヘルムホルツ時間スケール）[9.55], 179
Kepler's laws（ケプラーの法則）, 69
Kepler's problem（ケプラー問題）, 69
Kerr solution (in general relativity)（カー解（一般相対論における））, 65
ket vector（ケットベクトル）[4.34], 90
kilo（キロ）, 3
kilogram (SI definition)（キログラム（SI定義））, 1
kilogram (unit)（キログラム（単位））, 2
kinematic viscosity（動粘性率）[3.302], 83
kinematics（運動学）, 61
kinetic energy（運動エネルギー）
 definition（定義）[3.65], 66
 for a rotating body（回転する物体
[3.142], 72
 Galilean transformation（ガリレイ変換）[3.6], 62
 in the virial theorem（ビリアル定理中の）[3.102], 69
 loss after collision（衝突後の損失）[3.128], 71
 of a particle（粒子の）[3.216], 77
 of monatomic gas（単原子気体の）[5.79], 110
 operator (quantum)（演算子（量子））[4.20], 89
 relativistic（相対論的）[3.73], 66
 w.r.t. principal axes（主軸に関する）[3.145], 72
Kinetic theory（分子運動論）, 110
Kirchhoff's (radiation) law（キルヒホッフの（放射）法則）[5.180], 118
★Kirchhoff's diffraction formula（キルヒホッフの回折公式）, 164
★Kirchhoff's laws（キルヒホッフの法則）, 147
Klein–Nishina cross section（クライン・仁科断面積）[7.243], 153
Klein-Gordon equation（クライン・ゴルドン方程式）[4.181], 102
Knudsen flow（クヌーセン流）[5.99], 111
Kronecker delta（クロネッカーのデルタ）[2.442], 48
kurtosis estimator（尖度推定）[2.545], 55

L

ladder operators (angular momentum)（昇降演算子（角運動量））[4.108], 96
Lagrange's identity（ラグランジュの恒等式）[2.7], 18
★Lagrangian dynamics（ラグランジアン力学）, 77
Lagrangian of（ラグランジアン）
 charged particle（荷電粒子の）[3.217], 77
 particle（粒子の）[3.216], 77
 two mutually attracting bodies（互いに引きよせられる2物体の）[3.85], 67
Laguerre equation（ラゲール方程式）[2.347], 41
Laguerre polynomials (associated)（ラゲール

多項式（陪）），94
Lamé coefficients（ラメ係数）[3.240], 79
★Laminar viscous flow（層粘性流），83
Landé g-factor（ランデの g-因子）[4.146], 98
Landau diamagnetic susceptibility（ランダウ反磁性感受率）[6.80], 131
Landau length（ランダウ長）[7.249], 154
Langevin function (from Brillouin fn)（ランジュバン関数（ブリルアン関数から））[4.147], 99
Langevin function（ランジュバン関数）[7.111], 142
Laplace equation（ラプラス方程式）
    definition（定義）[2.339], 41
    solution in spherical harmonics（の球面調和関数解）[2.440], 47
Laplace series（ラプラス級数）[2.439], 47
Laplace transform（ラプラス変換）
    convolution（畳み込み）[2.516], 53
    definition（定義）[2.514], 53
    derivative of transform（変換の導関数）[2.520], 53
    inverse（逆）[2.518], 53
    of derivative（導関数の）[2.519], 53
    substitution（代入）[2.521], 53
    translation（平行移動）[2.523], 53
★Laplace transform pairs（ラプラス変換のペア），54
★Laplace transform theorems（ラプラス変換に関する定理），53
Laplace transforms（ラプラス変換），53
Laplace's formula (surface tension)（ラプラスの公式（表面張力））[3.337], 86
Laplacian（ラプラシアン）
    cylindrical coordinates（円筒座標系）[2.46], 21
    general coordinates（一般座標系）[2.48], 21
    rectangular coordinates（直交座標系）[2.45], 21
    spherical coordinates（球座標系）[2.47], 21
★Laplacian (scalar)（ラプラシアン（スカラー）），21
lapse rate (adiabatic)（温度減率（断熱的））[3.294], 82
Larmor frequency（ラーマー振動数）[7.265], 155
Larmor radius（ラーマー半径）[7.268], 155
Larmor's formula（ラーマーの公式）[7.132], 144
laser（レーザー）
    cavity Q（共振器の Q 係数）[8.126], 172
    cavity line width（共振器（空洞）線の幅）[8.127], 172
    cavity modes（光空洞モード）[8.124], 172
    cavity stability（共振器の安定性）[8.123], 172
    threshold condition（閾値条件）[8.129], 172
★Lasers（レーザー），172
latent heat（潜熱）[5.48], 107
lattice constants of elements（元素の格子定数），122
Lattice dynamics（格子力学），127
★Lattice forces (simple)（格子力（単純な場合）），129
lattice plane spacing（格子面間隔（一般））[6.11], 124
★Lattice thermal expansion and conduction（格子熱膨張と熱伝導），129
lattice vector（格子ベクトル）[6.7], 124
latus-rectum（通径）[3.109], 69
Laue equations（ラウエ方程式）[6.28], 126
Laurent series（ローラン展開）[2.168], 29
LCR circuits（LCR 回路），145
★LCR definitions（LCR 定義），145
least-squares fitting（最小 2 乗法），58
Legendre equation（ルジャンドル方程式）
    and polynomials（と多項式）[2.421], 45
    definition（定義）[2.343], 41
★Legendre polynomials（ルジャンドル多項式），45
Leibniz theorem（ライプニッツの定理）[2.296], 38
Lennard-Jones 6-12 potential（レナード・ジョーンズ 6-12 ポテンシャル）[6.52], 129

lens blooming（レンズブルーミング） [8.7], 160
★Lenses and mirrors（レンズと鏡）, 166
lensmaker's formula（レンズ作成者の公式） [8.66], 166
Levi-Civita symbol (3-D)（レビ・チビタの記号（3次元）） [2.447], 48
★Liénard–Wiechert potentials（レナード・ビーヘルトポテンシャル）, 137
light (speed of)（光（速度））, 4, 5
★Limits（極限）, 26
line charge (electric field from)（線荷電（からの電場）） [7.29], 136
line fitting（直線適合）, 58
Line radiation（線放射）, 171
line shape（線形）
 collisional（衝突による） [8.114], 171
 Doppler（ドップラー） [8.116], 171
 natural（自然な） [8.112], 171
line width（線の幅）
 collisional/pressure（衝突による／圧力） [8.115], 171
 Doppler broadened（ドップラーに広がった） [8.117], 171
 laser cavity（レーザー共振の） [8.127], 172
 natural（自然） [8.113], 171
 Schawlow-Townes（シャウロー・タウンズの） [8.128], 172
linear absorption coefficient（線形吸収係数） [5.175], 118
linear expansivity (definition)（線形膨張率（定義）） [5.19], 105
linear expansivity (of a crystal)（線形膨脹率（結晶の）） [6.57], 129
linear regression（線形回帰）, 58
linked flux（環状の束） [7.149], 145
liquid drop model（液滴モデル） [4.172], 101
liter (unit)（リットル（単位））, 3
local civil time（地方常用時） [9.4], 175
local sidereal time（地方恒星時） [9.7], 175
local thermodynamic equilibrium (LTE)（局所熱平衡 (LTE)）, 114, 118
$\ln(1+x)$ (series expansion)（級数展開） [2.133], 27
logarithm of complex numbers（複素数の対数） [2.162], 28
logarithmic decrement（対数減衰率） [3.202], 76
London's formula (interacting dipoles)（ロンドンの公式（相互作用している双極子）） [6.50], 129
longitudinal elastic modulus（縦弾性率） [3.241], 79
look-back time（過去に遡れる時間） [9.96], 183
Lorentz（ローレンツ）
 broadening（広がり） [8.112], 171
 contraction（収縮） [3.8], 62
 factor (γ)（因子 (γ)） [3.7], 62
 force（力） [7.122], 143
★Lorentz (spacetime) transformations（ローレンツ（時空）変換）, 62
Lorentz factor (dynamical)（ローレンツ因子（力学的な）） [3.69], 66
Lorentz transformation（ローレンツ変換）
 in electrodynamics（電気力学）, 139
 of four-vectors（4元ベクトルの）, 63
 of momentum and energy（運動量とエネルギー）, 63
 of time and position（時間と位置の）, 62
 of velocity（速度）, 62
Lorentz-Lorenz formula（ローレンツ・ローレンツの公式） [7.93], 140
Lorentzian distribution（ローレンツ分布） [2.555], 56
Lorentzian (Fourier transform of)（ローレンツ分布（のフーリエ変換）） [2.505], 52
Lorenz（ローレンツ）
 constant（定数） [6.66], 130
 gauge condition（ゲージ条件） [7.43], 137
lumen (unit)（ルーメン（単位））, 2
luminance（輝度） [5.168], 117
luminosity distance（光度距離） [9.98], 183
luminosity–magnitude relation（光度と等級との関係） [9.31], 177
luminous（光度） [5.166], 117
luminous（発光）
 density（密度） [5.160], 117
 efficacy（視感度効率） [5.169], 117
 efficiency（視感度関数） [5.170], 117
 energy（エネルギー） [5.157], 117

exitance（発散度）[5.162], 117
flux（束）[5.159], 117
intensity（強度）[5.166], 117
lux (unit)（ルクス（単位）），2

M

Mach number（マッハ数）[3.315], 84
Mach wedge（マッハの楔）[3.328], 85
Maclaurin series（マクローリン級数）
　　　[2.125], 26
★Macroscopic thermodynamic variables（巨視的熱力学変数），113
Madelung constant (value)（マーデルング定数（値）），7
Madelung constant（マーデルング定数）
　　　[6.55], 129
magnetic（磁気）
　　diffusivity（拡散係数）[7.282], 156
　　flux quantum（束量子），4, 5
　　monopoles (none)（モノポール（ない））
　　　　[7.52], 138
　　permeability, μ, μ_r（透磁率, μ, μ_r）
　　　　[7.107], 141
　　quantum number（量子数）[4.131], 98
　　scalar potential（スカラーポテンシャル）[7.7], 134
　　susceptibility, χ_H, χ_B（感受率, χ_H, χ_B）
　　　　[7.103], 141
　　vector potential（ベクトルポテンシャル）
　　　　definition（定義）[7.40], 137
　　　　from J（Jからの）[7.47], 137
　　　　of a moving charge（動く電荷の）
　　　　　　[7.49], 137
magnetic dipole, → dipole（磁気双極子, → 双極子）
magnetic field（磁場）
　　around objects（物体のまわりの）
　　　　[7.32], 136
　　dimensions（物理次元），14
　　energy density（エネルギー密度）
　　　　[7.128], 144
　　Lorentz transformation（ローレンツ変換），139
　　static（静的），134
　　thermodynamic work（熱力学的仕事）
　　　　[5.8], 104
　　wave equation（波動方程式）[7.194], 150

★Magnetic fields（磁場），136
　　magnetic flux density from（磁束密度）
　　　　current density（電流密度からの）
　　　　　　[7.10], 134
　　　　current（電流からの）[7.11], 134
　　　　dipole（双極子）[7.36], 136
　　　　electromagnet（電磁石）[7.38], 136
　　　　line current (Biot–Savart law)（線電流からの（ビオ・サバールの法則））
　　　　　　[7.9], 134
　　　　solenoid (finite)（ソレノイド（有限の長さ））[7.38], 136
　　　　solenoid (infinite)（無限に長いソレノイドからの）[7.33], 136
　　　　uniform cylindrical current（一様な円筒形電流からの）[7.34], 136
　　　　waveguide（導波路）[7.190], 149
　　　　wire loop（ループ状針金）[7.37], 136
　　　　wire（針金）[7.34], 136
★Magnetic moments（磁気モーメント），98
★Magnetisation（磁化），141
　　magnetisation（磁化）
　　　　definition（定義）[7.97], 141
　　　　dimensions（物理次元），14
　　　　isolated spins（孤立したスピン）
　　　　　　[4.151], 99
　　　　quantum paramagnetic（量子常磁性）
　　　　　　[4.150], 99
　　magnetogyric ratio（磁気回転比）[4.138], 98
★Magnetohydrodynamics（電磁流体力学），156
　　magnetosonic waves（磁気音波）[7.285], 156
★Magnetostatics（静磁場），134
　　magnification (longitudinal)（倍率（縦））
　　　　[8.71], 166
　　magnification (transverse)（倍率（横断））
　　　　[8.70], 166
　　magnitude (astronomical)（等級（天文学的））
　　　　–flux relation（フラックスとの関係）
　　　　　　[9.32], 177
　　　　–luminosity relation（光度との関係）
　　　　　　[9.31], 177
　　　　absolute（絶対）[9.29], 177
　　　　apparent（みかけの）[9.27], 177
major axis（長径）[3.106], 69
Malus's law（マリュスの法則）[8.83], 168

欧文索引

Mars data（火星データ）, 174
mass absorption coefficient（質量吸収係数） [5.176], 118
mass ratio (of a rocket)（質量比（ロケットの）） [3.94], 68
★Mathematical constants（数学定数）, 7
Mathematics（数学）, 17–60
    matrices (square)（行列（平方） [2.88]）, 23
★Matrix algebra（行列代数）, 22
    matrix element (quantum)（行列要素（量子）） [4.32], 90
    maxima（最大） [2.336], 40
★Maxwell's equations（マックスウェルの方程式）, 138
★Maxwell's equations (using D and H)（マックスウェルの方程式（DとHを用いた表現））, 138
★Maxwell's relations（マックスウェルの関係式）, 107
★Maxwell–Boltzmann distribution（マックスウェル・ボルツマン分布）, 110
    Maxwell-Boltzmann distribution（マックスウェル・ボルツマン分布）
        mean speed（平均速度） [5.86], 110
        most probable speed（最確速度） [5.88], 110
        rms speed（2乗平均速度） [5.87], 110
        speed distribution（速度分布） [5.84], 110
    mean（平均）
        arithmetic（相加） [2.108], 25
        geometric（相乗（幾何的）） [2.109], 25
        harmonic（調和） [2.110], 25
    mean estimator（平均推定） [2.541], 55
    mean free path（平均自由行程）
        and absorption coefficient（と吸収係数） [5.175], 118
        Maxwell-Boltzmann（マックスウェル・ボルツマン分布） [5.89], 111
    mean intensity（平均強度） [5.172], 118
    mean-life (nuclear decay) [4.165]（平均寿命（崩壊））, 101
    mega（メガ）, 3
    melting points of elements（元素の融点）, 122
    meniscus（メニスカス） [3.339], 86
    Mensuration（求積法）, 33

Mercury data（水星データ）, 174
meter (SI definition)（メートル（SI定義））, 1
meter (unit)（メートル（単位））, 2
method of images（仮想電荷法）, 136
metric elements and coordinate systems（距離要素と座標系）, 19
MHD equations（MHD方程式） [7.283], 156
micro, 3
microcanonical ensemble（小正準集団（ミクロカノニカル集団）） [5.109], 112
micron (unit)（ミクロン（単位））, 3
microstrip line (impedance)（マイクロストリップ伝送線路（インピーダンス）） [7.184], 148
Miller-Bravais indices（ミラー・ブラベ指数） [6.20], 124
milli（ミリ）, 3
minima（最小） [2.337], 40
minimum deviation (of a prism)（最小偏角（プリズムの）） [8.74], 167
minor axis（短径） [3.107], 69
minute (unit)（分（単位））, 3
mirror formula（鏡面公式） [8.67], 166
Miscellaneous（その他）, 16
mobility (in conductors)（易動度（移動度）（導体中の）） [6.88], 132
modal dispersion (optical fiber)（モーダル分散（光ファイバー）） [8.79], 167
modified Bessel functions（修正ベッセル関数） [2.419], 45
modified Julian day number（修正ユリウス日数） [9.2], 175
modulus (of a complex number)（モデュラス（複素数の）） [2.155], 28
★Moiré fringes（モアレ縞）, 33
molar volume（モル体積）, 7
mole (SI definition)（モル（SI定義））, 1
mole (unit)（モール（単位））, 2
molecular flow（分子流） [5.99], 111
moment（モーメント）
    electric dipole（電気双極子） [7.81], 140
    magnetic dipole（磁気双極子） [7.94], 141
    magnetic dipole（磁気双極子） [7.95],

269

141
moment of area（断面モーメント）[3.258], 80
moment of inertia（慣性モーメント）
    cone（円錐）[3.160], 73
    cylinder（円筒）[3.155], 73
    dimensions（物理次元）, 14
    disk（円板）[3.168], 73
    elliptical lamina（楕円形薄板）[3.166], 73
    rectangular cuboid（直方体）[3.158], 73
    sphere（球）[3.152], 73
    spherical shell（球殻）[3.153], 73
    thin rod（細い棒）[3.150], 73
    triangular plate（三角板）[3.169], 73
    two-body system（2体系）[3.83], 67
★Moment of inertia tensor（慣性テンソル）, 72
★Moments of inertia（慣性モーメント）, 73
momentum（運動量）
    definition（定義）[3.64], 66
    dimensions（物理次元）, 14
    generalised（一般化）[3.218], 77
    relativistic（相対論的）[3.70], 66
★Momentum and energy transformations（運動量とエネルギー変換）, 63
★Monatomic gas（単原子気体）, 110
monatomic gas（単原子気体）
    entropy（エントロピー）[5.83], 110
    equation of state（状態方程式）[5.78], 110
    heat capacity（熱容量）[5.82], 110
    internal energy（内部エネルギー）[5.79], 110
    pressure（圧力）[5.77], 110
monoclinic system (crystallographic)（単斜晶系（結晶学））, 125
★Moon data（月データ）, 174
motif（モチーフ）[6.31], 126
motion under constant acceleration（一定加速度の元での運動）, 66
Mott scattering formula（モットの散乱公式）[4.180], 102
μ, μ_r (magnetic permeability)（μ, μ_r（透磁率））[7.107], 141
multilayer films (in optics)（多重層フィルム（光学における））[8.8], 160

multimode dispersion (optical fibre)（多モード分散（光ファイバー））[8.79], 167
multiplicity (quantum)（多重度（量子））
    j [4.133], 98
    l [4.112], 96
multistage rocket（多段式ロケット）[3.95], 68
★Multivariate normal distribution（多変量正規分布）, 56
★Muon and tau constants（ミューオンとタウ中間子定数）, 7
muon physical constants（ミューオンの物理定数）, 7
mutual（相互）
    capacitance（静電容量）[7.134], 144
    inductance (definition)（インダクタンス（定義））[7.147], 145
    inductance (energy)（インダクタンス（エネルギー））[7.135], 144
mutual coherence function（相互可干渉関数）[8.97], 170

N

nabla（ナブラ）, 19
★Named integrals（名前の付いた積分）, 43
nano（ナノ）, 3
natural broadening profile（自然な広がりの輪郭）[8.112], 171
natural line width（自然線の幅）[8.113], 171
Navier-Stokes equation（ナビエ・ストーク方程式）[3.301], 83
nearest neighbour distances（最近格子点の距離）, 125
Neptune data（海王星データ）, 174
neutron（中性子）
    Compton wavelength（コンプトン波長）, 6
    gyromagnetic ratio（磁気回転比）, 6
    magnetic moment（磁気モーメント）, 6
    mass（質量）, 6
    molar mass（モル質量）, 6
★Neutron constants（中性子定数）, 6
neutron star degeneracy pressure（中性子星縮退圧）[9.77], 181
newton (unit)（ニュートン（単位））, 2
Newton's law of Gravitation（ニュートンの万有引力の法則）[3.40], 64

Newton's lens formula（ニュートンのレンズ公式）［8.65］, 166
★Newton's rings（ニュートン環）, 160
Newton's rings（ニュートン環）［8.1］, 160
Newton-Raphson method（ニュートン・ラプソン法）［2.593］, 59
★Newtonian gravitation（ニュートン重力）, 64
★Noise（雑音）, 115
 noise（雑音）
  figure（指数）［5.143］, 115
  Johnson（ジョンソン）［5.141］, 115
  Nyquist's theorem（ナイキストの定理）［5.140］, 115
  shot（ショット）［5.142］, 115
  temperature（熱）［5.140］, 115
normal (unit principal)（法線（単位主））［2.284］, 37
normal distribution（正規分布）［2.552］, 56
normal plane（法平面）, 37
★Nuclear binding energy（原子核結合エネルギー）, 101
★Nuclear collisions（原子核衝突）, 102
★Nuclear decay（原子核崩壊）, 101
 nuclear decay law（原子核崩壊法則）［4.163］, 101
nuclear magneton（核磁子）, 5
numerical aperture (optical fiber)（開口数（光ファイバー））［8.78］, 167
★Numerical differentiation（数値微分）, 61
★Numerical integration（数値積分）, 59
Numerical methods（数値解法）, 58
★Numerical solutions to $f(x) = 0$（$f(x) = 0$ の数値解法）, 59
★Numerical solutions to ordinary differential equations（常微分方程式に対する数値解法）, 60
nutation（章動）［3.194］, 75
Nyquist's theorem（ナイキストの定理）［5.140］, 115

O
★Oblique elastic collisions（斜弾性衝突）, 71
obliquity factor (diffraction)（傾斜ファクター（回折））［8.46］, 164
obliquity of the ecliptic（黄道傾斜）［9.13］, 176
observable (quantum physics)（観測量（量子物理））［4.5］, 88

Observational astrophysics（観測天文学）, 177
octahedron（正八面体）, 36
odd functions（奇関数）, 51
ODEs (numerical solutions)（ODEs（数値解））, 60
ohm (unit)（オーム（単位））, 2
Ohm's law (in MHD)（オームの法則（MHDにおける））［7.281］, 156
Ohm's law（オームの法則）［7.140］, 145
opacity（乳白度）［5.176］, 118
open-wire transmission line（開放伝送線路）［7.182］, 148
operator（演算子）
 angular momentum（角運動量）
  and other operators（と他の演算子）［4.23］, 89
  definitions（定義）［4.105］, 96
 Hamiltonian（ハミルトニアン）［4.21］, 89
 kinetic energy（運動エネルギー）［4.20］, 89
 momentum（運動量）［4.19］, 89
 parity（パリティ（偶奇性））［4.24］, 89
 position（正値）［4.18］, 89
 time dependence（時間依存）［4.27］, 89
★Operators（演算子（作用素））, 89
 optic branch (phonon)（光学的分枝（フォノン））［6.37］, 127
 optical coating（オプティカルコート）［8.8］, 160
 optical depth（光学的深さ）［5.177］, 118
★Optical fibers（光ファイバー）, 167
 optical path length（光路長）［8.63］, 166
Optics（光学）, 159–172
★Orbital angular dependence（軌道関数の角依存）, 95
★Orbital angular momentum（軌道角運動量）, 96
 orbital motion（軌道運動）, 69
 orbital radius (Bohr atom)（軌道半径（ボーア原子））［4.73］, 93
 order (in diffraction)（オーダー（回折の））［8.26］, 162
 ordinary modes（通常モード）［7.271］, 155
 orthogonal matrix（直交行列）［2.85］, 23

orthogonality（直交性）
    associated Legendre functions（陪ルジャンドル関数）　[2.434], 46
    Legendre polynomials（ルジャンドル多項式）　[2.424], 45
orthorhombic system (crystallographic)（斜方晶系（結晶学））, 125
Oscillating systems（振動系）, 76
osculating plane（接触平面）, 37
Otto cycle efficiency（オットーサイクル効率）　[5.13], 105
overdamping（過減衰）　[3.201], 76

P

p orbitals（p軌道）　[4.95], 95
P-waves（P-波）　[3.263], 80
packing fraction (of spheres)（充填率（球の））, 125
paired strip (impedance of)（2対ストリップ伝送線路（インピーダンス））　[7.183], 148
parabola（放物線）, 36
parabolic motion（放物運動）　[3.88], 67
parallax (astronomical)（視差（天文学的））　[9.46], 178
parallel axis theorem（平行軸定理）　[3.140], 72
parallel impedances（並列インピーダンス）　[7.158], 146
parallel wire feeder (inductance)（平行な給電線インダクタンス）　[7.25], 135
paramagnetic susceptibility (Pauli)（磁気感受率（パウリ））　[6.79], 131
paramagnetism (quantum)（常磁性（量子））, 99
★**Paramagnetism and diamagnetism**（常磁性と反磁性）, 142
parity operator（パリティ演算子）　[4.24], 89
Parseval's relation（パーセバルの関係式）　[2.495], 51
Parseval's theorem（パーセバルの定理）
    integral form（積分形）　[2.496], 51
    series form（級数形）　[2.480], 50
★**Partial derivatives**（偏微分）, 40
partial widths (and total width)（部分的幅と全幅））　[4.176], 102
★**Particle in a rectangular box**（直方体の中の粒子）, 92
Particle motion（粒子の運動）, 66
partition function（分配関数）
    atomic（原子の）　[5.126], 114
    definition（定義）　[5.110], 112
    macroscopic variables from（から巨視的変数 [5.119]）, 113
pascal (unit)（パスカル（単位））, 2
★Pauli matrices（パウリ行列）, 24
Pauli matrices（パウリ行列）　[2.94], 24
Pauli paramagnetic susceptibility（パウリ磁気感受率）　[6.79], 131
Pauli spin matrices (and Weyl eqn.)（パウリのスピン行列（とワイル方程式））　[4.182], 102
Pearson's r（ピアソンのr）　[2.546], 55
Peltier effect（ペルティエ効果）　[6.82], 131
pendulum（振り子）
    compound（複合）　[3.182], 74
    conical（円錐形）　[3.180], 74
    double（二重）　[3.183], 74
    simple（単）　[3.179], 74
    torsional（ねじれ）　[3.181], 74
★Pendulums（振り子）, 74
perfect gas（完全気体）, 108
pericenter (of an orbit)（近点（軌道の））　[3.110], 69
perimeter（周の長さ）
    of circle（円）　[2.261], 35
    of ellipse（楕円）　[2.266], 35
★Perimeter, area, and volume（周の長さ，面積，体積）, 35
period (of an orbit)（周期（軌道の））　[3.113], 69
Periodic table（周期律表）, 122
permeability（透磁率）
    dimensions（物理次元）, 15
    magnetic（磁気）　[7.107], 141
    of vacuum（真空中の）, 4, 5
permittivity（誘電率）
    dimensions（物理次元）, 15
    electrical（電気）　[7.90], 140
    of vacuum（真空中の）, 4, 5
permutation tensor（置換テンソル）（ϵ_{ijk}）　[2.447], 48
perpendicular axis theorem（垂直軸定理）　[3.148], 72
Perturbation theory（摂動理論）, 100

peta（ペタ）, 3
petrol engine efficiency（ガソリンエンジン効率）[5.13], 105
phase object（（弱）位相物体（回折））[8.43], 163
phase rule (Gibbs's)（相律（ギブスの））[5.54], 107
phase speed (wave)（位相速度（波の））[3.325], 85
★Phase transitions（相転移）, 107
★Phonon dispersion relations（フォノン分散関係）, 127
phonon modes (mean energy)（フォノンモード（平均エネルギー））[6.40], 128
★Photometric wavelengths（測光波長）, 177
★Photometry（測光）, 117
photon energy（光子エネルギー）[4.3], 88
Physical constants（物理定数）, 4
★Pi (π) to 1 000 decimal places（小数点1000桁までの円周率π）, 16
pico（ピコ）, 3
pipe (flow of fluid along)（パイプ（に沿う流体の流れ））[3.305], 83
pipe (twisting of)（パイプ（のねじれ））[3.255], 79
pitch angle（ピッチ角）, 157
Planck（プランク）
    constant（定数）, 4, 5
    constant (dimensions)（定数（物理次元））, 15
    function（関数）[5.184], 119
    length（長）, 5
    mass（質量）, 5
    time（時間）, 5
Planck-Einstein relation（プランク・アインシュタインの関係式）[4.3], 88
plane polarisation（平面偏光）, 168
★Plane triangles（平面三角形）, 34
plane wave expansion（平面波展開）[2.427], 45
★Planetary bodies（惑星体）, 178
★Planetary data（惑星データ）, 174
plasma（プラズマ）
    beta（ベータ値）[7.278], 156
    dispersion relation（分散関係）[7.261], 155
    frequency（振動数）[7.259], 155
    group velocity（群速度）[7.264], 155
    phase velocity（位相速度）[7.262], 155
    refractive index（屈折率）[7.260], 155
Plasma physics（プラズマ物理）, 154
★Platonic solids（正多面体（プラトンの立体））, 36
Pluto data（冥王星データ）, 174
p-n junction（p-n接合）[6.92], 132
Poincaré sphere（ポアンカレ球）, 168
point charge (electric field from)（点電荷（からの電場））[7.5], 134
Poiseuille flow（ポアズイユ流れ）[3.305], 83
Poisson brackets（ポアソン括弧式）[3.224], 77
Poisson distribution（ポアソン分布）[2.549], 55
Poisson ratio（ポアソン比）
    and elastic constants（と弾性係数）[3.251], 79
    simple definition（簡単な定義）[3.231], 78
Poisson's equation（ポアソンの方程式）[7.3], 134
polarisability（分極率）[7.91], 140
Polarisation（偏光）, 168
★Polarisation（分極）, 140
polarisation (electrical, per unit volume)（分極（電気の，単位体積当たり））[7.83], 140
polarisation (of radiation)（（放射）偏光）
    angle（角）[8.81], 168
    axial ratio（軸率）[8.88], 169
    degree of（偏光度）[8.96], 169
    elliptical（楕円）[8.80], 168
    ellipticity（楕円度）[8.82], 168
    reflection law（反射の法則）[7.218], 152
polarisers（偏光子）[8.85], 168
polhode（ポールホード）, 61, 75
★Population densities（占有密度）, 114
potential（電位差，ポテンシャル）
    chemical（化学）[5.28], 106
    difference (and work)（と仕事）[5.9], 104
    difference (between points)（差（2点間の））[7.2], 134

electrical（電気）［7.46］, 137
electrostatic（静電）［7.1］, 134
energy (elastic)（エネルギー（弾性））
　　［3.235］, 78
energy in Hamiltonian（エネルギー（ハ
　　ミルトニアン中の））［3.222］,
　　77
energy in Lagrangian（エネルギー（ラ
　　グランジアン中の））［3.216］,
　　77
field equations（場の方程式）［7.45］,
　　137
four-vector（4元ベクトル）［7.77］,
　　139
grand（グランド）［5.37］, 106
Liénard–Wiechert（レナード・ビーヘル
　　ト）, 137
Lorentz transformation ［7.75］（ロー
　　レンツ変換）, 139
magnetic scalar（磁気スカラー）［7.7］,
　　134
magnetic vector（磁気ベクトル）
　　［7.40］, 137
Rutherford scattering（ラザフォード散
　　乱）［3.114］, 70
thermodynamic（熱力学的）［5.35］,
　　106
velocity（速度）［3.296］, 82
★Potential flow（ポテンシャル流れ）, 82
★Potential step（ステップポテンシャル）, 90
★Potential well（井戸型ポテンシャル）, 91
power gain（電力利得）
　　antenna（アンテナ）［7.211］, 151
　　short dipole（短双極子）［7.213］, 151
★Power series（べき級数）, 26
Power theorem（べき定理）［2.495］, 51
Poynting vector（ポインティングベクト
　　ル）［7.130］, 144
pp (proton-proton) chain（pp陽子-陽子チェ
　　イン）, 180
Prandtl number（プラントル数）［3.314］,
　　84
precession (gyroscopic)（歳差運動（ジャイ
　　ロスコープの））［3.191］, 75
★Precession of equinoxes（分点の歳差運動）,
　　176
pressure（圧力）
　　broadening（広がる）［8.115］, 171
　　critical（臨界）［5.75］, 109

degeneracy（縮退）［9.77］, 181
dimensions（物理次元）, 14
fluctuations（揺らぎ）［5.136］, 114
from partition function（分配関数から）
　　［5.118］, 113
hydrostatic（流体静力学的）［3.238］,
　　78
in a monatomic gas（単原子気体中の）
　　［5.77］, 110
radiation（放射 ［7.204］）, 150
thermodynamic work（熱力学的仕事）
　　［5.5］, 104
waves（波）［3.263］, 80
primitive cell（基本セル）［6.1］, 124
primitive vectors (and lattice vectors)（基本ベ
　　クトル（と格子ベクトル））［6.7］,
　　124
primitive vectors (of cubic lattices)（単純基
　　底ベクトル（立方格子の））, 125
★Principal axes（主軸）, 72
principal moments of inertia（主慣性モーメ
　　ント）［3.143］, 72
principal quantum number（主量子数）
　　［4.71］, 93
principle of least action（最小作用の原理）
　　［3.213］, 77
prism（プリズム）
　　determining refractive index（屈折率を
　　　　定める）［8.75］, 167
　　deviation（偏角）［8.73］, 167
　　dispersion（分散）［8.76］, 167
　　minimum deviation（最小偏角）
　　　　［8.74］, 167
　　transmission angle（透過角）［8.72］,
　　　　167
★Prisms (dispersing)（プリズム（分散））, 167
probability（確率）
　　conditional（条件付き）［2.567］, 57
　　density current（密度流）［4.13］, 88
　　distributions（分布）
　　　　continuous（連続）, 56
　　　　discrete（離散）, 55
　　joint（結合）［2.568］, 57
Probability and statistics（確率と統計）, 55
product (derivative of)（積の（微分））
　　［2.293］, 38
product (integral of)（積（の積分））
　　［2.354］, 42
product of inertia（慣性積）［3.136］, 72

progression (arithmetic)（数列（等差））[2.104], 25
progression (geometric)（数列（等比））[2.107], 25
★Progressions and summations（数列，級数の和）, 25
projectiles（発射体（弾丸，砲弾など））, 67
propagation in cold plasmas（冷たいプラズマ中の伝搬）, 155
★Propagation in conducting media（伝導媒質中の伝播）, 153
★Propagation of elastic waves（弾性波の伝播）, 83
★Propagation of light（光の伝播）, 65
proper distance（固有距離）[9.97], 183
★Proton constants（陽子定数）, 6
proton mass（陽子質量）, 4
proton-proton chain（陽子-陽子チェイン）, 180
pulsar（パルサー）
    braking index（ブレーキ指数）[9.66], 180
    characteristic age（特性年齢）[9.67], 180
    dispersion（分散）[9.72], 180
    magnetic dipole radiation（磁気双極子放射）[9.69], 180
★Pulsars（パルサー）, 180
pyramid (centre of mass)（四角錐（質量中心））[3.175], 74
pyramid (volume)（ピラミッド（体積））[2.272], 35

Q

Q, → quality factor（Q, → Q 係数）
★Quadratic equations（二次方程式）, 48
quadrature (integration)（求積法（積分）），42
quadrature（求積法）[2.586], 59
quality factor（Q 値（係数））
    Fabry-Perot etalon（ファブリ・ペロー・エタロン）[8.14], 161
    forced harmonic oscillator（強制調和振動子）[3.211], 76
    free harmonic oscillator（自由調和振動子）[3.203], 76
    laser cavity（レーザー共振器（空洞））[8.126], 172
    LCR circuits（LCR 回路）[7.152], 146

quantum concentration（量子濃度）[5.83], 110
Quantum definitions（量子力学的不確定性関係）, 88
★Quantum paramagnetism（量子常磁性）, 99
Quantum physics（量子物理）, 87–103
★Quantum uncertainty relations（量子力学的不確定性関係）, 88
quarter-wave condition（1/4 波長条件）[8.3], 160
quarter-wave plate（1/4 波長板）[8.85], 168
quartic minimum（4 次の最小点）[2.338], 40

R

★Radial forms（動径形式）, 20
radian (unit)（ラジアン（単位）），2
radiance（放射輝度）[5.156], 116
radiant（放射）
    energy（エネルギー）[5.145], 116
    energy density（エネルギー密度）[5.148], 116
    exitance（発散度）[5.150], 116
    flux（束）[5.147], 116
    intensity (dimensions)（強度（次元）），15
    intensity（強度）[5.154], 116
radiation（放射）
    blackbody（黒体）[5.184], 119
    bremsstrahlung（制動）[7.297], 158
    Cherenkov（チェレンコフ）[7.247], 154
    field of a dipole（双極子場）[7.207], 151
    flux from dipole（双極子からの束）[7.131], 144
    resistance（抵抗）[7.209], 151
    synchrotron（シンクロトロン）[7.287], 157
★Radiation pressure（放射圧）, 150
radiation pressure（放射圧）
    extended source（広がったソース）[7.203], 150
    isotropic（等方的）[7.200], 150
    momentum density（運動量密度）[7.199], 150
    point source（点ソース）[7.204], 150

specular reflection（鏡面反射）
　　　[7.202], 150
Radiation processes（放射過程）, 116
★Radiative transfer（放射（輻射）輸送）, 118
　radiative transfer equation（放射（輻射）輸送方程式）[5.179], 118
radioactivity（放射能）, 101
★Radiometry（放射測定）, 116
radius of curvature（曲率半径）
　　definition（定義）[2.282], 37
　　in bending（曲げにおける）[3.258], 80
　　relation to curvature（曲率に関する）[2.287], 37
radius of gyration (→ footnote)（回転運動の半径（脚注参照））, 73
Ramsauer effect（ラムザウアー効果）[4.52], 91
★Random walk（乱歩（ランダムウォーク））, 57
random walk（ランダムウォーク）
　Brownian motion（ブラウン運動）[5.98], 111
　one-dimensional（1次元）[2.562], 57
　three-dimensional（3次元）[2.564], 57
range (of projectile)（射程距離（発射体の））[3.90], 67
Rankine conversion（ランキン換算）[1.3], 13
Rankine-Hugoniot shock relations（ランキン・ユゴニオ衝撃波関係式）[3.334], 85
Rayleigh（レーリー）
　distribution（分布）[2.554], 56
　resolution criterion（分解能判定条件）[8.41], 163
　scattering（散乱）[7.236], 153
　theorem（の定理）[2.496], 51
Rayleigh-Jeans law（レーリー・ジーンズの法則）[5.187], 119
reactance (definition)（リアクタンス（定義））, 146
reciprocal（逆）
　lattice vector（格子ベクトル）[6.8], 124
　matrix（行列）[2.83], 23
　vector（ベクトル）[2.16], 20

reciprocity（相互法則）[2.330], 40
★Recognised non-SI units（公認非SI単位）, 3
rectangular aperture diffraction（矩形開口回折）[8.39], 163
rectangular coordinates（直交座標系）, 19
rectangular cuboid moment of inertia（直方体 慣性モーメント）[3.158], 73
rectifying plane（展直平面）, 37
recurrence relation（漸化式）
　associated Legendre functions（陪ルジャンドル関数）[2.433], 46
　Legendre polynomials [2.423]（ルジャンドル多項式）, 45
redshift（赤方偏移）
　cosmological（宇宙論的）[9.86], 182
　–flux density relation（−スペクトル束密度 関係）[9.99], 183
　gravitational（重力の）[9.74], 181
★Reduced mass (of two interacting bodies)（（相互作用する）2質点の換算質量）, 67
reduced units (thermodynamics)（換算単位（熱力学））[5.71], 109
reflectance coefficient（反射率係数）
　and Fresnel equations（フレネル方程式）[7.227], 152
　dielectric film（誘電体フィルム）[8.4], 160
　dielectric multilayer（誘電体多重層）[8.8], 160
reflection coefficient（反射係数）
　acoustic（音響）[3.283], 81
　dielectric boundary（絶縁境界）[7.230], 152
　potential barrier（障壁ポテンシャル）[4.58], 92
　potential step（ステップポテンシャル）[4.41], 90
　potential well（井戸型ポテンシャル）[4.48], 91
　transmission line（伝送線路）[7.179], 148
reflection grating（反射格子）[8.29], 162
reflection law（反射の法則）[7.216], 152
★Reflection, refraction, and transmission（放射，屈折，透過）, 152
　refraction law (Snell's)（屈折の法則（スネルの））[7.217], 152

refractive index of（屈折率）
    dielectric medium（誘電体の）[7.195], 150
    ohmic conductor（オーミック導体の）[7.234], 153
    plasma（プラズマの）[7.260], 155
refrigerator efficiency（冷蔵庫効率）[5.11], 105
regression (linear)（回帰（線形）），58
relativistic beaming（相対論的ビーミング）[3.25], 63
relativistic doppler effect（相対論的ドップラー効果）[3.22], 63
★Relativistic dynamics（相対論的力学系），66
★Relativistic electrodynamics（相対論的電気力学），139
★Relativistic wave equations（相対論的波動方程式），102
relativity (general)（相対性理論（一般）），65
relativity (special)（相対論（特殊）），62
relaxation time（緩和時間）
    and electron drift（と電子流動）[6.61], 130
    in a conductor（導体中の）[7.156], 146
    in plasmas（プラズマ中の），154
residuals（残差）[2.572], 58
Residue theorem（留数定理）[2.170], 29
residues (in complex analysis)（留数（複素解析における）），29
resistance（抵抗）
    and impedance（とインピーダンス），146
    dimensions（次元），15
    energy dissipated in（で散逸したエネルギー）[7.155], 146
    radiation（放射）[7.209], 151
resistivity（抵抗率）[7.142], 145
resistor, → resistance（抵抗器，→ 抵抗）
resolving power（分解能）
    chromatic (of an etalon)（色（エタロンの））[8.21], 161
    of a diffraction grating（回折格子）[8.30], 162
    Rayleigh resolution criterion（レーリーの分解能判定条件）[8.41], 163
resonance（共鳴）
    forced oscillator（強制振動）[3.209], 76
resonance lifetime（共鳴状態の寿命）[4.177], 102
resonant frequency (LCR)（共振周波数 (LCR)）[7.150], 146
★Resonant LCR circuits（共振 LCR 回路），146
restitution (coefficient of)（反発（係数））[3.127], 71
retarded time（遅延時間），137
revolution (volume and surface of)（回転体の（体積と表面積）），37
Reynolds number（レイノルズ数）[3.311], 84
ribbon (twisting of)（リボン（のねじれ））[3.256], 79
Ricci tensor（リッチテンソル）[3.57], 65
Riemann tensor（リーマンテンソル）[3.50], 65
right ascension（赤経）[9.8], 175
rigid body（剛体）
    angular momentum（角運動量）[3.141], 72
    kinetic energy（運動エネルギー）[3.142], 72
Rigid body dynamics（剛体力学），72
rigidity modulus（横弾性率）[3.249], 79
ripples（さざ波）[3.321], 84
rms (standard deviation)（rms（標準偏差））[2.543], 55
Robertson-Walker metric（ロバートソン・ウォーカー計量）[9.87], 182
Roche limit（ロシュ限界）[9.43], 178
rocket equation（ロケット方程式）[3.94], 68
★Rocketry（ロケット工学），68
rod（棒）
    bending（曲げた），80
    moment of inertia（慣性モーメント）[3.150], 73
    stretching（強く張った）[3.230], 78
    waves in（中の波）[3.271], 80
Rodrigues' formula（ロドリグの公式）[2.422], 45
Roots of quadratic and cubic equations（二次方程式と三次方程式の根），48
Rossby number（ロスビー数）[3.316], 84
★Rotating frames（回転座標系），64
★Rotation matrices（回転行列），24
rotation measure（回転測度）[7.273], 155
Runge Kutta method（ルンゲ・クッタ法）

[2.603], 60
★Rutherford scattering（ラザフォード散乱），70
Rutherford scattering formula（ラザフォード散乱公式）[3.124], 70
Rydberg constant（リュードベリ定数）
    and Bohr atom（とボーア原子）[4.77], 93
        dimensions（物理次元），15
Rydberg's formula（リュードベリの公式）[4.78], 93

S

s orbitals（s 軌道）[4.92], 95
S-waves（S-波）[3.262], 80
Sackur-Tetrode equation（サッカー・テトロード方程式）[5.83], 110
saddle point（鞍部点）[2.338], 40
Saha equation (general)（サハの式（一般））[5.128], 114
Saha equation (ionisation)（サハの式（イオン化））[5.129], 114
Saturn data（土星データ），174
scalar effective mass（スカラー有効質量）[6.87], 132
scalar product（スカラー積）[2.1], 18
scalar triple product（スカラー3重積）[2.10], 18
scale factor (cosmic)（スケール因子（宇宙の））[9.87], 182
scattering（散乱）
    angle (Rutherford)（角（ラザフォード））[3.116], 70
    Born approximation（ボルン近似）[4.178], 102
    Compton（コンプトン）[7.240], 153
    crystal（結晶）[6.32], 126
    inverse Compton（逆コンプトン）[7.239], 153
    Klein-Nishina（クライン・仁科）[7.243], 153
    Mott (identical particles)（モット（同一の粒子））[4.180], 102
    potential (Rutherford)（ポテンシャル（ラザフォード））[3.114], 70
    processes (electron)（過程（電子）），153
    Rayleigh（レーリー）[7.236], 153
    Rutherford（ラザフォード）[3.124], 70

    Thomson（トムソン）[7.238], 153
scattering cross-section, → cross-section（散乱断面積，→ 断面積）
Schawlow-Townes line width（シャウロー・タウンズの線幅）[8.128], 172
Schrödinger equation（シュレディンガー方程式）[4.15], 88
Schwarz inequality（シュワルツの不等式）[2.152], 28
Schwarzschild geometry (in GR)（シュワルツシルト幾何学（GR における））[3.61], 65
Schwarzschild radius（シュワルツシルト半径）[9.73], 181
Schwarzschild's equation（シュワルツシルトの方程式）[5.179], 118
screw dislocation（らせん転位）[6.22], 126
$\sec x$
    definition（定義）[2.228], 32
    series expansion（級数展開）[2.138], 27
secant method (of root-finding)（セカント法（根を求める））[2.592], 59
$\operatorname{sech} x$ [2.229], 32
second (SI definition)（秒（SI 定義）），1
second (time interval)（秒（時間間隔）），2
second moment of area（断面2次モーメント）[3.258], 80
Sedov-Taylor shock relation（セドフ・テーラー衝撃波関係式）[3.331], 85
selection rules (dipole transition)（選択則（双極子遷移））[4.91], 94
self-diffusion（自己拡散）[5.93], 111
self-inductance（自己インダクタンス）[7.145], 145
semi-ellipse (centre of mass)（半楕円（質量中心））[3.178], 74
semi-empirical mass formula（半経験的質量公式）[4.173], 101
semi-latus-rectum（半通径）[3.109], 69
semi-major axis（長半径）[3.106], 69
semi-minor axis（短半径）[3.107], 69
semiconductor diode（半導体ダイオード）[6.92], 132
semiconductor equation（半導体方程式）[6.90], 132
★Series expansions（級数展開），27
series impedances（直列インピーダンス）

[7.157], 146
Series, summations, and progressions（級数，和，数列），25
shah function (Fourier transform of)（shah 関数フーリエ変換）　[2.510], 52
shear（ずれ，せん断）
　　modulus（弾性率）　[3.249], 79
　　strain（ひずみ）　[3.237], 78
　　viscosity（粘性）　[3.299], 83
　　waves（波）　[3.262], 80
sheet of charge (electric field)（薄膜（荷電された）（電場））　[7.32], 136
shift theorem (Fourier transform)（シフト定理（フーリエ変換））　[2.501], 52
shock（衝撃波）
　　Rankine-Hugoniot conditions（ランキン・ユゴニオ条件）　[3.334], 85
　　spherical（球状の）　[3.331], 85
★Shocks（衝撃波），85
shot noise（ショット雑音）　[5.142], 115
SI base unit definitions（SI 基本単位　定義），1
★SI base units（SI 基本単位），2
★SI derived units（SI 組立単位），2
★SI prefixes（SI 接頭語），3
SI units（国際単位系（SI）），2
sidelobes (diffraction by 1-D slit)（サイドローブ（1 スリットによる回折））　[8.38], 163
sidereal time（恒星時）　[9.7], 175
siemens (unit)（ジーメンス（単位）），2
sievert (unit)（シーベルト（単位）），2
similarity theorem (Fourier transform)（対称性定理（フーリエ変換））　[2.500], 52
simple cubic structure（単純立方構造），125
simple harmonic oscillator, → harmonic oscillator（単純調和振動子, → 調和振動子）
simple pendulum（単振り子）　[3.179], 74
Simpson's rule（シンプソンの公式）　[2.586], 59
$\sin x$
　　and Euler's formula（とオイラーの公式）　[2.218], 32
　　series expansion（級数展開）　[2.136], 27
sinc function（sinc 関数）　[2.512], 52

sine formula（正弦公式）
　　planar triangles（平面三角形）　[2.246], 34
　　spherical triangles（球面三角形）　[2.255], 34
$\sinh x$
　　definition（定義）　[2.219], 32
　　series expansion（級数展開）　[2.144], 27
skew-symmetric matrix（歪対称行列）　[2.87], 23
skewness estimator（歪度推定）　[2.544], 55
skin depth（表皮深さ）　[7.235], 153
slit diffraction (broad slit)（スリット回折（広いスリット））　[8.37], 163
slit diffraction (Young's)（スリット回折（ヤングの））　[8.24], 162
Snell's law (acoustics)（スネルの法則（音響学））　[3.284], 81
Snell's law (electromagnetism)（スネルの法則（電磁気））　[7.217], 152
soap bubbles（石鹸泡）　[3.337], 86
solar constant（太陽定数），174
★Solar data（太陽のデータ），174
Solar system data（太陽系のデータ），174
solenoid（ソレノイド）
　　finite（有限の長さ）　[7.38], 136
　　infinite（無限に長い）　[7.33], 136
　　self inductance（インダクタンス）　[7.23], 135
solid angle (subtended by a circle)（立体角（円の））　[2.278], 35
Solid state physics（固体物理），121–132
sound speed (in a plasma)（音速（プラズマ中の））　[7.275], 156
sound, speed of（音の速さ）　[3.317], 84
space cone（空間錐），75
space frequency（空間振動数）　[3.188], 75
space impedance（空間のインピーダンス）　[7.197], 150
spatial coherence（空間的可干渉）　[8.108], 170
Special functions and polynomials（特殊関数と多項式），44
special relativity（特殊相対論），62
specific impulse（比推力）　[3.92], 68
specific（比）

charge on electron（電荷電子上の）, 6
emission coefficient（放出係数）
    [5.174], 118
heat capacity, → heat capacity（熱容量, → 熱容量）
    definition（定義）, 103
    dimensions（物理次元）, 15
    intensity (blackbody)（強度（黒体））
        [5.184], 119
    intensity（強度） [5.171], 118
speckle intensity distribution（スペックル強度分布） [8.110], 170
speckle size（スペックルサイズ） [8.111], 170
spectral energy density（スペクトルエネルギー密度）
    blackbody（黒体） [5.186], 119
    definition（定義） [5.173], 118
spectral function (synchrotron)（スペクトル関数（シンクロトロン））
    [7.295], 157
★Spectral line broadening（スペクトル線広がり）, 171
speed distribution (Maxwell-Boltzmann)（速度分布（マックスウェル・ボルツマン）） [5.84], 110
speed of light (equation)（光速度（方程式））
    [7.196], 150
speed of light (value)（光の速度（値）），4
speed of sound（音速） [3.317], 84
sphere（球）
    area（の表面積） [2.263], 35
    Brownian motion（ブラウン運動）
        [5.98], 111
    capacitance（の静電容量） [7.12], 135
    capacitance of adjacent（隣接状態の静電容量） [7.14], 135
    capacitance of concentric（同心球面の静電容量） [7.18], 135
    close-packed（充填された）, 125
    collisions of（の衝突）, 71
    electric field（電場） [7.27], 136
    geometry on a（上の幾何学）, 34
    gravitation field from a（からの重力場）
        [3.44], 64
    in a viscous fluid（粘性流体中）
        [3.308], 83
    in potential flow（ポテンシャル流中の）
        [3.298], 82
    moment of inertia（慣性モーメント）
        [3.152], 73
    Poincaré（ポアンカレ）, 168
    polarisability（分極率） [7.91], 140
    volume（の体積） [2.264], 35
spherical Bessel function [2.420]（球ベッセル関数）, 45
spherical cap（球形のふた（帽子））
    area（表面積） [2.275], 35
    center of mass（質量中心） [3.177], 74
    volume（体積） [2.276], 35
spherical excess（球面過剰） [2.260], 34
★Spherical harmonics（球面調和関数）, 47
    spherical harmonics（球面調和関数）
        definition（定義） [2.436], 47
        Laplace equation（ラプラス方程式）
            [2.440], 47
        orthogonality（直交性） [2.437], 47
spherical polar coordinates（球座標系）, 19
spherical shell (moment of inertia)（球殻（慣性モーメント）） [3.153], 73
spherical surface (capacitance of near)（球面（ほとんど球面の静電容量））
    [7.16], 135
★Spherical triangles（球面三角形）, 34
spin（スピン）
    and total angular momentum（と全角運動量） [4.128], 98
    degeneracy（縮退度）, 113
    electron magnetic moment（電子磁気モーメント） [4.141], 98
    Pauli matrices（パウリ行列） [2.94], 24
spinning bodies（回転する物体）, 75
spinors（スピノール） [4.182], 102
Spitzer conductivity（スピッツァ電気伝導度）
    [7.254], 154
spontaneous emission（自発放出（放射））
    [8.119], 171
spring constant and wave velocity（バネ定数と波の速度） [3.272], 81
★Square matrices（平方行列）, 23
    standard deviation estimator（標準偏差推定）
        [2.543], 55
★Standard forms（標準の公式）, 42
★Star formation（星の生成）, 179
★Star–delta transformation（スター回路とデ

ルタ回路の相互変換），147
Static fields（静的場），134
statics（静力学），61
★Stationary points（停留点），40
★Statistical entropy（統計的エントロピー），112
Statistical thermodynamics（統計熱力学），112
Stefan–Boltzmann constant（ステファン・ボルツマン定数），7
Stefan-Boltzmann constant（ステファン・ボルツマンの定数）[5.191], 119
Stefan-Boltzmann law（ステファン・ボルツマンの法則）[5.191], 119
stellar aberration（恒星光行差）[3.24], 63
Stellar evolution（星の進化），179
★Stellar fusion processes（星の核融合過程），180
★Stellar theory（星理論），179
step function (Fourier transform of)（階段関数（フーリエ変換））[2.511], 52
steradian (unit)（ステラジアン（単位）），2
stimulated emission（誘導放出（放射））[8.120], 171
Stirling's formula（スターリングの公式）[2.413], 44
★Stokes parameters（ストークスパラメータ），169
Stokes parameters（ストークスパラメータ）[8.95], 169
Stokes's law（ストークスの法則）[3.308], 83
Stokes's theorem（ストークスの定理）[2.60], 21
★Straight-line fitting（最小2乗法），58
strain（ひずみ）
 simple（簡単な場合）[3.229], 78
 tensor（テンソル）[3.233], 78
 volume（体積）[3.236], 78
stress（応力）
 dimensions（物理次元），14
 in fluids（流体中の）[3.299], 83
 simple（簡単な場合）[3.228], 78
 tensor（テンソル）[3.232], 78
stress-energy tensor（応力エネルギーテンソル）
 and field equations（と場の方程式）[3.59], 65
 perfect fluid（完全流体）[3.60], 65
string (waves along a stretched)（弦（張った弦に沿った波））[3.273], 81
Strouhal number（ストローハル数）[3.313], 84
structure factor（構造因子）[6.31], 126
sum over states（状態（に関する）和）[5.110], 112
★Summary of physical constants（物理定数表），4
summation formulas（和公式）[2.118], 25
Sun data（太陽データ），174
Sunyaev-Zel'dovich effect（スニャエフ・ゼルドヴィッチ効果）[9.51], 178
surface brightness (blackbody)（表面輝度（黒体））[5.184], 119
surface of revolution（回転体の表面積）[2.280], 37
★Surface tension（表面張力），86
surface tension（表面張力）
 Laplace's formula（ラプラスの公式）[3.337], 86
 work done（なされた仕事）[5.6], 104
surface waves（表面波）[3.320], 84
survival equation (for mean free path)（生存方程式（平均自由行程に対する））[5.90], 111
susceptance (definition)（サスセプタンス（定義）），146
susceptibility（感受率）
 electric（電気）[7.87], 140
 Landau diamagnctic（ランダウ反磁性）[6.80], 131
 magnetic（磁気）[7.103], 141
 Pauli paramagnetic（パウリ磁気）[6.79], 131
symmetric matrix（対称行列）[2.86], 23
symmetric top（対称なコマ）[3.188], 75
★Synchrotron radiation（シンクロトロン放射），157
synodic period（会合周期）[9.44], 178

T

$\tan x$
 definition（定義）[2.220], 32
 series expansion（級数展開）[2.137],

tanh x
   definition（定義）[2.221], 32
   series expansion（級数展開）[2.145], 27
tangent formula（正接公式）[2.250], 34
tangent（接ベクトル）[2.283], 37
tau physical constants（タウ中間子の物理定数）, 7
Taylor series（テイラー級数）
   one-dimensional（1次元）[2.123], 26
   three-dimensional（3次元）[2.124], 26
telegraphist's equations（電信方程式）[7.171], 148
temperature（温度）
   antenna（アンテナ）[7.215], 151
   Celsius（摂氏）, 2
   dimensions（物理次元）, 14
   Kelvin scale（ケルビンスケール）[5.2], 104
   thermodynamic（熱力学的）[5.1], 104
★Temperature conversions（温度換算）, 13
temporal coherence（時間的可干渉）[8.105], 170
tensor（テンソル）
   ϵ_{ijk} [2.447], 48
   Einstein（アインシュタイン）[3.58], 65
   electric susceptibility（電気感受率）[7.87], 140
   fluid stress（流体応力）[3.299], 83
   magnetic susceptibility（磁気感受率）[7.103], 141
   moment of inertia（慣性のモーメント）[3.136], 72
   Ricci（リッチ）[3.57], 65
   Riemann（リーマン）[3.50], 65
   strain（ひずみ）[3.233], 78
   stress（応力）[3.232], 78
tera（テラ）, 3
tesla (unit)（テスラ（単位））, 2
tetragonal system (crystallographic)（正方晶系（結晶学））, 125
tetrahedron（正四面体）, 36
thermal conductivity（熱伝導率）
   dimensions（次元）, 15

free electron（自由電子）[6.65], 130
phonon gas（フォノン気体）[6.58], 129
transport property（輸送的性質）[5.96], 111
thermal de Broglie wavelength（熱ドブロイ波長）[5.83], 110
thermal diffusion（熱拡散）[5.93], 111
thermal diffusivity（熱伝導係数）[2.340], 41
thermal noise（熱雑音）[5.141], 115
thermal velocity (electron)（熱速度（電子の））[7.257], 154
★Thermodynamic coefficients（熱力学的係数）, 105
★Thermodynamic fluctuations（熱力学的揺らぎ）, 114
★Thermodynamic laws（熱力学の法則）, 104
★Thermodynamic potentials（熱力学的ポテンシャル）, 106
thermodynamic temperature（熱力学的温度）[5.1], 104
★Thermodynamic work（熱力学的仕事）, 104
Thermodynamics（熱力学）, 103–120
★Thermoelectricity（熱電効果）, 131
thermopower [6.81]（熱電能）, 131
Thomson cross section（トムソン散乱断面積）, 6
Thomson scattering（トムソン散乱）[7.238], 153
throttling process（スロットル過程）[5.27], 106
time dilation（時間の遅れ）[3.11], 62
★Time in astronomy（天文学における時間）, 175
★Time series analysis（時系列解析）, 58
★Time-dependent perturbation theory（時間依存の摂動理論）, 100
★Time-independent perturbation theory（時間に依存しない摂動理論）, 100
timescale（時間スケール）
   free-fall（自由落下）[9.53], 179
   Kelvin-Helmholtz（ケルビン・ヘルムホルツ）[9.55], 179
Titius-Bode rule（ティティウス・ボーデの法則）[9.41], 178
tonne (unit)（トン（単位））, 3
top（コマ）
   asymmetric（非対称）[3.189], 75

symmetric（対称な）　[3.188], 75
symmetries（対称性）　[3.149], 72
top hat function (Fourier transform of)（トップハット関数（フーリエ変換））
　　[2.512], 52
★Tops and gyroscopes（コマとジャイロスコープ）, 75
torque, → couple（トルク, → 偶力）
★Torsion（ねじれ）, 79
torsion（ねじれ）
in a thick cylinder（太い円筒）
　　[3.254], 79
in a thin cylinder（細い円筒）　[3.253], 79
in an arbitrary ribbon（任意のリボン）
　　[3.256], 79
in an arbitrary tube（任意のチューブ）
　　[3.255], 79
in differential geometry（微分幾何学における）　[2.288], 37
torsional pendulum（ねじれ振り子）
　　[3.181], 74
torsional rigidity（ねじり剛性）　[3.252], 79
torus (surface area)（円環（表面積））
　　[2.273], 35
torus (volume)（円環（体積））　[2.274], 35
total differential（全微分）　[2.329], 40
total internal reflection（総内面反射）
　　[7.217], 152
total width (and partial widths)（全幅（と部分的幅））　[4.176], 102
trace（トレース）　[2.75], 23
trajectory (of projectile)（軌道（発射体の））
　　[3.88], 67
transfer equation（輸送（移送）方程式）
　　[5.179], 118
★Transformers（変圧器）, 147
transmission coefficient（透過係数）
Fresnel（フレネル）　[7.232], 152
potential barrier（障壁ポテンシャル）
　　[4.59], 92
potential step（ステップポテンシャル）
　　[4.42], 90
potential well（井戸型ポテンシャル）
　　[4.49], 91
transmission grating（透過格子）　[8.27], 162

transmission line（伝送線路）
coaxial（同心線）　[7.181], 148
equations（方程式）　[7.171], 148
impedance（インピーダンス）
lossless（無損失）　[7.174], 148
lossy（損失）　[7.175], 148
input impedance（入力インピーダンス）
　　[7.178], 148
open-wire（開放）　[7.182], 148
paired strip（2対ストリップ）
　　[7.183], 148
reflection coefficient（反射係数）
　　[7.179], 148
vswr（vswr）　[7.180], 148
wave speed（インピーダンス波の）
　　[7.176], 148
waves（波動）　[7.173], 148
★Transmission line impedances（伝送線路インピーダンス）, 148
★Transmission line relations（伝送線路関係の式）, 148
Transmission lines and waveguides（伝送線路と導波路）, 148
transmittance coefficient（透過係数）
　　[7.229], 152
★Transport properties（輸送的性質）, 111
transpose matrix（転置行列）　[2.70], 22
trapezoidal rule（台形公式）　[2.585], 59
triangle（三角形）
area（面積）　[2.254], 34
center of mass（質量中心）　[3.173], 74
inequality（不等式）　[2.147], 28
plane（平面）　[2.254], 34
spherical（球面）, 34
triangle function (Fourier transform of)（三角形関数（フーリエ変換））
　　[2.513], 52
triclinic system (crystallographic)（三斜晶系（結晶学））, 125
★Trigonometric and hyperbolic definitions（三角関数と双曲線関数の定義）, 32
Trigonometric and hyperbolic formulas（三角関数と双曲線関数）, 30
★Trigonometric and hyperbolic integrals（三角関数と双曲線関数の積分）, 43
★Trigonometric derivatives（三角関数の導関数）, 39
★Trigonometric relationships（三角関数の相

互関係), 30
triple-α process (3重アルファ過程), 180
true anomaly (真近点離角) [3.104], 69
tube, → pipe (チューブ, → パイプ)
Tully-Fisher relation (タリーフィッシャー関係) [9.49], 178
tunnelling (quantum mechanical) (トンネル効果 (量子力学)), 92
tunnelling probability (トンネル効果確率) [4.61], 92
turns ratio (of transformer) (巻き数の比 (変圧器の)) [7.163], 147
two-level system (microstates of) (2準位系 (微視的状態の)) [5.107], 112

U

U (Stokes parameter) (U ストークス・パラメーター) [8.92], 169
UBV magnitude system (等級システム) [9.36], 177
umklapp processes (ウムクラップ過程) [6.59], 129
uncertainty relation (不確定性関係)
    energy-time (エネルギー–時間) [4.8], 88
    general (一般) [4.6], 88
    momentum-position (運動量–位置) [4.7], 88
    number-phase (光子数–位相) [4.9], 88
underdamping (減衰振動) [3.198], 76
unified atomic mass unit (統一的原子質量単位), 4
uniform distribution (一様分布) [2.550], 56
uniform to normal distribution transformation (一様分布から正規分布への変換) [2.561], 56
unitary matrix (ユニタリー行列) [2.88], 23
units (conversion of SI to Gaussian) (単位 (SIからガウス単位系への変換)), 133
Units, constants and conversions (単位, 定数, 換算), 1–16
universal time (世界時) [9.4], 175
Uranus data (天王星データ), 174
UTC (UTC協定世界時) [9.4], 175

V

V (Stokes parameter) (ストークス・パラメータ) [8.94], 171
van der Waals equation (ファンデルワールス方程式) [5.67], 109
★Van der Waals gas (ファンデルワールス気体), 109
van der Waals interaction (ファンデルワールス 相互作用) [6.50], 129
Van-Cittert Zernicke theorem (ファン・シッターゼルニケの定理) [8.108], 170
variance estimator (分散推定) [2.542], 55
variations, calculus of (変分) [2.334], 40
★Vector algebra (ベクトル代数), 18
★Vector integral transformations (ベクトル解析, 積分公式), 21
vector product (ベクトル積) [2.2], 18
vector triple product (ベクトル3重積) [2.12], 18
Vectors and matrices (ベクトルと行列), 18
velocity distribution (Maxwell-Boltzmann) (速度分布 (マックスウェル・ボルツマン)) [5.84], 110
velocity potential (速度ポテンシャル) [3.296], 82
★Velocity transformations (速度変換), 62
Venus data (水星データ), 174
virial coefficients (ビリアル係数) [5.65], 108
★Virial expansion (ビリアル展開), 108
virial theorem (ビリアル定理) [3.102], 69
vis-viva equation (ヴィス・ヴィヴァ方程式) [3.112], 69
viscosity (粘性)
    dimensions (物理次元), 15
    from kinetic theory (運動論から) [5.97], 111
    shear (ずれ) [3.299], 83
viscous flow (粘性流)
    between cylinders (シリンダーの間) [3.306], 83
    between plates (板の間の) [3.303], 83
    through a circular pipe (円状のパイプを通る) [3.305], 83
    through an annular pipe (環状のパイプ)

欧文索引

[3.307], 83
★Viscous flow (incompressible)（粘性流（非圧縮性）），83
volt (unit)（ボルト（単位）），2
voltage（電圧）
 across an inductor（インダクターをまたぐ） [7.146], 145
 bias（バイアス） [6.92], 132
 Hall（ホール） [6.68], 130
 law (Kirchhoff's)（法則（キルヒホッフの）） [7.162], 147
 standing wave ratio（定在波比） [7.180], 148
 thermal noise（熱雑音） [5.141], 115
 transformation（変換） [7.164], 147
volume（体積）
 dimensions（物理次元），15
 of cone（円錐） [2.272], 35
 of cube（立方体），36
 of dodecahedron（正十二面体），36
 of ellipsoid（楕円体の） [2.268], 35
 of icosahedron（正二十面体），36
 of octahedron（正八面体），36
 of parallelepiped（平行四面体の） [2.10], 18
 of pyramid（ピラミッドの） [2.272], 35
 of revolution（回転体の） [2.281], 37
 of sphere（球の） [2.264], 35
 of spherical cap（球形のふた（帽子）） [2.276], 35
 of tetrahedron（正四面体の），36
 of torus（円環の） [2.274], 35
volume expansivity（体積膨張率） [5.19], 105
volume strain（体積ひずみ） [3.236], 78
vorticity and Kelvin circulation（渦とケルビン循環） [3.287], 82
vorticity and potential flow（渦とポテンシャル流） [3.297], 82
vswr（vswr（電圧定在波比）） [7.180], 148

W

wakes（跡） [3.330], 85
★Warm plasmas（暖かいプラズマ），154
watt (unit)（ワット（単位）），2
wave equation（波動方程式） [2.342], 41

wave impedance（波動インピーダンス）
 acoustic（音響） [3.276], 81
 electromagnetic（電磁） [7.198], 150
 in a waveguide（導波路） [7.189], 149
Wave mechanics（波動力学），90
★Wave speeds（波の速度），85
wavefunction（波動関数）
 and expectation value（と期待値） [4.25], 89
 and probability density（と確率密度） [4.10], 88
 diffracted in 1-D（一次元回折） [8.34], 163
 hydrogenic atom（水素原子） [4.91], 94
 perturbed（摂動された） [4.160], 100
★Wavefunctions（波動関数），88
waveguide（導波路）
 cut-off frequency（遮断周波数） [7.186], 149
 equation（方程式） [7.185], 149
 impedance（インピーダンス）
  TE modes（TEモード） [7.189], 149
  TM modes（TMモード） [7.188], 149
 TE_{mn} modes（TE_{mn}モード） [7.190], 149
 TM_{mn} modes（TM_{mn}モード） [7.192], 149
 velocity（速度）
  group（群） [7.188], 149
  phase（位相） [7.187], 149
★Waveguides（導波路），149
wavelength（波長）
 Compton（コンプトン） [7.240], 153
 de Broglie（ドブロイ） [4.2], 88
 photometric（測光の） [9.40], 177
 redshift（赤方偏移） [9.86], 182
 thermal de Broglie（熱ドブロイ） [5.83], 110
waves（波，波動）
 capillary（表面張力） [3.321], 84
 electromagnetic（電磁的），150
 in a spring（バネ中の） [3.272], 81
 in a thin rod（細い棒中の） [3.271], 80
 in bulk fluids（大量の流体中の）

[3.265], 80
in fluids（流体中の）, 84
in infinite isotropic solids（無限に長い等方的固体中の）[3.264], 80
magnetosonic（磁気音）[7.285], 156
on a stretched sheet（張ったシートの上）[3.274], 81
on a stretched string（張った弦上の）[3.273], 81
on a thin plate（薄い板上の）[3.268], 80
sound（音の）[3.317], 84
surface (gravity)（表面（重力の））[3.320], 84
transverse (shear) Alfvén（横断（せん断）アルヴェーン的）[7.284], 156

Waves in and out of media（媒質の中と外の波動）, 150

★**Waves in lossless media**（無損失媒質中の波動）, 150

★**Waves in strings and springs**（弦とバネの中の波）, 81

weber (unit)（ウェーバー（単位））, 2

★**Weber symbols**（ウェーバーの記号）, 124

Weiss constant（バイス定数）[7.114], 142
Weiss zone equation（ワイスゾーン方程式）[6.10], 124
Welch window（ウェルチ窓）[2.582], 58
Weyl equation（ワイル方程式）[4.182], 102
Wiedemann-Franz law（ウィーデマン・フランツの法則）[6.66], 130
Wien's displacement law constant（ウィーンの変位則定数）, 7
Wien's displacement law（ウィーンの変位則）[5.189], 119
Wien's radiation law（ウィーンの法則）[5.188], 119
Wiener-Khintchine theorem（ウィナー・ヒンチンの定理）
    in Fourier transforms（フーリエ変換）[2.492], 51
    in temporal coherence（時間的可干渉における）[8.105], 170
Wigner coefficients (spin-orbit)（ウィグナー係数（スピン-軌道））[4.136], 98
Wigner coefficients (table of)（ウィグナー係数（の表））, 97

windowing（窓関数）
    Bartlett（バートレット）[2.581], 58
    Hamming（ハミング）[2.584], 58
    Hanning（ハニング）[2.583], 58
    Welch（ウェルチ）[2.582], 58

wire（針金）
    electric field（電場）[7.29], 136
    magnetic flux density（磁束密度）[7.34], 136

wire loop (inductance)（ループ状針金（インダクタンス））[7.26], 135
wire loop (magnetic flux density)（ループ状針金（磁束密度））[7.37], 136
wires (inductance of parallel)（針金（平行な）インダクタンス）[7.25], 135

X

X-ray diffraction（エックス線回折）, 126

Y

yocto（ヨクト）, 3
yotta（ヨッタ）, 3
Young modulus (dimensions)（ヤング率（物理次元））, 15
Young modulus（ヤング率）
    and Lamé coefficients（とラメ係数）[3.240], 79
    and other elastic constants（と他の弾性係数）[3.250], 79
    Hooke's law（フックの法則）[3.230], 78
Young's slits（ヤングのスリット）[8.24], 162
Yukawa potential（湯川ポテンシャル）[7.252], 154

Z

Zeeman splitting constant（ゼーマン分裂定数）, 5
zepto（ゼプト）, 3
zero-point energy（ゼロ点（基底）エネルギー）[4.68], 93
zetta（ゼッタ）, 3
zone law（晶帯則）[6.20], 124

訳者紹介

堤　正義（つつみ　まさよし）

1973年　早稲田大学大学院理工学研究科博士課程修了
専　攻　非線形偏微分方程式　応用数理
現　在　早稲田大学理工学部教授
　　　　理学博士
主要著書　物理学 One Point 1 物理と複素数（共立出版）
　　　　　逆問題の数学（共立出版）
　　　　　応用数学演習（サイエンス社）

ケンブリッジ 物理公式ハンドブック	著　者　Graham Woan（グラハム・ウォーン）
（原題：*The Cambridge Handbook of Physics Formulas*）	訳　者　堤　正義　ⓒ 2007
2007年4月25日　初版1刷発行	発行所　共立出版株式会社／南條光章
	東京都文京区小日向 4-6-19
	電話　03-3947-2511（代表）
	〒112-8700／振替口座 00110-2-57035
	URL http://www.kyoritsu-pub.co.jp/
	印　刷　啓文堂
	製　本　中條製本
検印廃止	社団法人
NDC 420	自然科学書協会 会員
ISBN 978-4-320-03452-5	Printed in Japan

JCLS ＜㈱日本著作出版権管理システム委託出版物＞
本書の無断複写は著作権法上での例外を除き禁じられています．複写される場合は，そのつど事前に㈱日本著作出版権管理システム（電話03-3817-5670, FAX 03-3815-8199）の許諾を得てください．

学習・研究・実務の好パートナー（辞典／事典／公式・用語集）

人工知能学事典
人工知能学会 編
B5・996頁・上製函入・定価23100円

2006年に人工知能学会創設20周年を迎える記念事業の一つとして学会の総力を結集し，人工知能の広範・多岐にわたる分野を「人工知能学」として整理・集大成。厳選された19の大項目，大項目の説明を補強する427の小項目，大項目と小項目に関連する興味深い96の囲み記事を，総勢277名が執筆。

バイオインフォマティクス事典
日本バイオインフォマティクス学会 編集
A5・836頁・上製・定価14700円

大量に蓄積された医学・生物学情報から新たな知識発見をもたらすためのツールとして，今後ますます多様化し拡大していくバイオインフォマティクスの知的基盤を整備するために，日本バイオインフォマティクス学会が総力を挙げて編纂した本邦初の体系書。11部門，510項目を第一線の研究者204名が執筆。

生態学事典
編集：巖佐 庸・松本忠夫・菊沢喜八郎
日本生態学会
A5・708頁・上製・定価13650円

7つの大課題［基礎生態学，バイオーム・生態系・植生，分類群・生活型，応用生態学，研究手法，関連他分野，人名・教育・国際プロジェクト］のもと，298名の執筆者による678項目の詳細な解説を五十音順に掲載。生物や環境に関わる広い分野の方々に必読必携の事典。

Oxford 分子医科学辞典
Constance R. Martin 著
瀬野悍二・奥山明彦 監修
A5・1162頁・上製函入・定価59850円

Oxford University Press刊 "Dictionary of Endocrinology and Related Biomedical Sciences" の完全翻訳版。略語，同義語，別名に加え，科学的な議論に欠かせない化学式や2050点を超える化学構造式，各種塩基配列・アミノ酸配列をふんだんに盛り込んだ辞典。

数学 英和・和英辞典
小松勇作 編・・・・・・・・・・B6・定価3360円

数学小辞典
矢野健太郎 編・・・・・・・・・B6・定価5250円

素数大百科
Chris K. Caldwell 編著／SOJIN 編訳・・・・・A5・定価6090円

共立 総合コンピュータ辞典 第4版
日本ユニシス 編・・・・・・・・・A5・定価30450円

コンピュータ英和・和英辞典 第3版
日本ユニシス 編・・・・・・・・・B6・定価7350円

AI事典 第2版
土屋 俊 他編・・・・・・・・・A5・定価9450円

情報セキュリティ事典
土居範久 監修・・・・・・・・・B5・定価26250円

結晶成長学辞典
結晶成長学辞典編集委員会 編・・・・・A5・定価8925円

化学大辞典 全10巻
化学大辞典編集委員会 編・・・・・・B6・定価各6300円

学生 化学用語辞典 第2版
大学教育化学研究会 編／上田・赤間 改訂・・・ポケット・定価2415円

分析化学辞典
分析化学辞典編集委員会 編・・・・・・A5・定価39900円

食品安全性辞典
小野 宏・小島康平・斉藤行生・林 裕造 監修・A5・定価10500円

医用放射線辞典 第4版
医用放射線辞典編集委員会 編・・・・・B6・定価9870円

ハンディー版 環境用語辞典 第2版
上田豊甫・赤間美文 編・・・・・・・B6・定価3360円

沿岸域環境事典
日本沿岸域学会 編・・・・・・・・A5・定価4095円

電子情報通信英和・和英辞典
平山 博・氏家理央 編著・・・・・・B6・定価7875円

認知科学辞典
日本認知科学会 編・・・・・・・・A5・定価36750円

デジタル認知科学辞典
日本認知科学会 編・・・・・・・・A5・定価12600円

◆公式・用語集◆

共立 数学公式 附函数表 改訂増補
泉 信一 他編・・・・・・・・ポケット・定価3990円

新装版 数学公式集 （共立全書138改題）
小林幹雄 他共編・・・・・・・・A5・定価2625円

共立 化学公式
妹尾 学 編・・・・・・・・・B6・定価3990円

地質学用語集 －和英・英和－
日本地質学会 編・・・・・・・・B6・定価4200円

工学公式ポケットブック
K.Gieck 著／太田 博 訳・・・・・・A6・定価3990円

現場必携 建築構造ポケットブック 第4版
建築構造ポケットブック編集委員会 編・・・・ポケット・定価3885円

〒112-8700 東京都文京区小日向4-6-19　共立出版　TEL 03-3947-2511／FAX 03-3947-2539
http://www.kyoritsu-pub.co.jp/　郵便振替口座00110-2-57035（価格は税込）